绿色能源站

Green Energy Station

主　编　李先瑞　谢吉平
副主编　彭国平　曹　亮　窦　蕾

扫码关注，
《绿色能源站》视频资源

中国电力出版社
CHINA ELECTRIC POWER PRESS

内 容 提 要

本书根据国家能源局印发的《能源生产和消费革命战略（2016—2030）》中提出的要求，基于远大在国内外众多能源站规划、设计、建设和运营的经验，提出绿色能源站的构想，对绿色能源站进行定义，并从数字化、智慧化、标准化三个维度进行全面阐述，结合理论与实际案例从绿色设计、绿色技术、绿色产品、绿色运维等多方位介绍绿色能源站建设的本质内涵。本书共分四章，主要内容包括绿色能源站概述、绿色能源站数字化、绿色能源站智慧化、绿色能源站标准化等，为未来建设绿色能源站提供参照，具有很强的实用性、先进性和前瞻性。

本书可作为从事热电联产，集中供热，区域供冷、供热，天然气分布式能源，多能互补终端用能一体化以及综合能源技术和服务的工程技术人员、设计人员、科研人员和运行人员的参考书，也可作为从事能环专业的教师和学生的参考书。

图书在版编目（CIP）数据

绿色能源站/李先瑞，谢吉平主编．—北京：中国电力出版社，2020.11（2021.11 重印）
ISBN 978-7-5198-5030-2

Ⅰ．①绿…　Ⅱ．①李…　②谢…　Ⅲ．①无污染能源－供能　Ⅳ．①TK01

中国版本图书馆 CIP 数据核字（2020）第 187169 号

出版发行：中国电力出版社
地　　址：北京市东城区北京站西街 19 号（邮政编码 100005）
网　　址：http://www.cepp.sgcc.com.cn
责任编辑：冯宁宁（010-63412537）
责任校对：黄　蓓　常燕昆
装帧设计：张俊霞
责任印制：吴　迪

印　　刷：三河市万龙印装有限公司
版　　次：2020 年 11 月第一版
印　　次：2021 年 11 月北京第二次印刷
开　　本：787 毫米×1092 毫米　16 开本
印　　张：21.75
字　　数：467 千字
定　　价：80.00 元

编 委 会

主　　编　李先瑞　谢吉平

副 主 编　彭国平　曹　亮　窦　蕾

参编人员　马　进　陈立力　王劲东　杨钦海

谭文腾　文　兴　李　凡　杨迎霞

肖卫民　彭国斌　匡胜严　尹业东

杨彰武

主　　审　许文发　李德英　冯江华

序一

从全世界来看，城市消耗的能源约占全球总能耗的 70%以上，排放的温室气体约占全球的 40%，城市中供热供冷消耗的能源约占当地建筑总能耗的 50%以上，降低城市能耗和减少温室气体排放要求建设绿色、清洁、低碳能源站。这本书通过大量的绿色能源站的案例说明绿色能源站具有较好的经济和社会效益。①通过利用低品位能源、热电联产余热、工业余热、天然气分布式能源和天然气+可再生能源融合系统等降低 50%的供热供冷能源需求，通过数字化、智慧化实现高达 90%的运行效率。②降低供冷供热供电运行成本和减少温室气体排放。将清洁的、可再生的能源整合到供热供冷系统中，既可降低运行成本，又可降低温室气体的排放。③减少污染，实现清洁供能。通过清洁能源的使用和高效的运行，可以减少室内外污染（SO_2、NO_X、颗粒物）的排放。④建设绿色生态城市能源体系。

这本书系统而全面地介绍了区域能源中各种类型的绿色能源站，包括 DH（区域供热）能源站、DC（区域供冷）能源站、DHC（区域供热供冷）能源站、CHP（热电联产集中供电供热）能源站、CCHP（工业余热供热供冷供电，区域型天然气冷热电联供，楼宇型天然气冷热电联供）能源站、多能互补一体化能源站。这些绿色能源站共同特点：①使用的是清洁的、可再生的、高效的、低排放的能源，包括天然气、地热能、空气能、生物质能、工业余热回收、热电联产、太阳热能、光伏、风能或潮汐发电等。②建设的是数字化能源站，通过采集分析管理能源站的各项性能检测数据对能源站在设计、施工及运行三个阶段的性能进行评估，从而使能源站的各级控制和管理系统实现数字化。③建设的是智慧化能源站，智慧化是通过对能源站物理和工作对象的全寿命期量化、分析、控制和决策，提高能源站价值的理论和方法。广泛采用云计算、大数据、物联网、人工智能等新一代信息与通信技术，集成智能的传感与执行、控制和管理等技术，具有一定的感知能力、学习和自适应能力、行为决策能力，与智能楼宇相互协调，达到更安全、更环保、更高效、更经济的能源站。④建设的是标准化能源站，能源站标准化是在能源站设计、建设、运营的全寿命期下，明确各部分的标准化职责和权限，为能源站全寿命期的设计、建设、运营创造条件，提供必要的资源，并规定标准化、规范化、科学化、系统化的过程活动。能源站的标准化可使能源站设计、建设、运营的全寿命期保持高度统一和高效率的运行，从而实现获得最佳秩序和经济效益的目的。

这是一本有理论、有实践的、很好的区域能源站建设书籍，这本书是致力于环保的远大能源利用管理有限公司根据二十几年几亿平方米能源服务的运行数据、运行经验和专家、管家运行理念总结出来的，并将仿真技术、互联网、云计算等应用于能源站的设计、施工和运行中，使绿色能源站更为先进，更为前瞻。在此，我特向从事区域能源的科研、设计、施工、运维的同行推荐这本书，特向对绿色能源站项目管理的专业工作者推荐这本书。

许文发

2020 年 8 月

序二（自序）

绿色是生命，是环保。

绿色能源是清洁能源，可再生能源，环保、高效。

绿色能源站是采用一种或多种互补的绿色能源，直接向终端生产和生活用户提供一体化冷、热、电服务，具有安全性、高效性和经济性。

绿色能源站是能源生产革命和能源消费革命的产物，符合国家能源局印发的《能源生产和消费革命战略（2016—2030）》中提出的“要坚持安全为本、节能优先、绿色低碳、主动创新的战略取向，全面实现我国能源战略性转型”的要求。

远大绿色能源站是远大先进制造和远大现代化服务深度融合的典范；是远大环保、节能理念的延续；是远大科技集团高科技和信息化高度发展技术相结合的产物；是数字化、智能化应用于绿色能源站规划、设计、施工、运行全寿命期，实现能源经济效率、技术效率、无碳化率、无害化率、智慧化率的跨越式发展的保障。

由于绿色能源站使用的是多元的、环保的、清洁的、安全的多种复合能源，能源站供能系统是一项多元系统的复杂工程，形式多样，内涵丰富，是多元输入和输出系统。远大能源利用管理有限公司采集了远大科技集团 28 年数亿平方米供能面积的能源站设备、系统设计、运行性能、能耗、环境的数据，对这些数据进行分析、诊断、评价，以此为基础，对终端用户负荷、设备及系统进行模拟、仿真及深度学习，创建了设备、系统的优化运行，优化故障诊断，优化运行策略及优化控制方法，同时率先提出人工智能技术应用于全系统、全寿命期的规划、设计和运行中，使远大能源利用管理有限公司建设的绿色能源站成为数字化能源站、智慧化能源站及标准化能源站，真正达到能源供需的安全、高效、环保、经济和舒适。

绿色能源站是新时代供能、用能的新形式，本书基于对远大技术、产品及国内外项目案例的介绍及信息技术发展的大背景，提出绿色能源站建设要求及标准，为能源站的发展提供了一种新的视角。绿色能源站是能源行业发展的必然，是节能减排的必经之路，通过绿色能源站的建立和指引，才能真正实现能源的高效、健康发展。由于可参考的书籍很少，且不系统，与远大能源利用管理有限公司共同编著的这本书，具有实用性、先进性、前瞻性，值得推荐给能源行业，特别是推荐给从事热电联产，集中供热，区域供冷、供热，天然气分布式能源，多能互补终端用能一体化以及综合能源技术和服务的工程技术人员、设计人员、科研人员和运行人员，也可作为能环专业教师和学生的参考书。

李先瑞

2020 年 6 月

前言

我国每年都有大量的能源站在建设，大量的空调系统投入使用，这些能源站有的独立设置，有的设置在建筑内，设计理念、系统形式、建筑特点、能耗水平等千差万别。传统商业模式下产品研发、系统设计和工程建设各环节单独进行，用户自身的运维也往往只关注主机能效和系统能效，很少会用全生命周期去考虑能源站的生命能效及环境友好性问题。随着合同能源管理业务的发展，能源站自建的方式逐步变成一种第三方投资建设和运营，逐步变成了一种高度专业化集成产品，当能源站变成一种产品时，对它的评价就迫在眉睫，但目前没有一本书或评价标准能够参考，这是目前亟待讨论和解决的问题，也是规范市场商业化竞争的必要条件。

本书基于远大在国内外众多能源站规划、设计、建设和运营的经验，提出绿色能源站的构想，对绿色能源站进行定义，并从数字化、智慧化、标准化三个维度进行全面阐述，结合理论与实际案例从绿色设计、绿色技术、绿色产品、绿色运维等多方位介绍绿色能源站建设的本质内涵，寄希望通过对绿色能源站的介绍和定位，真正让读者认识到如何从规划、设计、施工、运营及信息建设等全生命周期去打造绿色能源站，同时本书对绿色能源站未来将如何发展，如何将绿色能源站的价值最大化，也做了深入的探讨，希望通过本书能带给行业一些新的方向，给广大读者一些新的思想。

本书能够出版得益于远大科技集团张跃总裁和远大能源管理有限公司周卓君董事长、彭国平总经理的支持，同时也非常感谢公司技术团队近 5 年的辛勤付出，中途几经易稿终于成书。同时非常感谢李先瑞老师，八十高龄仍然笔耕不辍，带领大家为该书查阅大量国内外文献，对各章节内容及文稿给出非常专业的指导和修改。另外对区域能源专委会理事长许文发、中国建筑节能协会副会长李德英、天然气分布式专委会首席专家冯江华等专家的指正一并表示感谢！

在绿色能源站这条路上，也许我们才刚刚起步，也许我们已经在路上，我们希望在本书之后能联合行业内专家、学者及同行共同制定一系列绿色能源站的评价标准，为行业的良性发展做出正确的表率和引导，通过对技术、产品、设计、建设、运维等绿色、清洁、低碳化的绿色能源站的建设，为国家节能减排，为人类的绿色发展尽个人和企业应有的责任和义务，我们希望更多的人了解绿色能源站，更多的人开展绿色能源站技术、产品、标准的研究，参与到绿色能源站建设工作中来，共同为节能减排事业做出贡献。

本书虽经不断修改完善，一定还存在缺陷，恳请读者给予指正。

编委会

2020 年 9 月

目录

第1章 绿色能源站概述

1.1 能源站的分类及发展

1.1.1 能源站的定义与分类

凡是能够起到能源供应作用的空间都可以称为能源站。本书主要指的是供热（供暖、供汽、供生活热水）、供冷和供电能源站。

能源站分类多样，按供能规模分为集中式、分布式；按供能能源种类分为煤、清洁能源（天然气）、可再生能源和复合能源等四类；按用户端用电、用热、用冷需求分为一种用能、二种用能、三种用能，分类列举情况如下：

1. 按能源站的供能类型分类（见图 1-1）

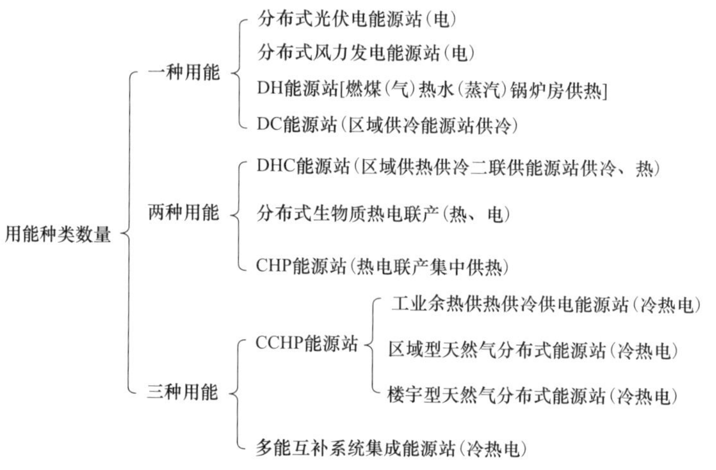

图 1-1 按供能类型分类

2. 按能源类型分类（见图 1-2）

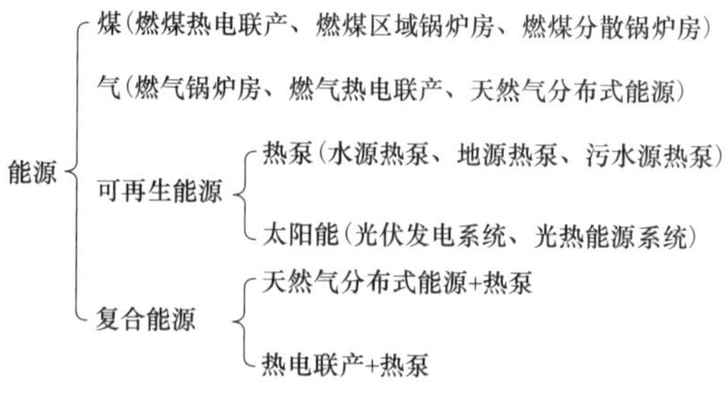

图 1-2 按能源类型分类

3. 按供能范围（规模）分类（见图 1-3）

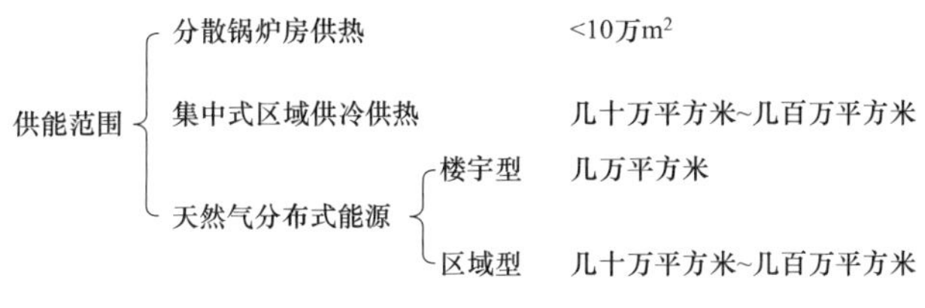

图 1-3　按供能范围（规模）分类

1.1.2　能源站的发展

（1）燃煤供热能源站从分散向集中发展；从分散锅炉房供热向热电联产集中供热发展；从热电联产集中供热向热电联产集中供热供冷发展。

发展的主要原因：①从供热热效率上看，热电联产集中供热热效率大于区域锅炉房供热效率，区域锅炉房供热热效率大于分散锅炉房供热热效率。热电厂集中供热综合热效率大于 45%，由于热电厂集中供热的热电比较高，其综合热效率可达 50%～60%。②从大气环境质量上看，由于热电联产集中供热锅炉容量大、烟囱高、脱硫及脱硝设备性能好便于集中处理等原因，环境效益明显优于分散锅炉房。③从科学技术发展角度上看，多热源供热技术的进步既提高了热源供热的可靠性，又提高了热源运行效率，还降低了热源的投资，从而使供热范围从几十万平方米扩大到几千万平方米，甚至可达上亿平方米；直埋管道敷设技术的发展和推广，使供热热水管网的温降降至 0.1℃/km 以下，为集中供热的发展创造了条件；低温循环热水供热技术和大温差供热技术的发展既充分利用了热电厂低温余热，又扩大了输配管网的供回水温差，使更大规模的供热变成了现实。

（2）从单栋楼宇的供冷向区域供冷发展，从区域供冷向区域供冷供热发展，从供冷供热向供电、供冷、供热发展。

发展的主要原因：①经济的发展促进了城市功能区的建设和发展，各功能区具有建筑密度高、冷热负荷密度高（为 100 万～200 万 kW/km^2）、建筑物功能齐全（办公、宾馆、娱乐、酒店等）、同时使用系数较低等特点，既降低了区域供冷供热能源站的冷热源和管网的投资，还提高了能源的利用率。②区域供冷供热能源站的占地面积，比分散建设供能中心的总占地面积小，是节地的重要举措。③合同能源管理的区域供冷供热能源站通过实施能源站规划、设计、施工、运营管理的全寿命期管理，以及实施专业队伍的专家运营模式等方式为绿色能源站创造了条件。

（3）从燃煤集中供热方式向燃气和可再生能源方式发展，从单一能源方式向复合能源方式发展。

从世界各国发展来看，调整产业与经济结构，转变经济增长方式的关键是调整一次能源结构，改变能源转换技术，这是从根本上解决能源结构性矛盾，实现产业升级，提高能源利用效率，降低污染和温室气体排放的关键。

我国长期以来以燃煤为主，优质清洁能源比重很低，一次能源结构亟待调整。减少燃煤比重，增加天然气供应，为我国燃气冷热电分布式能源发展提供了有力保障。积极推进天然气、可再生能源对煤的替换，是实现我国经济可持续发展、深化改革的重点。

由于燃气冷热电分布式复合能源具有提高能源综合利用效率，改善环境，提高能源安全性等特点，因而天然气及燃气冷热电分布式能源的发展，将为中国能源结构调整带来一次重大变革及机遇。

天然气分布式复合能源的特点：①天然气是清洁能源：具有优质、稳定、高效、安全、无毒和低污染等一系列特点，是减少 CO_2 排放量的关键。②天然气分布式能源系统：符合“温度对口，梯级利用”的原则，通过能源的梯级利用，大大提高能源的利用率，全年平均综合利用率达到70%以上，单位装机容量节煤量达到0.2～1t标准煤/kW。③提高供电系统的安全性：建设分布式能源系统，至少可以解决约1亿kW的发电容量，若考虑发电机组余热供热和制冷所能代替的用电量，以及减少的输变电损耗，应相当于代替2亿～3亿kW的发电容量。这些设施不仅不依赖电网来保证其安全供电，还可自下而上地托起电网的安全。④具有天然气和电力的双重移峰填谷的作用，同时结合复合能源方案，充分利用余热余压，合理转换供能方式及用能质量，提高用能效率。

（4）从单独供热或单独供冷向供冷供热二联供发展，从供冷供热二联供向供电、供冷、供热三联供发展。

21世纪人类面临的各种科学问题大多与能源有关。分布式冷热电技术是未来世界能源技术的重要发展方向。所谓分布式能源是指分布在用户端的能源综合技术。一次能源以清洁气体燃料为主，可再生能源为辅；二次能源以分布在用户端的热、电、冷联产为主，其他能源供应系统为辅。

燃气冷热电分布式能源技术具有能源利用效率高、环境负面影响小、提高能源供应可靠性高和经济效益好的特点。中国人口多，自身资源有限，必须立足于现有的能源资源，提高能源综合利用效率，扩大能源资源的综合利用范围，而燃气冷热电分布式能源则是解决该问题的关键技术。

常规分布式能源技术比较成熟。经过十几年的摸索和吸收国外先进技术，我国已经有了一批燃气冷热电分布式能源技术方面的专家，这些专家在系统的优化配置、优化运行、协调控制等方面都积累了可贵的经验，并在国内部分项目进行了成功的应用。

科技界与分布式能源系统配套设备制造商进行了必要的磨合。科技学术界将分布式能源系统设备的技术需求传递给了制造业，制造业也生产出了符合国情的配套设备，分布式能源系统配套设备已由完全依赖进口进入到开始由国内配套，具备了一定的降低造价条件，但核心设备原动机还是要依靠国外设备厂商。

多个区域或项目分布式能源系统的成功设计、建设和投产运行，为我国燃气冷热电分布式能源的发展奠定了坚实的技术基础。

（5）从单独的能源系统向综合能源、多能互补发展。

2017 年10月，国家电网有限公司发布了《关于在各省公司开展综合能源服务业务的意见》，指出开展综合能源服务业务的重要意义，并提出了开展综合能源服务业务的总体要求。其中，提供多元化分布式能源服务，构建终端一体化多能互补的能源供应体系是综合能源服务业务的重点任务。

多能互补综合能源系统（以下简称综合能源系统）的核心是分布式能源及围绕其开展的区域能源供应，是一种将公共冷、热、电、燃气乃至水务整合在一起的形式。综合能源系统一方面通过实现多能源协同优化和互补提高可再生能源的利用率；另一方面通过实现能源梯级利用，提高能源的综合利用水平。然而，由于综合能源系统是一种有较多变量，特性复杂、随机性强，多时间尺度的非线性系统，其规划问题较传统能源规划问题更为复杂。

多能互补系统是传统分布式能源应用的拓展，是一体化整合理念在能源系统工程领域的具象化，使得分布式能源的应用由点扩展到面，由局部走向系统。具体而言，多能互补分布式能源系统是指可包容多种能源资源输入，并具有多种产出功能和输运形式的“区域能源互联网”系统。它不是多种能源的简单叠加，而要在系统高度上按照不同能源品位的高低进行综合互补利用，并统筹安排好各种能量之间的配合关系与转换使用，以取得最合理能源利用效果与效益。

1.2　绿色能源站

1.2.1　绿色能源站的定义及内涵

1. 定义

采用清洁和可再生能源为生活、生产提供高效、可持续的冷、热、电源的能源站，并通过智能化控制实现负荷自适应匹配及最优化控制，确保系统运行稳定，系统效率最大化，从而实现节约友好用能和可持续发展，为人们提供健康、舒适和高效的用能场所。

2. 绿色能源站的三个“绿色化”

第一个是规划和设计的绿色化；第二个是能源站建设的绿色化；第三个是全寿命期运营维护的绿色化。简单通俗地说就是：能源站建设是不是绿色的设施；能不能按绿色管理的方式去运营。

3. 绿色能源站的三个导向转型

从传统的运营管理向绿色能源站的运营方式转变应该按三个导向转型：第一以低消耗、低污染、低排放为导向；第二以优质服务为导向；第三以合理的投入产出比为导向。

4. 绿色能源站能源管理的四个内涵

第一是能不能构建出基于全寿命期的绿色基础设施体系的问题；第二是能不能建立起可持续的运营模式的问题；第三是能不能实现在经济上的可持续性；第四是在运营人才支撑方面有没有可持续性。

5. 绿色运营的评价

从基于全寿命期来思考构建整个系统的问题，首先从建立基线开始——基线是绿色运营的结果参照标准。评价运营是不是能够达到绿色化要求，基线是一个重要标准。其次是建立指标体系——这个体系按三个阶段去构建：一是规划阶段，二是建设阶段，三是运营阶段。能不能构建一个基于全寿命期的绿色体系，这是未来绿色运营的一个基本保障。绿色能源站的评价标准是由远大主编的《绿色能源站建维服务认证技术规范》。

1.2.2 绿色能源站特点

1. 绿色清洁可再生能源

能源发展关系到社会经济的可持续发展。自人类开始大规模使用化石能源以来，能源发展便自然而然地成为一个环境发展的问题。无论是先前的煤炭能源排放硫化物，还是后来的油气能源排放碳化物，都对地球环境造成极大的负面影响。图 1-4 所示为世界能源构成变化的历史轨迹。

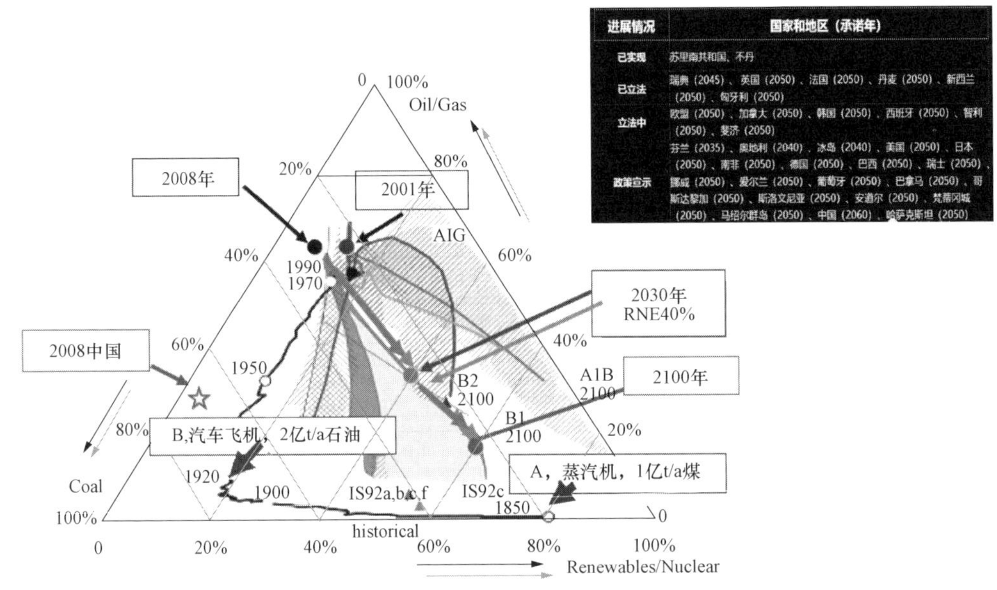

进展情况	国家和地区（承诺年）
已实现	苏里南共和国、不丹
已立法	瑞典（2045）、英国（2050）、法国（2050）、丹麦（2050）、新西兰（2050）、匈牙利（2050）
立法中	欧盟（2050）、加拿大（2050）、韩国（2050）、西班牙（2050）、智利（2050）、斐济（2050）
政策宣示	芬兰（2035）、奥地利（2040）、冰岛（2040）、美国（2050）、日本（2050）、南非（2050）、德国（2050）、巴西（2050）、瑞士（2050）、挪威（2050）、爱尔兰（2050）、葡萄牙（2050）、巴拿马（2050）、哥斯达黎加（2050）、斯洛文尼亚（2050）、安道尔（2050）、梵蒂冈城（2050）、马绍尔群岛（2050）、中国（2060）、哈萨克斯坦（2050）

图 1-4 世界能源构成变化的历史轨迹

长期以来，化石能源大规模开采使用，造成了地面塌陷、地下水破坏等严重生态损害，导致了雾霾频发等环境问题。特别是全社会和广大人民群众都非常关注雾霾的治理，期盼有一个优良的生态环境。

我国政府已经向国际社会承诺非化石能源消费占比在 2020 年达到 15%、2030 年达到 20%的目标，向世界郑重承诺力争在 2030 年前实现碳达峰，努力争取在 2060 年前实现碳中和。“十三五”时期是我国建设生态文明、推动能源革命的重要攻坚期，也是完成非化石能源消费目标的重要转折期。发展可再生能源，正是中国落实《巴黎协定》、实现非化石能源消费目标的必然要求，也是我国作为一个负责任大国的主动作为。

绿色能源站应优先采用低碳、可再生能源，可再生能源作为来自大自然的能源，是取之不尽，用之不竭的能源，是相对于会穷尽的不可再生能源的一种替代能源，对环境无害或危害极小，而且资源分布广泛，适宜就地开发利用，也符合世界能源发展轨迹。

2. 绿色规划设计建设

从城市角度来看，能源规划尤其对区域能源的规划是确保城市可持续发展的必要措施，其目的是科学分析城市能源结构、资源条件、用能需求、能源价格等因素，对城市长远发展提供能源层面的宏观控制要求以及措施，是一项城市基础性规划。

通过编制区域能源规划，可以推进能源结构的清洁、优质化，保障城市环境效益；通过发展与经济发展水平相适应的能源利用方式，保障社会经济效益，同时在相同的经济代价下，提高人民的居住品质，提升城市吸引力，因此，区域能源规划的编制，对于统筹能源、经济、环境之间的关系，实现能源环境经济的协调发展，有着举足轻重的作用。

在能源规划设计阶段应充分利用大自然禀赋于自然的地理、气候、环境资源，合理利用可再生能源，适度搭配清洁能源，在满足人类生活舒适要求的同时确保能源供应的绿色化。

3. 远大绿色智慧建筑——活楼（不锈钢建筑）

能源站作为居住、商业、生产等建筑能源保障用房，其自身的建造应从材料源头到设计、建造过程都应充分考虑绿色化率的问题，在能源站建筑领域目前远大已经开始采用装配式绿色智慧建筑（装配式钢结构、装配式不锈钢芯板结构）为未来能源站建设提供 100%绿色化建造，使能源站建筑本身更高能效、更节省资源和经久耐用。

不锈钢芯板，由两块钢板夹极薄的芯管阵列，芯管端垫铜箔，经 1100℃空气钎焊而成。芯板力学性能与宇宙飞船蜂窝板类似。因芯管阵列有空隙，可以吹入热风进行钎焊，受热极为均匀，可焊制巨大板材而平整如镜。而传统不锈钢蜂窝板密不透风，只能热辐射，加热极慢，受热不均匀，成本极高，仅应用于航天。远大芯板比蜂窝板尺寸大 10 倍，加工成本低 20 倍—通过工厂预制化实现能源站现场建造无建筑垃圾及快装快用的要求，通过在芯板间填充保温隔音材料可使其传热系数 K 值仅为 0.3W/（m^2 • ℃），为绿色能源站建筑建设提供便捷、可塑的材料。图 1-5 所示为远大芯板材料。

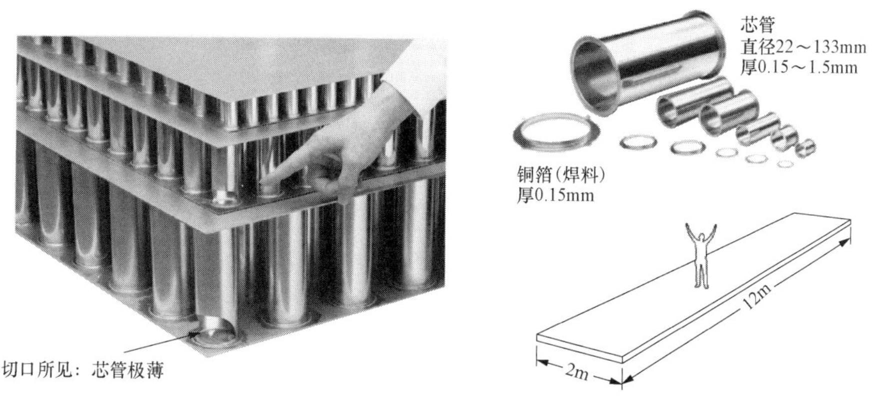

图 1-5　远大芯板材料

绿色智慧建筑特点如图 1-6 所示。

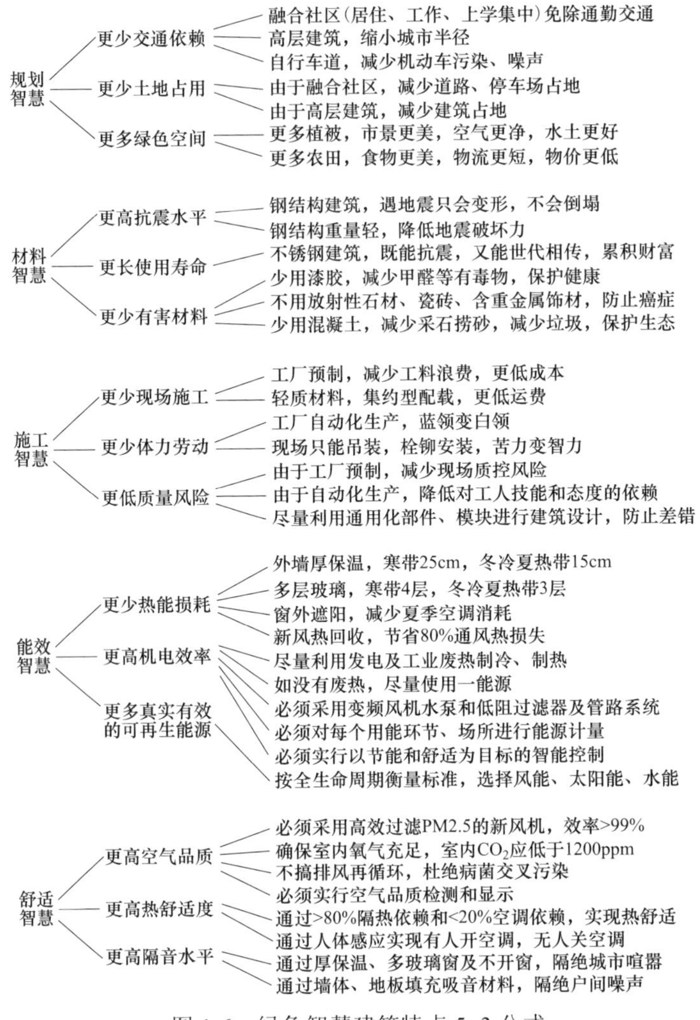

图 1-6　绿色智慧建筑特点 5×3 公式

4. 能源站的数字化

BIM（Building Information Modeling）技术是一种应用于工程设计、建造、管理的数据化工具，通过对能源站的数据化、信息化模型整合，在项目策划、运行和维护的全寿命期过程中进行共享和传递，使工程技术人员对各种能源站信息作出正确理解和高效应对，为设计团队以及包括建筑、运营单位在内的各方建设主体提供协同工作的基础，在提高生产效率、节约成本和缩短工期方面发挥重要作用。绿色能源站最重要的特征就是通过将传统仿真模拟技术与 BIM 信息建模技术相结合，利用互联网、云计算平台及大数据传输与处理实现系统数据自动交互，利用虚拟展示实现能源站全寿命期建设、设计、运营数据可视化。

1.2.3　绿色能源站发展基础

1. 绿色能源站要求有现代的市场经济体制

能源是一种商品，可以在市场上自由交易，但目前在我国还不能完全做到，因为我国市场经济体制还不够完善，在该阶段还带有一些计划经济的特点。油、气、电、冷、热还没有完全体现它们的商品属性，还不能进行市场交易，绿色能源站建设需要一个充分平等、合理的市场竞争体制。

2. 绿色能源站要求实现能源管理机制的革命

绿色能源站可以在一个区域内实现多种能源管理体制的协调融合，形成一个有机的管理机制，同时也就要求在更大范围内甚至全国建立健全适合中国特色的能源管理体系。

3. 绿色能源站推进要求能源价格的革命

绿色能源站是多品种、多品位能源在一个区域内的应用，所以各种能源应该有一个合理的价格，应该按质论价、市场定价、随行就市。而目前我国还没有建立起这样一个能源价格的定价机制，水、气、电、冷、热如何定价，要平衡各方利益，从长计议推进能源价格的革命。

4. 绿色能源站要建立系统性的综合评价指标

绿色能源站是全系统、全寿命期的节能体现，需要更完善，更综合，更系统的评价指标。目前行业的评价指标只是针对某个系统，某个建设阶段来评价；缺乏对绿色能源站全寿命期、全系统的评价指标。

5. 绿色能源站应当引进国际能源的新概念、新理念、新观念

国际上有很多理念和概念值得我们学习应用。例如城市能效、区域能效、行业能效、系统能效、季节能效等，加强与国际上在区域能源方面的合作首先就要学习理解先进的概念、理念和观念。

6. 绿色能源站推进能源国际合作

学习国际上先进的能源技术，包括能源的生产技术，转换技术，应用技术，运行管理技术，运营服务技术，要实现能源革命除了掌握先进的能源技术外，还需要采取国际先进的控制及数字技术，包括软硬件、先进的控制技术、可视化、无人化、信息化、智能控制、大数据分析技术。国际合作离不开人才的交流和培养，应该完善我们的能源行业人才培养体系，编写系统、统一的教材，特别是运营管理方面人才的培养，应积极参加国际上一些优秀能源企业的运营管理培训。

7. 绿色能源站呼唤有国际水平的高效设备

绿色能源站建设旨在提高能源效率，提倡技术、产品效率最大、最优化，实现能源的综合、集成利用，对各种能源吃干榨尽，技术和设备都要高效率、低排放。高品位、高温的能源转换为低品位、低温的能源比较容易实现，但将大量低品位、低温的能源转换为我们需要的能源，这需要更多的新技术、新设备。所以必须有世界当今一流的能源生产、使用、转换的设备，而且是有自主知识产权的，绿色能源站推动能源设备生产、利用的革命。例如：在燃气发电机、磁悬浮制冷机、余热回收等方面的设备。

1.3　绿色能源站冷热电用户端的节能

用户冷热电都会影响冷热电负荷，绿色低碳的全系统能源站，用户建筑本身的节能

至关重要，建筑本身的能耗降低，空调系统才能更节能。图 1-7 所示为用户端的节能。

办公楼

用途：办公 定员：400人
使用面积：4212m²
建造：1994年 改造：2008年
改前能耗：294kW·h/m² 年
改后能耗：61.2kW·h/m² 年
改造费：141 万元
节能率：80%
回报期：2.9 年

改造前

*kW·h指一次能源，折合0.1kg油当量（下同）
1kW·h电折合4kW·h一次能源

墙体保温

聚苯泡沫板，厚度150mm，减少8倍传热
敷多层增强网及抗裂砂浆，极为耐用
墙体保温技术很容易学，施工并不复杂，普通民工培训一周就可施工

原墙：无保温，外贴瓷砖

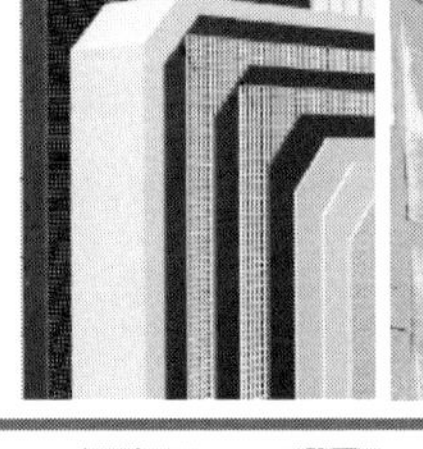

三玻塑框窗

减少8倍传热

原单玻铝窗

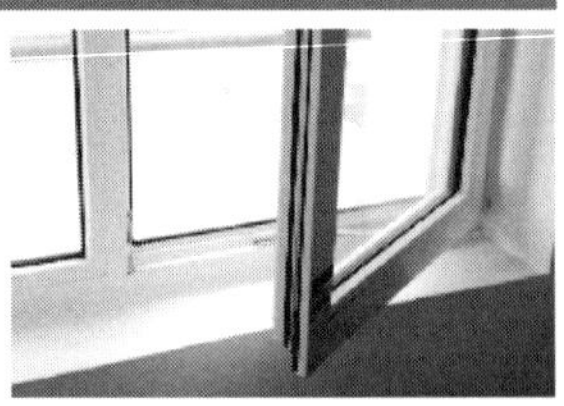

热回收新风机

热回收效率夏季约70%
冬季约90%
风量12 000m³/h

原开窗通风

窗外遮阳

摆臂式布卷帘，阳光照射时，每扇窗约减少1.5kW传热

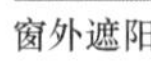

原窗内遮阳

图 1-7　用户端的节能

1. 外围护结构

（1）材料：墙体保温层相对一般房屋的要厚许多，一般为 20cm 以上，且堆砌墙体的黏土砖内部空腔填充保温材料。超级节能窗也作为外围护结构起重要的保温作用，窗框体采用超级保温复合框体，玻璃采用三玻两腔结构（双 LOW-E、双暖边、充氩气），且满足被动式住宅窗的指标：

1）U_w 值≤0.8W/（m^2·K）。

2）U_g−1.6W/（m^2·K）·g<0，g 值一般都在 0.5 左右。

窗和幕墙的型材种类有断桥隔热铝合金、聚氯乙烯塑料、铝木复合型材等；玻璃的种类有普通中空玻璃、低辐射气度膜（Low-E）中空玻璃、真空玻璃等。

（2）设计：在外墙的隔热中，有效而环保的方法是将建筑的墙体外厚保温设计，再就是将建筑外墙或者接近外墙的地方用植被覆盖。屋顶可以采用架空形式保温屋面或倒置式屋面，也可以使用植被覆盖。窗户方面宜适当加大南向窗户面积同时适当缩小北向窗户面积，这样既有利于冬季充分利用南向窗太阳得热进行被动式采暖，又有利于减少冬季北向窗向外散热。

2. 外遮阳

百叶式活动外遮阳在夏季可有效遮阳，显著降低空调能耗，并保持室内舒适、光线均匀。过渡季节采用活动外遮阳。冬季白天可收起活动外遮阳设施，充分获得太阳辐射热，减少采暖负荷并保证正常自然采光；夜里开启还能提高保温性能的作用。

3. 换气系统

通过简单的机械系统产生的主动通风（逆流空气/空气热交换）提供了高质量的空气，同时利用洁净热回新风技术对新风进行净化、同时回收排风冷热量。新风热回收技术是指室外新鲜冷空气，通过管道线路，首先进入室内能量回收通风系统的核心控制部件，室内含有一定冷/热量的废气，通过管道线路，也汇集进入室内能量回收通风系统的核心控制部件。能量回收通风系统，将废气中的大部分热量留住，预冷/热进入室内的新鲜空气。预冷/热热的新鲜空气，通过管道线路送到各个房间。能量回收之后的废气，通过管道线路排到室外。

4. 良好的气密性

在窗户与建筑间装置了封闭胶条，设计了构造节点，使房子的气密性非常好。气密性指标，要求在室内外 50Pa 压力差的情况下，每小时的空气渗透量不能超过建筑总容积的 60%。

1.4 全寿命期能源站

全寿命期节能管理是一项系统化的工程，涉及项目立项、设计、施工、运行及建设理念等多个环节。

1.4.1 全寿命期定义

建筑从最初的规划设计到随后的施工、运营及最终的拆除，形成一个全寿命期。关注建筑的全寿命期，意味着不仅在规划设计阶段充分考虑并利用环境因素，而且确保施工过程中对环境的影响最低，运营阶段能为人们提供健康、舒适、低耗、无害的活动空间，拆除后又对环境危害降到最低。绿色能源站要求在建筑全寿命期内，最大限度地节能、节地、节水、节材与保护环境，同时满足站房功能。同时还应重视信息技术、智能技术和绿色建筑的新技术、新产品、新材料与新工艺的应用。

全寿命期的节能管理也应运用到能源站的节能管理中来，对于全寿命周期能源站的评价及建设最核心的还是在于绿色理念的认同，在项目建设规划阶段必须要建立较高的绿色标准，建设全过程中需要严格按照绿色指标进行考评。

1.4.2 能源站规划与设计

在能源站的规划过程中，首先要对能源站的位置进行全面的分析、研究和现场实际调查后，通过多方面比较，并权衡各种利弊和优缺点。同时与建设单位共同商定经济、合理、可行的方案，反复论证后确定。能源站选择是一个涉及各个专业，应该引起足够重视的问题。在选址时必须全面综合考虑各种因素、统筹安排、协调相互关系；同时必须符合政策的规定和各专业的要求；必须立足于近期规划，并满足长远发展，符合节能环保的绿色理念。

1. 前景与意义

随着人们对能源问题的认识和解读日益理性和深入，各地在能源发展与利用方面不断创新，在科学用能、合理用能方面不断探索新技术、新思维、新模式。我国政府在今后将进一步加快转变经济发展方式，推进加强用能管理，发展智能电网和分布式能源，实施节能发电调度、合同能源管理、政府节能采购等行之有效的管理方式。当前绿色低碳能源站的模式已得到世界各国的广泛重视和应用，在中国已进入实质性快速起步阶段，即将迈向规模化实施进程，产业前景广阔。

绿色低碳能源站对节能减排具有重要的意义。主要体现在四个方面，分别是合理用能、科学用能、综合用能、集成用能。具体表现为品位对应，即对能源的利用、对环境所能产生的二次能源、三次能源量的多少都要有量级上的区别；其次能源温度需对口，由于人们在生产生活中对用能的温度的需求是不同的，要根据实际生产生活需求来供应温度对口的能源。做到高能高用，低能低用，不能高能低用，减少品质不对称造成的浪费；对能源要实行梯级利用，即对高品位、高温度的能源要进行二次、三次的重复利用；对各种形式能源的综合利用，取长补短，从多角度、多方面将能源使用到位；对各种设备系统、技术进行高效集成利用，互相补充完善达到最优的效果，实现高能效。

2. 规划要求

发展绿色低碳能源站必须绿色理念先行，从全寿命期做能源规划。能源规划是对选定的区域，在建设和开发的初期，对能源需求种类、品类、数量、使用特点、时间、价格、排放要有一个预期，对能源供应要有一个展望，包括能源可利用情况、利用成本分析，对其所采用的能源技术的分析对比，以及能源消耗带来的污染等方面的内容。在能源规划时要注意对方案总体进行技术经济分析，要综合考虑所有能源的供应和使用情况。

3. 符合整体规划

能源站规划应该服从于城市规划，应该包含在城市规划中。“中华人民共和国城乡规划法”规定：“制定和实施城乡规划，应当遵循城乡统筹，合理布局、节约土地、集约发展和先规划后建设的原则，改善生态环境，促进资源、能源节约和综合利用，保护耕地等自然资源和文化遗产，保护地方特色，民族特色和传统风貌，防止污染和其他公害，并符合区域人口发展，国防建设、防灾减灾和公共卫生、公共安全的需要。”

各城市的整体规划中，一般均应有所考虑、安排、建议能源站的建设范围或确切位置和相应的标准。应首先根据规划中确定的位置，结合目前各方面的实际情况，进一步研究原总体规划中提出的位置是否与当前具体情况相符，实施情况与原总体规划有无变化，并应与城建、能源等有关部门进行磋商后确定能源站的位置；如城市的总体规划正在调整过程中或没有编制整体规划时，应根据冷热负荷和今后城市发展等因素提出新建能源站的方案。

4. 靠近负荷中心

绿色能源站是一种基于用户端的能源供应方式，它利用天然气、电厂余热蒸汽、高温热水、太阳能等清洁能源在负荷中心实现能源转换和供给的特点，增强了能源供应的安全性，使室外管网的布置经济合理，有利于节省系统的投资和能源的输送费用。

人口稠密的城市商业中心、大学群、医院、机场（火车枢纽站）、机关、星级酒店等公共事业及服务单位。这些区域或单位用能负荷集中，用能时间长、单位负荷高，采用能源站便于集中控制和管理，可有效降低用户能源费用。

5. 规模、供冷半径

一般地，单体建筑能源站不受供冷半径的影响，区域型能源站应与最远用户之间的距离不宜超过 1.5km。供冷站的位置、规模和供冷半径的确定，有三个具体的数据可供参考：

（1）管网的冷损失：温升控制在小于 0.5～0.8℃；冷损失不大于 5%。

（2）管网的投资：占总投资的比例不大于 10%～12%（旧城改造可提高此项的比例）。

（3）冷水输送的能耗：占总能耗的比例不大于 15%。

1）温升：

$$\Delta t_g = \frac{l \times (t_w - t_1)}{G \times R \times c} \quad (℃/m) \qquad (1\text{-}1)$$

2）冷损耗：

$$Q = c \times G \times \Delta t_g \quad (W/m) \qquad (1\text{-}2)$$

式中：l 为冷水管道长度，m；G 为冷水管内流过水量，kg/h；t_w 为保温层外空气温度，℃（取地下土壤温度 24℃）；t_1 为进入管内介质温度，℃（取冷冻水供回水温度为 7、14℃）；c 为水的比热，kJ/（kg·℃）；R 为水管热阻，m^2·℃/W。

6. 管网设计

（1）管网设计同时使用系数。管网设计中水力计算的流量与管段上的用户类型及使用特性相关，确定计算流量时，要确定各支路的同时使用系数及流量，再逐步确定支管和主干管的流量，主干管的流量应与能源站的流量进行配合，支路的同时使用系数应在 0.45～0.8 之间，视不同情况而定。

（2）补偿。冷水管网由于其温度差较小，工作温度一般为 2～15℃。由于温差引起的伸缩变化较小，可采用无补偿直埋敷设。但考虑由于管网中需设置多种阀门，为防止阀门与管道连接处由于冷缩而产生的变形，便于维护，防止泄漏，一般在阀门法兰两端设可伸缩或变形的管件。较大的阀门（DN350 以上）应做支架。

（3）主干管设计流速。根据管径选定流速，冷水管道一般建议取 2.5～3.0m/s。

供热主干线比摩阻可采用 30～70Pa/m。热水热力网支干线、支线按压力降确定管径，但供热介质流速不得大于 3.5m/s。支干线比摩阻不应大于 300Pa/m，连接热力站的支干线可大于 300Pa/m，但需保持管网整体水力平衡。

（4）外供冷（热）管网的设计原则。

1）不同介质管网的设计要点。蒸汽管网，直接进入热用户，中间不需设热交换器，最大供热半径一般在 8km 以内，如超长，应计算允许压力降、温度降。

冷水管网，直接进入冷用户，不需设制冷站，供冷半径宜控制在 1.5km 以内。如超长，应计算允许温度降。

高温水管网，宜经热交换器进入热用户，供热半径宜在 10km 以内。如果输送距离超过 10km，应设中继泵站。

2）管线担负的热（冷）负荷要点。主干管网应按最终容量设计，一次建成。

支线及进入冷热用户的采暖、通风、空调冷（热）及生活热水负荷，宜采用经过核实的建筑物设计冷（热）负荷。

热力网最大热负荷应取经核实后的各热用户最大热负荷之和乘以同时使用系数。同时使用系数可按 0.6～0.9 取值。根据蒸汽管网上各用户的不同情况，当各用户性质相同、负荷平稳且连续生产时间较长，同时使用系数取较高值，反之取较低值。

生活热水热力管网设计应充分考虑热负荷需求情况，对热力网干线应采用生活热水平均热负荷；对热力网支线，当用户有足够容积的储水箱时，应采用生活热水平均热负荷；当用户无足够容积的储水箱时，应采用生活热水最大热负荷，最大热负荷叠加时应考虑同时使用系数。

3）管网布置原则。管网布置应在城市总体规划的指导下，深入研究各功能分区的特点及对管网的要求；

应能与市区发展速度和规模相协调，并在布置上考虑分期实施；

应满足生活、采暖、空调等不同用户对冷热负荷的要求；

管网布置要考虑冷热源的位置、冷热负荷分布、冷热负荷密度；

管网布置应充分注意与地上、地下管道及构筑物、园林绿地的关系；

管网布置要认真分析当地地形、水文、地质等条件；

管网主干线尽可能通过冷热负荷中心；

管网力求线路短直；

管网敷设应力求施工方便、工程量少。一般选择直埋、架空、地沟、管廊三、四种方式；

在满足安全运行、维修简便的前提下，应节约用地；

在管网改建、扩建过程中，应尽可能做到新设计的管线不影响原有管道正常运行；

管线一般应沿道路敷设，不应穿过仓库、堆场以及发展扩建的预留地段；

管线尽可能不通过铁路、公路及其他管线、管沟等，并应适当注意整齐美观；

城市道路上的管网管道应平行于道路中心线，并宜敷设在车行道以外的地方，且只沿街道的一侧敷设；

穿过厂区的管网管道应敷设在易于检修和维护的位置；

通过非建筑区的网管道应沿公路敷设；

管网管道选线时宜避开土质松软地区、地震断裂带、滑坡危险地带以及高地下水位区等不利地段。

7. 水源和燃料供应

由于能源站基于用户端的特殊性质，其运行的可靠性要求比较高，为保证能源站的可靠稳定运行，其对水源和燃料的供应可靠性的要求也就非常高。这两者是影响能源站选址的重要因素。

从选址来看，能源站位置应位于适合建设供气管网及供水管线的区域，或已经接入的区域、周边有大型电厂等余热能源接入的优先选择。气源、水源引接条件较好，其供应也都有保证。

8. 水文、气象条件

充分搜集、分析能源站厂址区域的水文、气象资料，是能源站选址以及后续设计的基础。厂址是否受洪涝水威胁，自然排水方向走向以及厂址区域的气象条件（气温、风速、气压、湿度、降水等）都会对能源站工程建设的经济性、安全性、可行性产生影响。

9. 合理用地

绿色能源站的选址过程中，必须认真研究占地、征地事宜，应符合以下原则：

节约用地：①在总平面布置设计时，应尽量紧凑合理，单位占地应尽量少，以减少征地；②能源站尽量占用荒地、劣地，少占用耕地；新选能源站位置应没有或很少需要拆迁的建筑物，以减少人口搬迁和不必要的浪费。

分期用地：征地时，应先征本期用地，后征发展用地，可节约初投资。施工用地可临时租用。

10. 满足环保要求

绿色能源站是减少环境污染的一项有效措施，因而在选择能源站位置时，应优先满足环保要求。

能源站位置应在市区常年主导风向的下方，能源站内水泵等转动机械和凡可能产生噪声的污染源，虽然采取了一定的措施，但由于是负荷中心，可能距居民小区和空调用户较近，因而在能源站附近，应留出一定宽度的地带，作为卫生防护带，如绿化带等。

11. 良好的工程地质

能源站选址时，应对初步确定的能源站位置附近进行调研，必要时还应进行少量的勘探工作，一般在初步设计时应作详勘。能源站应避免选在下列地区：

（1）地下矿藏：能源站的位置，首先应避开那些地下有可开采价值的矿藏地区；

（2）地质条件极差：能源站不应设在滑坡、岩溶发育或断裂地带；

（3）高度地震区：能源站不应设在 9 度及以上的高度地震区；

（4）文化遗址和自然风景区：能源站不应设在重点保护的文化遗址区和园林等自然风景区以及其他有碍景观的区域。

总之，能源站位置应根据工程地质情况，优先设在平坦的坡地或丘陵地带，不破坏自然地势，避开地质条件极差的滚石和泥石流等地区。

12. 能源站的节能设计

（1）合理选择节能主机设备。选择名义工况性能系数（COP）和综合部分负荷性能系数（IPLV）高的机组。在选型时，不仅要考虑机组的 COP，更要注重机组的 IPLV，关于 IPLV，在新版 GB 50189—2005《公共建筑节能设计标准》中已有明确规定。

选择能量调节范围宽广的机组。空调负荷具有典型的动态性，同一建筑物，日夜空调负荷是不同的，各季节的负荷差别更大，这就要求主机具有较宽的能量调节范围，以适应负荷变化。

因地制宜合理选择机组。当夏天既需制冷又需制取生活热水时可选择具备热回收功能的机组或直燃机组；具备地下水、地面水资源，或有适合水源热泵运行温度的废水等水源条件时，可采用水源热泵机组；在电力资源紧张地区可选择双工况机组，并应用蓄冷技术，利用低谷电，实现经济运行；在具有丰富燃气资源及气价具有优势的条件下或具有余热（高温热水、余热蒸汽、高温烟气等）可利用的场所，可以选择溴化锂吸收式机组进行供冷、供热。

（2）水系统节能设计。正确设计冷冻水系统，避免出现“装机容量偏大、水泵偏大和末端设备偏大”现象。

冷冻水泵容量应与负荷匹配。过大的水泵容量易造成“大马拉小车”，使泵的耗电大幅度增加。水泵的选取必须遵循《公共建筑节能设计标准》的规定，空调冷冻水系统的输送能效比 ER≤0.024 1。

合理选配阀门。以流量系数确定阀门的口径，口径过小达不到系统要求且系统需提供较大的压差以维持足够的流量，加重泵的负荷；口径过大使控制性能变差且系统易受冲击和振荡，也达不到节能目的。根据阀门流量特性选择合适的快开、线性或等百分比的阀门，如调节阀宜选用等百分比的阀门。根据使用位置选择阀门的类型，如冷冻水供、回水主干管道上宜选用阻力较小的闸阀，过大的阀门阻力特别是水泵前后和干管上的阀门往往多消耗水泵 2%～6%的动力。

正确设计管道直径。不能为节省初投资而缩小管道直径，太小的管径将使泵的电耗增加 20%～30%。主干管与支管道连接处尽量减少垂直连接，宜采用 135°弯，设计时尽量减少弯头，降低管道局部阻力。

变频节能技术。冷冻水和冷却水系统通常按定流量系统设计，由于建筑物大多数时间是部分负荷，同时水泵选型一般按额定流量附加 10%～30%的裕量。在部分负荷运行时，水系统经常处于“大流量、小温差”的状态，水泵满负荷运行，造成很大浪费。水泵采用变频调节，可使水泵流量与实际需求量相一致，耗功也大幅降低，实现节能运行。有关资料显示，如冷负荷下降 20%，则冷媒水输送量约降至 50%。若调节得当，水泵的能耗可降至额定值的 12.5%。

降低冷却水进水温度实现节能。降低进水温度其目的在于降低机组冷凝温度，从而降低压缩机功耗。冷却水温每降低 1℃，压缩机功耗可减少 1.8%～2.6%，主机能效比将提高 3.5%～4.3%。因此，维持较低的进水温度对实现机组节能运行非常有意义。为保证机组压缩机润滑及系统节流装置正常工作，冷却水进水温度应维持在 24～30℃范围内较为适宜。

冷却塔节能控制。自控技术的迅速发展使冷却塔节能变为可能，采用调节风机转速的变频温控模式、调节风机级数的风机温控模式和调节风机运行数量的多风机群控模式，均能保持出水温度恒定，达到节能的目的。

（3）能源站的 BIM 建模。在暖通空调设计中，不仅面临大量的设备管线优化问题，还包括与其他专业的碰撞问题，如建筑专业洞口位置及大小，暖通管道与梁、墙的碰撞，暖通空调与给排水、消防、喷淋、桥架等专业的管道碰撞。而 BIM 技术具有信息完备性、信息关联性、信息一致性、可视化、协调性、模拟性、优化性和可出图性等八大特点，可以很好地解决优化与碰撞问题。除此之外，基于 BIM 技术建立的建筑模型，不仅更直观，计算能耗更精准，而且，在进行绿色建筑的室外通风、日照分析、采光分析等时，还可实现一模多算，直接提升整个工程设计的质量与品位。在施工设计过程中，不仅做到了数据之间的相互应用，还促进了系统的集成化发展。

1.4.3　远大节能建筑及产品

1. 可持续节能建筑

“可建”是远大工厂化可持续建筑的简称，“可建”的可持续定义来自抗震、节能、净化、耐久、节材、可循环建材、无醛铅辐石棉建材、无扬尘污水垃圾施工（见图 1-8）。可持续节能建筑主要具有以下特点：

9 度抗震：在 2008 年汶川地震后的一年时间里，远大抗震研发团队经过上百项实验，发明了“钢构+斜撑+轻量”抗震技术。2009—2015 年，开发成功 5 代钢结构建筑。2016—2018 年，开发成功第 6 代技术——不锈钢芯板。不锈钢芯板是一种高强度结构材料，由两块钢板夹薄壁芯管组成，用铜钎焊焊接，空隙填岩棉隔热。标准芯板长 12m、宽 2m、厚 0.15m，可直接用作建筑的柱、梁、楼板，也可根据建筑设计任意切割，满足绿色能源站轻量化、长寿命、高强度要求。

图 1-8　可持续钢结构建筑“F 楼”

5 倍节能：可持续钢结构建筑采用了 30 多项节能技术，其中有：外墙厚保温、多层玻璃窗、窗外遮阳、新风热回收、LED 灯、电梯下降发电、节水坐便器。可建另一项重要节能技术来自远大独创的新风热回收系统，世界各国建筑制冷采暖通风年平方米能耗折合油普遍为 35～70L，而可持续钢结构建筑为 7～12L，比常规建筑节能 5 倍以上，以下是远大可持续钢结构建筑与常规建筑的节能对比（见表 1-1）。

表 1-1　　可持续钢结构建筑与常规建筑的节能对比表

序号	类	事　　项	可持续钢结构建筑	常规建筑（含五星酒店）
1	关键指标	空调通风能耗（按一次能源）	70kW · h/m^2 年	350kW · h/m^2 年
2		围护结构平均传热系数	0.3W/m^{2}K	2W/m^{2}K
3		照明配电（平均）	2W/m^2	6W/m^2
4		坐便器耗水（次）	3L	12L
5	隔热	外墙屋面保温材料保温厚度	岩棉 150mm　0.23W/m^{2}K（贴于幕墙内）	少或无保温
6		窗户、玻璃层数	4 层	单层或双层
7		窗外遮阳	电动百叶帘（设于幕墙）	窗内遮阳
8		窗内隔热	电动风琴帘	无
9	通风	通风设备	热回收新风机	无热回收
10		通风耗电	0.6～0.9W/m^3	1.2～1.8W/m^3
11		新风热回收效率	70%～90%	无
12		新风旁通	过渡季节风不经过空气热交换器	无
13		送风方式	地板送风	天花板送风
14		新风流通路径	7～15m	3～5m
15	设备	冷热源设备	非电空调总能效 112%	电空调总能效 52%
16		空调输配设备耗电（电/冷）	3%	10%

续表

序号	类	事　　项	可持续钢结构建筑	常规建筑（含五星酒店）
17	设备	室内温度调节方式	集中盘管（整楼 2 组），每室自动调冷热风混合	每室一组盘管
18		室内湿度调节方式	高压水雾	蒸汽
19		电梯	满载下降、空载上升发电	无发电
20		厨房排风	变频	定频
21		洗衣房烘衣	空调及发电设备余热	蒸汽或电
22		饮用水	酒店自制（反渗透水）	外购纯净水
23	智能控制	新风空调	房间人离 2h 自动关	无
24		风机调节	变频	定频
25		窗外遮阳帘	夏季气温≥23℃自动遮阳	无
26		窗内隔热帘	气温≥33℃、≤14℃自动关（房内无人时）	无
27		房间照明	人离半小时自动关	无
28		公共区照明	人离自动关	无
29		能源计量	分户计量、总计量	总计量
30	其他	灯源	全部 LED（100lm/W）	白炽灯或荧光灯（10～70lm/W）
31		垃圾分类、回收	每层 8 个垃圾井	无
32		沐浴废水余热利用	冬季加热自来水	不利用
33		便器污水利用	制沼气	不利用
34		空调、卫生热水管保温厚度	80mm	20mm
35	全年总能耗（按一次能源）		220 万 kW・h	1100 万 kW・h

20 倍净化：远大发明了“超低成本”的“超级净化”技术，并把它装进了热回收新风机内，这是一个由 3 级过滤器组合的系统，第一级采用传统过滤器，过滤较大粉尘，第二级采用 “静电除尘器”，用电荷“正负相吸引”原理吸附 PM0.3、PM2.5、PM10 的粉尘，过滤效率约 98%，余下的细小粉尘采用“高效过滤器”来过滤，最终过滤效率达到 99.8%，确保室内空气比室外洁净 20 倍以上。

2. 远大绿色能源站

远大绿色能源站遍布全球各地，以绿色能源—天然气、工业余（废）热、热电联产余（废）热和可再生能源作为能源站的一次能源，实现能源站低碳化和绿色化。

远大的绿色能源指的是对现有及已有资源的利用，采用更加合理的方式解决区域内的能源需求，从而实现低碳化。在能源站建设前通过对整个区域进行资源规划的方法，改变过去单纯以增加资源供给来满足日益增长需求的思维定式，将提高用户端的节能率和能源利用率、降低电力负荷和电力消耗量作为目标，从而实现节约投资和节能减排。即针对某个区域，首先分析其外围能提供什么样的能源接入（如天然气网、蒸汽热网等），再分析其内部是否有可挖掘的可利用资源（如太阳能、风能、浅层地热能等），最后再结合区域内建筑的具体需求（冷、热、电负荷）将三者综合考虑，以排碳量最低为最终目标，对能源使用方式进行设计和规划。

2010 上海世博会园区内中央空调采用了远大区域能源解决方案，共建成能源站 22 个，启用远大一体化直燃式溴化锂冷（温）水机组 51 台（套），末端设备 1750 余台，为包括中国馆在内的 250 个场馆提供中央空调冷热源服务，减少园区电力装机容量 35 300kW·h，削减夏季电力高峰 30 005kW；不仅未进一步加剧上海夏季电力供应紧张的局面，还免去低效电力基础设施投入 21 180 万元。在世博会期间，减排二氧化碳 56 000t，作用相当于种活 550 万棵大树，减排二氧化硫 560 多吨，减排氮氧化物 270 多吨，真正实现了绿色、低碳世博。

2014 年南京青奥会也采用远大节能环保型非电中央空调及整体供冷供热的能源服务。青奥城集中供冷供热能源站总建筑面积约 100 万 m^2，以华润电厂余热蒸汽为驱动能源，在能源站采用远大一体化冷热电联产机组、蒸汽型、燃气型非电空调及离心式电制冷机组制取空调冷水及热水，通过管网输送至各用能建筑内。本项目产生了巨大的社会经济效益：每年可节省标煤 2.44 万 t、减排 CO_2 约为 6.1 万 t（相当于植树 330 万棵）、减排 SO_2 约为 0.058 万 t、减排 NO_x 约为 0.037 万 t；有效利用城市空间，空调装机容量可减少 20%～25%，节约用户机房面积约 9000m^2、用户屋顶面积约 14 000m^2，有效改善区域环境；平衡电力夏季峰谷差：可节约社会电力容量 18 000kW，并减少该区域 50%以上配电设备；节省社会总体投资 4000 万元，为用户减少运行维护费用约 300 万元/年。

3. 远大能源站的科学运营管理—基于数据集成的能源价值实现战略融合

（1）远大能源站系统化能效管理的发展—从节约能源、改变利用方式到体系化的能效管理（见图 1-9）。

（2）科学运营管理。科学管理能源站包含建立能源站能效基准，加强能源站节能事后监管以及能源站能效测评，通过大量能源站数据分析及评估，提出节能改进措施，不断优化提升整体运营管理水平，最终实现对能源低碳化最优值的研究。

1）建立能源站能效基准。能源站能耗基准是判定和分析能源利用效率水平高低的重要依据。与欧美发达国家相比，我国能源站能耗基准方面的工作基础较差，能源站能耗及能源站基本情况等基础数据严重匮乏。索性业内各界已认识到能源站基础数据的重要性，目前相关的能源站节能和信息统计工作已连续开展多年，目前已经取得一定成果。与此同时还应开展关于能源站能耗数据分析的工作，提出我国能源站能耗的特点及存在问题，建立基于我国国情的各类能源站降耗基准。

根据每座能源站的服务规模、能源特性、气候条件等制定了相应的能耗基准。能源站能耗基准是制定和分析能源利用效率水平高低的重要依据。通过如图 1-9 所示的运营模式，实现了从能源数量、质量、效率、成本到能源价值的战略，改善了能源站的运营（见图 1-10）。

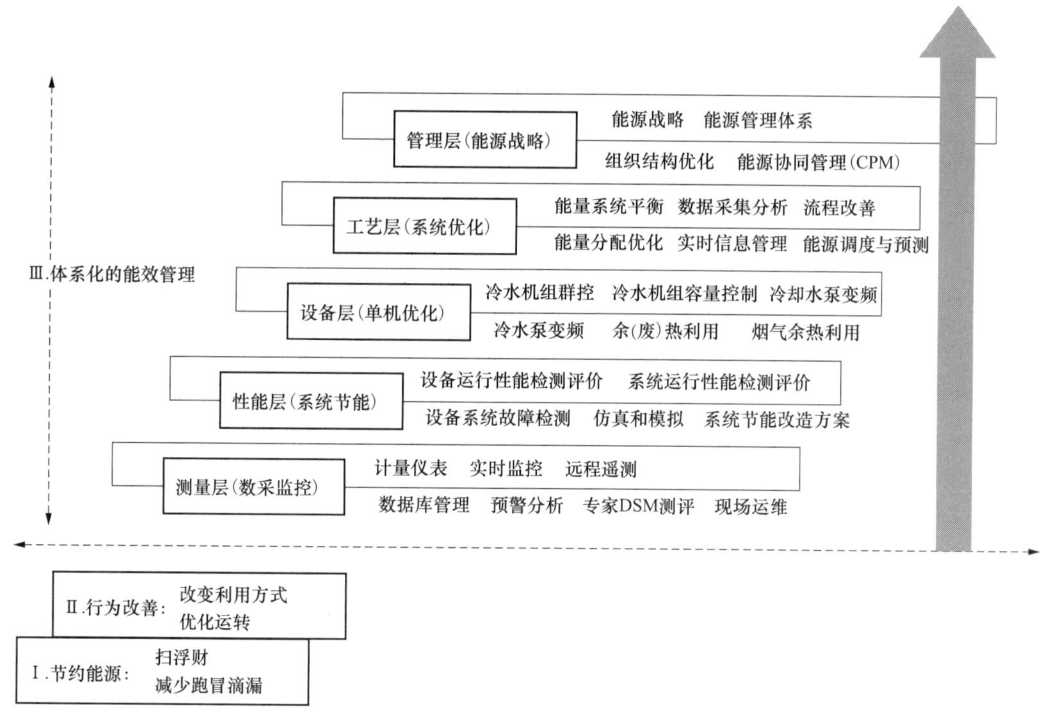

图 1-9　远大能源站系统化能效管理的发展

2）能源监测及行为节能。有了先进的理念和技术，最终还需要科学成熟的系统来进行管理和实施。一个能源站的水、电、冷、热，用到哪里、用了多少，在探索能源站节能的过程中，必须要搞清楚，然后才能找到节能的方向，降低这些能源的消耗。以节能监管为目的的面向政府及主管部门的能源管理系统（又称能源监管系统或能耗监管平台等）是政府节能主管部门的监管体系的核心以及长效监管机制的保障。该系统作为区域级能耗监测、统计、分析的平台基础，为相关部门开展能源审计、能耗统计提供科学的数据；同时，还可以利用该系统实现能效公示、能效定额等功能，提高整体能源管理水平。

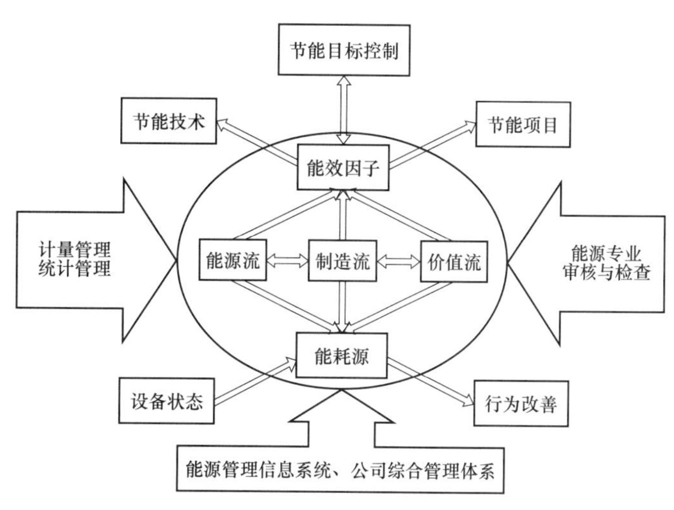

图 1-10　远大能源站运营模式

在全球，远大第一个建立了各个能源站的设备能效管理系统，并在公司总部建立了能源管理监控中心，作为能源站的能耗监测、统计、分析的平台和基础，能源管理监控中心为远大能源利用管理有限公司开展能源审计、能源统计和发现能源价值提供了充分的科学数据（见图 1-11）。

图 1-11　远大能源站模块化分析平台

（3）远大绿色能源站优化配置。远大绿色能源站采用远大一体化直燃式溴化锂机组、一体化输配系统和一体化冷热电联产机组，通过设备的结构优化和三维仿真设计，实现了能源站整体最优设计。与传统冷热源形式相比，减少了三分之一以上的占地面积和 10%以上的材料费用，整体建设投资费用节约 20%。

通过科学、高效、节能的专业化运营管理，使能源站降低运行费用约 20%，机组运行年限长，性能好，绝大多数设备的使用年限在 20 年以上，确保全寿命期效率及经济性达到最大值。以下为远大 200 多家用户的主要设备运行年数及性能系数统计结果（见表 1-2）。

表 1-2　　运营项目的主要设备参数

机组运行时间	数量（台）	性　能　系　数
20 年以上	4	达到额定性能指标
19 年	11	达到额定性能指标
18 年	36	达到额定性能指标
17 年	88	达到额定性能指标
16 年	61	达到额定性能指标

4. 一体化溴化锂机组的节能

根据溴化锂吸收式冷（温）水机组能效标准，将溴化锂吸收式机组的能效划分为 3 个等级，等级名称分别为 1、2、3 级。溴化锂吸收式机组能效等级的划分，是在对市场上国内外同等产品数据进行充分的调研统计的基础上，结合溴化锂吸收式机组节能技术途径及根据 LCC（寿命周期成本）来评定。最高等级 1 级应体现我国的中期目标，应具有超前性；

等级 2 级应体现我国目前市场条件下 LCC 最小；能效限定值为最后一个等级的权限值。

根据 2013 年发布实施的《溴化锂吸收式冷水机组能效限定值及能源效率等级》（GB 29540—2013）规定，溴化锂吸收式冷水机组能效等级分为 3 级，其中 1 级能效等级最高。直燃型机组根据实测性能系数分级，各等级 COP 值应不小于表 1-3 的规定。

表 1-3　　直燃型溴化锂吸收式冷水机组能效等级

型式	能效等级（COP）（W/W）		
直燃双效型	1	2	3
	1.40	1.30	1.10

蒸汽型机组按实测单位制冷量蒸汽耗量进行分级，各等级单位冷量蒸汽耗量应不大于表 1-4 的规定。

表 1-4　　蒸汽型溴化锂吸收式冷水机组能效等级

能　效　等　级		1	2	3
单位制冷量蒸汽耗量［kg/（kW·h）］	饱和蒸汽 0.4MPa	1.12	1.19	1.40
	饱和蒸汽 0.6MPa	1.05	1.11	1.31
	饱和蒸汽 0.8MPa	1.02	1.09	1.28

远大直燃机额定制冷 COP=1.42，蒸汽溴化锂机组额定蒸汽压力为 0.8/0.6MPa，单位制冷量蒸汽耗量为 1.009，蒸汽溴化锂机组额定蒸汽压力为 0.4MPa，单位制冷量蒸汽耗量为 1.09，溴化锂机组能效等级符合 1 级，属于节能型产品。因此，远大在推广绿色能源站时优先采用自身生产的高效节能设备，在规划设计阶段做到了产品配置节能优选。图 1-12 所示为一体化锂机组。

5. 一体化节电空调的节能

远大节电空调是指其自主研发生产的磁悬浮冷水机组，机组综合部分负荷性能系数（IPLV）高达 10，比其他电空调节电 40%，搭配远大一体化输配系统，大大降低系统运行能耗。

磁悬浮无油无摩擦技术，比其他电空调节省能源费约 40%、节省维护费约 90%，智能化抗喘振控制模块，确保机组始终运行在安全范围内，一体化节电空调采用集成设计制造方式，将主机、输配系统、不锈钢金属机房工厂集成，节省用户机房设计安装投资，实现工厂化节能设计。

相对于传统机组，体积减小 30%～50%，重量减轻 30%，一体化输配系统和不锈钢金属机房，可安装在室外或屋顶，省去室内机房占地。图 1-13 所示为一体化节电空调。

6. 一体化输配系统的节能

根据 GB/T 17981—2007《空气调节系统经济运行》标准规定，冷冻水输送系数是指空调系统制备的总冷量与冷冻水泵（包括冷冻水系统的一次泵、二次泵、加压泵、二级泵等）能耗之比；该指标用于评价空调系统中冷冻水系统的经济运行情况，在用于全年累计工况的评价时，该指标的限值为 30，在用于典型工况的评价时，该指标的限值为 35。

图 1-12　一体化溴化锂机组

图 1-13　一体化节电空调

冷却水输送系数是指冷却水输送的热量与冷却水泵能耗之比。该指标用于评价空调系统中冷却水系统的经济运行情况。用于全年累计工况的评价时，该指标的限值为 25；用于典型工况的评价时，该指标的限值为 30。

远大一体化输配水系统采用零阻力设计，比传统输配系统减少配电 60%以上。通过水泵变频调节，实际运行电耗仅为配电功率的 30%～50%，输配系统水输送系数都能达到 35。而一体化输配系统的冷冻水泵的水输送系数远大于 35，冷却水泵的输送系数大于 30。远大绿色能源站基本都是采用自主生产的输配系统，实现高效节能运行。图 1-14 所示为一体化输配系统。

图 1-14　一体化输配系统

7. 一体化冷热电成套机组的节能

根据 GB 51131—2016《燃气冷热电三联供工程技术规程》要求，分布式能源燃气联供系统不同于小型热电联产项目，为保证燃气这一宝贵清洁能源的最佳利用，实现“分配得当、各得所需、温度对口、梯级利用”，提高燃气的综合利用效率，提出联供系统“电能自发自用、余热利用最大化”的原则。并且要求在可行性研究阶段对联供系统的设备配置及运行模式进行技术经济比较。

燃气联产系统的优势在于其能源综合利用率高，符合国家的能源战略和节能目标。一次能源（燃气）由发电机组产生 30%～40%的高品位能源（电能），发电余热再产生

50%左右的低品位能源（热能），同样数量电能的做功能力是热能的 4～5 倍，因此燃气联产系统一次能源通过梯级利用，综合效率高于燃气发电和燃气供热系统。为了简化计算、便于检测，采用能源综合利用率作为能效指标，要求所有建设的联供系统必须确保一定的能源综合利用率。目前，燃气冷热电联供系统所使用的发电机组发电效率较高，经余热回收利用后，年平均能源综合利用率一般在 70%～85%。为了保证联产系统的高效性和经济性，联产系统的年平均能源综合利用率和余热利用率应尽可能高，一般余热锅炉和溴化锂吸收式机组可将发电机组的排烟温度降至 120℃，内燃机缸套水温度降至 85℃，这部分余热回收利用的成本较低，应保证回收利用，温度 65℃以上的缸套水，可以供应生活热水和冬季采暖，因此规定年平均能源综合利用率应大于 70%。

远大一体化冷热电成套技术在全面了解项目实际情况的基础上，利用负荷模拟软件计算出不同季节典型日逐时冷、热、电负荷变化曲线，根据基础负荷，实现发电设备、余热设备的优化选型配置，并采用标准化设计、三维建模、工厂化制造、智能化控制、模块化组装、标准化检测、流程化管理实现发电机组与余热利用设备、一体化输配系统的产品化集成，让冷热电联产系统更加简单、便捷、高效、可靠。图 1-15 所示为一体化冷热电成套机组。

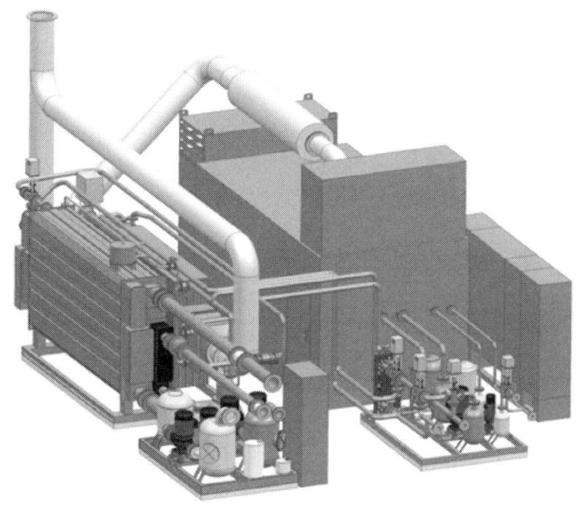

图 1-15　一体化冷热电成套机组

1.4.4　绿色能源站建设

1. 绿色能源站建设

绿色能源站的设计主要依据绿色建筑节能设计标准，建设期间和建设后均要检查是否满足以建筑能耗指标整体的要求，从而将节能管理贯穿于建设过程之中（见图 1-16）。

（1）能源站系统在调试前应确认能源站系统具备独立及合格的计量系统，各种能源供应正常，互联网已经开通。

（2）能源站系统调试：调试时要填写《制冷、供热、发电系统性能测试表》《设备、系统复杂调试表》《控制参数表》《调试成绩表》。

（3）系统调试后填写《系统验收检查表》。

（4）施工运行交接：施工过程严格按照企业施工管理手册及施工工艺手册进行过程控制，确保施工过程的节能管理符合整体性能要求。制冷或采暖调试验收合格 15 日内，运营负责人办理空调系统交接手续。

（5）运营准备：正式运营前 15 天，运营负责人上报公司该项目的《空调系统流程图》（初稿）等项目具体资料。正式运营前 7 天，公司下发标准工具、《空调系统流程图》（审定稿）、管道箭头标识方案（审定稿）、EMC 机房铭牌、节能标识、标准工具等，严格按照企业自身标准机房建设标准完成标准化机房建设，包括机房铭牌悬挂、展板上墙、设备标识、管道箭头标识及节能标识粘贴、办公用具配置、地面及墙面油漆等工作。正式运营 15 天内或临时托管期间，技术支持应对机组作运行工况调试，填写《制冷性能检测表》《机组复杂调试表》《控制参数表》《变工况试验表》，并完善服务档案。

（6）综合运行调试：采用额定工况调试。

图 1-16　绿色能源站建设

2. 远大能源站的建设规模

（1）世界分布。远大绿色能源站遍布世界六大洲七十多个国家和地区。

（2）全国分布。远大绿色能源站遍布全国 23 个省市。

3. 远大薄壁不锈钢管网

目前，国内能源站几乎所有的供热管网都是采用碳钢管，与碳钢管相比，不锈钢基于其较好的化学性能和物理性能，其作为管网材料具有先天优势，具体表现为以下几个方面：

耐空气、蒸汽、水等弱腐蚀介质或具有不锈性的钢种称为不锈钢，不锈钢在化学性能方面，耐化学腐蚀和电化学腐蚀性能在钢材里面是最好的，仅次于钛合金；物理性能方面，耐热、耐高温、还耐低温甚至于耐超低温。图 1-17 所示为碳钢室外管网严重腐蚀问题。

图 1-17　碳钢室外管网严重腐蚀问题

（1）使用寿命长。碳钢管设计寿命 25 年，在保温防腐做的很好情况下，能到达设计寿命，但普遍因为保温、防腐不合格或施工中保温层破损，使用寿命仅约 15 年，而不锈钢使用寿命至少 60 年，是碳钢管使用寿命的 4 倍甚至更高。

（2）保温性能好。不锈钢的热导率仅为碳钢的 1/3，在同等条件下，冷热传输的过程中，不锈钢管网能量损失比碳钢管网的小。

（3）管网成本低。同管径的不锈钢管价格高于碳钢管，鉴于此，远大探寻薄壁不锈钢管网的可能性，减少管道壁厚，从材料本身减少成本，同时，不锈钢整个寿命周期较长，在全寿命期内，不锈钢管网的使用成本远低于碳钢管网。

（4）运行成本低。与碳钢相比，不锈钢内壁更光滑，同等条件下，每米的阻力损失更小，这就决定了输配系统中，可减小水泵的选型，降低水泵的运行费用，从而降低运行成本。

1.4.5　绿色能源站经营模式及运行维护

1. 能源站经营模式

绿色能源站项目根据投资主体不同，一般分为业主独立投资建造、业主和能源服务公司合资、能源服务公司投资等三种投资模式；根据投资主体参与投建及运营阶段的程度，可分为业主独立投资建造、BOT、BOO、BOOT、EMC、PPP 模式等。

（1）BOT/BOO/BOOT。BOT（Build-Operation-Transfer）即建设—经营—移交，项目业主或政府通过契约授予能源服务公司以一定期限的特许专营权，许可其建设和经营分布式能源项目，并准许其通过向用户收取能源费用以回收投资并赚取利润；特许权期限届满时，该分布式能源项目无偿移交给项目业主。

BOO（Build-Own-Operate）即建设—拥有—经营，能源服务公司根据项目业主赋予的特许权，建设并经营分布式能源项目，但是不将此项目移交用户，能源服务公司对其拥有所有权，并向终端用户提供能源服务。

BOOT（Build-Own-Operate-Transfer）即建设—拥有—经营—转让，能源服务公司根据项目业主赋予的特许权，建设分布式能源项目，拥有分布式能源项目设施所有权，并负责运行管理。项目经营合同期满后，投资主体可将分布式能源项目按协议价格转让给用户或第三方。转让后的运行管理可以由受让方自行管理，也可委托转让方继续经营管理，并向其交纳一定的服务管理费。

（2）EMC。合同能源管理是以减少的能源费用来支付节能项目成本的一种市场化运作的节能机制。能源服务公司与用户签订能源管理合同，为用户提供节能方案设计、融资、建设（或改造）等服务，并以节能效益分享方式回收投资和获得合理利润。

主要分为：节能效益分享型、能源费用托管型、节能量保证型和融资租赁型。

节能效益分享型：在项目期内用户和节能服务公司双方分享节能效益的合同类型。节能改造工程的投入按照节能服务公司与用户的约定共同承担或由节能服务公司单独承担。项目建设施工完成后，经双方共同确认节能量后，双方按合同约定比例分享节能效益。项目合同结束后，节能设备所有权无偿移交给用户，以后所产生的节能收益全归用户。节能效益分享型是我国政府大力支持的模式类型。

能源费用托管型：用户委托节能服务公司出资进行能源系统的节能改造和运行管理，并按照双方约定将该能源系统的能源费用交节能服务公司管理，系统节约的能源费用归节能服务公司的合同类型。项目合同结束后，节能公司改造的节能设备无偿移交给用户使用，以后所产生的节能收益全归用户。

节能量保证型：用户投资，节能服务公司向用户提供节能服务并承诺保证项目节能效益的合同类型。项目实施完毕，经双方确认达到承诺的节能效益，用户一次性或分次向节能服务公司支付服务费，如达不到承诺的节能效益，差额部分由节能服务公司承担。

融资租赁型：融资公司投资购买节能服务公司的节能设备和服务，并租赁给用户使用，根据协议定期向用户收取租赁费用。节能服务公司负责对用户的能源系统进行改造，并在合同期内对节能量进行测量验证，担保节能效果。项目合同结束后，节能设备由融资公司无偿移交给用户使用，以后所产生的节能收益全归用户。

合同能源管理投资及收益分配、资产所属（见表 1-5）。

表 1-5　　合同能源管理投资、收益分配、资产所属

类型	投资	收益分配	合同期满资产所属
节能效益分享型	双方或能源服务公司	按合同约定比例分享节能效益	无偿移交给业主
能源费用托管型	能源服务公司	能源费用交由能源服务公司管理，系统节约的能源费用归能源服务公司	无偿移交给业主
节能量保证型	业主	项目业主一次性或分次向能源服务公司支付服务费，如达不到承诺的节能效益，差额部分由能源服务公司承担	无偿移交给业主
融资租赁型	融资公司	融资公司向项目业主收取租赁费用，能源服务公司提供服务	无偿移交给业主

（3）PPP。民间参与公共基础设施建设和公共事务管理的模式统称为公私（民）伙伴关系（Public Private Partnership，PPP）。具体是指政府、私人企业基于某个项目而形成的相互间合作关系的一种特许经营项目融资模式。PPP 模式将部分政府责任以特许经营权方式转移给社会主体（企业），政府与社会主体建立起“利益共享、风险共担、全程合作”的共同体关系，政府的财政负担减轻，社会主体的投资风险减小。采取这种融资形式的实质是，政府通过给予民营企业长期的特许经营权和收益权来换取基础设施建设的加快及有效运营。

2．能源站运营模式

入网费：是指用户为获得区域空调的使用权而支付给运营者的费用。收费标准按一定时间内回收投资者初投资的比例制定。

计量/包干费：EMC 运营项目现行的报价方式主要可分为包干式及计量式两种，包干式对建筑计费面积每平方米每年所需支付的空调能源服务费（运营费）及投资分摊进行包干报价；计量式由基本费及流量费两部分组成，基本费包含人工、维护、管理，投资分摊等支出，流量费对单位 kW·h 冷热量进行收费。

楼宇型能源站采用计量费或包干费，区域型能源站采用入网费+计量费或入网费+包干费。

3. 能源站运营管理

（1）运营阶段节能的重要性。能源站空调系统的主要能耗来自冷水机组和输送系统（冷水泵、冷却水泵、冷却塔等）。冷水机组能耗量取决于室内环境标准、空气处理方式及热利用效率；输送系统能耗量取决于空调方式、管路系统、输送设备性能、效率及工作方式等。过去十多年里，由于能源价格上涨，采用高效制冷机成为主流。除了利用高效制冷机外，为了降低能耗，还有许多其他优化措施，如参数优化、结构优化等。

（2）能源站的节能措施。在运营管理过程中，所有运营项目均按照统一规定，采取了一系列的措施来保证节能运行。

1）建立比相同地区相同类型建筑能耗低的能耗管理标准体系。全国各种建筑类型能耗情况见表 1-6 和表 1-7。

表 1-6　全国不同地区不同功能建筑的能耗指标参考值［kW·h/（m^2·a）］

城市	普通办公楼	商务办公楼	宾馆酒店	大型商场
北京	53	88	87	200
西安	55	89	88	201
上海	58	95	95	230
广州	75	113	119	260

表 1-7　全国不同地区不同功能建筑的暖通空调系统能耗指标参考值［kW·h/（m^2·a）］

城市	普通办公楼	商务办公楼	宾馆酒店	大型商场
北京	18	30	46	110
西安	20	31	47	112
上海	23	37	54	140
广州	40	55	78	170

远大运营项目平均负荷标准见表 1-8。

表 1-8　平均负荷标准［W/（m^2·h）］

地域 / 功能区	三星及四星酒店		五星及以上酒店		办公		商场		医院		展览馆		娱乐	
	制冷	采暖	制冷	采暖	制冷	采暖	制冷	采暖	制冷	采暖	制冷	采暖	制冷	采暖
严寒区	30	41	45	53	29	39	36	47	30	41	36	47	36	47
寒冷地区	32	33	64	49	31	32	49	43	32	33	49	43	49	43

续表

功能区＼地域	三星及四星酒店		五星及以上酒店		办公		商场		医院		展览馆		娱乐	
	制冷	采暖	制冷	采暖	制冷	采暖	制冷	采暖	制冷	采暖	制冷	采暖	制冷	采暖
夏热冬冷区	37	30	67	45	36	29	48	25	37	30	48	25	48	25
夏热冬暖区	35	13	68	13	34	16	54	8	35	13	54	8	54	8

注　严寒区：东北地区、内蒙古、新疆、青海、宁夏。
寒冷地区：华北地区、甘肃、山东、陕西、西藏、大连、郑州。
夏热冬冷区：湖南、湖北、江西、四川、重庆、贵州、江苏、浙江、安徽、上海。
夏热冬暖区：广东、广西、福建、海南、云南。

2）建立性能检测指标和评价指标管理体系。

a．冷温水出口温度控制标准（见表1-9）。

表1-9　　冷温水出口温度控制标准

制冷	室外气温（℃）	24	26	28	30	32	34	35	≥36
	冷水出口温度（℃）	18	18	17	16	15	14	13	12
采暖	室外气温（℃）	15	13	10	8	5	1	−2	≤−5
	温水出口温度（℃）	37	39	40	42	45	48	50	52

注　室外温度≤−5℃时，每下降1℃，温水出口温度升高0.5℃。
室内温度控制标准：24～26℃（制冷），18～20℃（采暖）。
正常情况下，开机必须采取联动控制。

b．冷温水温差控制标准：ΔT≥3℃（冷水）或6℃（温水）。

c．机组控制指标：机组出力≥85%额定出力，机组效率COP≥1.2（制冷）或0.9（采暖）。

d．系统控制指标：系统效率EERs≥1.1（制冷）或0.85（采暖）。

e．电热比PUH控制标准（见表1-10）。

表1-10　　电热比控制标准

空调季功能区	三星及四星酒店	五星及以上酒店	办公	商场	医院	展览馆	娱乐
制冷	8%～12%	9%～15%	6%～10%	9%～14%	8%～12%	9%～14%	9%～14%
采暖	3%～5%	4%～8%	2%～4%	4%～6%	3%～5%	4%～6%	4%～6%

注　写字楼归入“办公”类，餐饮归入“商场”类，会场、礼堂归入“展览馆”类，歌舞厅、洗浴、酒吧等归入“娱乐”类。
如果细分，医院门诊楼可归入“商场”类，住院楼可归入“三星及四星酒店”。
如果酒店的餐饮或娱乐区所占比例较大，则可细分。

3）建立每日能耗分析制度，根据能耗分析结果，采取相应的节能运行措施，建立最优控制策略。每班由值班运营人员作能耗分析，具体数据填入《运行日志》（见表1-11）。内容如下：

表 1-11　　　　　　　　　　　运行日志

运行日志																
		功能区		机房系统空调能耗					功能区一指标		其他指标					
日期	运行状态（C、H、CH、HH、OH、S）	空调供应时间 t_m（h）	空调使用面积 S_n（m²）	机房系统主能源耗量 Q_p（kW·h）	输配系统电耗 M_p（kW·h）	机房系统水耗 W_p（m³）	冷温水泵电耗 U_p*（kW·h）	冷却水泵电耗 N_p（kW·h）	冷热量 Q_q（kW·h）	平均负荷 CCA（W/m²）	机组效率 COP	系统效率 EERs	电热比 PUH	冷温水输送系统 WTF_{clw}	冷却水输送系数 WTF_{cw}	总运行时间 t（h）

a. 平均气温：取《值班记录表》（见表 1-12）中数个室外气温的平均值。

表 1-12　　　　　　　　　　　值班记录表

项目名称：　　　　记录：　　　　审核：　　　　日期：　　　　班次：

主机型号						
时间						
室外温度						
主机	空调水出/入口温度					
	空调水出/入口压力					
	冷却水出/入口温度					
	冷却水出/入口压力					
卫热换热器	一次卫热水出/入口温度					
	一次卫热水出/入口压力					
	二次卫热水出/入口温度					
	二次卫热水出/入口压力					
水泵一	1 号空调水泵电流/频率					
	1 号冷却水泵电流/频率					
	一次卫热 1 号/2 号水泵电流/频率					
水泵二	2 号空调水泵电流/频率					
	2 号冷却水泵电流/频率					
	二次卫热 1 号/2 号水泵电流/频率					
冷却塔	1 号风机电流/频率					
	2 号风机电流/频率					
	3 号风机电流/频率					

续表

主机型号						
时间						
室外温度						
计量一	空调补水表					
	主机电表					
	燃料（热源）表					
	主机热量表					
计量二	冷却水补水泵					
	冷却水排污表					
	空调水泵电表					
	冷却水泵电表					
	冷却风机电表					
	卫生热水补水表					
	功能区冷热量表					
其他						
备忘	主机及系统设备参数调整					
	主机及系统设备开停机时刻、台数					

b．水、电、燃料消耗（机房系统能耗）：取计量实时数据。含卫生热水燃料消耗、一次泵电耗。

c．卫生热水计量：取计量实时数据。

d．冷热量：按建筑功能区分别计算。

第一种方法，取热量表的实时数据。

第二种方法，先依据式（1-3）计算瞬时冷热量 Q_S：

$$Q_S=\Delta T\cdot M\times 1.163\ (\text{kW}\cdot\text{h}) \tag{1-3}$$

式中：ΔT 为冷温水温差，℃；M 为冷温水流量，m^3/h。

则（本班）累计冷热量 Q=数个 QS 值的平均值×开机小时数。

e．平均负荷：按建筑功能区分别计算：

$$CCA=Q\times 1000\div S\div H\ [\text{W}/(\text{m}^2\cdot\text{h})] \tag{1-4}$$

式中：S 为建筑功能区空调面积，m^2；Q 为系统提供或建筑消耗的冷热量，kW·h；H 为系统运行时间，h。

f．机组效率：按机组分别计算：

$$COP=Q_p\div(Q_r-Q_h) \tag{1-5}$$

式中：Q_p 为机组提供的冷热量，kW·h；Q_r 为输入机组的能耗，kW·h［对机组本身配电可忽略不计（计算机组燃料消耗）］；Q_h 为机组卫生热水燃料消耗，kW·h。

Q_h 计算办法：

依据《值班记录表》（见表 1-12）中计量实时数据，分别计算每 2h 的卫生热水燃料消耗 Q_{h2}，则

$$Q_{h2}=(T_{h2}-\text{补水水温})\times\text{补水量}\times 1.368+(T_{h2}-T_{a2})\times\text{保有水量}\times 1.368\ (\text{kW}\cdot\text{h}) \tag{1-6}$$

式中：T_{h2} 为本次记录的保有水温（卫生热水罐水温），℃；T_{a2} 为上次记录的保有水温（卫生热水罐水温），℃。

当 $T_{h2}-T_{a2}\leqslant 5$℃时，$T_{h2}-T_{a2}$ 约等于 0，保有水量=（DN/1000）$^2\times L\times 0.785+V$（m^3），其中，DN 为卫生热水主管管径（mm），L 为卫生热水主管长度（m），V 为卫生热水罐容积（m^3）。

本班累计 Q_h=数个 Q_{h2} 的累加值。

系统效率：

$$\mathrm{EERs}=Q\div(Q_r-Q_h+N_{hp}+N_{cp}+N_{fp}) \tag{1-7}$$

式中：Q 为系统提供或建筑消耗的冷热量，kW·h；Q_r 为机房系统燃料消耗，kW·h；Q_h 为卫生热水燃料消耗，kW·h；N_{hp} 为冷温水泵电耗，kW·h；N_{cp} 为冷却水泵电耗，kW·h；N_{fp} 为冷却风机电耗，kW·h。

N_{hp}、N_{cp}、N_{fp} 计算办法：

如属独立计量，分别取计量实时数据；

如未独立计量，$N_{hp}+N_{cp}+N_{fp}$ 取机房系统电耗减去卫生热水一次泵电耗；

机房如有其他大功率用电设备，则相应扣除。

4）根据能耗分析结果，采取相应的节能运行措施。

a．ΔT 小于标准值，应考虑减低冷温水泵流量（制冷时，最低流量应符合防冻要求）。

b．只有系统负荷≥85%的单台机组额定出力时，才考虑开启第二台机组。

c．机组效率 COP 小于标准值，应查找机组和系统原因，特别注意真空和水质管理问题。

d．系统效率 EERs 小于标准值或电热比 PUH 超标时，应重点考虑电耗、热损，尤其是运行方式是否优化。

e．平均负荷异常，除去度日值因素外，还应重点考虑室内发热量因素：人员、照明、电器等，并统计人员重合率，一般负荷变化量等于室内发热量（kW·h）×人员重合率。

f．平均负荷异常，还应考虑新风负荷因素，一般，新风耗能等于新风量（m^3/h）×单位焓差（kW·h/m^3）×室内外平均温差（℃）×运行小时数（h）×热损效率。应建立合理的新风、排风制度，空调季节采用定时或依据 CO_2 浓度值开启新风方式，过渡季节（低负荷季节）根据运营模式确定相应的新风运行方式。有条件时，安装新风热回收装置。

g．空调开机时间不少于 4h/次，单台机组负荷率不小于 30%，否则，调整运行方式。

h．在确保机组稳定运行的情况下，机组冷却水入口温度控制在 26～28℃，机组冷却水出/入口温差控制在 3～7℃，否则，调整冷却水泵（风机）开启台数与频率。

i．合理分配空调负荷，空调区域要求温湿度低，则送水温度低、送水量大，反之，则送水温度高、送水量小；合理调节新风补充量，空气品质要求较高，则加大新风量。

j．严格门窗管理、补水管理，加强设备巡视，杜绝“跑、冒、滴、漏”现象。

k．注意末端设备的运行工况，表冷器用于降温工况时，冷水的进水温度≤出风口温度−3.5℃，其进出水温差控制在 3.5～6.5℃；表冷器用于空气冷却除湿工况时，冷水的出水温度≤出风口漏点温度−0.7℃。

l．应努力减少由于设备异常导致的能耗增加，应杜绝由于操作不当导致的能耗增加。

m．按照《中央空调使用管理规范》，加强客户端空调使用管理。

5）采用最优控制策略，实现节能最大化。

a．基于负荷预测的冷冻水系统动态控制技术。

b．基于系统性能综合优化的冷却水系统优化控制技术。

c．基于能量分配平衡的动态水力平衡技术。

d．基于主机效率负荷特性的群控技术。

e．并联泵组优化选择技术。

f．空调系统优化动态监控技术。

g．仿真平台的建立等。

6）编制节能改造计划。

仔细比较每日能耗数据，以平均负荷 CCA 最大值和电热比 PUH 最大值的当天运行工况为基础，查找是否还有节能空间，列举节能措施。

7）制定运行管理标准和规范。

比如水质管理的标准、真空管理标准、燃烧机管理标准、冷却塔管理标准、中央空调系统安全措施指引、应急预案指引、维护与安全管理规定、档案管理、成本管理等。

8）人员培训管理。

新员工按远大《运营技师培训大纲》组织培训：包括军训及企业文化（人力部负责）、岗前技术培训及上岗实习。

在岗员工，以提升运营管理水平或拓展运营职业通道为导向，组织再训。再训采用参观访问、专题讲座、自学、进修等方式。

4. 远大绿色能源站经营情况

远大能源利用管理有限公司以合同能源管理方式，为业主的采暖、空调、照明、电气等用能设施提供检测、设计、融资、建设、改造、运行和管理，目的是降低建筑能耗，提高用能效率。自 2004 年至今远大能源利用管理有限公司以合同能源管理方式运营服务的总合同面积约 7000 万 m^2，涉及楼宇型空调、区域能源、热电联产供冷供热、天然气分布式能源等多种形式，真正实现了环境、客户、企业三赢（见表 1-13）。

表 1-13　　远大能源利用管理有限公司不同类型能源站的服务面积

能源站类型	楼宇型能源站	区域型能源站	热电冷联产能源站	天然气分布式能源站	合计
运营服务的面积（万 m^2）	1940	1650	3885	488	7963

截至 2019 年 10 月，为全国 23 个省市的大批用户提供了全面的“管家+专家”式的服务。用户涉及办公、商场、医院、酒店、场馆等多种建筑类型（见表 1-14）。

表 1-14　　远大能源利用管理有限公司不同建筑类型的服务面积

建筑类型	办公	商场	医院	酒店	场馆	综合	合计
运营面积（万 m^2）	355	480	697	303	4525	1603	7963

注　表中“综合”类指的是“办公、商场、酒店”或“办公、商业、公寓”或“商场、酒店、洗浴”或“办公、餐饮、酒店”等不同功能组合构成的综合类建筑。

1.5　远大绿色能源站技术

1.5.1　一体化溴化锂吸收式冷（温）水机组（非电空调）

远大一体化溴化锂吸收式冷（温）水机组（非电空调）制冷制热原理图（见图 1-18 和图 1-19），具有以下特点：

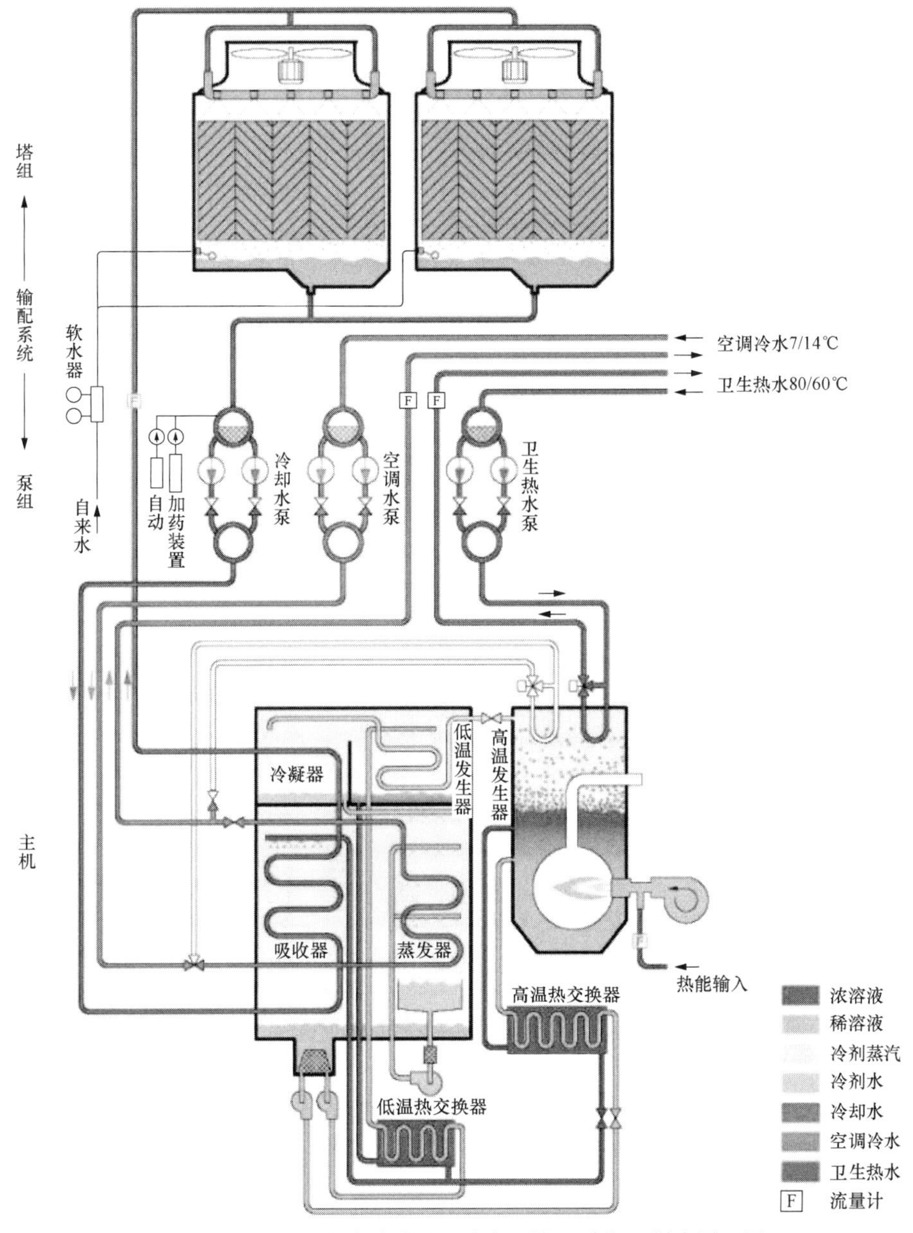

图 1-18　远大非电中央空调（主机+输配系统）制冷原理图

注：一体化溴化锂吸收式冷（温）水机组，远大又称非电空调，以下均采用非电空调。

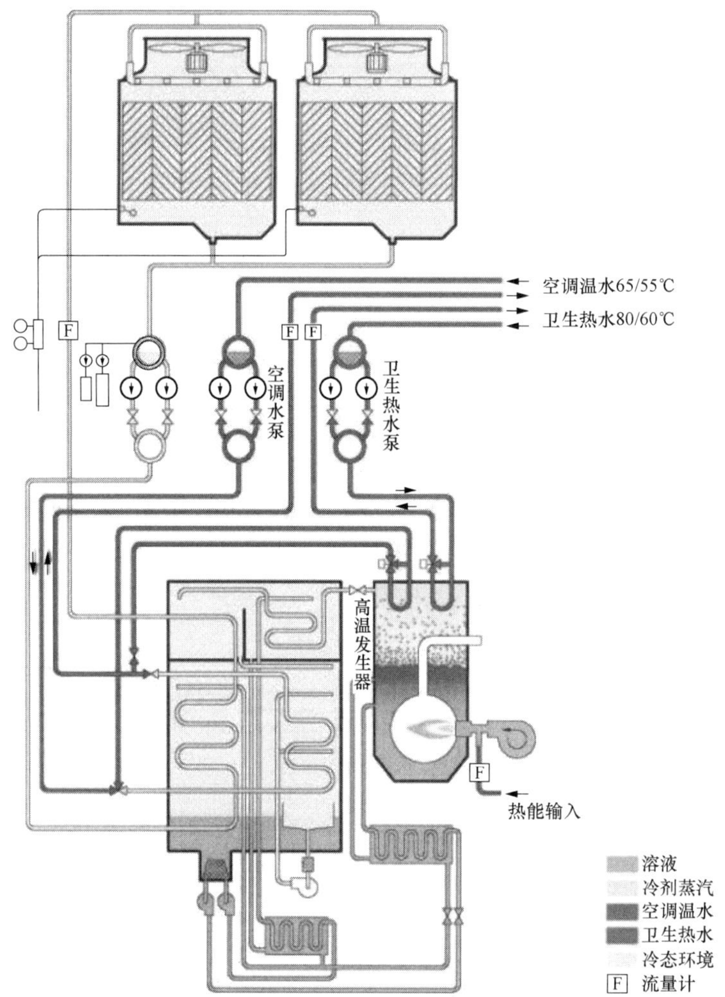

图 1-19 远大非电中央空调（主机+输配系统）制热原理图

功能：一机三用，由于独创分隔式供热，远大非电空调可同时或单独制冷、制热、提供卫生热水，并自动调节各功能。

高效：远大非电空调的额定 COP 可达 1.42。性能曲线见图 1-20。

节能：对比电空调，远大非电空调能源总效率高一倍。电空调能源总效率约 65%，中国煤炭火力发电效率约 13%（含开采、运输、发电、输电、变电；以往人们只计算煤炭运到电厂后的发电效率，忽略了开采和运输巨额损耗，造成发电效率高达 40%的假象；事实上煤炭只有 30%的回采率，还有开采和运输能耗以及输变电损失），电空调设备效率约 500%，（按风冷型 400%、水冷型 600%平均），总效率 13%×500%=65%。远大天然气型非电空调能源总效率约 116%，中国天然气开采、输送效率约 82%，非电空调设备效率 142%，总效率 82%×142%=116%。

投资：总投资不高。主机价高但输配系统投资低（输配系统=设计+设备+机房+安装+调试）；占地少；设备选型小。

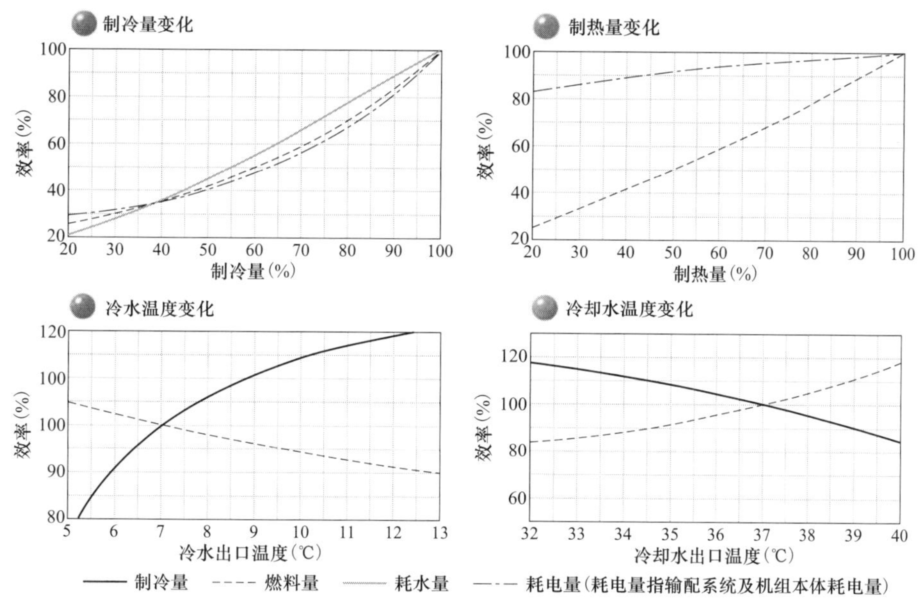

图 1-20　远大一体化直燃机性能曲线图

可靠：每一台设备都追求零故障。①因设有 3 级温度传感器，3 级靶式流量探测器及超声波流量计，蒸发器年冻管台数小于 0.05%；②分隔式供热使供热部件减少 80%以上，并使主体寿命延长一倍；③连续自动抽气/排气，避免金属腐蚀；④输配系统工厂制造，实现中央空调产业化，从设计到材料，从生产、检验、到现场调试、保养均纳入统一的质量控制体系；⑤所有材料、元件选自世界顶级厂商；⑥产品设计寿命 60 年，投放市场 20 年来无一台因质量原因报废；⑦全球机组终身免费联网监控，主动预防设备故障。

安全：设备自身安全无危险，远大非电空调是全球唯一取得欧美燃气、压力、电气安全认证的非电空调；产品负压运行；高温发生器设有 8 级机械和电子防爆装置，确保任何情况下（包括人为破坏）都不会发生爆炸；冷却水设有自动灭菌装置，防止军团菌。

维护、操作方便：价格及优惠政策公开，供货清单公开，客户不用担心价格陷阱；按制度对大客户、老客户给予价格折扣，公平、公道；公开反贿赂，并杜绝销售贿赂（营销人员奖励为 2%，无“行贿竞争力”）；一个合同解决全部订货、安装、使用问题；产品及系统全自动运转，不需专职操作人员；两年保修，终身服务，服务网络遍及全球 70 多个国家。

1. 能源资源的消耗率分析

空调设备运行能耗是专家和用户共同关心的问题，专家更关心的是能源资源（即一次能耗）。目前使用的电力中央空调主要是离心机、螺杆机、热泵机三种，市场上三种电空调制冷 COP（单位耗电的制冷量即制冷系数）最高分别为：5.4、5.1、3.0。

目前使用的直燃机均为双效机，市场上的直燃机制冷额定COP（考虑主机耗气和耗电总能耗的制冷系数）最高达到1.42，与电动压缩式制冷机的制冷系数相比，显然直燃机要低。因此，一般认为电压缩式机组在能源的有效利用方面具有明显优势，电压缩式机组在空调市场中仍占主导地位。

值得一提的是，电空调使用电力作为能源，而电是二次能源，是经过一次能源转换后产生的，并且中国电力绝大多数来自燃煤发电。一次能源转换成电有损失。因此专家建议统一用一次能源作为标准，用一次能源效率来比较才合理。这样，燃煤电厂供电效率取30.1%，电网输送效率取92%，电力空调压缩机电机效率取90%，得出离心机、螺杆机、热泵机三种电空调主机一次能源利用率PER值（PER为单位一次能源所制得的制冷量）最高分别仅为：1.346、1.271、0.748。

因吸收式制冷机直接使用一次能源，其COP值就等同于PER值（一次能源利用率）。比较各种冷源的一次能源利用率，一般吸收式制冷机制冷PER值比电空调中离心机和螺杆机制冷PER值略低，比热泵机高出较多。考虑到吸收式制冷机部分负荷性能指标优于电空调，因此其实际运行制冷PER值与电空调中离心机和螺杆机PER值差距更小。而且电空调中只有热泵机具有制热功能，经计算，其制热PER值约为0.75，比吸收式制冷机制热PER值0.90低得多（见表1-15）。

表1-15　　各种冷源的一次能源利用率

机组类型	PER（kW/kW）	PER's对比（%）
水冷离心式冷水机组	1.35	100
水冷螺杆式冷水机组	1.19	88.4
往复式风冷热泵机组	0.68	50.5
螺杆式风冷热泵机组	0.67	49.9
涡旋式风冷热泵机组	0.83	61.6
吸收式制冷机组	1.30	96.2
蒸汽双效溴化锂吸收式机组	1.30	96.2
水冷离心式冷水机组	1.35	100
一般吸收式制冷机	1.18	87.7
非电空调（吸收式制冷机）	1.42	105.2
非电空调（蒸汽双效溴化锂吸收式机组）	1.50	111.1
热泵	0.75	100
一般吸收式制冷机	0.90	120
非电空调（吸收式制冷机）	0.93	124

2. 减碳率分析

空调系统对环境和大气的污染是指其冷热源燃烧各种燃料产生的排放污染物对环境造成的污染，主要的污染物有烟尘、SO_2、NO_x和CO_2。此外供热系统的动力耗电，以及某些制冷方式的动力耗电，虽对当地的环境没有污染，但由于我国的电力供应主要依靠燃煤火力发电，有间接污染，不能简单地将电能看作无任何污染的清洁能源。其中污染物 CO_2 排放量通过能源排放因子来衡量，以下为电能和天然气的 CO_2 排放因子（见表 1-16）。

表 1-16　　电能和天然气的 CO_2 排放因子

能源	CO_2 排放因子［t/（kW・h）］	来　源
电	0.000 798	《2012 中国电网基准线排放因子》
天然气	0.000 195	IPCC2006［4］

从表 1-16 可看出，电能的 CO_2 排放因子为天然气的 4 倍之多，电空调每千瓦时制冷量 CO_2 排放 0.692kg，非电空调每千瓦时制冷量 CO_2 排放 0.147kg，从环保的角度来讲，天然气才是相对的清洁能源。

1.5.2　能源站一体化输配系统

远大拥有自己的一体化输配系统（即泵组及塔组集成系统）（见图 1-21），该系统是远大能源站的重要组成部分。远大能源站的系统集成并不是对其组成设备进行简单的供货和拼装，而是运用集成技术，在详细了解项目的实际技术要求和充分考虑制冷（热）机组、冷（温）水泵、冷却水泵、冷却塔等设备厂家所生产设备的固有特性和运行性能的基础上对设备的型号和参数进行选型匹配，以达到能源站的整体性能最优。在对空调水系统进行深化设计和对设备进行最优选型的基础上，利用系统集成技术对集成制冷站进行整体结构设计，主要包括整体布局、系统优化、管道排布、节能控制系统布置、支吊架及底座设计、模块划分，最后进行系统三维仿真设计。

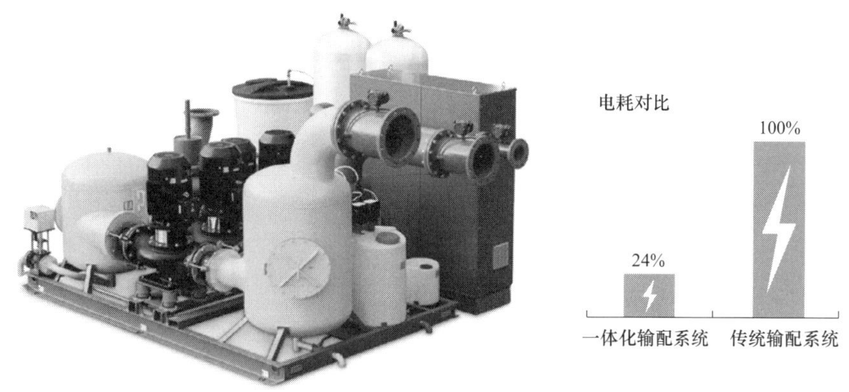

图 1-21　远大一体化输配系统图

远大一体化输配系统具有以下特点：

（1）实现功能：中央空调水系统空调水、冷却水、卫生热水循环输送及其他水介质的输送；具备自动加药、自动换水、自动软化水、自动调整水泵运行频率，超声波自动冷/热量计量及空调水缺水自动保护功能。

（2）突出优点：①采用大温差、低流量设计，大幅度节电；②超级省电，水系统零阻力设计，比传统输配系统减少配电 60%以上。水泵变频调节，实际运行电耗仅为配电功率的 30%～50%；③彻底灭菌，配有加药装置，自动添加灭菌剂，消灭军团菌（退伍军人症）危害；④快装快用，工期不足常规工程的 10%，节省客户时间成本；⑤省钱省地，一笔投资解决所有问题，设计、采购、安装、调试，减少机房占地一半以上；⑥放心省心，全部工厂制造及调试，节省客户管理成本，取得欧美安全质量认证，实现中央空调产业化。

（3）整体布局：主要是针对客户提供的制冷站房环境，按所选型设备的实际尺寸，确定设备的摆放位置。在满足相关规范要求并保证预留合理的检修通道的基础上，使能源站整体占地面积最小。

（4）系统优化：考虑所选型设备的安装方式及安装要求，对整个能源站的布置进行优化设计，以保证安装过程不影响系统的性能。

（5）管道排布：根据系统优化后的设备布局情况，对管道进行重新排布。在不影响系统功能的情况下，尽可能减少弯头等管件的数量，以减少管道系统的流体阻力与冷量损失，从而优化系统管网的水力平衡并提高制冷站的运行效率。

（6）节能控制系统布置：在充分考虑安全及性能的基础上，根据所选型设备的参数和技术要求，合理布置控制系统包含的设备及部件。

（7）支吊架和底座设计及模块划分：为集成能源站的管道及设备设计安装支吊架和底座，充分考虑设计院土建及结构专业对于能源站机房地基及排水沟的设计，保证底座结构具有足够的强度和刚度。同时对底座进行模块划分，方便产品的运输及现场组装。

对比传统机房模式，远大中央空调输配系统减少配电 50%～70%，输配耗电仅占制冷量的 2%～5%，运行节电 70%～85%。见表 1-17 中的耗电对比举例。

表 1-17　　BYP300 型（配套主机制冷量 300 万 kcal）耗电对比

用电设备	远大输配系统		传统机房模式	
	配电	运行耗电	较低配电	较高配电
冷却水泵（kW）	44	11～44	180	220
冷却风机（kW）	37	6～37	37	44
空调水泵（kW）	60	30～60	110	220
合计（kW）	141	100（年均）	327	484
电量/冷量	4.04%	2.86%	9.4%	13.8%
年运行耗电	30 万 kW·h（节电 76%）		100 万 kW·h	150 万 kW·h

注　1. 年运行耗电按制冷 5 个月，日均 20h 计算。

2. 运行耗电是指变频调节+双泵切换的结果，而传统机房输配系统的配电就是耗电。

1.5.3 一体化冷热电联产技术

1. 远大一体化冷热电联产技术

远大一体化冷热电联产机组包含发电机组、余热利用设备、输配系统、冷却系统、并网系统及智能控制系统，是全球首创的冷热电联产成套设备。综合能源利用率高达90%，输配系统用电节省 70%～85%，占地面积节省 50%。由工厂流水线生产代替现场施工，质量可靠；远大一家公司承担全部售后服务，服务可靠；与市政电网互为备用，用电可靠。设计师只需对接口部分进行设计，设计简单；施工人员只需做好基础，放置设备连接接口，施工简单；整套设备完全智能高效运行，管理简单。

远大一体化冷热电联产系统流程见图 1-22～图 1-24。

图 1-22 远大一体化冷热电联产机组系统图

远大一体化冷热电联产机组具有以下优点：

能源利用率高：远大一体化冷热电联产机组通过优化设备配置，实现发电机和余热设备的最佳匹配。通过多项节能技术的搭配实现能源的高效利用，综合能源利用率高达 90%。

节能减排：冷热电联产标准成套机组充分实现能源的梯级利用，通过现有的节能技术手段和自动控制的整合应用，最大化的利用实现节能减排，系统年运行较常规分产系统节能 30%。

功能齐全：一体化冷热电联产机组通过优化工艺流程可以实现输出电力、空调冷水、空调热水、卫生热水，一套机组即可满足用户对所有能源的需求，大大降低了用户的管理和维护成本。

智能化程度高：一体化冷热电联产机组不仅仅是常规系统的整合，更是技术的综合优化，通过整体的自动化控制，可以实现整个系统的最优化运行。

节约占地：一体化冷热电联产机组通过设备合理集约式设计实现了结构紧凑、布置合理，仅为常规设计的冷热电联产系统占地面积的 50%。

节约耗电：一体化冷热电联产机组自耗电（含主要设备、输配泵组、塔组耗电）小于发电机组发电容量的 9%，较常规系统配电量大幅减小，系统自耗电仅为常规冷热电联产系统的 30%，运行节电 70%～85%。

2. 天然气分布式能源的节能

天然气分布式能源先利用天然气发电，将发电后的余热用于供冷供热。世界上一些发达国家的热电效率已经可以达到96%以上，可将天然气的所有能量用尽。这一技术可以带来一下几个好处：①能源利用效率大幅度提高；②由于兼并发电，经济效益好；③冬夏实现天然气供应的平衡；④燃气价格承受能力大幅度提高。

天然气分布式能源的节能率是指节能量与校准能耗的比值。校准能耗指的是以统计报告期内的运行工况，达到与分布式冷热电能源系统相同的冷、热、电等能量供应时，采用常规独立方式的供电、供冷和供热，参照发电系统设计与建筑热工设计的地理分区标准计算得出的总能耗。

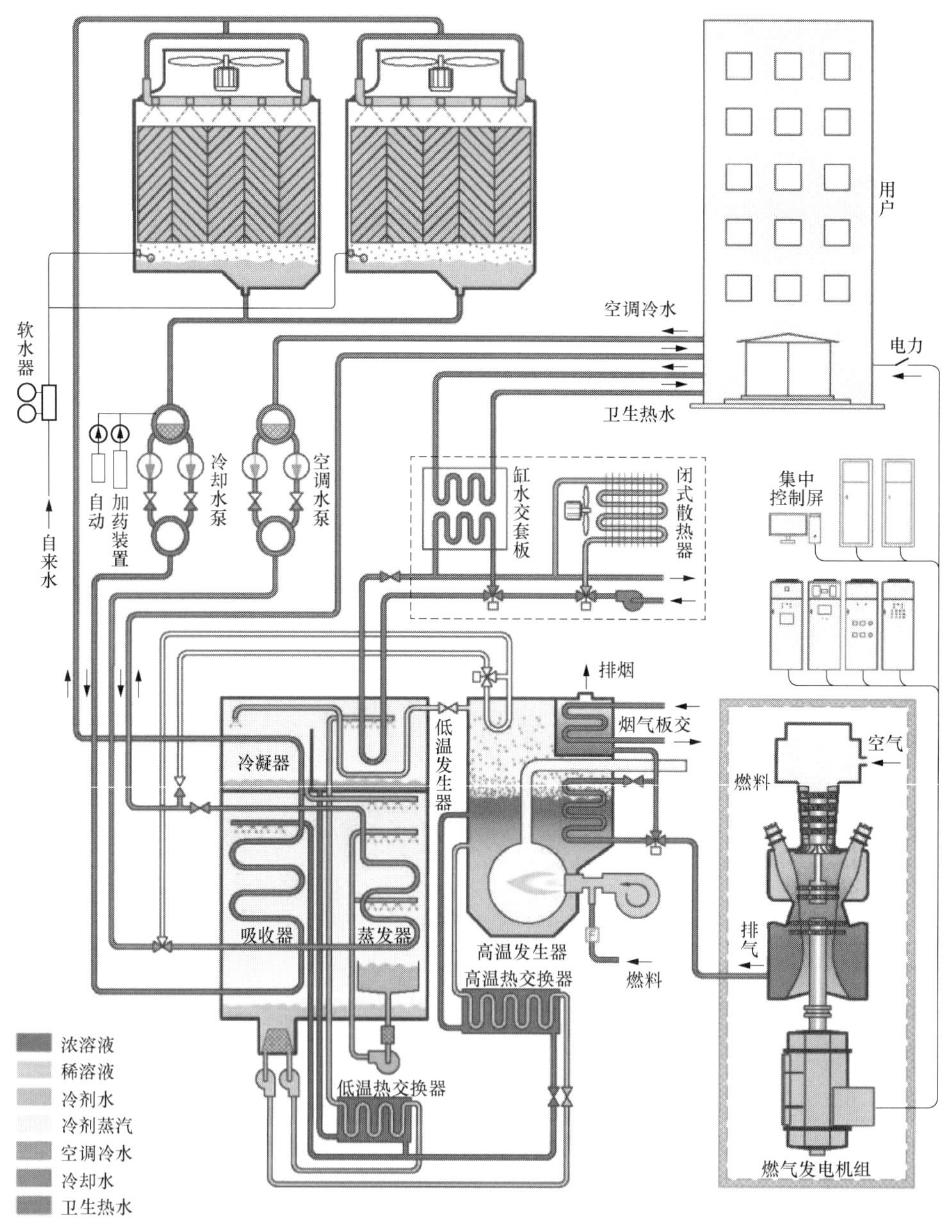

图 1-23　远大一体化冷热电联产机组冷电联产流程图

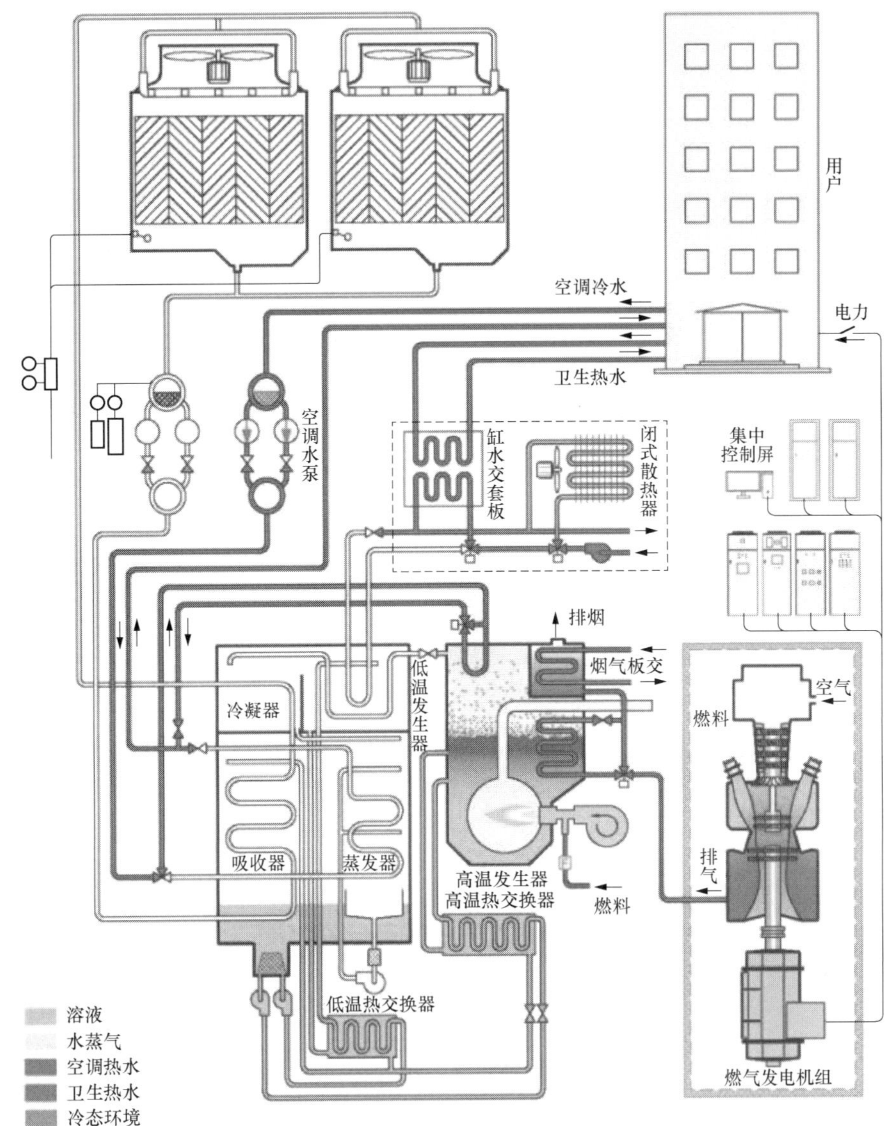

图 1-24　远大一体化冷热电联产机组热电联产流程图

分布式冷热电联供能源系统的综合能源利用率应大于或等于 70%。

分布式冷热电联供系统年平均余热利用率应大于 80%，年平均余热利用率应按式（1-8）计算

$$v_1 = \frac{Q_1 + Q_2}{Q_3 + Q_4} \times 100\% \tag{1-8}$$

式中：v_1 为年平均余热利用率，%；Q_1 为年余热供热总量，MJ；Q_2 为年余热供冷总量，MJ；Q_3 为排烟温度降至 120℃时可利用的热量，MJ；Q_4 为冷却水温度降至 75℃时可利用的热量，MJ。

分布式冷热电联供系统的年平均能源综合利用率应按下式计算：

$$v = \frac{3.6W + Q_1 + Q_2}{B \times Q_L} \times 100\% \tag{1-9}$$

式中：v 为年平均能源综合利用率，%；W 为年净输出电量，kWh；Q_1 为年余热供热总量，MJ；Q_2 为年余热供冷总量，MJ；B 为年燃气总耗量，m^3；Q_L 为燃气低位发热量，MJ/Nm^3。

发电设备最大利用小时数宜大于 2000h，最大利用小时数应按下式计算：

$$n = \frac{W_{year}}{C_{ape}} \tag{1-10}$$

式中：n 为发电设备最大利用小时数，h；W_{year} 为发电设备全年发电总量，kWh；C_{ape} 为所有发电设备的总装机容量，kW。

分布式冷热电联供系统的节能率应大于 15%。节能率应按下式计算：

$$\gamma = 1 - \frac{B \times Q_L}{\dfrac{3.6W}{\eta_{eo}} + \dfrac{Q_1}{\eta_0} + \dfrac{Q_2}{\eta_{eo} \times COP_0}} \tag{1-11}$$

$$\eta_{eo} = 122.9 \times \frac{1-\theta}{M} \tag{1-12}$$

式中：γ 为节能率；B 为联供系统年燃气总耗量，Nm^3；Q_L 为燃气低位发热量，MJ/Nm^3；W 为联供系统年净输出总量，kWh；Q_1 为联供系统年余热供热总量，MJ；Q_2 为联供系统年余热供冷总量，MJ；η_{eo} 为常规供电方式的平均供电效率；η_0 为常规供热方式的燃气锅炉平均热效率，可按 90%取值；COP_0 为常规供冷方式的电制冷机平均性能系数，可按 5.0 取值；M 为电厂供电标准煤耗［g/（kW・h）］，可取上一年全国统计数据；θ 为供电线路损失率，可取上一年全国统计数据。

分布式冷热电能源系统的节能率按下式计算：

$$\xi_{CCHP} = f(P) = \frac{E_a - E_r}{E_a} \times 100\% \tag{1-13}$$

式中：ξ_{CCHP} 为分布式冷热电能源系统的节能率；P 为分布式冷热电能源系统的报告期供电量，kW・h（千瓦・时）；E_r 为分布式冷热电能源系统的报告期能耗，kgce（千克标准煤）；E_a 为分布式冷热电能源系统的校准能耗，kgce（千克标准煤）。

分布式冷热电能源系统的报告期能耗按下式计算：

$$E_r = E_s + E_w + E_{rtrans} \tag{1-14}$$

式中：E_s 为分布式冷热电能源系统的报告期内供冷季能耗的累计值，kgce（千克标准煤）；E_w 为分布式冷热电能源系统的报告期内供热季能耗的累计值，kgce（千克标准煤）；E_{tran} 为分布式冷热电能源系统的报告期内过渡季能耗的累计值，kgce（千克标准煤）。

对于已投产运行的系统，E_s、E_w 和 E_{tran} 的相关数据均应为运行统计值；尚未投产运行的系统 E_s、E_w 和 E_{tran} 的相关数据可采用设计计算值。

分布式冷热电能源系统的校准能耗按下式计算：

$$E_a = P \times e_{ref,p} + C \times e_{ref,c} + H \times e_{ref,h} \tag{1-15}$$

式中：P 为分布式冷热电能源系统的报告期供电量，kW・h；C 为分布式冷热电能源系统的报告期供冷量，kW·h；H 为分布式冷热电能源系统的报告期供热量，kW·h；$e_{ref,p}$ 为到达终端用户的供电能耗参照值，kgce/（kW·h）；$e_{ref,h}$ 为供热能耗参照值，kgce/（kW·h）；$e_{ref,c}$ 为供冷能耗参照值，kgce/（kW·h）。

对于已投产运行的系统，P、C 和 H 的相关数据均应为运行统计值；尚未投产运行的系统 P、C 和 H 的相关数据可采用设计计算值。

$e_{ref,p}$、$e_{ref,h}$ 和 $e_{ref,c}$ 的相关数据根据系统实际运行的工况条件，按表 1-18 取值。

以上公式均摘自《分布式冷热电能源系统的节能率》，根据系统设计与建筑热工设计地理分区的能耗参考值（见表 1-18）。

表 1-18　单位终端用户供电、供冷和供热分区能耗参考值　单位：gce/（kW·h）

最冷月平均气温	机组类型	供电能耗参考值[a] $e_{ref,p}$	供冷能耗参考值[b] $e_{ref,c}$	供热能耗参考值[c] $e_{ref,h}$
≤5℃	现有机组	352.94	86.08	147.25
	新建机组	320.86	78.26	
$-5<t\leq 0$℃	现有机组	354.71	80.61	
	新建机组	322.46	73.29	
>0℃	现有机组	356.47	82.90	
	新建机组	324.06	75.36	

a　发电能耗参考值参照 GB 21258—2017；

b　供冷能耗参考值同时参照 GB 21258—2017 和 GB 50189—2019；

c　供热能耗参考值参照 GB 24500—2009。

现有分布式冷热电联供能源系统的节能率限定值应符合表 1-19 中的规定。

新建分布式冷热电联供能源系统的节能率限定值应符合表 1-20 中的规定。

表 1-19　现有分布式冷热电能源系统的节能率限定值

系统规模（kW）	节能率限定值（%）
15 000 以上	11
1000～15 000	8
1000 以下	5

表 1-20　新建分布式冷热电能源系统的节能率限定值

系统规模（kW）	节能率限定值（%）
15 000 以上	21
1000～15 000	18
1000 以下	15

分布式冷热电联供能源系统应通过先进设计、先进设备、节能技术改造和加强节能运行管理等达到表 1-21 中的节能率限定值。

表 1-21　分布式冷热电能源系统改造后的节能率限定值

系统规模（kW）	节能率限定值（%）
15 000 以上	29
1000～15 000	19
1000 以下	23

1.5.4 溴化锂吸收式热泵

1. 溴化锂吸收式热泵

吸收式热泵是以溴化锂吸收式技术为基础，以热能为驱动热源，通过回收低温热源的热量，来制取满足工艺或采暖用中、高温热水或蒸汽，实现余热回收利用、从低温向高温输送热能的供热设备。其驱动热能可是蒸汽、高温烟气、直接燃烧燃料（燃气、燃油）产生的热量，甚至是废热热水或废热蒸汽，其最大优势在于余热回收利用，在节能降耗和余热供热领域中将发挥越来越重要的作用。

溴化锂吸收式热泵类型及应用范围。吸收式热泵是一种利用低品位热源，实现将热量从低温热源向高温热源泵送的循环系统。是回收利用低温位热能的有效装置，具有节约能源、保护环境的双重作用。吸收式热泵可以分为两类。

第一类吸收式热泵，也称增热型热泵，是利用少量的高温热源，产生大量的中温有用热能。即利用高温热能驱动，把低温热源的热能提高到中温，从而提高了热能的利用效率。第一类吸收式热泵的性能系数大于 1，一般为 1.5～2.5。

第一类溴化锂吸收式热泵原理简介（见图 1-25）。

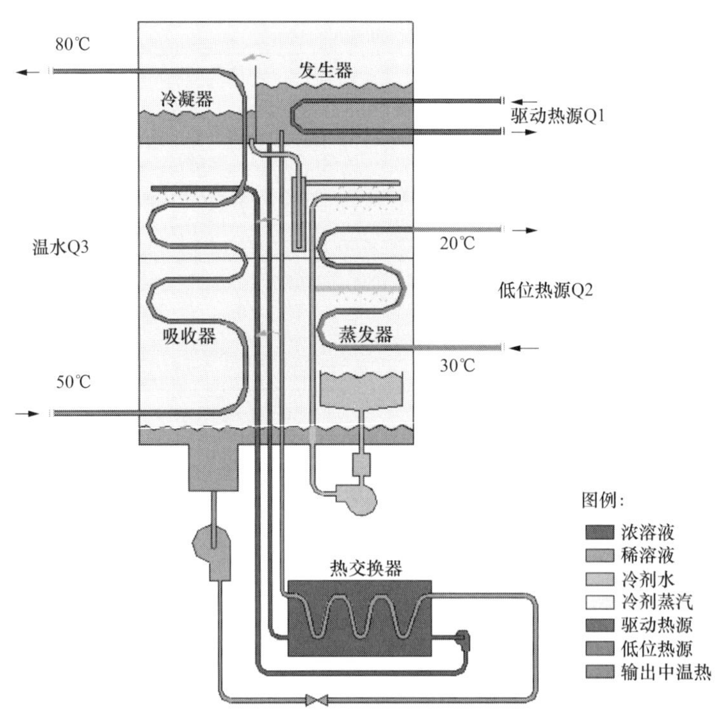

图 1-25 第一类吸收式与热泵原理图

第一类热泵由发生器、冷凝器、蒸发器、吸收器和热交换器等主要部件及抽气装置，屏蔽泵（溶液泵和冷剂泵）等辅助部分组成。抽气装置抽除了热泵内的不凝性气体，并保持热泵内一直处于高真空状态（见表 1-22）。

表 1-22　　第一类溴化锂吸收式热泵机组热源

机型	供热量（kW）	热　源　种　类	热　源　条　件
蒸汽型	282～56 489	低温热源水、蒸汽	低温热源水≥5℃，蒸汽压力≥0.1MPa
热水型	282～56 489	低温热源水、中温热水	低温热源水≥5℃，高温热水≥75℃
烟气型	282～56 489	低温热源水、高温烟气	低温热源水≥5℃，烟气温度≥250℃
直燃型	282～56 489	低温热源水、天然气	低温热源水≥5℃

第二类吸收式热泵，也称升温型热泵，是利用大量的中温热源产生少量的高温有用热能。即利用中低温热能驱动，用大量中温热源和低温热源的热势差，制取热量少于但温度高于中温热源的热量，将部分中低热能转移到更高温位，从而提高了热源的利用品位。第二类吸收式热泵性能系数总是小于 1，一般为 0.4～0.5。图 1-26 所示为第二类吸收式与热泵原理图。

两类热泵应用目的不同，工作方式亦不同。但都是工作于三个热源之间，三个热源温度的变化对热泵循环会产生直接影响，升温能力增大，性能系数下降。

第二类溴化锂吸收式热泵原理简介：

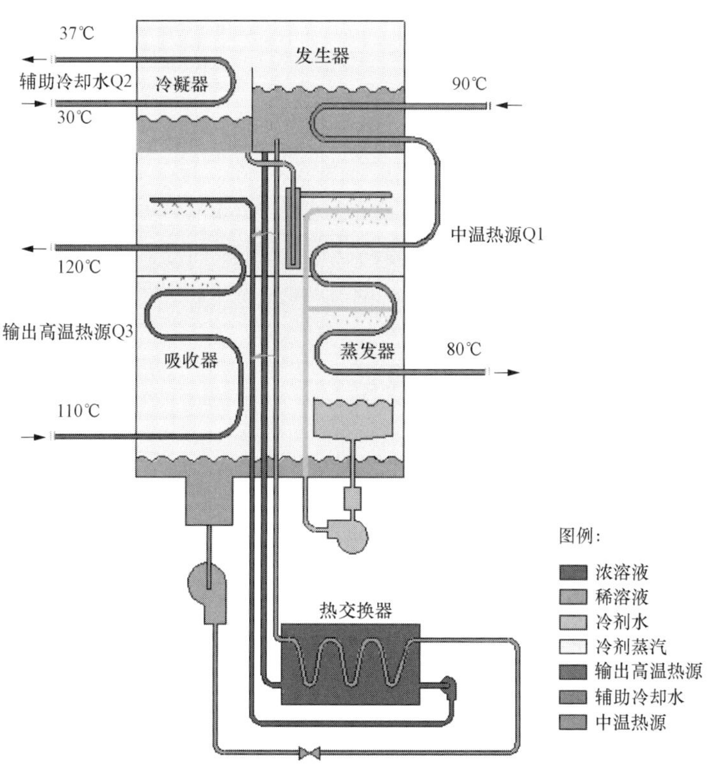

图 1-26　第二类吸收式与热泵原理图

第二类溴化锂吸收式热泵机组也是回收利用低温热源（如废热水）的热能，制取所需要的工艺或采暖用高温热媒（热水），实现从低温向高温输送热能的设备。它以低温热源（废热水）为驱动热源，在采用低温冷却水的条件下，制取比低温热源温度高的热媒（热水）。它与第一类溴化锂吸收式热泵机组的区别在于，它不需要更高温度的热源来驱动，但需要较低温度的冷却水。

第二类热泵也是由发生器、冷凝器、蒸发器、吸收器和热交换器等主要部件及抽气装置、屏蔽泵（溶液泵和冷却泵）等辅助部分组成。抽气装置抽除了热泵内的空气等不凝性气体，并保持热泵内一直处于高真空状态（见表 1-23）。

表 1-23　　第二类溴化锂吸收式机组热源

机型	供热量（kW）	热源种类	热源条件
蒸汽型	116～23 260	中温废热水	中温废蒸汽≥50℃
热水型	116～23 260	中温废蒸汽	中温废热水≥50℃

2. 远大吸收式热泵的技术优势

①实时计量，精确显示能源效率和出力；②落差式自动抽排气装置，永保机组真空；③结晶检测、自动熔晶（专利）使结晶不再成为故障；④蒸发器三级靶流保护（专利）杜绝冻管；⑤溶液上孔喷淋杜绝衰减；⑥板式热交换器 COP 提高 6%～8%，出力提高 8%～15%；⑦蒸发器多层喷淋最大换热效率；⑧整体抛丸工艺，彻底消除焊接隐患；⑨整体保温工厂化制作，节能 3%～7%。

3. 远大热泵的节能经济性分析

吸收式热泵技术最大优势在于低温余热回收利用，充分发挥热泵 COP1.7 的优势，根据能量守恒定律：输入的热量等于输出的热量，即输出制热量=输入驱动热源热量+回收低温热源热量（1.7=1+0.7）。输入的驱动热源最终全部转化为热量输出，并未形成能量损失，因此吸收式热泵技术的节能量是指回收利用了低温热源而减少原预计输入能源的消耗量。

远大吸收式热泵系统原理图如下（见图 1-27）。

一般采用吸收式热泵回收低温余热的项目，合作单位双方常采用的商务模式是“合同能源管理，节能效益分享型”，即通过回收低温余热热量产生的经济效益来进行投资回收。所以一般可以按吸收式热泵机组回收的低温热源热量产生的经济效益进行测算。下面针对实际案例进行吸收式热泵经济性计算说明：

（1）北京丰台供热所热泵项目案例：以回收余热量折合天然气为基础。

机组型号：BZ300-60/45-12/18-600-R1

回收低温余热量=300 万 kcal/h；采暖期回收总热量=300×采暖天数×每天采暖小时数（单位：万大卡）；根据不同能源的热值进行换算，采暖期回收总热量折合天然气立方数=采暖期回收总热量÷8300kcal/h（天然气热值）×10 000÷0.92（燃气制热效率）；产生的经济效益=天然气立方数×天然气价格（单位：元）。

（2）某电厂冷却水余热回收热泵项目：以销售回收低温余热量为基础。

以一台 BDS500X0.1-60/42-15/20-1000-R1 的单效蒸汽型热泵机组为例估算：设备投

资 350 万元/台，回收余热量 500 万 kcal/h（20.9GJ/h）。

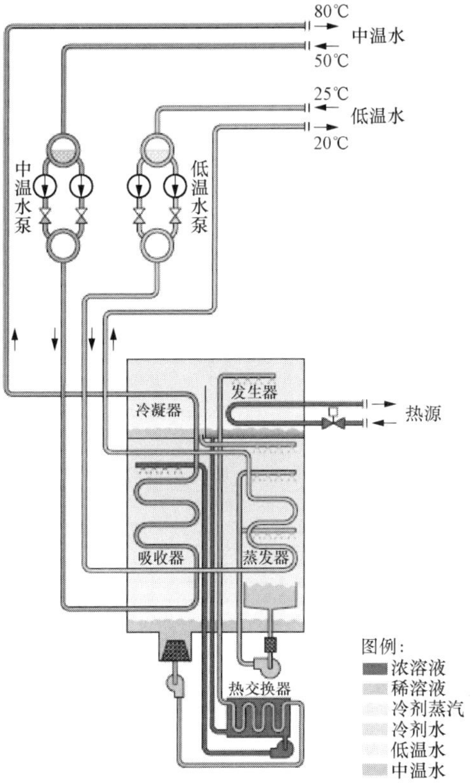

图 1-27　吸收式热泵原理图

不考虑其他因素影响机组效率及出力，并按设备投资回收期 3 年，每年采暖季 150 天，每天 24h，机组使用率 0.9 计算，则要求回收余热量单位 GJ 的销售价格=3 500 000÷20.9÷150÷24÷3÷0.9=17.2 元/GJ。

考虑整个热泵系统其他投资占热泵设备投资比例的 30%～40%（室外管道部分长取上限，室外管道部分短取下限）；其他技术条件：①热泵运行工况的参数变化（含驱动蒸汽压力、冷却水温度、热网回水温度）；②热泵使用率下降；③热泵 COP 性能下降等综合因素影响取热泵设备投资比例的 10%～15%。

综合因素测算影响余热回收单价比例约为热泵设备投资的 40%～60%，结合测算，一般热电厂的余热回收热泵项目的基础价格应为 24.1～27.5 元/GJ，然后再考虑公司内部收益率、资金成本等。若相关条件变化（如热泵设备投资、投资回收期等），可按以上方法进行测算。

4．吸收式热泵系统的年节能量测定方法

吸收式热泵技术的节能量是指回收利用了低温热源而减少原预计输入能源的消耗量。所以项目年运行节能量的测定方法主要有两种：

（1）直接测量吸收式热泵系统的低温侧总热量，通过热计量表，计量回收余热的总热量，按热价进行折算出经济效益或者通过对应的能源热值进行换算得出相应的经济收益，即为吸收式热泵系统的年节能收益。

（2）通过核算吸收式热泵技术和原设计系统的单位供热量的能源成本，计算出单位供热量的节能量；然后通过热计量表，计量吸收式热泵系统提供的总供热量；最后利用单位供热量的节能量乘以总供热量，即为吸收式热泵系统的年节能收益。

备注说明：吸收式热泵系统在实施过程中产生的土地费用、余热资源费、增加电费、节省水费等相关费用应在年节能收益中进行扣除。

1.5.5 烟气余热显热回收装置

1. 烟气板交构成

远大烟气余热显热回收装置（简称“烟气板交”）由烟气板式换热器和热量表两部分组成（见图 1-28）。其中烟气板交部分是选用特种不锈钢板片，经交错排列后，采用钎焊工艺制成的非对称板式热交换器。

远大烟气余热显热回收装置标配的热量表，可现场安装于烟气余热回收装置出（或进）水管上，可根据循环水介质的流量、温差进行能量计算，精确算出烟气余热回收装置热回收量。

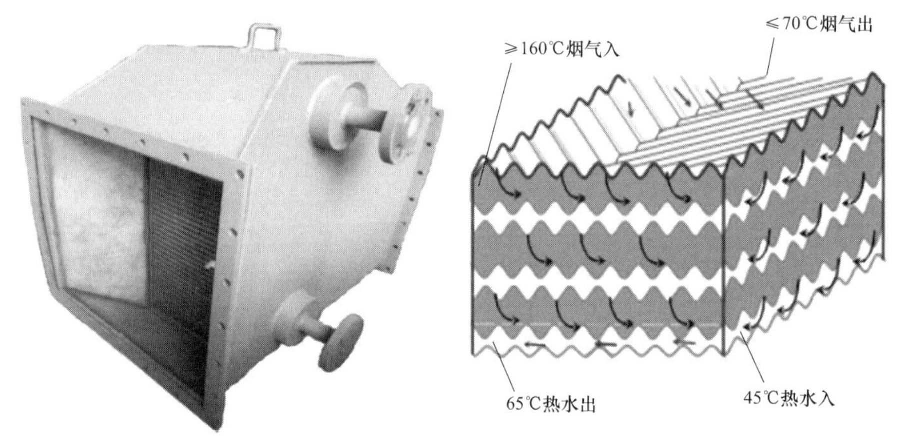

图 1-28　远大烟气余热回收装置

2. 功能

烟气余热回收装置中的烟气板式换热器将直燃机、锅炉、发电机工作中排放出≥160℃的高温烟气（尾气），通过在排烟管道上串接远大烟气余热回收装置，回收烟气中余热，将烟气余热回收装置内一侧循环水加热，直接制取卫生热水或采暖水，这一持续不断的“气水换热”过程就是烟气余热回收装置的换热工作原理。

3. 应用范围

介质为＜300℃的烟气；适配燃烧量≥100kW・h；用于卫生热水、采暖系统。

4. 独特优点

（1）余热回收，梯级利用，变废为宝。

（2）投资回收期≤2 年。

（3）非对称板式换热，效率高、压损小。

（4）标配热量表，省钱看得见。

（5）整体钎焊蜂窝结构，换热面积大，寿命长。

（6）体积小，重量轻，安装、清洗简单方便。

1.5.6　磁悬浮离心式冷水机组（节电空调）

1. 磁悬浮离心式冷水机组（节电空调）

磁悬浮变频离心机运行原理：通过高温高压氟利昂气体从压缩机排出，进入冷凝器，向铜管冷却水释放热量，冷凝为中温高压氟利昂液体，然后经过截流阀降压为低温低压液体进入蒸发器，在蒸发器壳体内从流经铜管的冷冻水中吸收热量，气化为低温低压气体后吸入压缩机，在压缩机内经过二次压缩为高温高压气体排出，通过这种循环，最终达到降温的目的，如图 1-29 所示。

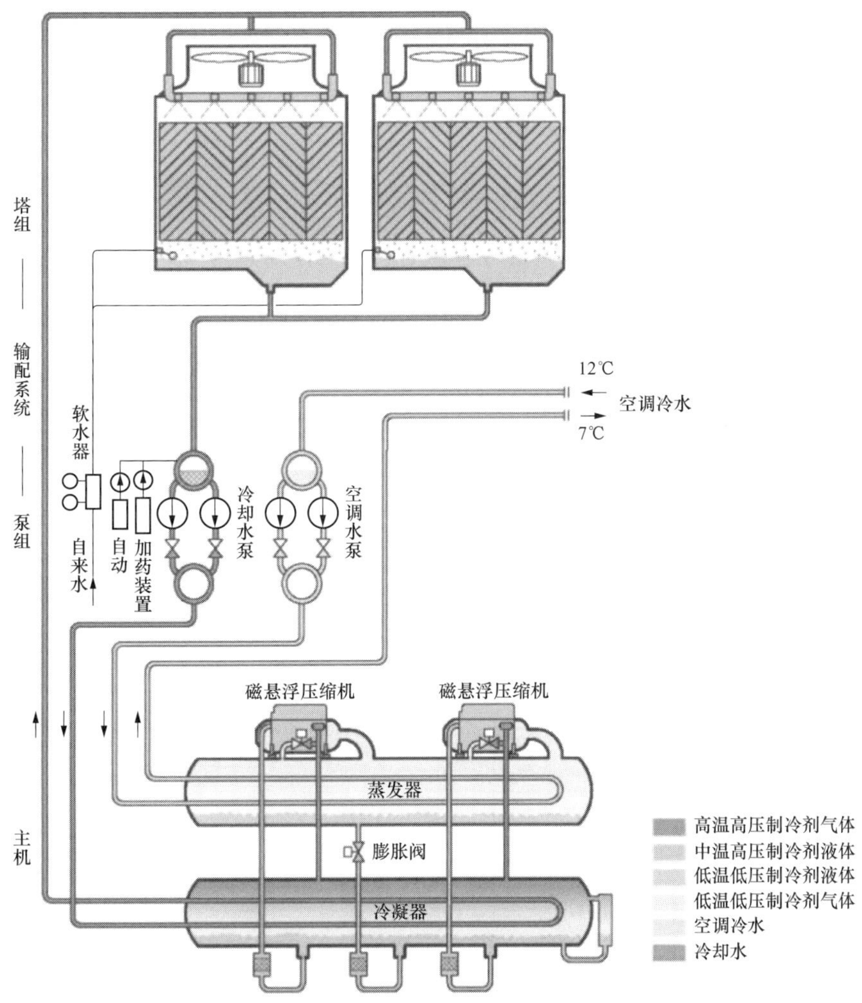

图 1-29　磁悬浮节电空调制冷原理图

磁悬浮技术：磁轴承和定位传感器。利用由永久磁铁和电磁铁组成的径向轴承和轴向轴承组成数控磁轴承系统，实现压缩机的运动部件悬浮在磁衬上无摩擦的运动，磁轴承上的定位传感器为电机转子提供超高速的实时重新定位，以确保精确定位。

磁悬浮技术优势：整个空调系统无需润滑油，可避免壳管式换热器中油膜覆盖在换热管上导致换热效率下降的影响，提高系统换热效率 15%以上。

2. 远大磁悬浮离心式冷水机组（节电空调）的特点

（1）高效节能：磁悬浮无油无摩擦技术、变频驱动控制技术，机组综合部分负荷性能系数（IPLV）高达 10，比传统空调节能 40%。

（2）绿色环保：R134a 环保冷媒，对臭氧层破坏指数（ODP）为 0，机组高效节能运行，有效的减少碳排放量达 50%。

（3）节材省地：相对于传统机组，体积减小 30%～50%，重量减轻 30%，节省材料，降低机房占地。

（4）减少操心：磁悬浮无摩擦，无油运行，完全避免常规压缩机高摩擦损失、润滑油的管理与控制，确保了卓越的能效及可靠运行，节约运行维护费用、智能化抗喘振控制模块，确保机组始终运行在安全范围内，智能化控制系统实现主机及输配系统无人管理，全球联网监控，实现 365 天 24 小时故障预警、故障诊断、纠错功能、节能管理。

（5）安静运行：机组运行噪声低于 72dBA，结构震动接近 0。

3. 磁悬浮离心式冷水机组（节电空调）的节能分析

磁悬浮节电空调，高效无摩擦损耗；没有机械轴承和齿轮，没有机械摩擦损失，没有润滑油循环，纯制冷剂压缩循环，无需润滑油的加热或冷却，与传统的离心式轴承的摩擦损失相比，磁悬浮轴承的摩擦损失仅为前者的 2%左右。机组综合部分负荷性能系数（IPLV）高达 10，比其他电空调节电 40%。

IPLV（integrated part load value）综合部分负荷性能系数。是用一个单一数值表示空气调节用冷水机组的部分负荷效率指标，它基于下表规定的 IPLV 工况下机组部分负荷的性能系数值，按照机组在各种负荷下运行时间的加权因素，通过 IPLV 公式得到的数值。

IPLV 的公式为

$$\mathrm{IPLV}=a\times A+b\times B+c\times C+d\times D \tag{1-16}$$

其中：A = 机组 100%负荷时的效率（COP，kW/kW，下同）、B = 机组 75%负荷时的效率、C = 机组 50%负荷时的效率、D = 机组 25%负荷时的效率。

a、b、c、d 的取值如下：

严寒地区 1.0%、32.7%、51.2%、15.1%，寒冷地区 0.7%、36.2%、53.4%、9.8%，夏热冬冷地区 2.3%、38.6%、47.2%、11.9%，夏热冬暖地区 0.7%、46.3%、41.7%、11.3%，全国加权平均 1.3%、40.1%、47.3%、11.3%。

磁悬浮节电空调额定 COP 及 IPLV 值（见表 1-24）。

表 1-24 磁悬浮节电空调 COP 及 IPLV

制冷量（kW）	520	700	1045	1400	2090	2800	4200
额定 COP	5.81	6.06	6.10	6.23	6.16	6.48	6.46
IPLV（GB）	9.39	9.35	9.68	9.63	9.60	9.72	9.79
IPLV（AHRI）	9.90	9.69	10.15	10.05	10.02	10.56	10.60

根据 2015 年发布的《冷水机组能效限定值及能效等级》（GB 19577—2015），冷水机组能效等级分为 3 级，其中 1 级能效等级最高。冷水机组的性能系数 COP、综合部分负荷性能系数 IPLV 的测试值及标注值应不小于表 1-25、表 1-26 中能效等级所对应的指标规定值。

表 1-25 能效等级指标 1

类型	名义制冷量（CC）（kW）	能效等级			
		1	2	3	
		IPLV（W/W）	IPLV（W/W）	COP（W/W）	IPLV（W/W）
水冷式	CC≤528	7.20	6.30	4.20	5.00
	528<CC≤1163	7.50	7.00	4.70	5.50
	CC<1163	8.10	7.60	5.20	5.90

表 1-26 能效等级指标 2

类型	名义制冷量（CC）（kW）	能效等级			
		1	2	3	
		COP（W/W）	COP（W/W）	COP（W/W）	IPLV（W/W）
水冷式	CC≤528	5.60	5.30	4.20	5.00
	528<CC≤1163	6.00	5.60	4.70	5.50
	CC<1163	6.30	5.80	5.20	5.90

远大磁悬浮离心式冷水机组（节电空调）能效等级属于 1 级，是节能型产品。在部分负荷下，COP 可达到 7～8，IPLV 达到 10。

1.5.7 多能源互补

能源是社会和经济发展的动力和基础。由于传统化石能源日益枯竭，提高能源利用效率、开发新能源、加强可再生能源综合利用成为解决社会经济发展过程中的能源需求增长与能源紧缺之间矛盾的必然选择。由于不同能源系统发展的差异，供能往往都是单独规划、单独设计、独立运行，彼此间缺乏协调，由此所造成了能源利用率低、自愈能力不强、供能系统整体安全性有待提高等问题。

1. 多能互补简介

多能互补并非一个全新的概念，在能源领域中，长期存在着不同能源形式协同优化的情况，几乎每一种能源在其利用过程中，都需要借助多种能源的转换配合才能实现高效利用。在能源系统的规划、设计、建设和运行阶段，对不同供用能系统进行整体上的互补、协调和优化，可实现能源的梯级利用和协同优化，为解决上述问题提供了思路。不同能源供应系统的运行特性各异，通过彼此间协调，可降低或消除能源供应环节的不确定性，从而更有利于可再生能源的安全消纳。

随着分布式发电供能技术，能源系统监视、控制和管理技术，以及新的能源交易方式的快速发展和广泛应用，能源耦合紧密，互补互济。综合能源系统作为多能互补在区域供能系统中最广泛的实现形式，其多种能源的源、网、荷深度融合、紧密互动对系统分析、设计、运行提出了新的要求。综合能源系统一般涵盖集成的供电、供气、供暖、供冷、供氢和电气化交通等能源系统，以及相关的通信和信息基础设施。传统的能源系统相互独立的运行模式无法适应综合能源系统多能互补的能源生产和利用方式，在能量生产、传输、存储和管理的各个方面，都需要以考虑运用系统化、集成化和精细化的方法来分析整个能源系统，进而提高系统经济性和用能效率，并显著降低用能价格。

2. 多能互补在综合能源系统应用

综合能源系统相关技术一直受到世界各国的重视，不同国家往往结合自身需求和特点，各自制定适合自身的综合能源发展战略。国内外专家学者做了相当多的研究，主要研究内容可归纳为图 1-30，包括以下几个方面：

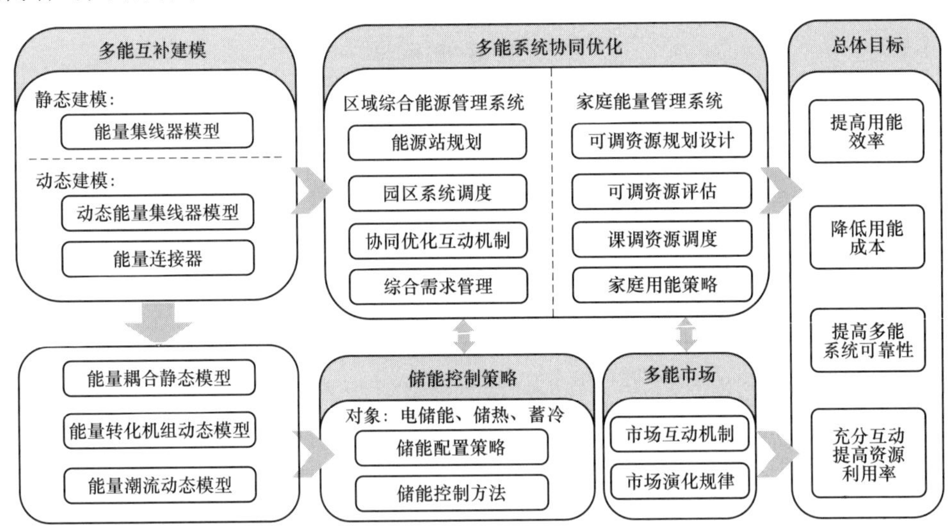

图 1-30　多能互补相关研究关系图

（1）多能互补静态建模。能源集线器（energyhub，EH）模型反映了能量系统间的静态转换和存储环节，最早由瑞士苏黎世联邦理工学院的研究团队提出。该模型是综合能源系统通用建模的一次有益尝试，大量的相关研究已用于含有冷热电气系统的耦合关系描述，并被广泛应用于各类综合能源系统相关研究中（如综合能源系统的规划、分布式能源系统管理、需求管理控制、区域能源系统运行调度等）。该模型反映了能源在传输和转换环节的静态关系，而无法描述综合能源系统内复杂多样的动态行为。

（2）多能互补动态建模。多能互补动态模型一般包括动态能源集线器和动态能源连接器模型。动态能源集线器在传统集线器模型的基础上，考虑能量转换机组的动态特性。动态能源连接器描述了电能、液态工质或气态燃料输送环节的静态特征和动态变化规律，研究两端传递环节和协调反馈环节，对多个能源输送环节进行统一和协调控制。

（3）区域多能互补协同优化策略。从系统的角度看，耦合不同的能量载体相对于常规的去耦能量供应网显示出许多潜在的优点，冗余能流路径提供的一定程度的自由度为多能协同优化提供了空间。通过能量系统互连互通，改善不同能源在不同供需背景下的时空不平衡，实现降低系统用能成本、提高用能的效率以及增强供能的可靠性的目的。同时，这也使得协同优化问题的规模和求解难度也不断提高，设计易于实施且优化效果明显的运行策略一直是国内外的研究热点之一。

（4）家庭能源站运行智能管理。用户侧的灵活资源、分布式电源、储能设备将得到更加广泛的应用，电、气、冷、热等多种能源形式在用能端的交叉耦合和相互转换也将更为紧密，同时也为多元用户主动参与综合能源系统互动提供物质基础，也促进了能量流、信息流、业务流等特性各异的物理对象的融合。未来的综合能源系统不再是由供给侧到用户侧的单向能量传递，能源用户也由过去的能源使用者转换成能源消费者和服务商，传统能源系统中供给者、消费者的概念被淡化，取而代之的是综合能源系统供需双侧的智能交互。

（5）多种储能的控制方法和配置策略。现阶段，按照时间尺度来划分，电储能一般用于“低储高发”、联络线功率控制和电能质量治理三个方面，经济效益在峰谷电价差和延缓电网升级两方面。由于供冷是非时变的，储热没有套利空间，一般用于与 CCHP 机组协调调度，优化 CCHP 机组的运行状态，使以热定电的 CCHP 机组可在用电峰时段多发电，燃气锅炉运行在效率较高的状态，在用电谷时段停机由储能供热，显著提高机组的经济效益。另外，对于电制冷机组，其经济效益与实时电价关系密切，加入蓄冷可以显著降低电空调的运行成本，减少电制冷机组的配置容量。

3. 多能互补在综合能源系统中的关键问题

（1）多能互补协同运行调度。多能互补的协同调度优化一直是这一领域研究的重点和关键，是系统规划和市场互动博弈的基础。通过多个系统的协同合作，实现区域系统的经济和能效目标，并促进区域新能源的大规模消纳。相反的，系统的耦合在取得效益增益的同时，故障后发生的影响范围和影响程度也会扩大，特别是对于不同时间尺度的系统来说，很容易发生故障传递，因此，对于多能互补的系统风险评估还需要进一步深入研究。

（2）多能互补协同规划策略。对于多能互补的协同规划，规划场景构建与预测较传统的电力系统规划更加复杂，综合政策、市场、气象等重要信息，构建基于数据分析的规划场景。依据源荷互补特性划分互动集群，分别建立集群内源—荷—储优化配置模型和供能网络规划模型，并基于分解协调思想实现互动集群和互济网络的协同优化规划。在各场景下，通过冷热电负荷需求、规划问题不确定性及负荷可调潜力分析，计算用能需求的时空分布，据此确定规划策略。

（3）考虑用能替代的综合需求响应。对多能互补系统，用户参与需求响应的手段不仅限于传统的电能削减和在时间上的平移。用能替代正逐渐成为综合需求响应的一个重要方式，能量的替代使用可降低用户侧的用能成本，在满足用能需求的前提下响应各个能源系统的调度期望，可观的响应收益为用户相应行为提供充足的驱动力。但是，当前调度、规划以及市场的研究中，很多都忽略了这种新的用户响应形式。

（4）热/电/气多能流计算。无论是在规划还是调度运行中，能流计算一直是多能系统静态分析的一个关键问题。一般采用改进的能源集线器模型，考虑耦合单元作为平衡节点对于电力网络和天然气网络潮流的影响，形成该系统适用的潮流求解算法。相应的研究可分为统一求解法和解耦求解法两类。采用统一求解法时，需要建立电力—天然气系统的混合模型，然后在统一的框架下建立包含多个能网状态的潮流方程，对系统综合潮流进行求解，在算法求解方面往往要求较高。而解耦求解法需分析不同模式下多个系统的耦合关系，将电力潮流与天然气以及热力系统解耦计算，因此可以在原有独立的潮流计算模块上增加电/气/热耦合分析模块来实现，计算难度较小。

（5）多能市场互动策略与交易机制。综合能源系统的多能互动参与主体主要包括园区综合能量管理中心、各类工业用户、居民用户、电动汽车、新能源、储能、热电冷联产系统等。各类主体在互动框架中扮演着不同的角色，根据自身的用电特性、风险偏好和响应潜力，响应电价信息和管理中心发布的可中断信息，调整自身负荷计划，从而达到柔性互动的目标。然多能主体众多，不同的用户利益诉求不同，其参与互动的目标也有所差异，因此一个能够吸引用户参加的健全的互动机制，应在一定程度上满足各个主体不同的利益目标，多能互动典型设计方案如图 1-31 所示。

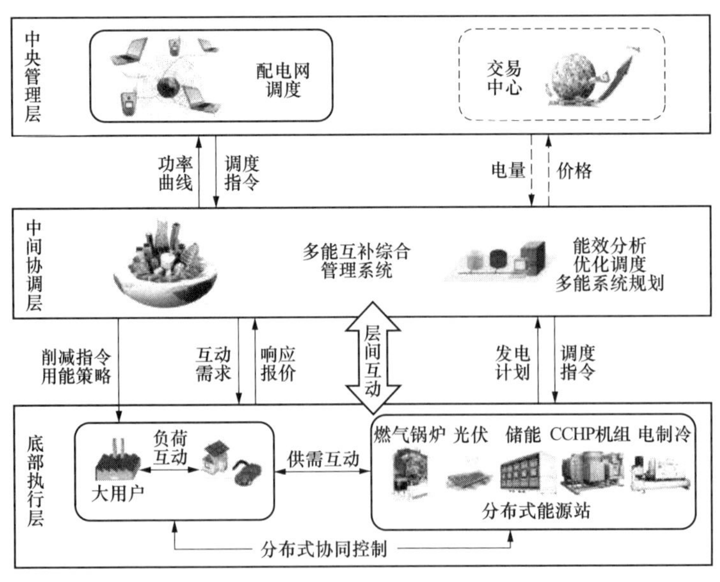

图 1-31　多能互动机制设计方案

4. 前景展望

随着能量需求呈现多样化和分布化趋势，以多能互补为中心的综合能源系统理论研究和工程实践也随之展开，然而在实践和研究过程中，各子系统通过大量的异质元件耦合，耦合元件在不同的管理模式、运行场景和控制策略下相互影响，呈现不同的电气、热力、水力特性，对所耦合的能源系统产生强烈的非线性、不确定的影响，综合能源系统无论在科学研究还是工程应用方面仍面临着巨大的挑战。为进一步提高用能效率，促进多种新能源的规模化利用，多种能源的源、网、荷深度融合、紧密互动又是未来能量系统发展的必然趋势，据此，综合能源系统多能互补研究具有前瞻性和巨大的工程应用价值。

1.5.8　远大节能控制平台

信息化是当今世界发展的大趋势，是推动经济社会变革的重要力量。大力推进信息化，是覆盖我国现代化建设全局的战略举措。能源管理信息化是供能企业从传统管理向现代化管理转型的必然趋势，也是节能减排、体制改革、企业转变经营方式的需要。

通过智慧能源综合管理平台的建设，企业最终能够采用先进的自动化、信息化技术建立能源管理调度中心，实现从能源数据采集——过程监控——能源介质消耗分析——能耗管理等全过程的自动化、高效化、科学化管理。从而使能源管理、能源生产以及能源使用的全过程有机结合起来，使之能够运用先进的数据处理与分析技术，进行离线生产分析与管理。其中包括能源生产管理统计报表、平衡分析、实绩管理、预测分析等。由传统管理运行节能向技术节能进行转变，基于管理平台大数据实现：如 COP 效率模型、基于粒子群算法的优化模型、基于 BP 神经网络的负荷预测模型、基于混淆矩阵的分类模型评估等，实现改善过程动态控制的性能、减少过程变量的波动幅度，使之能更接近其优化目标值，从而使系统在接近其约束边界的条件下运行，最终达到增强系统运行的稳定性和安全性。实现能源系统的统一调度，优化能源介质平衡、最大限度地高效利用能源，提高环保质量、降低能源消耗，达到节能降耗和提升整体能源管理水平的目的。

远大能源利用管理有限公司（以下简称“远大能源”）是能源利用管理方面的领军企业之一，是第一批备案的节能服务公司，拥有在能源利用管理方面的大量人才储备、管理经验并通过不断地开展能耗调查，积累了全国约 8000 万 m^2 的公共建筑的运行能耗信息。远大能源在结合自身优势的同时努力打造全方位信息化平台，通过大量数据分析实现能源管理的最优化，实现节能管理。

图 1-32 为远大信息化平台系统组成。

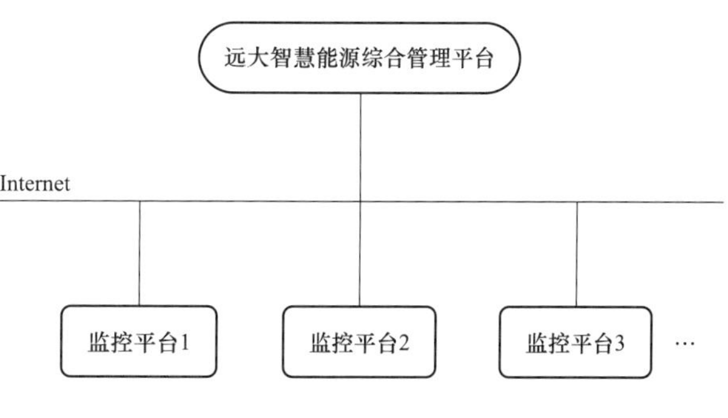

图 1-32　远大信息化平台系统组成

1. 远大智慧能源综合管理平台

随着远大能源各种业务的不断扩大，公司运营和新建项目已达几百个之多，并分布在全国各地，因此对项目管理能力的提高、服务能力的完善提出了更高的要求。为适应公司的发展需求，公司提出在总部建立远大智慧能源综合管理平台，对全国各地的项目进行监控和管理。

2. 主要功能

（1）度量信息管理。主要配置软件平台能源计量指标名称及指标计算方法，为能源分析页面提供基础度量数据。

（2）能源类型管理。主要提供能源介质类型的查、增、删、改功能，为用户按不同分类能源进行查询统计的系统基础依据参数。

（3）能源价格管理。主要用于管理能源消耗价格的基础数据，用于报表结算时可根据该数据进行统计收、付费，以满足不同计量计费需要，为系统计量计费提供重要参数依据。

（4）标杆值管理。主要制定、管理各类产品能耗指标的企业标准、地方标准、省级标准、国家标准、国际标准数据，为企业各类产品能耗对标提供基准数据。

（5）能源对比分析。主要实现不同用能单元按不同周期（小时、日、月、年）、不同时间的能耗进行趋势对比，并以趋势柱状图、趋势折线图和表格的方式展示对比数据，分析用能单元的能耗变化。

（6）能源成本分析。主要实现不同用能单元按不同周期（小时、日、月、年）不同时间的能源成本进行趋势对比，并以趋势柱状图、趋势折线图和表格的方式展示对比数据，分析用能单元的能源成本变化。

（7）标煤折算管理。主要实现不同用能单元按不同周期（小时、日、月、年）进行统一的折算，使得水、电、气的消耗在统一基准线上进行对比。

可以按照不同时间的能源折标煤进行报表统计，并以趋势柱状图、趋势折线图和表格的方式展示对比数据，分析用能单元的能耗变化。

（8）减排折算管理。主要实现通过节能手段降低能源消耗而实现对二氧化碳、二氧化硫、氮氧化物等排放物减排的管理。

可以按不同周期（小时、日、月、年）横向、纵向等多维度进行对比，进行报表统计，并以趋势柱状图、趋势折线图和表格的方式展示对比数据，确保项目运行节能减排指标满足国家政策要求。

（9）能源排名管理。主要实现不同用能单元在相同周期时间下的能耗进行排名分析，并以柱状图和表格的方式展示排名数据，同时显示各用能单位在各查询周期的同环比增长率数据。

（10）能源分类管理。根据不同的分析维度（如用能趋势分析和用能指标分析，可以按照分类、分项统计总能耗、单位面积能耗、用电能耗、用水能耗等对周期（日、周、月、年等）对各用能单位能耗进行分类和分项划分，通过饼图的上、下钻逻辑展示能源包含与被包含之间的关系，显示各类型能源的占比，同时通过柱状图和堆积图显示各用能单位的实际用量与趋势占比关系。

（11）能源时段分析。根据不同的时间维度（如峰谷平尖时段和白中夜班等）对各用能单位能耗进行时段维度占比分析，同时通过柱状图和堆积图显示各用能单位的各时段维度下的实际用量与趋势占比关系。

（12）能源对标分析。主要实现不同用能单元按不同周期（月、年）不同时间的能耗与其企业标准、地方标准、省级标准、国家标准和国际标准进行对标分析，通过与标准值之间的差值清晰地反映企业当前生产情况下能源消费水平，为企业节能减排提供数据参考。

（13）能源报警管理。为了预防出现大的能源事故，需要对建筑能源的消耗进行实时的监控，监测其正常运行范围，实现能源超限实时报警提醒和历史报警查询功能。可通过用能单位、时间、报警状态等多条件查询与定位当前平台内所有能源超限报警信息，为报警的统计分析提供基础数据。并且能源异常报警信息通过 E-mail，短信，或者 App 推送将报警信息实时、准确推送给相关人员。

（14）能源绩效考核。统计每个用能单元用能实绩与用能计划的对比，进行能效考核，以仪表盘及表格方式展示能耗的日、月、年的能源计划与实绩的对比结果。

（15）能源明细报表。可以根据实际需求，通过 Excel 方式自定义能源明细报表的表头名称、用能单位指标及平均、最大、最小、合计等统计方法，同时单元格支持加减乘除四则运算。报表提供年报、月报日报三种格式的查询、导出和打印功能。

（16）能源汇总报告。按照分类、分项规则，对用户的用电、用水和用气进行分类汇总统计，形成建筑的能源汇总报告；软件平台提供的能源汇总报告可以根据用户需求，通过 Excel 方式自定义能源汇总报告的行和列、用能单位指标及平均、最大、最小、合计等统计方法，同时单元格支持加减乘除四则运算。报表提供查询、导出和打印功能。

（17）能源平衡报表。在对所有的计量都逐步的校准完成后，需要有序的实现各级能源计量平衡，并根据报表的方式展现，支持能源平衡的月报、年报的查询、导出和打印功能。能源定额预警和告警管理。

系统通过实时智能统计分析，针对可能或已经产生的不良结果迅速做出反应，以手机短信等方式告知相关责任人以便及时采取对应措施，当故障或能耗报警时，系统自动生成一条消息并显示在首页界面。可通过电子邮件或短信平台等方式向管理员报警。系统自动保留处理日志，提供检索查询和文档导出功能。

3. 能效监控平台

能效监控平台网络架构：

如图 1-33 所示，能效监控平台，主要针对中央空调冷热源机房进行集中监控和管理。

该监控平台一般包括三个层级。

管理层：管理层是控制系统的操作部分，主要包括计算机和组态软件。管理/操作人员在监控室，就可完成系统几乎所有的操作，大大降低人力成本和系统故障概率。

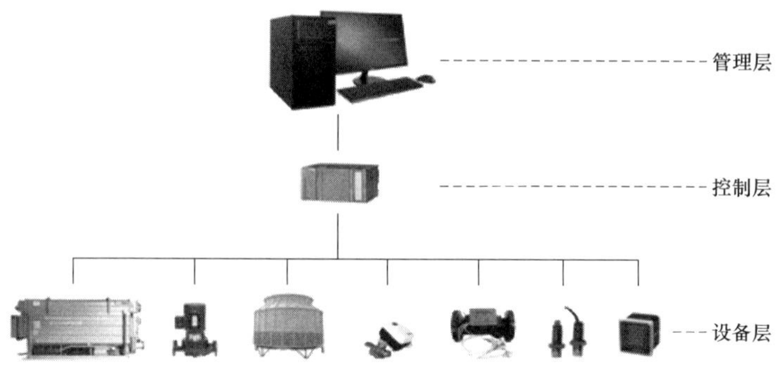

图 1-33　能效监控平台网络架构

控制层：控制层是控制系统的控制核心，主要包括 PLC 等控制器，它向管理层传送实时数据，接受管理层指令，并按照预先编好的程序控制设备层设备，完成自动化控制的功能。

设备层：设备层是控制系统的执行部分。其中机房设备主要包括空调主机、水泵、风机、变频器、电动阀门、温度传感器、压力传感器、流量计、热量计等。

（1）能效监控平台的控制模型。（见图 1-34）。

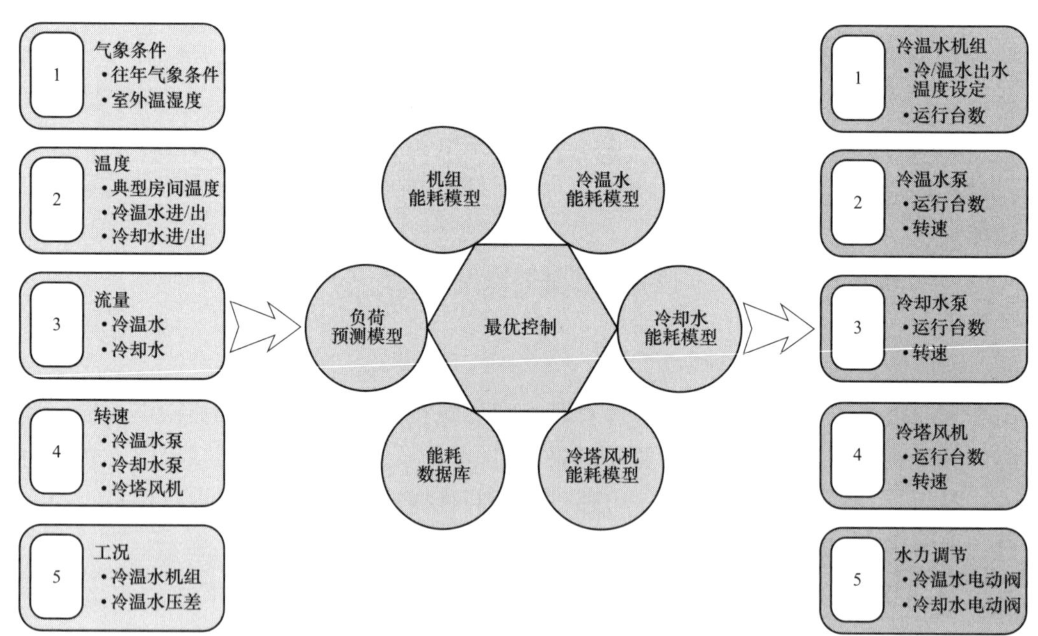

图 1-34　能效监控平台控制模型

（2）能效监控平台的经济运行。

1）机组节能。根据用户端负荷需求和室外温湿度，调整机组出水温度设定值，减少能耗。

2）冷温水泵节能。根据冷温水温度、温差、流量及机组特性调整冷却泵运行台数及频率。

3）冷却泵节能。根据冷却水温差、流量和机组特性调整冷却泵运行台数及频率。

4）冷却塔节能。根据冷却水进出水温度和机组特性，并综合考虑冷却塔自然散热，调整冷却塔风机运行台数；根据冷却塔水管路的排布情况，调整冷却塔的优先使用顺序。

5）二次泵节能。根据系统用户端负荷、二次侧压力、二次侧压差、二次侧温差、一次侧运行情况等，调整二次泵运行频率。

6）综合节能。上述节能方式，并非孤立运行，而是根据大量运行数据和运行经验的积累，找到最佳节能点，实现综合节能。

7）负荷预测。根据历史数据、末端情况、天气预报、室外温湿度及典型房间温度，提前预测末端负荷及变化趋势，提前开关机，合理加减机。

（3）能效监控平台主要功能。

1）实现自动节能控制：联动连锁控制、多机组优化启停控制、多工况切换控制、节能控制、冷却水排污控制、温度控制等。

2）采集能耗数据：主机、电能表、热量表、水表、燃气表实时监测能耗，相比人工抄表，大大提高了能耗数据记录的准确性、及时性和记录频率，为优化系统运行和节能诊断提供有力的数据支撑。

3）完善的系统管理：系统管理包括设备管理、运行管理、数据管理和报警管理；通过设备管理可以随时查看设备信息；运行管理可以设定运行模式和运行参数，实现系统最优管理；数据管理可以生成各种曲线、图形和报表；报警管理显示报警信息。

案例 1：滕州市中心人民医院（见图 1-35）

图 1-35　滕州市中心人民医院项目典型画面

案例 2：河南省人民医院（见图 1-36）

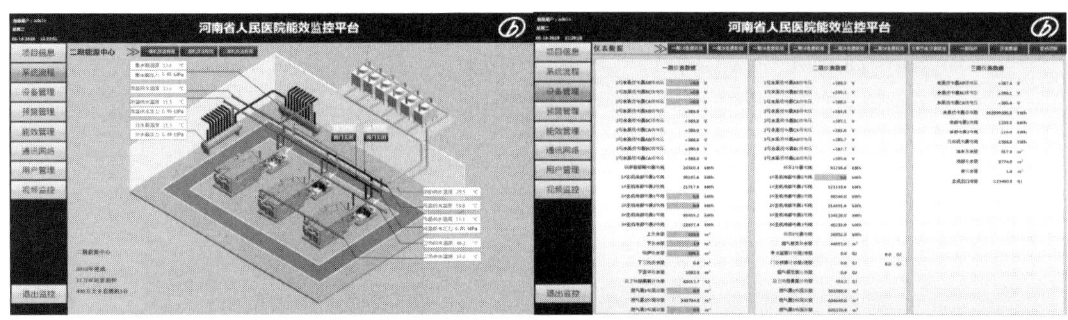

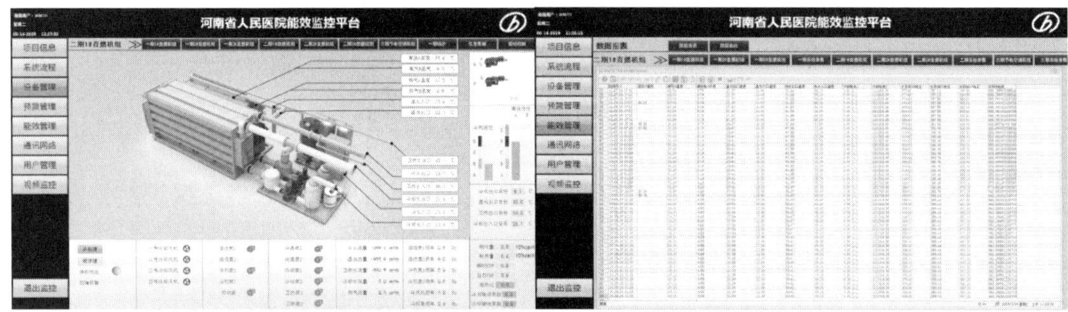

图 1-36　河南省人民医院项目典型画面

1.6　远大绿色能源站案例

1.6.1　韩国安山区域供热

1. 项目背景

如图 1-37、图 1-38 所示，本项目地点在韩国京畿道安山市，为首尔五大新都市之一，项目类型为民用工业。韩国面积狭小、能源匮乏，从政府到民众的节能意识非常强。由于其地理位置，冬季天气温较低，且持续较长，采暖周期从 11 月到次年 4 月。加上韩国

图 1-37　韩国京畿道安山热电厂

图 1-38　首尔五大新都市之——安山

的热力公司大多是发电公司，热电联产被广泛应用，政府在制定区域发展规划时，基于环保方面的考虑，普遍将热电公司设置于城市郊区（韩国称为新都市），同时便于覆盖周边范围，分担中心城市职能。

热电联产的主要利润是区域供热的采暖费，发电基本按照韩国电力公司的成本收购价上网，因而利润不大。热力公司的供热区域一经划定，基本不变，所以区域内的供热需求总量比较稳定，为了增加利润，各热力公司均想方设法来降低运营成本。

远大热泵的投入使用，回收了附近工厂的低品位工业废热，用于区域供热，提高了电厂的能源效率，同时降低了工厂的废水处理费用，实现了相关方的多赢。

2. 合作方

伴月生态园：当地大型印染工厂，工业废水需要降温后才能净化处理。安山都市开发公司：热力公司，从 STX 购买蒸汽，由换热器产生热水，向新都市供热。

STX（现改成 GSEnergy）：热电联产，电力出售给韩国电力公司，给安山都市开发提供蒸汽。

GSPower：远大经销商，具有工程总包资质和强大的业务团队，项目经验丰富。

3. 项目介绍

安山区域供热项目（见图 1-39 和图 1-40）位于安山市，距离首尔约 20km，由 GSPower 承担设计，施工，调试及运营管理任务，采用四台远大 BDS1000 热泵（COP1.7），抽取 GSEnergy 电厂 0.8MPa 低压蒸汽作为热源，回收印染厂的废水经换热器后得到的热量，向安阳市居民区及其他公共场所供热。印染厂废水从 34.5℃降至 27℃，采暖水则从 55℃提高到 83℃，再经升温热交换器增加至 103℃后输入热水管网。

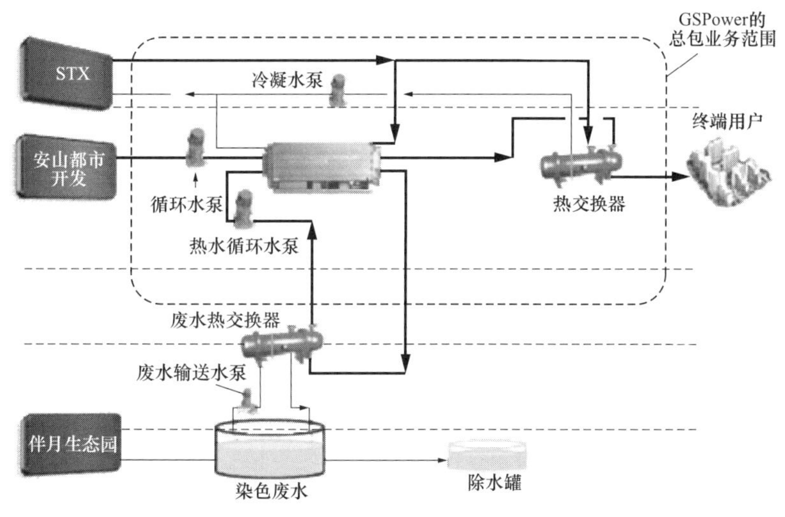

图 1-39　项目系统图

4. 项目效益

伴月生态园：34.5℃废水降到 27℃，加药处理成本大大降低，此外，韩国政府法令

图 1-40　2012 年 12 月项目竣工正式投入运行

规定各类企业的减排义务，如果企业不能完成，则必须向其他企业购买，该项目的减排业绩由安山都市开发公司和伴月生态园共享。

安山都市开发：用热泵吸收伴月生态园的 19.8Gkcal 的废水热量，每 1Gkcal 热量收费 10 万韩元（约合人民币 540 元），19.8×540=10 692 元/h，年运行 3000h，产生的经济效益为：3000×10 692=32 076 000 元/年，环境效益为 CO_2 减排 13 380t/年。

GSEnergy：原蒸汽换热器为 35Gkcal，更换成 51Gkcal 换热器，增加蒸汽输出 16Gkcal/h。

GSPower：圆满完成韩国首个大型热泵示范项目，体现了优秀的资源整合能力，并在该项目中获取了可观的设备销售和工程建设利润。

1.6.2　印度 DLF 大型区域冷热电联供

DLF 集团成立于 1946 年，是印度最大房地产商。该集团于 20 世纪 80 年代在拉吉夫·甘地总理帮助下，以开发新德里近郊的卫星城古尔冈起家，通过长期的发展，特别是近十年的高速发展，DLF 已跻身成为世界房地产巨头。目前已经建成了超过 2500 万平方英尺的住宅、办公楼和零售商铺，还有超过 4500 万平方英尺的建筑正在施工。DLF 集团总裁 KP·辛格在 2008 年《福布斯》全球亿万富豪排行榜中以净资产 300 亿美元名列第 8 位。

DLF 古尔冈城以众多的标志性建筑为代表，矗立于哈里亚拉邦古尔冈镇，距离新德里 30km，紧邻德里国际机场，占地面积超过 12km^2，共分 5 区，为亚洲最大的私有制城镇。DLF 数码城（CYBERCITY）位于古尔冈城 3 区，汇集微软、诺基亚、爱立信、渣打银行等世界五百强，区域总建筑面积超过 180 万 m^2，包括 DLF 总部大楼、10 号楼、5 号楼、14 号楼、8 号楼、无极塔等十多幢顶级高楼。

远大与印度 ICL（International Coil Limited）通力合作共同完成了 DLF 数码城的这一绿色能源工程，取得了良好的经济和环保效益，为全球的分布式能源系统（CHP）提供了可堪学习的案例。

如图 1-41 所示，DLF 数码城总建筑面积超过 160 万 m^2，设计发电量 186MW，设计空调负荷为 275 142kW。共设 4 个能源站，其中 10 号楼、5 号楼为世界上最大的冷热电联产（CCHP）典范。区域中所有 12 幢建筑用电全部来自自备发电机，空调能源全部来自发电余热。在印度传统发电效率为 32%～56%，传输损耗为 8%，系统总效率为 30%～51%。采用分布式冷热电联产系统，发电余热 40%～50%得以充分利用，系统总效率达到 70%～90%。

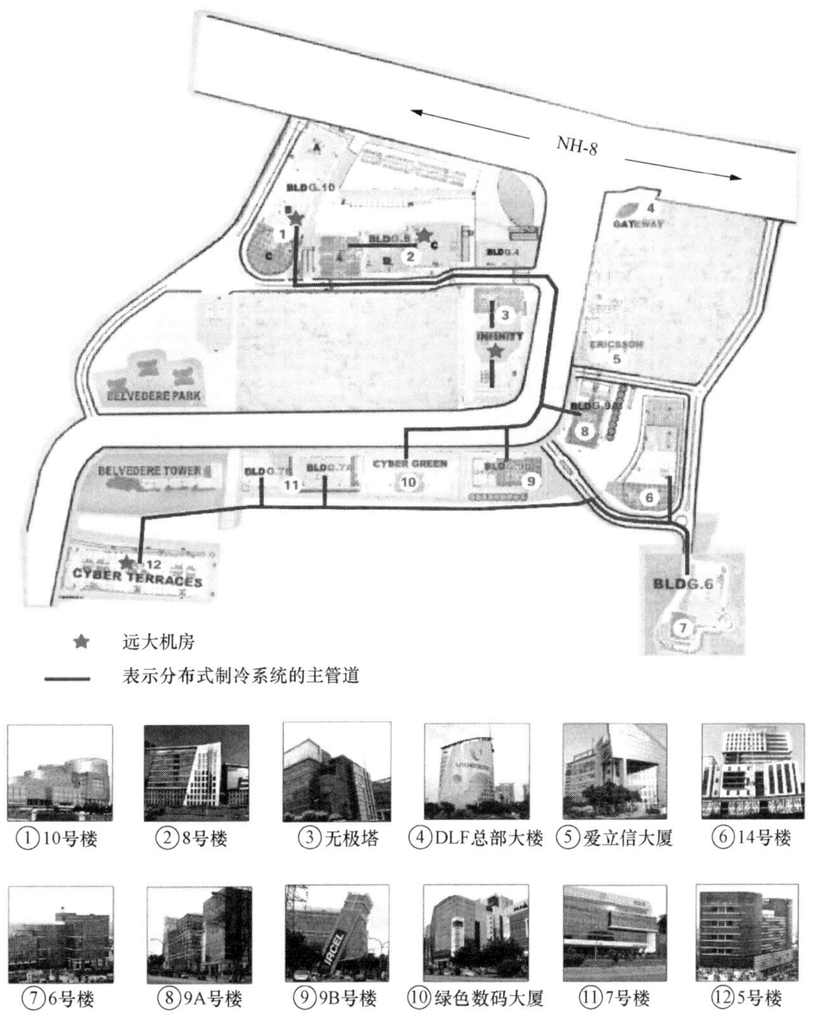

图 1-41 DLF 数码城空调系统规划图

该项目一共采用发电机 46 台，品牌有卡特彼勒、Turbomach、MWM、康明斯等，其中 29 台发电机对应远大非电空调机组 29 台，17 台发电机备用，该系统总效率为 85%。发电机效率为 30%～35%，远大非电空调（BE、BZHE）的烟气废热利用效率为 85%～95%，系统总能源效率的 85%～95%。由此可见，对于冷热电联产系统（CHP）非电空调实现了主要能源的利用。

在印度，写字楼空调使用费用约为 2～3 美元/（平方米・月），DLF 数码城采用远大非电空调及冷热电联产系统，空调制冷成本约为 0.4 美元/（平方米・月），整个系统约在运行一年半收回投资。

与采用电空调相比：减少配电量 10 万 kVA。每年少消耗天然气 7000 万 m^3，减少 CO_2 排放 3.6 万 t。相当于种了 190 万棵树。

其他优势：系统可靠性更高，避免大电网崩溃、意外灾害（如地震、风雪、人为破坏、战争）等突发性事故带来的供电危机。减少导致地球暖化的 NO_x 等温室气体的排放。降低发电尾气排放温度。与传统发电相比，需要的机房面积更小。

1. DLF10 号楼能源站

设备配置如下（见图 1-42、图 1-43）：

燃气发电机：Turbomach5.5MW×4 台、MWM4.2MW×5 台。

空调配置：BE1000X×4 台（单台制冷量为 11 079kW）、BZHE400X×5 台（单台制冷量为 3869kW）。

功能：天然气发电，发电机烟气及热水作为空调热源。为 DLF10 号楼、8 号楼、9A 号楼、9B 号楼及绿色数码大厦提供 63 658kW 的冷量以及 40MW 的发电量。

图 1-42　DLF10 号楼及能源站

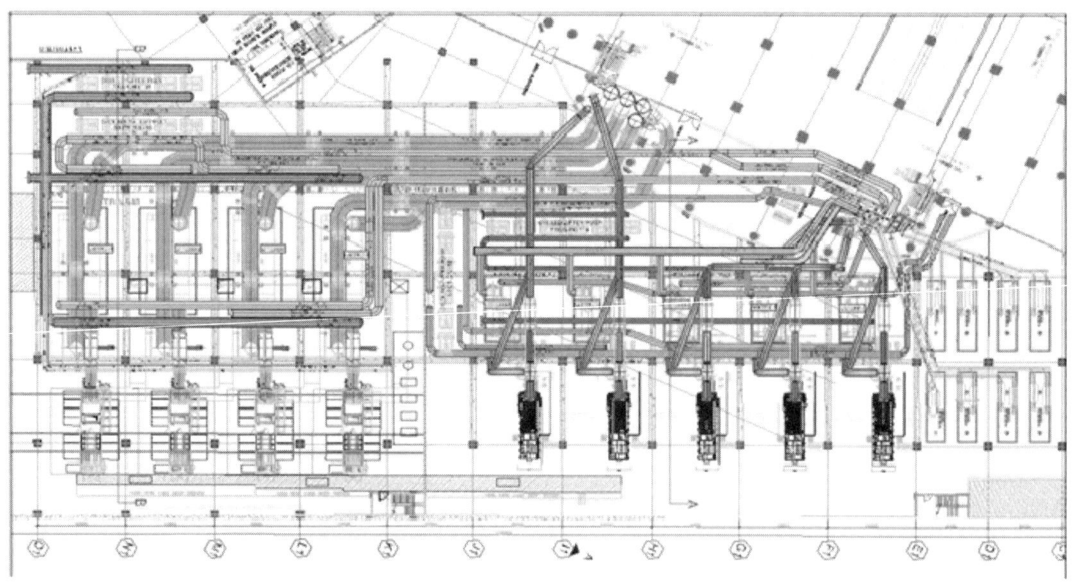

图 1-43　DLF10 号楼能源站系统图

4×5.5MWGT+4×BE1000X+5×4.2MWGG+5×BZHE400

2. DLF5 号楼能源站

设备配置（见图 1-44）：

燃气发电机：Turbomach5.5MW×4 台、MWM4.2MW×5 台。

空调配置：BE1000X×4 台（单台制冷量为 11 079kW）、BZHE400X×5 台（单台制冷量为 3869kW）。

功能：天然气发电后，烟气及热水作为空调热源。为 DLF5 号楼、7A 号楼、7B 号楼、6 号楼及 14 号楼提供 40MW 的发电量及 63 658kW 的冷量。

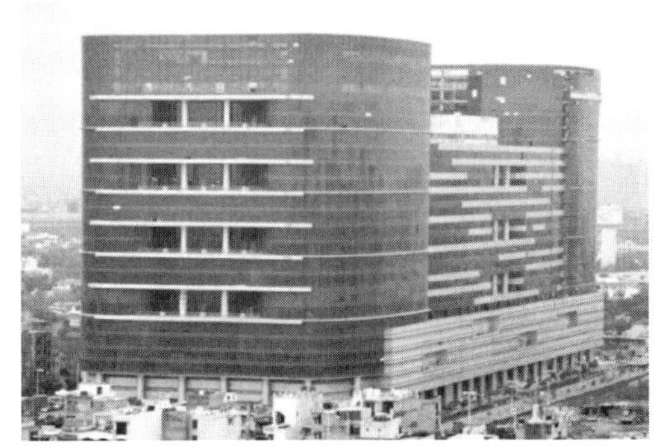

图 1-44　DLF5 号楼及能源站

3. DLF8 号楼能源站

设备配置（见图 1-45）：

燃气发电机：卡特彼勒 1.4MW×4 台。

空调配置：BZHE150X×4 台（单台制冷量为 1744kW）。

功能：天然气发电，发电机烟气及热水作为空调热源。

图 1-45　DLF8 号楼及能源站

4. DLF 无极塔能源站

设备配置（见图 1-46）：

燃气发电机：卡特彼勒 1.4MW×7 台。

空调配置：BZHE150IX×7 台（单台制冷量为 1744kW）。

功能：天然气发电后，烟气及热水作为空调热源。

图 1-46　DLF 无极塔

DLF 无极塔制冷能耗对比见表 1-27。

表 1-27　　DLF 无极塔制冷能耗对比

传统系统（使用电空调）	冷热电联产系统（使用远大非电空调）
耗电量：12.25MW	耗电量：9.8MW
制冷量：14 068kW	制冷量：12 310kW（全部来自废热回收）
燃气的废热直接排放到大气中	所回收的废热相当于节电 2450kW
—	节约能源 20%～25%

传统发电与分布式冷热电联产系统比较见表 1-28。

表 1-28　　传统发电与分布式冷热电联产系统比较（美元）

项　　目	传统发电	分布式冷热电联产系统
入户发电量	2000MW	2000MW
费用		
发电设备费用	22.2 亿	23.4 亿
输配电费用	22.2 亿	2.3 亿
初投资费用	44.4 亿	25.7 亿

续表

项　　目	传统发电	分布式冷热电联产系统
20 年的燃料费用	130.8 亿	54.9 亿
20 年总费用	175.3 亿	80.6 亿
单位发电成本	95.6/（MW・h）	49.3/（MW・h）
根据印度燃料研究中心（Indian Centre for Fuel Studies and Research）分析报告得出的结论：在 20 年的设备运营周期中，这种分布式冷热电联产系统的单位费用是传统的发电费用的一半		

1.6.3　多米尼加 CEPM 热电联产区域供冷供热

该项目是多米尼加东部旅游区 PuntaCana 一个非常有名的区域能源项目（见图 1-47、图 1-48）。CEPM 能源公司利用其在该地区的一个重油电厂的 5 台瓦锡兰发电机（每台 6MW）产生的废热，换热生产出 120℃的高温热水，然后管道输送到 4km 外的 5 个酒店

图 1-47　多米尼亚 CEPM 区域能源规划

图 1-48　多米尼亚 CEPM 区域能源站

的空调机房，驱动远大热水型非电空调为各酒店提供空调冷水。项目总制冷量约 5000t，采购了远大 8 台热水型、1 台直燃烟气热水型非电空调。

该项目采用高品位的热源来驱动非电空调，然后再用从非电空调出来的次一级热源的全部或部分制取卫生热水，从而实现能源的高效、梯级综合利用。

如图 1-49、图 1-50 所示，该系统首先用电厂重油发电机的尾气和冷却水通过换热器制取 120℃高温热水，然后用高温热水驱动装设在酒店的热水型非电空调制冷，高温热水驱动完非电空调后再通过换热器制取卫生热水，最终以约 70℃的温度被送回电厂。这样，通过简单的循环就实现了大温差（50℃）输送热能。

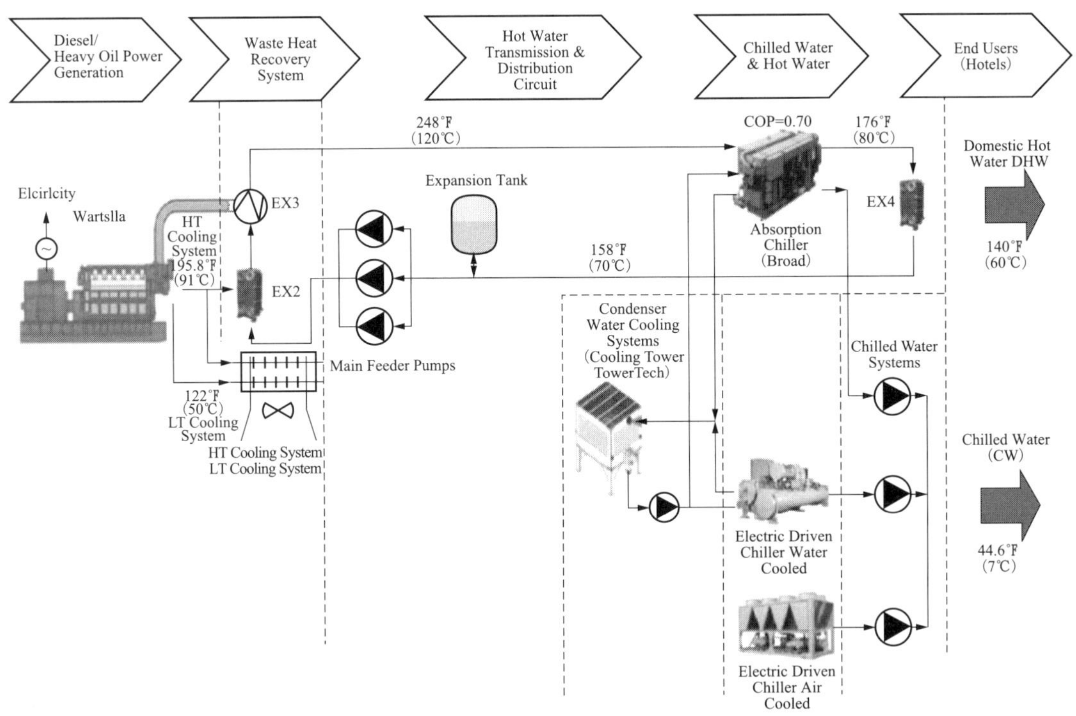

图 1-49　多米尼亚 CEPM 区域能源站系统流程图

Model 机型	Quantity 数量	Capacity 制冷量
Absorption chiller	9 units	5000 RT
烟气型吸收式空调	9 台	5000 RT
Brand品牌：BROAD 远大		
Heat input 能源输入：Hot water & Exhaust 热水和烟气		
Origin 原产地：China 中国		

图 1-50　多米尼亚 CEPM 区域能源站及装机

实施区域能源之前，这些酒店需消耗 34%的公众用电来制冷。在实施区域能源之后，这些酒店的制冷需求均由新安装的远大非电空调提供，已有电冷机仅作调峰、备用，减少了 25%的公众电力消耗，为区域内节省了大量的电力输配网络投资。而且，这些酒店的所有卫生热水需求也都由区域能源提供，不再使用锅炉，由于锅炉使用的燃料（柴油、液化气）在当地价格昂贵，更使得该系统实用性强。

该项目向人们展示了废热是能够用来提供制冷和卫生热水需求的，并让区域内经营方和大众都有受益。相比之前全部使用电力，使用废热后，减少液化石油气消耗 32 881 桶，每年减排 CO_2 超过 28 872t。

1.6.4 南京河西新城青奥城热电联产区域供冷供热

1. 项目背景

河西新城是南京市委市政府于 2001 年提出“一城三区”的城市发展战略，决策在秦淮河西打造一个城市新中心和现代化新南京的标志区，中南部地区规划建设 13 个能源站，由南京河西新城建设发展有限公司与远大能源利用管理有限公司成立合资公司负责建设、运营、维护和管理。其中，8 号能源站（青奥城）建筑分为三层，首层为电动汽车充电站，二层为洗衣中心，三层为能源站，冷却塔布置在屋顶，服务区域包括青奥村、国际风情街、奥林匹克博物馆和国际青年文化中心，服务面积是 100 万 m^2。

2. 能源站系统介绍

如图 1-51、图 1-52 所示，青奥城集中供冷供热能源站将华润电厂余热蒸汽、天然气、网电三种能源输入能源站，采用远大一体化冷热电联产机组、蒸汽型、燃气型非电空调、离心式电冷机组及蒸汽板换制取空调冷水及热水，通过管网输送至各用能建筑内。其中的远大天然气分布式能源系统余热机组在冬季切换成热泵模式阶段，提取蒸汽板换凝水热量供暖，COP 可达 1.7，这一电厂余热为主力驱动能源的多能互补能源系统为复合能源的综合梯级利用开创了一种新模式。

能源站配置蒸汽、天然气、电力三种能源。总发电装机容量为 1360kW，总制冷装机容量为 79 909kW；总制热装机容量为 55 607kW。发电机发出的电能负责系统内部分水泵和冷却塔的运行。

夏季制冷，以电厂余热蒸汽、天然气、电力作为驱动能源，空调冷水来源于四个途径：蒸汽型非电空调利用热电厂发电后产生的余热蒸汽制取空调冷水，凝水被热电厂回收利用；烟气热水直燃型非电空调利用发电机发电后产生的高温尾气和缸套水制取空调冷水；离心式电冷机利用大电网输送的电能制取空调冷水；直燃型非电空调通过燃烧天然气制取空调冷水。非电空调机组出 6℃冷水，离心机组出 4.5℃冷水，混水并联。

冬季制热以电厂蒸汽为主要能源。空调热水来源于三个途径：汽水板换利用热电厂余热蒸汽制换空调热水；烟气热水直燃型非电空调切换成热泵工况运行，以发电尾气为驱动能源，不足部分采用天然气补燃，提取采暖蒸汽凝水的低品位热量制取空调热水；直燃型非电空调利用天然气网输送的燃气作为能源制取空调热水。采暖温水供水温度为 65℃。

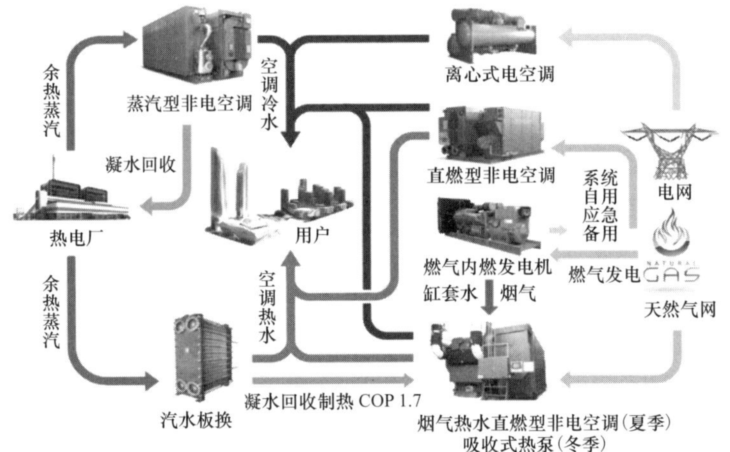

图 1-51　南京河西新城青奥城系统图

图 1-52　南京河西新城青奥城能源站（一）

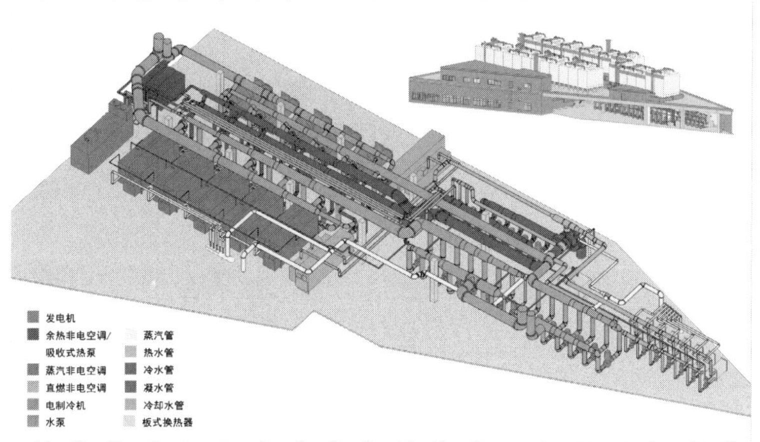

图 1-52　南京河西新城青奥城能源站（二）

3. 项目效益

大幅削减传统用能模式下形成的夏季电力尖峰、冬季燃气高峰及全年发电余热巨量排放，实现综合能效最高和减碳效益最大化。

青奥城区域能源项目采用蒸汽余热回收多能互补的系统，对改善区域内的空气质量，提高经济效益等均有显著作用。能源站完全投产后，项目总计年节约标煤 9893t，年减排 CO_2 26 355t，相当于植树 144 万棵，年减排 SO_2 222t，减排 NO_x 89t。

平衡能源结构：削减夏季尖峰用电负荷 30 万 kW。

集约使用土地：市政基础设施综合体，高效利用建筑空间，改善城市区域环境。

合资公司作为建设、运营、维护和管理南京河西新城青奥城项目的平台。

建成中国最大、世界领先的发电余热多能互补型区域供冷供热系统。以先进技术方案、创新商业模式和专业节能服务，显著优化城市能源结构，大幅节能减排，成为中国向世界展示低碳生态新城建设的标杆工程。

1.6.5　延安新区区域供冷供热

1. 项目简介

如图 1-53、图 1-54 所示，延安新区规划总建筑面积 78.5km^2，规划建设 5 个分布式能源站，现有 1 个已投入运行。延安远大能源服务有限公司是经延安市委、市政府、新区管委会经调研并批准，采用 PPP 合作模式，由远大能源利用管理有限公司和延安新区综合服务有限责任公司合资成立，作为实施延安新区分布式能源项目投资、建设、运营的主体。

延安新区冷热电联供区域能源系统以天然气发电余热、天然气为主，为延安新区北区 38km^2 公建项目提供集中供冷供热服务，是延安新区打造国家低碳生态示范区的重要举措，也是延安新区创建多能互补集成优化示范项目的重要组成部分。一期能源站规划供能范围覆盖行政中心、公检法办公楼、剧院等，三年内供能范围达到 100 万 m^2。能源站总面积 2400m^2，下沉深度设计 10m。

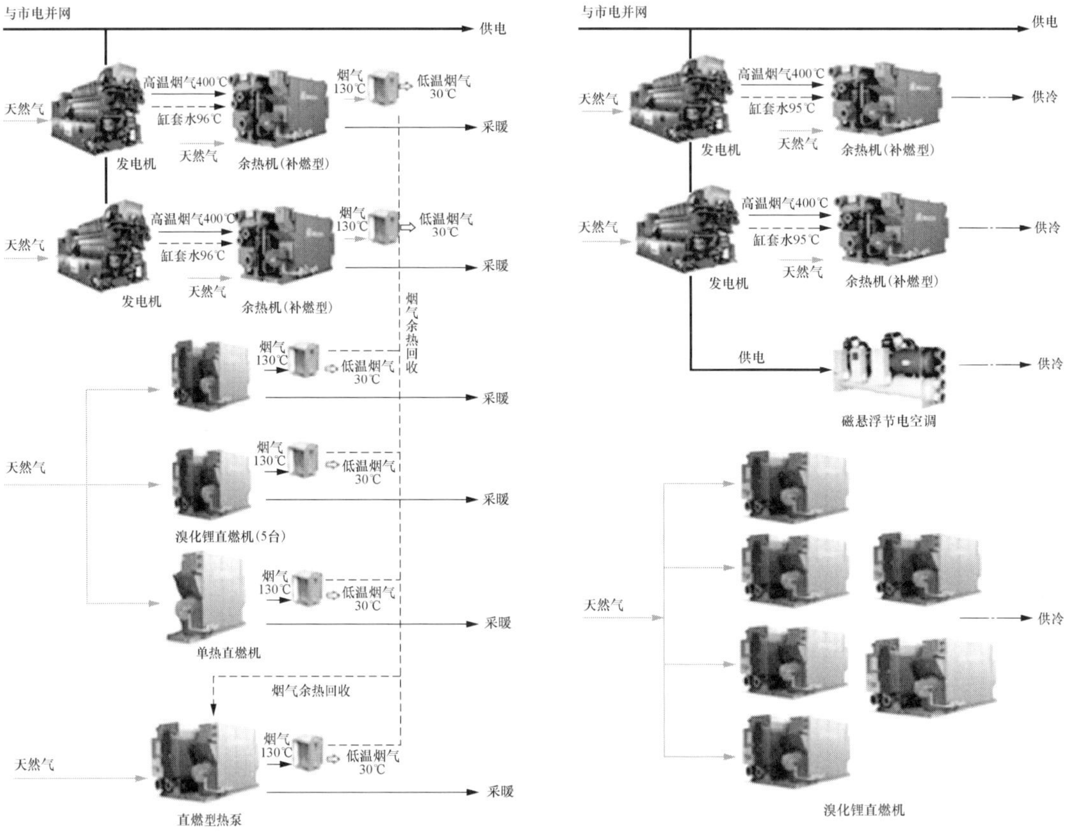

图 1-53　延安远大能源站系统图

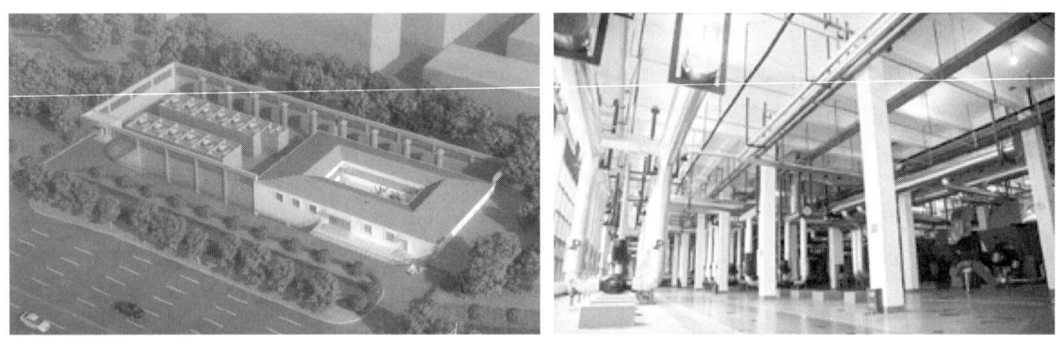

图 1-54　延安远大能源站

2. 能源站系统介绍

延安远大分布式能源站一期共有设备 9 台，其中包括能源站 BZ400XD-k 直燃非电空调机组 3 台、BZ500-R1 直燃热泵机组 1 台、BZR800 直燃单热机组 1 台，大剧院 BZY300XIBD-H_1 机组 1 台，房产置业 BZY100XD-k 机组 1 台。本系统利用天然气发电余热进行制冷及供热，一台 600kW 燃气发电机组连接 1 台 BHEY75 烟气热水非电空调组成 1 套冷热电联产系统。运营面积共计 33.925 1 万 m^2。

3. 项目效益

项目综合能源利用效率达到 80%以上，大幅减排，节约标准煤 1820t/年，减排 CO_2 5278t/年、SO_2 26.5t/年，有很好的环保和社会效益。

减少市政配电压力，大幅减少夏季电网负荷，同时填补夏季燃气低谷，起到很好的削峰填谷的作用，充分保障区域电网安全平衡能源结构。

区域统一规划供能，使得区域内建筑整体更协调，避免了分散式供能的烟囱和冷却塔影响美观，明显提升区域档次。

1.6.6 长沙黄花机场天然气分布式能源

1. 项目简介

如图 1-55、图 1-56 所示，长沙黄花国际机场为 4F 级民用机场，是全球百强机场之一，旅客吞吐量在中部地区排名第 1 位，2019 年，长沙机场累计完成旅客吞吐量 2691.1 万人次，同比增长 6.5%。其中，国际及地区旅客吞吐量达 273.7 万人次，同比增长 10.8%。全国机场排名第 12 位。T2 航站楼是在长株潭城市群建设“两型”社会、大力发展低碳经济的宏观背景下，为构建湖南省立体交通网络，满足快速增长的航空客货运输量需要而重点打造的公建项目，建筑面积为 21.2 万 m^2。其配套工程能源站由远大能源利用管理服务有限公司与其他公司合资成立新公司，负责投资、建设、运营，采用冷热电联产形式向 T2 航站楼供冷供热并承担部分电力负荷，是湖南省第一个天然气分布式能源项目，也是中国第一个成功运营的机场类分布式能源项目。

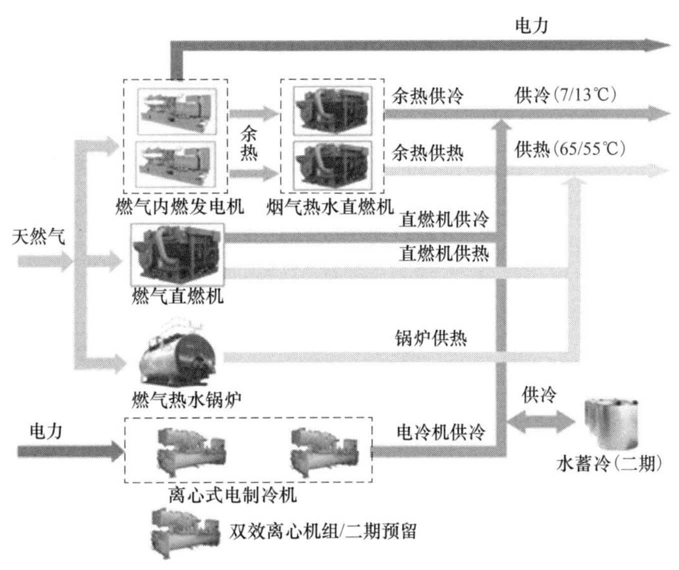

图 1-55 黄花机场能源站系统图

图 1-56　黄花机场能源站

2. 能源站系统简介

本项目采用一一对应关系的两台 1160kW 发电机与两台 400 万 kcal 烟气热水直燃非电空调机，满足 T2 航站楼基本供能负荷，1 台直燃非电空调机、2 台电离心机和 1 台燃气锅炉作为调峰设备，并辅助蓄能技术，共同组成一个联合供能的综合体，总发电装机容量：2320kW；总制冷装机容量：27 098kW；总供热装机容量：16 445kW。发电机组采用低压（400V）并网不上网方式；发电机所发电量首先供能源站使用，盈余部分电量经变压器升压至 10kV，送至 T2 航站楼 3 号配电室。航站楼空调水系统为二级泵变流量系统，一级泵设在能源站内，二级泵设在航站楼内，能源站冷（热）水供应的一级泵随航站楼的二级泵变流量运行。

在制冷工况运行时，天然气先进入燃气内燃机发电，燃气内燃机排烟和缸套水直接驱动烟气热水型余热直燃机组制冷。燃气发电余热制冷用于满足基本负荷，不足部分采用燃气直燃机组和离心式电制冷机组调峰补充。在制热工况运行时，天然气进入燃气内燃机发电，燃气内燃机排烟驱动烟气热水型余热直燃机组制热，缸套水直接进入板式换热器，不足部分的热量由燃气直燃机组和燃气锅炉直接燃烧天然气补充。

3. 项目效益

长沙黄花国际机场分布式能源站项目是湖南省第一个分布式能源项目，也是我国民航系统第一个采用 BOT 方式建设的能源供应项目，实现了分布式能源从项目开发到设计、建设、商业化运营的一体化服务模式。

远大通过提供专业化的分布式能源站建设和运营服务，为黄花机场提供了安全可靠、连续稳定、低廉高效的清洁能源，帮助湖南机场管理集团实现了打造“绿色机场”的目标。分布式能源站发电功率 2×1160kW、年发电量达 1229.6 万 kW · h，制冷功率 27 098kW、供热功率 17 821kW。能源站采用天然气分布式能源，节能减排效果明显，与常规供能系统比较，节能率达 33%，从一次能源的利用效率看，本项目中分布式能源系统的发电机年利用小时数 4200h，年能源综合效率为 82.42%。与常规供能方案相比，冷热电联产系统，每年可以减少一次能源消耗折合标煤 1280t，减少 CO_2 排放 4502t，减少 SO_2 排放 28.7t，减少 NO_x 排放 11.5t，相当于种树 24.6 万棵。

根据能源站实际运营情况，若与 T1 航站楼比较，分布式能源站给机场每年节省能源费用 1550 万元，从 2010—2019 年，8 年累计给机场节省能源费用约 1.395 亿元（其中气价按 3 元/Nm^3，电价按 0.896 元/kWh，水价按 4.2 元/t 计算）。

远大秉承“安全可靠、持续稳定、低廉高效、共同发展”的十六字方针，不仅为黄花机场节省能源费用和运营成本，还充分发挥了分布式能源“削峰填谷”的作用，符合国家用电安全，以及天然气发展战略需要；为湖南省能源的可持续发展和“两型社会”建设做出了有益的探索和尝试。

1.6.7　河南省人民医院能耗总承包

1. 项目背景

河南省人民医院是远大能源利用管理有限公司运营用户，能源站从设计、施工建设、运营全寿命期由远大负责。但医院除能源站外，其他资源、能源的管理存在较大的能源浪费，从能源综合管理的角度出发，进行能源综合改造，建立数字化的建筑综合能源监控平台（见表 1-29）。

表 1-29　改造技术方案

名称	型号	功率（W）	改造产品	改造后（W）	更换方式
5 床头灯	U 型节能灯	5	3 瓦 LED 灯泡	3	E27 螺口
18 日光灯管	0.6m T8 灯管	18	T8LED 灯管 8W	8	0.6m
36 日光灯管	1.2m T8 灯管	36	T8LED 灯管 16W	16	1.2m
8 节能灯	U 型节能灯	8	LED 灯泡 5W	5	E27
4P-18 节能灯	U 型节能灯	18	LED 球泡	10	E276 寸
卫生间吸顶灯	吸顶灯	22	吸顶模组	12	
30 日光灯管		30	T8LED 灯管 12W	12	
T5-14 日光灯	0.6m T5 节能灯管	14	T5LED 灯管 8W	8	楼梯间
T5-28 日光灯	1.2m T5 节能灯管	28	T5LED 灯管 16W	16	换整灯
筒灯	U 型节能灯	15	LED 灯泡	10	螺口 6 寸
T5-21 日光灯	0.9m	21	T5LED 灯管	12	
6 寸 LED 筒灯	筒灯	15	LED 筒灯	12	6 寸

医院综合能源管理改造的总体目标：

（1）降低医院整体能耗：在满足医院公共区域及办公楼宇正常使用的前提下，通过实施节能技术改造及高效照明系统、建设能耗监控平台等，节省能源费用，持续不断的降低医院能耗整体费用；

（2）解决医院能源系统现有问题：通过能源情况调研及系统诊断，及时发现并解决院区水、电、空调系统现有问题，确保院区各能源系统稳定节能运行。

改造原则：根据现场调查情况，因地制宜，选择技术先进、经济合理的技术或产品。

技术或产品要求技术成熟、稳定可靠。

改造要求：改造应在不对医院造成重大影响的情况进行；改造不应影响原有系统的正常运行。

2. 改造内容

（1）医院 LED 节能灯改造。

通过科学的分析和计算，到改造前的照度，部分区域可以提高 200%。通过统计，医院原来灯具总功率为 1 465 897W，通过选用 LED 产品进行替换改造，改造后的总功率为 775 621W，减少了 690 276W，省电率达 45%以上。每天灯具开启 12h，每年按 365 天计算，电费按照 0.75 元/（kW・h），考虑到医院项目用灯时间和不同部门及科室实际情况，按照 0.9 的系数计算实际省电费为 204 万元。

（2）医院建筑综合能源监控平台建设。

1）三维地图管理功能（见图 1-57）。系统具有三维地图管理功能，可以三维实现项目按建筑进行监控展示。

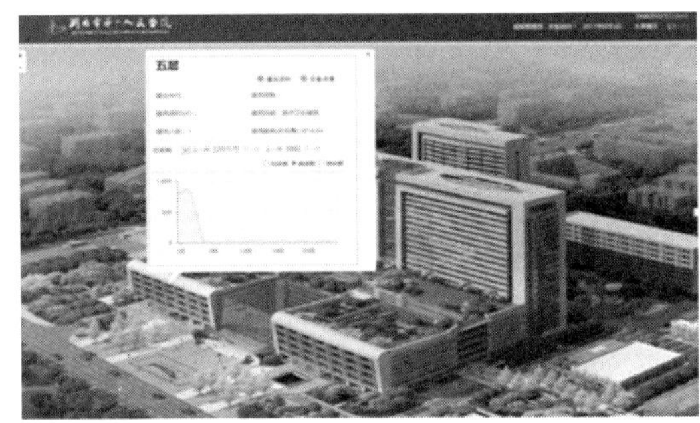

图 1-57　三维地图管理功能

院区所有地面建筑外观模型按实际情况建模与能耗展示。高压配电室、省人医区域配、东院病房楼、科研楼、西门诊楼、综合楼、中心变、四个中心配电室据实际情况建模与能耗展示，其他建筑内部楼层不做内部细化三维 BIM 建模。

2）系统能耗实时监控功能（见图 1-58）。能耗监测系统具有设备实时监控功能，可以实现按网络结构、按建筑进行在线设备、离线设备、零能耗设备等。通过对在线监控设备实时数据采集，实现对各监测回路进行能耗统计、分析。通过设备在线监控功能实现水电线路平衡分析、水量耗异常分析等，对各监测回路进行能耗统计计算，能实现比较灵活的配置（比如四则运算）。

3）对各监测回路进行能耗统计计算（见图 1-59）。实现多种统计图表，多种数据分析，对单个区域、单个部门、多个部门的组合、复合条件筛选出的组合等按时间条件（按日、按月、按季、按年、按指定的一段时间等）对用能情况分析绘制相应图表，同时对多种分析类型生成数据报表。支持报表导出为 Word、Excel 等通用格式文件，支持报表打印。

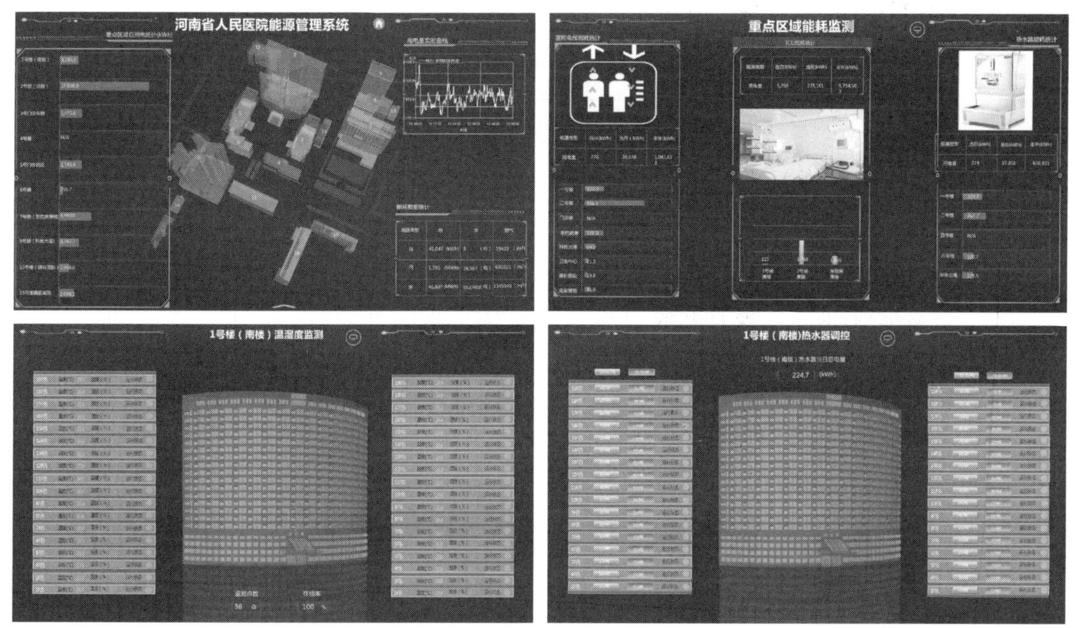

图 1-58　系统能耗实时监控功能

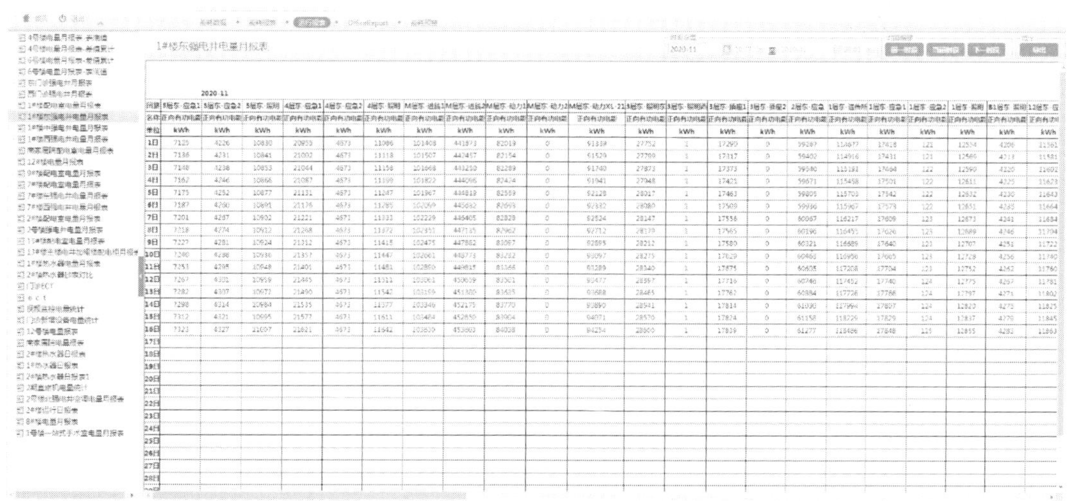

图 1-59　能耗统计计算

3. 项目效益

通过实施远大综合能源管理改造，对医院可产生如下价值（见表 1-30）：

（1）无需投资可进行全院 LED 节能灯等改造，可为医院节省现有灯具及其他设备的日常更换和维修费用，医院目前使用日光灯的寿命约 2 年，更换费用每年几十万元。

（2）通过建筑能耗总包 EMC 模式和建筑能源监控平台的管理，实现全院能源与后勤管理的在线监测和智能控制，通过更合理的能耗管理，找到节能空间，降低能耗，提升医院后勤专业化管理水平，大大提高医院后勤管理系统的服务能力和服务满意度。

表 1-30　　供能面积逐年增加平方米能耗逐年降低

年度	电耗（kW·h）	气耗（m^3）	平方米能耗（$kW·h/m^2$）	面积（m^2）
2016 年	4 726 224	6 358 890	136.2	501 759
2017 年	4 807 716	6 438 530	134.8	513 140
2018 年	5 278 469	6 508 286	125.9	558 991

（3）每年可获得稳定的节能收益和节能减排带来的社会效益，医院“零风险”；在合同结束后，所有节能设备和后续全部节能收益归医院。

（4）开创全国医院创新型后勤管理新模式，引领全国医院走向更加低碳环保的节能领域。

1.6.8　丰台供热所烟气余热利用

1. 项目背景

大规模“煤改气”为直燃热泵应用于烟气余热深度回收利用领域提供了平台。大型燃气锅炉的排烟温度一般约为 100℃及以上，烟气余热量占燃气低位热量的 10%～12%（每立方米天然气排烟热量约为 1kW），即使采用常规烟冷器余热回收方法只能回收少部分显热（烟气温度降至约 60℃），大部分热量以水蒸气潜热的形式排至环境中，并产生烟囱“白烟”效应。吸收式热泵的使用能将烟气的温度进一步降低至 30℃以下，回收烟气中大部分水蒸气汽化潜热用于集中供热，并实现烟囱“消白烟”美化环境景观。

北京丰台供热所嘉园小区锅炉房为“煤改气”项目，将原燃煤锅炉改为燃气锅炉进行集中供热。该锅炉房主要负责 156 万平方米建筑采暖供热，计划安装 4 台以天然气为燃料、供热能力为 29MW 的燃气热水锅炉，总供热能力为 116MW。根据以往采暖季情况，初末寒期热负荷 25MW，严寒期热负荷 45MW，若按 156 万 m^2 供热面积，$20W/m^2$ 指标估算，基础热负荷为 30MW。项目中采用一台型号为 BZ300ⅩD-60/45-12/20-600-R1 直燃热泵回收燃气锅炉和直燃热泵机组自身的排烟余热量。

2. 能源站系统介绍

热水（红色）流程：热网 45℃回水分成两部分，一部分进入直燃热泵升温，温度由 45℃提高至 60℃后与另一部分热网回水混合再进入燃气锅炉；一部分回水进入锅炉烟道上的一级烟气板交回收少部分烟气热量，烟气温度由 100℃降温至 50～60℃。升温后的热水再与另一部分热网回水混合进入燃气锅炉加热至供热温度送入热网。

低温水（绿色）流程：12℃低温水出热泵后分为两分支：一部分进入燃气锅炉的二级烟气板交回收大部分烟气热量，烟气温度降温至 30℃以下；另一部分进入热泵烟道的烟气板交回收大部分烟气热量，烟气温度直接由 160℃降至 30℃以下，同时低温水被加热至 20℃后经循环泵送回直燃热泵提供低温余热量。

烟气（黑色）流程（见图 1-60、图 1-61）：燃气锅炉的烟气温度经一级烟气板交后由 100℃降至 50～60℃，再经二级烟气板交后烟气温度降至 30℃以下；直燃热泵机组自身的烟气温度经烟气板交后由 160℃降至 30℃以下。

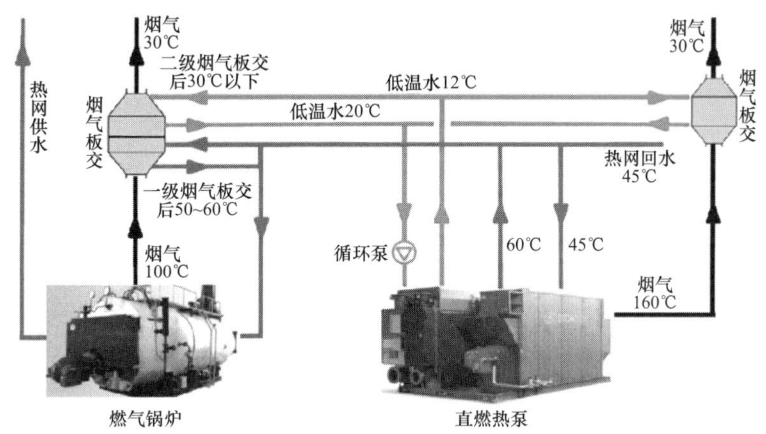

图 1-60　能源站系统流程图

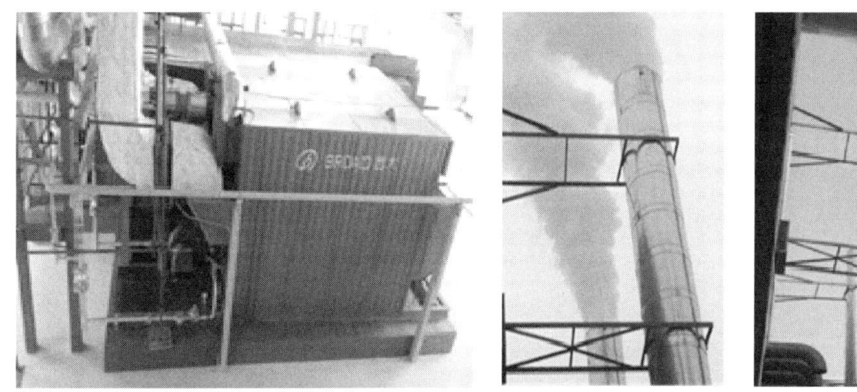

图 1-61　热泵机组及热泵启动前锅炉排烟、热泵启动后锅炉排烟

3. 项目效益

按本项目的基础热负荷 30MW 的烟气余热量来选配直燃热泵机组：锅炉总制热量为 30MW，满负荷时燃气耗量为 3378.7m^3/h（燃气锅炉效率 92%），烟气量约为 36 895.8m^3/h；直燃热泵满负荷时燃气耗量 516m^3/h，烟气量约为 9288m^3/h。烟气经烟气板交降温至 30℃可回收热量 3489kW，相当于每小时可节约 393m^3（按 8300kcal/m^3）天然气。如按采暖季 120 天，天然气价格 2.67 元/m^3 计算，年节省天然气约 113.2 万 m^3，节省运行费用约 302.2 万元。整个工程的投资回收期小于 3 年（见表 1-30）。

第 2 章 绿色能源站数字化

2.1　能源站数字化

2.1.1　能源站数字化的定义

随着科技的迅猛发展，数字经济也呈现出快速发展的趋势，逐渐覆盖到了政府、企业以及消费者等多个层面上。数字经济指的是在经济发展和参与的每个环节和每个要素中都广泛地采用软硬件技术及应用和通信技术。数字化工厂的出现就是数字经济发展的产物。对于数字化能源站的概念，目前还没有一个统一的定义。本文数字化能源站的定义为通过采集能源站的各项性能检测项目数据，进行能源站在设计、施工及运营三个阶段的性能测试及评估，从而使能源站的各级控制和管理系统均进入数字化，称之为数字化能源站。可见，数字化能源站的建立要求能源站的数字化必须达到一定的程度，或者说数字化的全面覆盖。

2.1.2　能源站数字化的意义与目的

1. 数字化能源站性能检测的意义

（1）提高建筑物全寿命期的保全意识。

（2）进行全寿命期的性能检测。

（3）通过大数据平台采集，实现运行最优化，管理节能化。

（4）当能源和环境问题变成危机状况时，地球环境问题成了全世界共同关心的问题。因此要求全寿命期内能源、CO_2 最小化，性能检测达到节能化和长寿命化。

（5）设备的性能检测指标是客观表明企业符合与环境问题相关的 ISO 国际标准、国内及企业标准的社会环境立场的指标。

（6）在我国建筑用能依然占了很大百分比条件下，加入了节能设计的全寿命期的性能检测是十分必要的。

（7）在国际、国内的要求下，确立制造厂家公布的性能指标是必要的。在这种条件下，使设备性能透明和性能检测制度完善。

（8）国际标准 ISO 9000 是确保企业质量提高企业信誉的标准，在建筑业内，该标准也是经常的客观的提高产品性能的保障。

（9）避免当能源站的供能系统及运行控制不好时，能源站的能耗增多、环境变坏，降低建筑物的质量。

2. 数字化能源站性能检测的目的

能源站供能系统涉及建筑物、工业企业的全寿命期，从环境、能耗及省力化的观点上看，必须使所有用户维持在最佳状态下，为此必须诊断、检测能源站内设备、装置的性能，其目的是对建设者、使用者、所有者表示其性能达到规定的要求。本文所述的环境是保持室内达到健康、舒适性，本文所说的能耗和污染物排量最小化等是对供能区域和地球所作的重大贡献。

2.1.3　能源站数字化的实施

数字化的性能检测的三个实施阶段。

1. 设计性能检测

指的是检测设计内容等是否合理的过程。

2. 施工性能检测

检测施工是否完全实现了设计性能，为竣工验收的过程。包括设计图纸验收、性能调试验收、竣工验收和竣工后 1 年以内的后评估。

3. 运行性能检测（以下运行性能检测均简称为“性能诊断”）

伴随建筑物、系统、设备的性能变化或建筑物使用方的变化，应该及时地检测、诊断系统的适应性，伴随环境、能源的变化，设备性能的改变，也应及时检测控制参数的合适性等，并向用户提出必要的修改意见。

运行性能检测系统，竣工后的许多年都要进行运行性能检测，检测项目有环境性能、能耗性能、经济性能，其目的是长期的保障设备系统性能良好，提高设备、系统跟踪用户需求面的能力。

运行性能检测的根本依据是必须进行以性能试验为标准的试验，为了在能源管理系统中收集、累积有用的数据，则必须在控制系统中进行详细的说明。例如，日常运营管理方法和紧急时的应对方法，此外，还必须记载运行性能检测合格时的数据并作为今后运行时的参考。

以上叙述了设计、施工、运营、管理各阶段的性能检测过程，今后采用能源管理方法将会以更合理的方式实现性能检测，并对提高能源站设备的性能做出更大的贡献。

2.2　能源站数字化性能计量检测系统

2.2.1　性能检测项目

性能检测项目大致分为与室内环境有关的项目（室内环境、室外环境）和与社会、地球环境相关的项目（能量和污染物排放量）。

能源站建设的目的是将室内空气温湿度维持在合适的状态。因此，在检测能源站性能时，首先是检测室内环境状态是否达到了设定值，之后是评价能源耗量和污染物排放量。关于水质等水环境，在各种法规中都有详细的环境标准，在此不作评价。一般评价时仅限定室内温湿度、空气环境以及维持环境所需的费用和能耗费用。

1. 室内温度、湿度及空气洁净度

为了评价室内温热环境，就必须计量检测室内温度、湿度、空气气流速度和辐射等。综合的温热环境评价指标有有效温度（ET）、修正有效温度（CET）、新有效温度（ET*）和 PMV，也使用有效通风温度（EDT）和空气性能系数（ADPI）。PMV 是用包括了温度、湿度、气流速度、辐射、着衣量和代谢量等六要素在内的进行综合评价的温冷感指标。有采用 PMV 计进行室内温湿度控制的案例。

2. 室内空气环境

空气环境的评价以浮游粉尘量、PM10、PM2.5、CO_2 浓度、CO 浓度为评价对象。除上述三要素外，还包括 NO_2、HCHO、石棉、真菌、VOC 等空气污染物质，但一般不以他们作为评价对象。

3. 能源消耗量

一般以一次能源消耗量［MJ/（m^2・年）］进行能源消耗量的评价，即将全年不同种类使用的不同能源的能源消耗量累加的值换算为一次能，再将累加合计值除以供能范围内的面积所得的值作为综合评价指标（见图 2-1）。与该评价指标相关的指标还有能源消耗系数和效率评价等指标。表 2-1 表示与能源消耗量相关的评价指标。

检测能耗性能时应通过持续的性能检测方式不断提高节能性能，尽量地降低空调、照明、插座、通风用设备、生活热水设备、输送动力（ELV 等）的能耗。

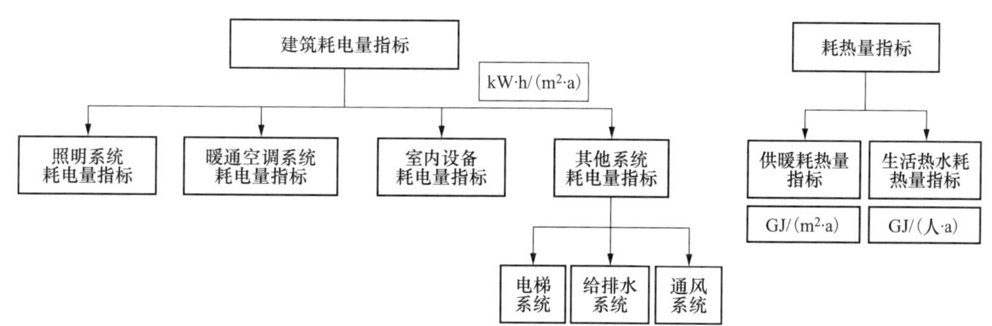

图 2-1　大型公共建筑用能定额指标

表 2-1　　北京地区大型公共建筑各分项能耗定额

评　价　指　标	单位	政府办公楼	商务办公楼	宾馆	商场
暖通空调系统耗电量指标	kW・h/（m^2・a）	26	41	59	120
照明系统耗电量指标	kW・h/（m^2・a）	15	24	18	70
室内设备耗电量指标	kW・h/（m^2・a）	22	35	15	10
电梯系统耗电量指标	kW・h/（m^2・a）	3	3	3	15
给排水系统耗电量指标	kW・h/（m^2・a）	1	1	6	0.2
总耗电量指标	kW・h/（m^2・a）	78	124	134	240
供暖耗热量指标	GJ/（m^2・a）	0.25	0.25	0.4	0.2

建筑节能的目标是在满足建筑使用功能的前提下，将建筑能耗控制在一定的合理水平上。对于新建大型公共建筑，应当制定合理的建筑用能定额（见图 2-1），北京地区大型公共建筑各分项能耗定额（见表 2-1），北京地区不同功能建筑各分项能耗定额。系统的用能定额指标（见表 2-2）；北京地区政府办公建筑及商务办公建筑分项用能定额（见表 2-3）。收集与表 2-1～表 2-3 的变化数据，是长期工作。

表 2-2　　北京地区政府办公建筑及商务办公建筑暖通空调系统用能定额

系　　统	单位	政府办公楼	商务办公楼
冷机	kW・h/（m^2・a）	9～14	16～19
冷冻泵	kW・h/（m^2・a）	2～5	4～6
冷却塔	kW・h/（m^2・a）	1～3	1.5～3.5
冷却泵	kW・h/（m^2・a）	2～5	3～5
补水泵	kW・h/（m^2・a）	0.1～0.3	0.2～0.4
热源泵	kW・h/（m^2・a）	0.5～1	0.8～1.5
新风机+风机盘管	kW・h/（m^2・a）	3～4	4～10
总电耗	kW・h/（m^2・a）	18～32	30～45

表 2-3　　北京地区政府办公建筑及商务办公建筑分项用能定额

分　　项	单位	政府办公楼	商务办公楼
全年累计冷负荷指标	kW・h/（m^2・a）	42～90	78～120
暖通空调系统耗电量指标	kW・h/（m^2・a）	18～32	30～45
照明系统耗电量指标	kW・h/（m^2・a）	12～20	20～30
室内设备耗电量指标	kW・h/（m^2・a）	20～25	30～40
电梯系统耗电量指标	kW・h/（m^2・a）	1.5～2.5	3～4
给排水系统耗电量指标	kW・h/（m^2・a）	0.8～1.2	0.8～1.2
总耗电量指标	kW・h/（m^2・a）	50～80	80～120
供暖耗热量指标	GJ/（m^2・a）	0.15～0.25	0.12～0.22

（1）输送子系统的效率评价。由于空调换气设备运行时间长，因此风机、泵等输送设备的能耗占全建筑能耗的比例较大。一般采用 ε_W、ε_A 评价输送系统的效率，为此必须建立计量、测量该系统数据的计测系统（见表 2-4）。

水输送能量消耗系数 WTF（ε_w）是表示水输送系统效率的指标之一，用式（2-1）表示其定义：

$$\varepsilon_w = \frac{泵输入能量}{泵输送热量} = \frac{E_p}{Q_p \eta_p} \tag{2-1}$$

式中：E_p 为泵轴功率，kW；Q_p 为泵输送热量，kW；η_p 为泵、电机综合效率；ε_w 的目

标值是 0.02～0.05。

空气输送能量消耗系数 ATF（ε_A）是表示空气输送系统效率的指标之一，用式（2-2）表示其定义。

$$\varepsilon_A = \frac{\text{送风机输入能量}}{\text{风机输送热量}} = \frac{3600 \times E_F}{Q_F \eta_F} \tag{2-2}$$

式中：E_F 为送风机轴功率，kW；Q_F 为送风机输送热量，kW；η_F 为送风机、电机综合效率；ε_A 的目标值是 0.1～0.25。

表 2-4　　与能量消耗有关的评价指标

<table>
<tr><th colspan="2">评价方法</th><th>计算式</th><th>计算时间</th><th>分母</th><th>分子</th><th>计算例</th></tr>
<tr><td colspan="2" rowspan="2">一次能评价</td><td rowspan="2">$\dfrac{\Sigma\{\text{计算时间能耗}\}}{\text{规模}\cdot\text{计算时间}}$</td><td>月
季，期
年</td><td>建筑面积
空调面积
容积
空调容积</td><td>二次能
一次能
能源</td><td>• 单位面积计算时间一次能耗
• 能源换算
• 计算能源
[MJ/（m²・年）]</td></tr>
<tr><td>时</td><td>建筑平面面积
围护结构外表面积
容积</td><td>传热热量
空调负荷</td><td>• 外墙综合传热系数
[W/（m²・K）]</td></tr>
<tr><td colspan="2">能耗系数</td><td>$\varepsilon = \dfrac{\text{输入能量}}{\text{效果}}$</td><td>月
季，期
年</td><td>空调负荷
处理热量
空调机盘管
实际负荷
热源负荷</td><td>二次能
一次能
能源</td><td>• 全年一次能
能耗系数：CEC/AC
• 水（空气）输送能耗
能耗系数：WTF，ATF</td></tr>
<tr><td rowspan="2">效率评价</td><td>效率</td><td>$\eta = \dfrac{\text{输出能量}}{\text{输入能量}}$</td><td rowspan="2">时
月
季，期
年</td><td>二次能
一次能</td><td>空调负荷
处理热量
空调机盘管
实际负荷</td><td>• 计算时间锅炉效率
η=（冬季输出能）/（冬季输入能）</td></tr>
<tr><td>性能系数</td><td>$\text{COP} = \dfrac{\text{效果}}{\text{输入能量}}$</td><td>二次能
一次能
能源</td><td>空调负荷
处理热量
空调机盘管
实际负荷
热源负荷</td><td>• 热源负荷基准年度二次能耗性能系数
COP=（热源出力）/（二次输入能量）</td></tr>
</table>

（2）系统性能指标。

1）体系结构（见图 2-2）。

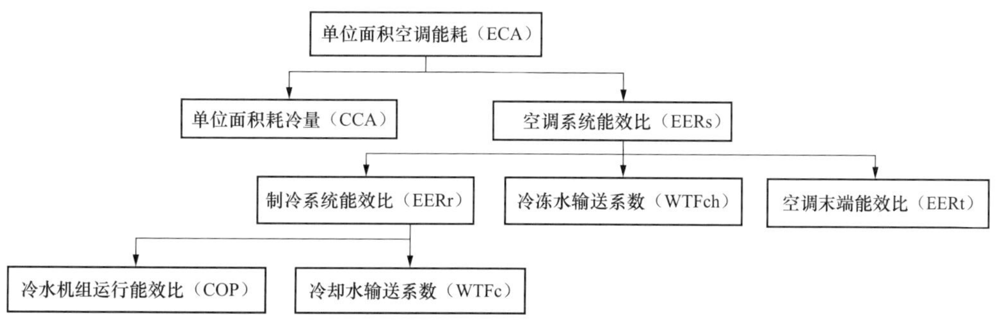

图 2-2　空调系统经济运行评价指标体系结构

2）评价方法与指标。

a．采用 EERs 评价空调系统的整体运行效率。

对于电空调系统该指标不小于 2.9。

b．采用 EERr 评价空调系统中制冷子系统的经济运行情况。

该指标用于水冷式冷水机组，应不小于 4.0；用于风冷式冷水机组，应不小于额定值的 90%。

c．采用 WTFch 评价空调系统中冷水系统的经济运行情况。

该指标的应不小于 35。

d．采用 EERt 评价空调系统中空调末端的经济运行情况。

当末端以全空气系统为主时，该指标应不小于 15；当末端以风机盘管为主时，该指标应不小于 30。

e．采用 COP 评价冷水机组的经济运行情况。

该指标应不小于冷水机组额定 COP 值的 95%。

f．采用 WTFc 评价空调系统中冷却水系统的经济运行情况。

该指标应不小于 35。

蓄热式冷热源系统的性能评价，有许多因素促使能源站采用蓄热式冷热源系统，蓄热式能源站系统在设计、施工后，若进行了很好的运营管理，能大幅度地降低能耗和减少运行费用。水蓄热系统的评价指标有能效、蓄热效率、温度分层等。冰蓄冷的评价指标有结冰速度、制冰时制冷机的性能系数等。

设计施工阶段各设备性能有锅炉的额定热效率、冷水机组制冷性能参数、蒸汽热水型溴化锂吸收式冷水机组及直燃型溴化锂吸收式冷（温）水机组性能参数等，应分别符合表 2-5～表 2-8 的规定。

表 2-5　锅炉额定热效率

锅炉类型	热效率（%）
燃煤（Ⅱ类烟煤）蒸汽、热水锅炉	78
燃油、燃气蒸汽、热水锅炉	89

表 2-6　冷水（热泵）机组制冷性能系数

类型	名义制冷量（CC）（kW）	能效等级			
		1	2	3	
		IPLV（W/W）	IPLV（W/W）	COP（W/W）	IPLV（W/W）
风冷式或蒸发冷却式	CC≤50	3.80	3.60	2.50	2.80
	CC>50	4.00	3.70	2.70	2.90
水冷式	CC≤528	7.20	6.30	4.20	5.00
	528<CC≤1163	7.50	7.00	4.70	5.50
	CC>1163	8.10	7.60	5.20	5.90

注　确定额定工况时的参数：①使用侧：制冷进出口水温 12/7℃。②热源侧：冷却水进出口水温 30/35℃。③使用侧和热源侧污垢系数 0.086m^2·℃/kW。

表 2-7　　冷水（热泵）机组综合部分负荷性能系数

类型	名义制冷量（CC）（kW）	能效等级			
		1	2	3	
		COP（W/W）	COP（W/W）	COP（W/W）	IPLV（W/W）
风冷式或蒸发冷却式	CC≤50	3.20	3.00	2.50	2.80
	CC＞50	3.40	3.20	2.70	2.90
水冷式	CC≤528	5.60	5.30	4.20	5.00
	528＜CC≤1163	6.00	5.60	4.70	5.50
	CC＞1163	6.30	5.80	5.20	5.90

注　IPLV 值是基于单台主机运行工况。

表 2-8　　溴化锂吸收式机组性能参数

机型	名义工况			性能参数		
	冷（温）水进/出口温度（℃）	冷却水进/出口温度（℃）	蒸汽压力（MPa）	单位制冷量蒸汽耗量［kg/（kW·h）］	性能系数（W/W）	
					制冷	供热
蒸汽双效	18/13	30/35	0.25	≤1.40		
	12/7		0.4			
			0.6	≤1.31		
			0.8	≤1.28		
直燃	供冷 12/7	30/35			≥1.10	
	供热出口 60					≥0.90

注　直燃机的性能系数为：制冷量（供热量）/［加热源消耗量（以低位热值计）+电力消耗量（折算成一次能）］。

2.2.2　能源管理系统中的计量检测系统

由于性能检测是在能源系统全寿命期内进行，从环境、能量和便于使用的观点上看，要使能源系统达到最合适的状态，就必须诊断、检测它们的性能，并向设备生产厂家、所有者和使用者证明提高系统性能的必要性和重要性，能源管理系统的计量检测系统就能实现上述目标。作为目标值之一的环境指的是保持室内环境的健康和舒适，之二指的是能耗和污染物排放量最小化。文章中将累计值称为“计量”，将瞬时值称为“计测”。表 2-9 表示集中管理与运营管理相关的性能和与计量计测系统类别相关的内容。

表 2-9　　能源管理性能和计量计测系统

计测类别	A	B	C
性能计量单位	单机	系统	全部
①运行操作 ·设计条件检测 ·运行条件检测 （竣工时验收）	通过运行操作工具自动计算最佳的运行状态和参数、设定值，并以计算结果提供给操作人员	操作人员分析运行数据，决定运行状态的参数和设定值	试运行时根据制造者和设备管理人员设定的参数和设定值进行运行

续表

计测类别	A	B	C
性能计量单位	单机	系统	全部
②运营管理操作 ·环境分析 ·能耗分析 ·经济性分析 （竣工时验收）	通过 BOFD 工具检测运营状态，诊断运行不佳的部分，并用结果支持运营管理者	运营管理者分析运营数据，确认并改进运营状态	确认能耗量
③维护管理操作 ·设备的检查 ·设备性能变化的诊断	通过 BOFD 工具制作设备最优维护管理周期和预算，并用该结果支持运营管理者	运营管理者分析维护管理数据，制定设备的维护管理周期和费用	按照制造者的维护管理标准
④收费支撑 ·用于能耗收费	单机、集中计量收费分析结果、计量器的管理	单机、集中计量收费	单机计量

计测计量系统的类别见表 2-10。

表 2-10　　表示能源管理中计量计测系统的类别构成

	计测类别 A（单机）		计测类别 B（系统）		计测类别 C（全部）	
系统构成概要	电气	远距离管理 购电（电量） 不同系统照明插座（电量） 不同系统动力（电量） 单个热源动力（电量） 单个空调动力（电量）	电气	购电（电量） 电气不同用途照明插座 不同用途一般动力 不同用途热源动力	能耗数据计量用	购电（电量） 城市燃气
	给排水	城市燃气用量 上水使用量 下水使用量	给排水	城市燃气用量 给排水上水使用量 下水使用量	空调	全体空调热量 （累计值、瞬时值） 环境数据 （代表室温、湿度）
	空调	单机空调热量（累计值、瞬时值） 单机设定值（全部） 空调单机控制量（全部） 单机操作量（全部） 单机环境数值（全部）	空调	不同系统空调热量 （累计值、瞬时值） 空调代表室温设定值 不同系统环境数据（室温、湿度） 不同系统控制量（送风温度、水温）		

（1）空气环境计测系统。表 2-11 表示不同类别详细的空气环境数据计测项目和计测点。为了对空气环境进行合理的评价，必须计测并记录计测项目、计测量等的最低要求值。

在表中未表示出计测的时间间距，一般应根据数据的使用目的、CPU 的容量等由相关技术人员决定。在相关管理法中规定至少应测开机后，中间时间点和关机前三个时间点的数据。

（2）能耗计量系统。表 2-12 表示不同计测类型为分析评价能耗量的必要的计测计量项目和计测点。为了对能耗量有一个合理的评价，希望按表中所示类别进行计测计量并记录相关数据。

表 2-11　　空气环境数据计测项目、计测点

计测类别	A	B	C
计量单位 / 计测项目	单机	系统	全体
1. 室内热环境 ①室内温度	干球温度计测 ·每室代表点温度计测 （用 AHU 的 RA 温度代替）	干球温度计测 ·每系统代表点温度计测 （用 AHU 的 RA 温度代替）	干球温度计测 ·代表室的温度计测
②室内湿度	相对湿度计测 ·每室代表点湿度 （用 AHU 的 RA 湿度代替）	相对湿度计测 ·每系统代表点湿度 （用 AHU 的 RA 湿度代替）	相对湿度计测 ·代表室的湿度
③室内气流速度	气流速度计测 ·代表室的居住区域代表点 （不经常计测）	气流速度计测 ·代表系统的居住区域代表点 （不经常计测）	气流速度计测 ·代表室的居住区域代表点 （不经常计测）
④室内辐射环境	黑球温度计测 ·代表室的居住区域代表点 （不经常计测）	黑球温度计测 ·代表系统的居住区域代表点 （不经常计测）	黑球温度计测 ·代表室的居住区域代表点 （不经常计测）
⑤室内温冷感	用 PMV 计计测 ·每室代表点 PMV 值计测 （在居住区域代表点 PMV 计）	用 PMV 计计测 ·代表系统点的 PMV 值计测 （在居住区域代表点 PMV 计）	（不经常计测）
2. 室内空气环境 ①室内浮游粉尘浓度	粉尘浓度计测 ·每室代表点浓度计测 （用 AHU 的 RA 浓度代替）	粉尘浓度计测 ·每系统代表点浓度计测 （用 AHU 的 RA 浓度代替）	粉尘浓度计测 ·代表室的浓度计测 （用 AHU 的 RA 浓度代替）
②室内 CO_2 浓度	CO_2 浓度计测 ·每室代表点浓度计测 （用 AHU 的 RA 浓度代替）	CO_2 浓度计测 ·每系统代表点浓度计测 （用 AHU 的 RA 浓度代替）	CO_2 浓度计测 ·代表室的浓度计测 （用 AHU 的 RA 浓度代替）
③室内 CO 浓度	CO 浓度计测 ·每室代表点浓度计测 （用 AHU 的 RA 浓度代替） ·有明火房间的浓度计测	CO 浓度计测 ·每室代表点浓度计测 （用 AHU 的 RA 浓度代替） ·有明火房间的浓度计测	CO 浓度计测 ·每室代表点浓度计测 （用 AHU 的 RA 浓度代替） ·有明火房间的浓度计测 （一般不计测）
④室内 PM2.5			
3. 外界条件计测	这些数据可采用气象局的计测数据，但在大楼设置百叶箱时，上述 7 项最低每小时计测一次，并记录数据，评价能耗量时要求更严	同左	

计测计量的时间间距与环境数据相同，应由相关技术管理者根据数据使用目的和 CPU 容量决定。单位时间计测一般分为日单位计量、月单位计量、季单位计量和年单位计量，但由于对象不同、用途的不同，有时也可能每 15min 计测一次。

（3）能源管理系统的能耗管理和计测精度。在计测（计量）物理量和状态量时，对应其目的的测定精度管理是非常重要的。一般精度的管理指的是对传感器的处理，但在现场指的是对仪器数据的认真读取。如果利用在能源管理系统收集的测定数据，则必须根据要求设置测定器和记录计。不论在哪种场合，大多都是采用计算机加工处理测定数据，并利用所有情况下经由计测系统计测并处理的数据。因此，计测精度的管理指的是对全体计测系统的精度管理。

表 2-12　　与能耗相关数据的计测计量项目及计测点

计测类别	A	B	C
计量单位 / 计测项目	单机	系统	全体
1. 计量点（累计值） ①能源	·购电电量 ·城市燃气用量 ·燃料用量 ·水量	·购电电量 ·城市燃气用量 ·燃料用量 ·水量	·购电电量 ·城市燃气用量 ·燃料用量 ·水量
②系统能耗	系统能耗计量 ·不同系统照明插座 ·不同系统动力 ·设备热源动力 ·设备空调热量	不同系统能耗计量 ·照明插座 ·动力 ·热源动力 ·不同系统空调热量	无
2. 计测点（瞬时值）	设备能耗计测 ·设备空调热量 ·设备热源电量	不同系统能耗计测 ·不同系统空调热量 ·热源电量	无
3. 数据用途	确认能耗量 研究减少能耗量	确认能耗量 研究减少能耗量	确认能耗

如表 2-13 所示的计测系统的误差原因有：①检测部误差；②传送误差；③模拟变换误差；④A-D 变换误差；⑤数据演算误差等五类。但由于五类精度表记方法不统一，因此对通过计测系统进行误差评价的方法也不明确。以热量计量为例，在热量计量中一般采用根据流量计测值得到的热容量流量 V 乘以供、回水温差Δt（$=t_s-t_r$），即 $Q=V\cdot\Delta t$ 的公式计算，但当温度差在 5℃左右时可能存在热量变小的问题。即与每个温度测定的误差相比，由于温度差不大，因此相对的误差不能忽略不计。

表 2-13　　计测系统的误差

检测部误差	传送误差	模拟变换误差	A-D 变换误差	数据演算误差
传感器误差 出力误差 电压误差 杂音 温度漂移	配线阻力 杂音	增幅误差 直线性 电压变动 温度漂移	直线性 脉冲调制误差 存储误差	数值计测误差 四舍五入

在 GUM 中对图 2-3 所示计测系统的误差原因“标准不确定度”的指标进行评价。所谓“标准不确定度”指的是对应于误差分布的标准偏差。对于在单独运行时不能获得的标准不确定度（A 类的标准不确定度）时，则可采用在测定器或接收仪器样本上记载的$\pm a$（%或工学单位），当误差在该空间内分布相同时，标准不确定度取 $a/\sqrt{3}$（B 类的标准不确定度），以后讨论时，认为 A 类和 B 类的标准不确定度有区别。图 2-4 表示均

匀分布和正态分布的标准偏差的关系。

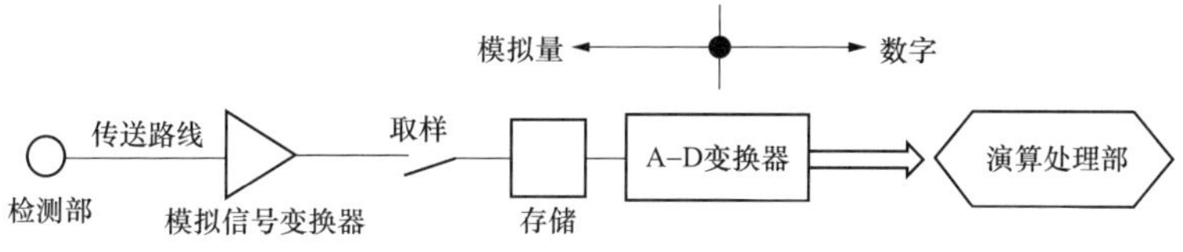

图 2-3 计测系统的误差原因

通过计测系统获得的测定 θ 采用以各误差原因的标准不确定度为 u_1，u_2，…，u_n 和按 $u_c=\sqrt{u_1^2-y_2^2-\cdots-u_n^2}$ 计算的“合成不确定度 u_c”作为评价指标。当获得了合成不确定度时，将 u_c 乘以“相容系数 k”作为“扩张不确定度 U”，此时可将误差的分布近似地作为正态分布。

例如，$k=2$。该测定值 θ 若在 $\theta\pm U$ 区间内的可靠度为 $p=95\%$时，则表明该测定值存在。在 GUM 的指南中指出应充分注意上述问题。

在能源管理系统根据使用的测定器的样本对合成不确定度进行评价，温度测定（铂电阻）的合成不确定度 $u_t≒0.24$℃，流量测定（电磁流量计）的合成确定度 $u_v≒0.3\%$。热量是通过计算上述不确定度的测定值而得到的，此时，按以下的方法对计算进行评价。

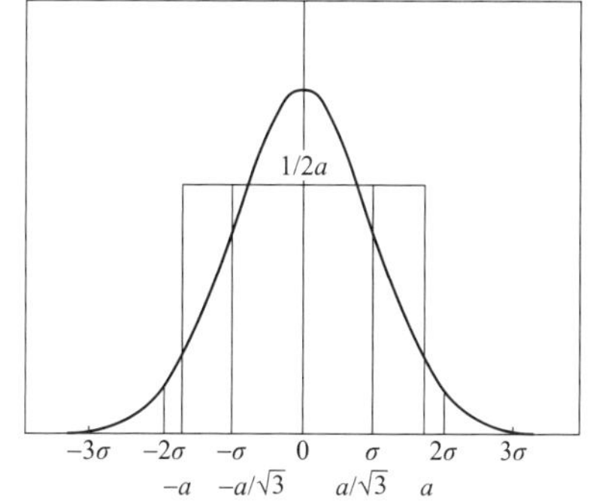

图 2-4 均匀分布（$\pm a$）和正态分布（$\sigma=a/\sqrt{3}$）的标准偏差

以具有某个不确定度的测定值作为 x_1，x_2，…，x_m，若每个测定值的不确定度分别为 u_1，u_2，…，u_m，则可按下式计算 $y=f(x_1, x_2, \cdots, x_m)$ 不确定度 u_y。

$$u_y=\sqrt{\left(\frac{\partial y}{\partial x_1}\right)^2u_1^2-\left(\frac{\partial y}{\partial x_2}\right)^2u_2^2-\cdots-\left(\frac{\partial y}{\partial x_m}\right)^2u_m^2} \tag{2-3}$$

则用 $Q=V\cdot\Delta t$ 计算热量 Q 的合成不确定度 u_Q

$$u_Q=\sqrt{V^2u\Delta t^2-\Delta t^2uv^2} \tag{2-4}$$

式中：$\Delta t=t_s-t_r$，$u\Delta t^2=u\Delta t_s^2+u\Delta t_r^2$。

当采用电磁流量计作为流量计时，通过计测系统获得的计测数据的合成不确定度 u_v 一般为 0.3%。以图 2-5 的数值为参考，当以在 100%水量时的温度差 Δt 的合成标准不确定度 $u\Delta t$（℃）为横轴，并用相对于计算热量读数 Q 的扩张不确定度 u_Q（相容系数 $k=2$）的比例（%）作为纵轴时的供回水温差在 3～7℃时两者的关系。

当对供回水温度计进行了现场校正时，可采用以各温度计或计测系统计测器的样本值作为参考的 B 型不确定度进行温差的误差评价。使用一般测定器时的温差合成标准不确定度 $u\Delta t=\sqrt{0.238^2-0.238^2}=0.336\ 6$℃，小于该值时评价较困难。但作为温差进行校正时，0.2℃是可行的。在能耗管理中，不仅要对每个温度测定进行管理，还希望加绝对湿度差的管理。

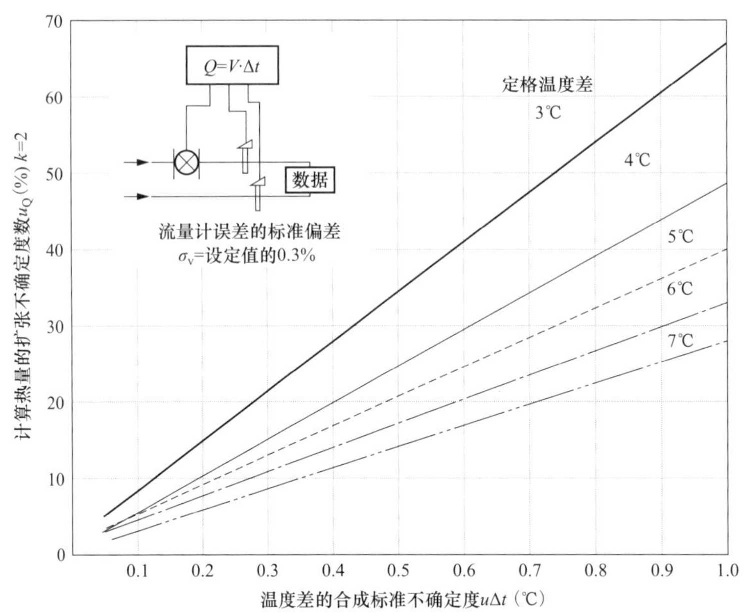

图 2-5　温差标准不确定度和热量扩张不确定度的相关

2.2.3　不同类别计量检测管理系统案例分析

以下叙述 3 种类型计测管理系统的设计和经济性评价。

1. 模型

图 2-6 表示设计计测管理系统的模型、建筑物和设备的概要。

建筑物：建筑面积：5553.1m^2，层数：地下 1 层，地上 8 层，屋顶 1 层。

结构：地下 RC 钢筋混凝土，地上 SRC 钢筋混凝土。

空调设备：

热源：直燃机+水冷电动制冷机+冷却塔

内区空调：各层空调机+单风管 VAV 控制+四管制

外区空调：立式风机盘管+二管制+二通阀控制

2. 计测管理系统（类型 A）

计测管理系统的结构：如表 2-15 所示计测管理系统作为能源管理系统的一部分具有用计测数据处理用 CPU（BMV）和集中监测装置 MCU 进行远距离支持运行的功能，经由通信调节器 UIC（总设备调节器），采用数据收集末端 RS（远距离点）和空调数字调节器 DDC 收集数据，并将设定值送往 DDC。

监测点数的确定和累计费用，监测点数的确定以模型建筑的设备和单个计测为基准而确定。

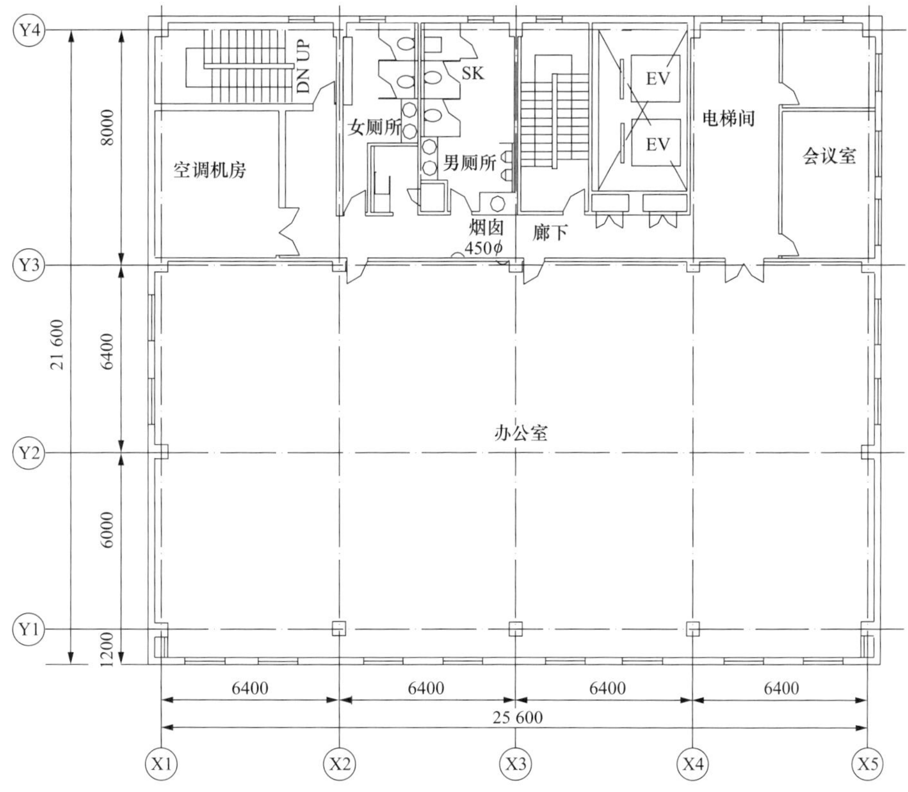

图 2-6　模型建筑的平面图（2～8 层）

- 变电设备电量 20 点
- 不同系统照明插座 3 个/层约 30 点
- 不同系统一般插座 3 个/层约 30 点
- 单个动力：热源 4 点×2 组，空调 2 点×8 点，FCU 3 系统/层×8 层
- ON/OFF，ALM 30 点
- 给排水设备监测点 20 点
- 上下水用量、天然气用量各 1 点
- 空调设备的监测点 400，所有的 SP、PV、操作量等计测点 100

费用如表 2-15 所示的以能源管理系统（数据计测处理用 CPU）本体（计算机、软件）、RS、DDC 和远距离管理用 I/F 为累计对象，以 A 类为基准设定 100 点［MCU（集中监测装置）、UIC、RS、DDC 用途不同］。

图 2-7 表示热源和空调机的计测示例。表 2-14 表示不同类别计测管理系统的比较，表 2-15 表示计测管理系统的构成和费用比较。

3. 不同计测系统的比较

计测管理系统的费用比较，在进行 A～C 类各系统费用比较时一定要考虑它们的效果。关于效果有许多不同的评论，但大多未进行充分的检测。

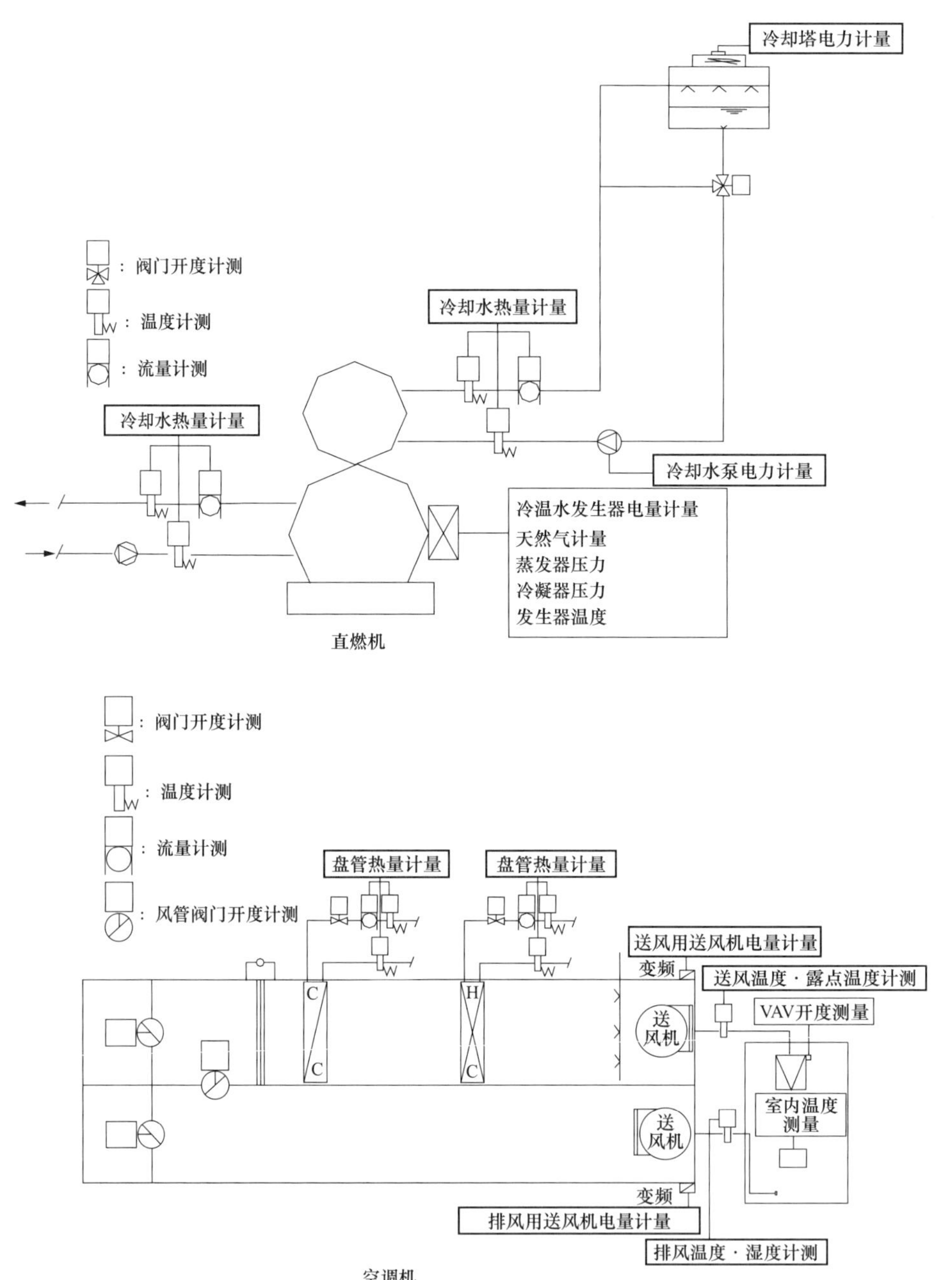

图 2-7　A 类管理系统的计测案例

【例 1】　为了进行节能改造后能耗的计测，增加的能耗计测器设置费，数据收集费和编写节能分析报告的费用约为改造工程费的 1%～5%。

【例 2】　为了长时间计测改造效果的能耗计测器设置费、数据收集费和编制节能分析报告费用约为改造工程费的 3%～10%。在第二年年度以后编制节能分析报告费用不会超过各年节能费的 1%。

【例 3】 为了计测全部设备的改造效果，能耗计测器设置费、数据收集和编制节能分析报告的费用约为改造工程的 1%～10%。但在采用每月能耗费用计量数据时，计测费用约为改造工程费的 1%。设置收集时间数据的管理系统时，管理系统建设费的约为改造工程费的 3%～10%。在以后年份的编制节能分析报告费约为各年节能费用的 1%～3%。

计测管理系统的构成：关于 A 类～C 类各类管理系统的构成，美国标准化推荐使用 BAC 网和 TonTalk 等开式通信协议规定冷（热）源设备和电气设备进行直接通信连接的管理系统，并要进行费用和效果的比较。

评价工具：A 类、B 类已开发了与设备和大楼用途相对应的评价工具，开发费高，业绩较少。在 C 类的中央管理系统中有设备台账管理，能耗使用数据图表，保全程序管理等评价工具。今后还要进一步使前者评价标准化，后者还要进一步充实评价能力。

表 2-14　　监测点的确定

管理类别	A	B	C
计量单位	单机	系统	全体
<电气>			
计测			
・购变电	20	20	3
・不同系统照明插座	30	10	0
・不同系统一般插座	30	10	0
・个别动力	35	35	0
・ON/OFF，ACM	30	30	30
<给排水>			
・检测	20	20	20
计测			
・上水	10	1	1
・下水	1	1	0
・燃气	1	1	1
<空调>			
・监测	400	400	400
・计测	100	60	30
总点数	677 点	588 点	485 点

注　空调监测点由于在自动控制中采用了 DDC 方式，故 400 点是通用的。

表 2-15　在能源管理系统中计测管理系统的构成和费用比较

项目	计测类别 A	计测类别 B	计测类别 C
构成的概要	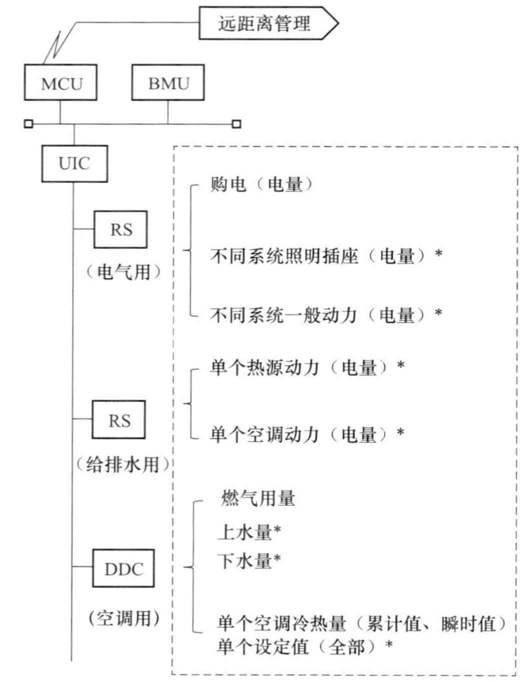 远距离管理 MCU　BMU UIC RS（电气用）：购电（电量）；不同系统照明插座（电量）*；不同系统一般动力（电量）*；单个热源动力（电量）*；单个空调动力（电量）* RS（给排水用）：燃气用量；上水量*；下水量* DDC（空调用）：单个空调冷热量（累计值、瞬时值）；单个设定值（全部）*	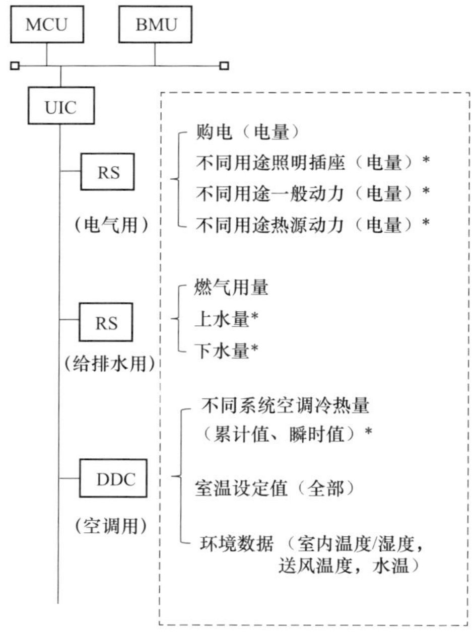 MCU　BMU UIC RS（电气用）：购电（电量）；不同用途照明插座（电量）*；不同用途一般动力（电量）*；不同用途热源动力（电量）* RS（给排水用）：燃气用量；上水量*；下水量* DDC（空调用）：不同系统空调冷热量（累计值、瞬时值）*；室温设定值（全部）；环境数据（室内温度/湿度，送风温度，水温）	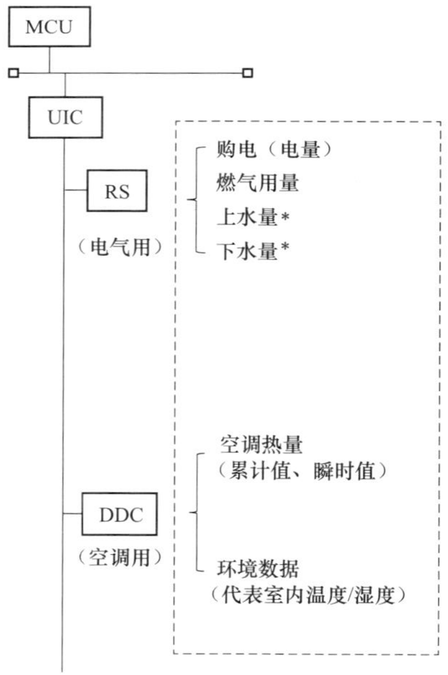 MCU UIC RS（电气用）：购电（电量）；燃气用量；上水量*；下水量* DDC（空调用）：空调热量（累计值、瞬时值）；环境数据（代表室内温度/湿度）
管理系统费用比较	100	70	40
补充	• *表示点用信号传输器，RS 和 DDC 之间的联系，电表、燃气表、水表安装用途不同。 • 用于中央管理系统的 MCU、UIC、RS 和 DDC 及其他工程的用途不同。		

<图例> MCU：集中监测装置，BMU：数据计测处理用 CPU，UIC：设备整合调节器，RS：远距离装置，DDC：数据调节器，[二] MCU 监测点，*能耗计测用数据

2.2.4　环境性能计量检测项目及传感器

表 2-11 表示用于环境性能检测时的不同计测类别的计测项目。在能源管理系统中的计测系统能自动计测和自动记录检测项目，在能源管理系统中的 CPU 还能采用自动演示软件对计测数据进行加工，还能以环境评价的形式输出和显示。本节介绍在能源管理系统中使用的能进行远距离自动连续测定的计测器（传感器）以及以它们为中心的计测项目，而不介绍在现场能目测的计测器（传感器）。

环境性能评价采用温度、空气环境和人的舒适标准值等对比的方法进行评价。同时也采用称为满足度评价方法的 POE 法。该方法不仅指温度、空气环境，还包括了光环境、声环境，是能采用图表方法表示居住者对全部环境因素的满足的一种方法（见表 2-16）。

1. 温度计测

表 2-16　　能源管理系统中使用的能连续测定的温度计测传感器

传感器种类	概要、测定原理	传感器精度（0～50℃）	备注
测温电阻	由于金属导电率具有温度特性、因此能将电阻值转换为温度。 在能源站中有以下 3 种类型 •铂电阻 •镍电阻 •铜电阻 由于与配线电阻有关，因此有 2 线式、3 线式和 4 线式的配线方法	±0.35～±0.50℃	传送误差和变换器的模拟变换误差可能比传感器的精度大，故对计测系统的最终读数必经进行校正
热敏电阻	由于半导体的电阻具有负的特性，因此通过烧结金属氧化物就能获得较大的电阻变化。小型且灵敏度高	±0.4～±1.0℃	测定温度范围广时，必须对线性进行修正
热电偶	连接异种金属，当两端有温差时就会产生电（赛贝克效应），在能源站内一般采用铜—康铜（符号 T）热电阻	±0.5～±1.0℃ 由于采用相同的热电阻线，故相对精度小于±0.1℃	计测器（冷接点侧）的接点温度测定和修正的精度对计测值有很大的影响

2. 湿度计测

湿度的计测有直接计测相对湿度表型和计测露点温度与湿球温度并同时计测干球温度后通过计算求出相对湿度的类型。不论是哪种类型都要计测空气中的水蒸气成分，在计测技术中属于比较难的问题，由于受到有机气体的影响会较早的出现性能劣化的现象。因此必须进行定期校正的精度管理。表 2-17 表示在能源管理系统中使用的能连续进行计测的湿度传感器。

表 2-17　　能源管理系统中使用的湿度计测用传感器

传感器种类	概要、测定原理	传感器数据	备注
导电性高分子型	利用导电性高分子吸湿后能改变电气特性的性质，根据电阻和静电容量的变化求出相对湿度具有响应速度快的特征	测定范围 0～50℃/20～95%RH 精度 ±3～±5%RH	•1 次/年的校正是必要的 •要承受有机气体的影响

续表

传感器种类	概要、测定原理	传感器数据	备注
陶瓷型	利用金属氯化物陶瓷吸湿后改变电气特性的性质，根据电阻和静电容量的变化求出相对湿度。每隔一定时间用干净的加热器进行加热，蒸发吸附的有机气体是非常必要的	测定范围 0～50℃/15～95%RH 精度 ±3～±5%RH	• 1 次/年的校正是必要的 • 不受有机气体的影响
氯化锂露点湿度计	在缠绕加热电极的玻璃面上涂布氯化锂水溶液并通电，吸湿后改变加热电流，与空气中的露点温度在某一湿度条件下达到平衡状态。测定此时的温度就能得到露点湿度。响应速度较慢，但在较广的范围内能够稳定地进行计测，一般用于气象测定	±1.0℃DP 不能测定比氯化锂水溶液的饱和湿度低的湿度，但湿度越高，则能测定接近饱和水蒸气的湿度（100%RH）	• 每 3～6 个月再涂布 1 次氯化锂水溶液 • 受到有机气体的影响
干湿球型湿度计	测定干球温度和湿球温度，根据两测定值自动演算求出相对湿度。 湿球温度计必须补给水分	±2.0%RH	由于测定原理同阿斯曼通风型温湿度计，在不结冰的条件下可放心地使用

3. 风速计测

对于一般的业务用建筑，设置风速计连续地测定室内居住区域的案例很少。居住区域的风速与向室内的送风量、送风的位置、形式等有关，与温湿度相比变化较小，竣工时用于性能检测的计测的平均居住区域风速仅限于送风量不变化的情况，可作为评价值。表 2-18 表示常用的风速计测传感器。一般常采用热线风速计进行间歇风速计测。

表 2-18　　能源管理系统中使用的室内风速计测用传感器

传感器种类	概要、测定原理	传感器精度	备注
热线风速计	电加热热线的温度是由加热输入电力和向周围流体散热的平衡点而确定的。向周围流体的散热与流体的速度有一定的关系，利用该关系求出气流速度。 • 分为供电电压一定方式和热线温度一定方式两类。 • 可用铂金薄膜、陶瓷代替热线	±2.0～±5.0%FS （注）FS：全程	低流速是误差的原因。 热线的热容量越小，灵敏度越好。 常用钨线或铂金线作为热线。 热线温度一定方式性能较好
超声波流速计	沿着空气的流向，相隔一定距离布置 2 组超声波发生器和接收器，测定 2 组声音到达的时间，从该值和以空气中声速为基础的按理论式的关系求出 2 组距离之间的风速。 • 线测定数 cm/s 的风速。 • 改变发生器和接收器的配置距离和方法则可进行三元计算	±2.0%FS [测定范围] 0～±10m/s [响应时间] 0.5s	• 用于洁净室内气流分布的调节和维护管理。 • 响应速度比热线风速计慢

4. CO_2浓度计测

CO_2 浓度是规定的表示室内空气污染浓度的一项指标，CO_2 浓度标准为 1%，一般将它应用在新风量控制中。CO_2 浓度计测可采用检测管方式，但在使用 CO_2 浓度进行新风量控制时，则必须对 CO_2 浓度进行连续计测。表 2-19 表示能源管理系统中能连续计测的 CO_2 浓度传感器。

表 2-19　　在能源管理系统中使用的 CO_2 浓度计测用传感器

传感器种类	概要、测定原理	传感精度、测定范围	备注
非分散型红外线气体分析计（红外线式 CO_2 传感器）	当 CO_2 等异种二原子分子接受红外线照射时，原子间的振动和旋转的运行能吸收红外线。 CO_2 具有 4.7μm 红外线吸收特性通常采用将具有吸收能量的 CO_2 封入容器等选择性检测器（有选择性地检测出照射的红外线中 CO_2 的吸收波长）进行测定。 根据能量的变化求出浓度。 将这种方法称为非分散型正滤光感方式	测定范围 0～约 5000ppm FS±2.5%	• 检测部，取样器，光源显示部等一体化的装置。 • 用于停车场通风气体浓度监测，用于锅炉房燃烧监测。 • 用于新风量 CO_2 控制
气体色谱	在柱管（分离管）内充填吸附剂，当输送气体或试料成分流过柱管时，因在试料气体中的成分和吸附剂亲和性的强度不同，到达柱管出口的时间也不相同，试料气体成分被分离出来，用各种检测器能定量地分析出分离气体。 CO_2 的检测采用的吸附剂是活性炭或硅胶，采用的输送气体是氦，检测器采用的是热传导检测器（TCD）		• 几乎对所有的气体都能计测，通常用于研究和实验。 • 办公用大楼仅用于 CO_2 浓度计测的案例很少。 • 高价

5. 粉尘浓度计测

浮游粉尘浓度也是监测对象之一，采用光散乱法（计数粉尘计）和滤纸透过率法等测定器。它们均不适合连续计测。表 2-20 表示常用的粉尘浓度计。一般办公用大楼不需要进行自动连续计测。

表 2-20　　在能源管理系统中使用的浮游粉尘浓度计测用传感器

传感器种类	概要、测定原理	传感器精度、测定范围	备注
粉尘粒子计数器	当光照射在浮游粉尘上时，对于相同粒径，粉尘散比哦啊射光的量与粉尘的质量浓度成比例。当处理空气量为一定时，则不必测定处理空气量。通过仪器固有的换算值换算相对浓度值，则可直接用浓度表示	测定范围 0.01～100mg/m^3 精度：±10%（用 3μm 硬脂酸粒子校正时的允许精度）	• 对象 10μm 以下 • 响应快 • 连续测定时有些数据无效 • 测定时间 1～5min
滤纸粉尘计	用滤纸过滤空气，根据滤纸污染程度求出粉尘相对浓度。 光吸收方式也称为比色法		• 对象 10μm 以下 • 也可求出香烟的成分 • 不能自动连续计测
粒子计算器	取样空气中的粒子受到光电二极管的散光后变换为电气脉冲。根据脉冲的幅度计测粒子的大小，根据脉冲数计测粒子的个数	测定范围： 0.3～5μm（5 段） （0.3、0.5、1.2、5μm） 个数浓度： 0～100 000 个/L 精度：允许到（标准粒子）±20%	• 用于洁净室平时监测和计测 • 价格高，一般办公用大楼通常不用
冷凝核测定器	取样空气的粒子用酒精蒸汽冷凝成为较大粒子径，然后用光子的方法检出和测定		• 用于洁净室平时监测和计测用 • 最适合与 CPU 组合在一起使用，便于数据整理和显示 • 价格高

2.2.5 能耗性能计量检测项目及传感器

用于能耗性能检测的计测必须根据用途区分各种能耗量。检测对象有电、燃气、各种燃料等，必须对应于目的进行热量计量，流量计量。一般上、下水量在中央管理系统中也是必要的数据，但在本节省略。

1. 电量计量

电量计量计分为购电用电表和负荷设备用电表。购电电量的计量方法为利用交易用计测系统信号的方法，不必设置新的计量器。由于从交易用电表往最大负荷电表的脉冲信号配线检出并测定电磁脉冲，因此计量的电量与交易用电表具有完全相同的精度。

每项负荷设备的电表采用的是价格便宜精度高的数字式电表，故希望采用与计测等级相应并与用途相应的最低限度的计量。若进行更精细的计量，则应在启动时制定更详细的节能技术。

表 2-21 和表 2-22 表示电表种类的精度。

表 2-21　购电用电表和误差

电器的种类（名称）精度分类	用途	计量误差的允许精度	备注
精密电表	500kW 以上用户的电量计量	±1.0%～±2.5% （一般负荷低时精度下降）	交易用
特别精密电表	10 000kW 以上用户的电量计量	±0.5%～±1.0% （一般负荷低时精度下降）	大户交易用

表 2-22　负荷设备用电表

种类（名称）	形式	出力形态	综合精度	特征
带信号（传输装置电表可检定）	在旋转型的电表上安装信号传输装置。 兼用用户交费电表	电量脉冲 继电器开关 水银开关	±2.0%～±2.5%*1	脉冲计量单位较大（每分钟计量装置最终位置移一次）
		电量脉冲 水银开关	±2.0%～±2.5%*1	不能发送微小的脉冲
电力变压器	在电力变压器的电子回路演算器中进行电量的演算，将电力模拟出力和电量脉冲出力传输出来	电力 4～20mA/1～5V	±3.5%～±4.0%*2 ±7.5%～±8.0%	必须进行定期的校正
		电量脉冲 开式换向器出力	±2.5%～±3.0%*3 ±6.5%～±7.0%	脉冲设定范围较广必须进行定期的校正
数字型电量记录器	通过高速 AD 变换电压、电流信号的数字演算处理，再以通信（数字传送）方式传递出力	电量脉冲 水银开关 继电器开关	±2.5%～±3.0%*4	脉冲设定范围较广
		数字传送出力 电力/电压/电流 功率个数/无效电力 高次谐波失真率	±2.5%～±3.0%*4	价格便宜 能复合的计测电量之外的多项电气参数

*1　普通型计量器，为检定在 1.0W 级计量器时的综合精度。

*2　检定上段 1.0W 级，下段 3.0W 级组合计量器时的综合精度，包括模拟传送误差。

*3　检定上段 1.0W 级，下段 3.0W 级组合计量器的综合精度。

*4　检定 1.0W 级计量器的综合精度。

2. 城市燃气用量的计量

城市燃气用量的计量采用从燃气集团购置的燃气计量器。表 2-23 表示燃气用量计量器的概要。

表 2-23 城市燃气计量器

种类		概要、测定原理	范围最大流量:最小流量	精度	常用最大压力	使用中的管理	特征	用途	备注
实测式	膜式	将燃气引入一定容积的袋内，充满后排出，根据其次数换算体积后在指示装置上显示	200:1	检定公差±1.5%～±3.0% 使用公差±4.5%～±4.0%	3.5kPa（350mmAq）	无	• 不需要维护管理 • 测定范围广 • 价格便宜 • 一般用于低压	• 一般家庭用 • 小规模业务用	燃气表
	湿式	测定体积，计测充满一定容积的容器并放空的次数，是容积式流量计的一种，原理同膜式。精度好但实用上缺点多，不作为交易用	40:1	±2.5%	1.5kPa（150mmAq）	复杂	• 管理麻烦 • 不适合交易 • 精度高可作为标准器具 • 设置占地方	• 检定标准器具	
	旋转式（罗茨）	从上部流入气体的压力旋转转子，在外壳和转子组合而成的计量室接受一定体积的气体后送至下方排出同时进行计量	20:1	检定公差±1.5%～±3.0% 使用公差±4.5%～±4.0%	1.0MPa（10kgf/cm²）	• 润滑油管理 • 压力修正装置和本体的定期检查	• 有少量异物转子就会停止转动，气体就不流动 • 大型且较重 • 流量太小时可能不动	• 大用户	大容量用
推算式	孔板	检测前后压差后求出流速并换算为流量。可用于大容量的检测但制约条件较多，当压差变换器调整时易产生较大的误差，不实用	3:1	最大流量的±1.5%	1.0MPa（10kgf/cm²）	压差变换器的零点调整	• 可方便用于大流量的测定 • 测定范围窄 • 当流体条件改变时会产生误差 • 直管段必要		
	文丘里	由于采用文丘里管作为节流机构，其原理同孔板。采用标准文丘里管，但不适用	3:1	最大流量的±1.25%	1.0MPa（10kgf/cm²）	压差变换器的零点调整	• 可方便用于大流量的测定 • 测定范围窄 • 当流体条件改变时会产生误差 • 直管段必要		
	涡轮式	在流路中放置叶轮，利用流体动力旋转叶轮，根据旋转速度检测瞬时流量，根据旋转数检测累计流量	20:1	检定公差±1.5%～±2.5% 使用公差±3.5%～±4.0%	1.0MPa（10kgf/cm²）	向轴承供油	• 计量部有卡头，易于交换 • 直管段必要 • 粉尘、惯性影响大 • 小型大容量		大容量用

续表

种类		概要、测定原理	范围最大流量:最小流量	精度	常用最大压力	使用中的管理	特征	用途	备注
推算式	涡式	当相对于流体流向呈直角方向插入棒状物体（涡流发生体）时，在物体的切线方向会有规则的发生一对卡门涡。根据卡门涡的发生频率求出流速并换算流量。有各种方式的涡检测传感器	20:1	±1.0%	1.0MPa（$10kgf/cm^2$）	定期的校核出力波形	·没有可动部分 ·直管段、电源必要 ·不停止流体也能进行维护管理 ·没有物性变化和精度变化	·大用户	大容量用

3. 热量计量

热量通常采用（流量）×（温差）的计测方式进行计量。因此，热计量基本上是表 2-16 所示的温度计测用传感器和表 2-24 所示的流量计的组合。热计量常用于各种性能检测项目中，此外，在区域供冷（供热）系统中是基本的交易表，因此，要求进行精度更高的计量。

4. 流量计量

表 2-24 表示能源管理系统中常使用的流量表。一般根据对象流体的种类和温度进行分类，在空调冷（热）水中常使用方便的精度好的电磁流量表。在预先未设置流量计时，也采用超声波流量计计测系统的流量。当在管道系统中安装了孔板流量计之外的流量计时，应保持每个流量计达到要求的直管段的长度，若不能满足直管段的要求，则会形成较大的计测值误差。表 2-24 备注栏中表示了必要的直管段长度，属控制的目标值，施工时应充分注意。

表 2-24　　能源管理系统中使用的流量计

种类（名称）	测定原理和特征	测定精度	备　注
电磁流量计	根据法拉第原则，磁场中的流体会产生与速度成比例的电压，根据该电压可以求出流速，并换算为流量。由于流动过程中无障碍物，因此具有不会妨碍流动的特征	读数的 0.5%	·必要直管段：（上流）5D，（下流）2D ·可用于建筑设备全部的流量计测 D：管径
涡流流量计	在流路中设置的涡流发生体的下流侧会发生与流速成比例的卡门涡。测定某个范围内涡的数量就能求出流速	读数的 1%	·必要直管段：（上流）10D，（下流）5D ·由于适用于 200℃的高温气体，故用于计测蒸汽流量
涡轮式流量计	在流路中布置叶轮并测定与流量成比例的转数	与叶轮的精度有关，测定范围的 1%～3%	·必要直管段：（上方）10D，（下方）5D ·旋转轴的磨损可能会降低精度，应定期交换或校正
超声波流量计	根据设置在配管外部的超声波发生的信号，检测与流速成比例的超声波传输时间差，将测定流速换算为流量由于流路中没有妨碍物，具有不妨碍流动的特征	测定范围的 2%	·公称直管段：（上方）10D，（下方）5D，实际希望为上述规定 2 倍以上直管段 ·由于在配管外部测定，可用于用户临时的流量测定

续表

种类（名称）	测定原理和特征	测定精度	备　注
孔板流量计	根据伯努利定理，利用孔板前后压力差与速度的平方成比例的原理，求出流速后换算为流量	与压差检测器组成一体，一般精度为 2%～5%	· 有可变孔板型和圆锥形孔板等，测定范围广

2.3　能源站数字化能源管理系统性能检测

2.3.1　性能检测的种类和内容

当使用了能源管理系统时，性能检测就变得较容易，反之就困难重重。由于能源管理系统能简单的获得非常多的数据，故性能检测就容易，且能进行彻底的性能检测工作。操作系统的性能检测能够灵活应用，从能源管理系统中获得的各种数据，在此所说的主要是能源和环境等静态性能，换言之主要是统计的性能。由于能源站管理系统本身就是进行性能检测的系统，故系统的性能检测也就不困难了。

另一方面在能源管理系统中已经包括了反馈控制和最优化控制的计算方法，检测控制性能反馈控制中的跟踪性等动态特性和最优控制中的评价函数，制约条件等静态性质的实现状况是非常必要的。控制性的检测有设计时的动态模拟预测、能源管理系统计算机的动作检测等，包括工厂检测和现场检测两种方式。检测的工具是仿真方法，现场检测发现问题后，可能存在修复改造的时间问题和费用问题等，工厂试验能方便地进行实时检测。

当然对能源管理系统的各组成部件及整体的性能品质也必须进行检测，并希望检测前所有初期的故障都归零。在工厂必须逐个对安装在能源管理系统操作系统中的传感器、计量计测器、执行器等进行试验后再出厂，本节不叙述。

能源管理系统的性能检测包括以下内容：

（1）确认计算机运行正常。在出厂前进行试验，确认计算机外观、正常的配线、连接、绝缘性、端子编号和标记号的有无，规格说明书等主要项目，然后将计算机的错误动作尽量控制在最低限，并尽量地将初期故障归零。

（2）确定控制设定值和静态控制试验。在设计、运行、操作指南中设定了控制设定值，或在程序中设定了这些值，因此必须确认计算机内是否装备了设计时的控制计算方法。检查各管理程序的等级和确认是否实行了逻辑规定的动作顺序。在进行能源管理系统或利用能源管理系统的管理控制对象的系统性能检测过程中，应向程序存取有关数据。

（3）在工厂内的实时模拟。进行利用仿真器与真实系统连接实时的输入输出的模拟工厂内试验，主要目的是进行软件的动作性试验。

（4）现场的性能检测。在现场要进行每个操作系统与系统的连接关系、输出输入的确认、动作状态确认、控制参数的最优调节、网络状况的正常动作确认和综合试验调整等，并根据性能检测说明书（若无可按照设计资料）进行上述检测。最后阶段必须以“能源管理系统的性能检测”作为判断依据，证实两者之间无区别。

2.3.2 性能检测的工具和顺序

能源管理系统的性能基本上是根据设计的要求而确定的。因此，在设计阶段就必须进行充分的策划和模拟研究，也可称为先天的性能。另一方面随着使用过程中要求性能的改变，系统的劣化、最优参数的再设定和运营管理中的最优化，能源站性能的更高集中性等，称为后天的性能。图 2-8 表示性能检测的流程。

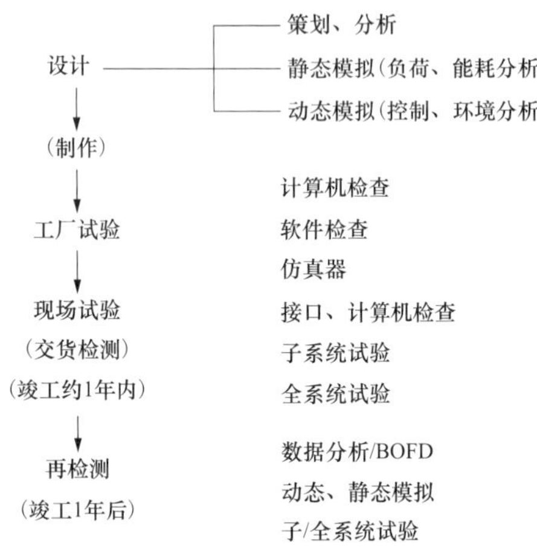

图 2-8 能源管理系统性能检测流程图

工厂计算机试验的顺序是按照检测生产厂家规定的标准试验顺序并按照样本对规定的项目进行试验，对外观等也必须进行相应的检查。设定值和大纲应按照样本的规定在显示屏前显示并确认。软件或预见根据相关文件确认的事项应通过取样并连接负荷进行静态动作试验。所有试验、检查的结果均以文字资料书写并记录，作为现场安装后的参考。仿真试验工具和顺序在以下叙述。

2.3.3 仿真器

仿真器指的是到目前尚未实用化的技术在工厂内进行的实时模拟装置，这项研究最早用于故障检测、诊断技术，基本的工具是动态系统模拟，是进行系统控制特性、环境动态特性模拟中非常有用的装置。这项技术是能源管理系统性能检测的主要工具。

1. 模拟和仿真

“模拟”和“仿真”具有相同的“模拟”意义。本文所说的模拟是采用数值方法模拟实际生活中引起的（物理的、生理的）现象后以非实际的状况再现，将再现的工具称为模拟。仿真指的是以实物之外的方法特别是数值模拟方法置换现实系统的一部分后实时地以实物（计算机）或模拟装置虚拟现象再现实际现象，将这个再现工具称为模拟装置。仿真器由模拟装置和信息通信用的接口所构成。例如，负荷计算程序和空调系统模拟程序是模拟装置，若计算特性是动态的、非稳定性时则模拟的精度越高。飞行模拟是一种仿真器，时间控制越接近实时，模拟装置的精度越高则作为仿真器的性能也就越高。

2. 溴化锂吸收式机组仿真器

溴化锂吸收式冷水机组仿真是利用热量旁通法使工况参数达到平衡，通过测定被测机组蒸发器冷水的流量和进、出口温度来计算机组制冷量。可进行蒸汽单效、双效型和热水型溴化锂吸收式冷水机组的试验。该系统的工作原理：主要是利用被测机运行时，自身产生的冷、热负荷并通过调整各旁通阀开度和冷却塔风机转速共同作用下，使试验参数保持在标准规定的范围内。

如图 2-9 所示，该仿真器可在各种工况条件下进行溴化锂吸收式冷水机组的动态与稳态运行性能测试和研究试验，满足 GB/T 18431—2014《蒸汽和热水型溴化锂吸收式冷水机组》标准要求。

对于溴化锂吸收式冷水机组仿真系统来说，软件是整个试验装置的重要组成部分，不仅要能实时采集显示温度、电参数和流量等相关测量参数以及计算被测机组的制冷量、加热源耗热量和阻力特性等性能参数，而且试验数据的处理、保存以及数据查询，电气设备的启停等都由测控软件完成。

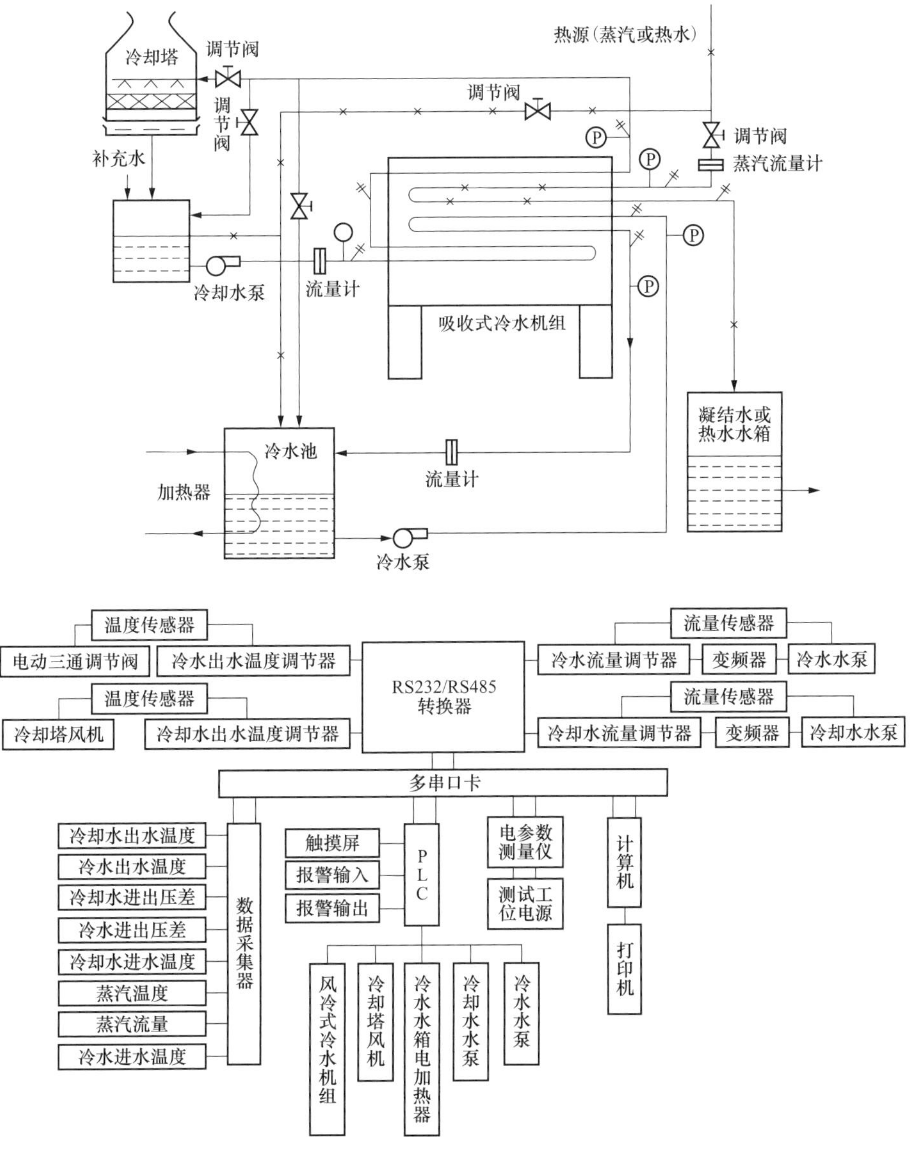

图 2-9　溴化锂吸收式机组仿真系统图

3. 能源管理系统的仿真器

图 2-10 表示的是能源管理系统性能检测的全系统，由动态 HAVC 模拟和接口所组成，图 2-11 是仿真器的结构图。图中实时控制是按照模拟的实时对前述的模拟时间进行通信控制。规模越大的系统模拟装置的计算时间越长，但由于进行实时控制，故计算机的容量仍然有余量，还能同时处理别的作业任务，实时连续记录图表能在计算机画面上表示与其相同的实时的变化曲线图。I/O 接口线能将计算机数据信号变换为能源管理系统输入输出信号。

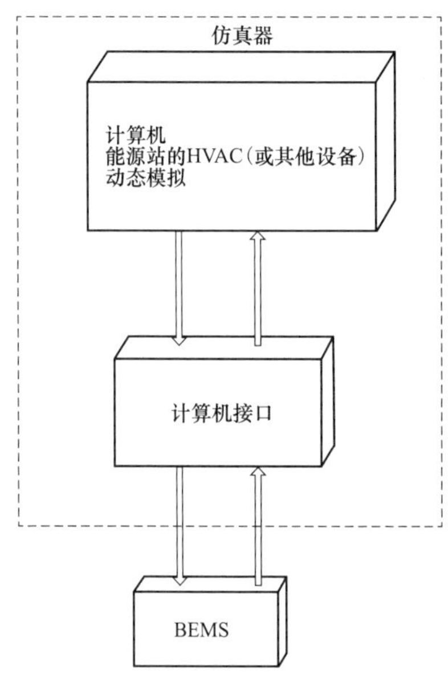

图 2-10 能源管理系统仿真器的概念

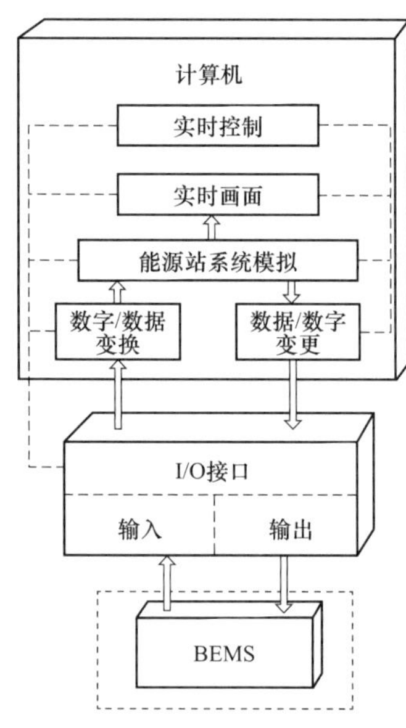

图 2-11 仿真器的结构图

2.3.4 能源站数字化建模

1. 综合能源系统典型物理架构及设备

当前，国内外已有研究中提出了能源互联网、能源集线器、泛能网等均是综合能源系统的表现形态，在系统的基本物理架构和设备层面，各类形态的综合能源系统基本一致，包括电、热、冷、气各类能源的生产、传输、存储和消费设备。综合能源系统的基本物理架构如图 2-12 所示。

按照设备承载的能质类型进行分类，综合能源系统中各类设备可以分为独立型设备单元和耦合型设备单元，独立型设备单元中电、热、气、冷维持自身特有的能质属性，不存在异质能流之间的耦合转化和互补利用，耦合型设备单元则可以实现电、热、气、冷相互间的转化利用，各类设备单元及其主要物理参数见表 2-25。

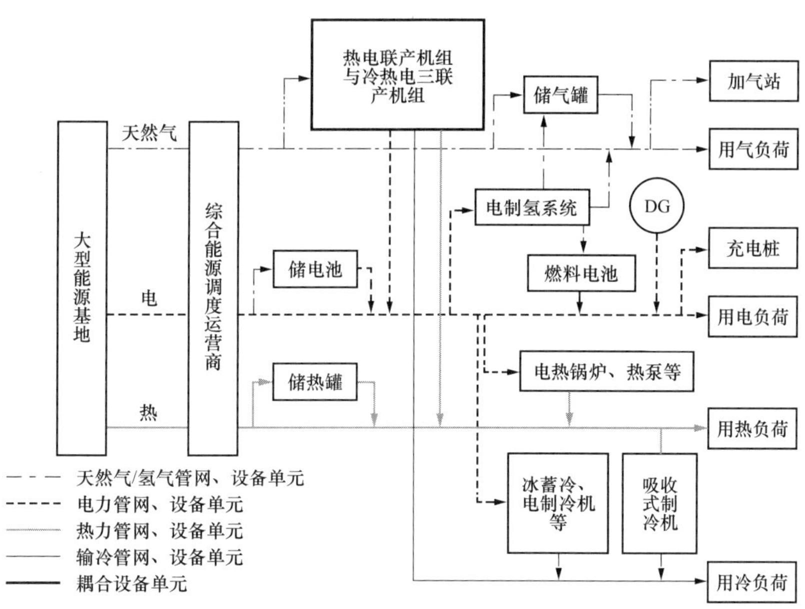

图 2-12　综合能源系统结构框架示意图

表 2-25　综合能源系统典型设备单元及其物理指标

类别 I	类别 II	设　　备	主 要 物 理 指 标
独立型设备单元	独立型电力设备	光伏 DG、输配电网络（线路及变电站）、储能电池、充电桩	电压、电流、相角差（交流）、功率（有功功率、无功功率（交流）、传输及存储损耗、充放电功率和效率
	独立型热力设备	热力管网（管线、水泵）、储热罐、热泵	温度、压力、传输及存储效率
	独立型天然气设备	天然气管网（管线、变压站）、储气罐、充气站	压力、流量、传输及存储效率
耦合型设备单元	气—电耦合设备	天然气微燃发电设备、氢燃料电池	电输出功率、耗气量、气—电转换效率
	电—气耦合设备	电制氢系统	制氢产量、电解电压、电解电流、储氢容量
	电—热耦合设备	电热锅炉、电采暖、热泵	耗电功率、热输出功率、电—热转换效率
	气—热耦合设备	燃气供热锅炉	耗气量、热输出功率、气—热转换效率
	热—冷耦合设备	吸收式制冷机	输入热功率、输出冷功率、热力系数
	电—冷耦合设备	电制冷机、冰蓄冷等	温度、制冷效率、蓄冷效率
	电—热—气耦合设备	热电联产机组（combined heating and power units，CHP）	耗气量、电输出功率、热输出功率、气—电转换效率、气—热转化效率等
	电—气—热—冷耦合设备	冷热电三联产机组（combined cooling heating and power units，CCHP）	耗气量、电输出功率、热输出功率、冷输出功率、气—电转换效率、气—热转化效率等

2. 综合能源系统物理及经济性建模

（1）独立型设备单元建模。

1）独立型电力设备单元建模。综合能源系统中的独立型电力设备单元主要包括光伏 DG、输配电网络、储能电池等，此类设备只生产、传输、存储电能，是综合能源系统重要的组成部分。

a．光伏 DG 模型。

光伏 DG 的物理模型通常表示为

$$P_{\mathrm{PV}}=\xi\cos\theta\eta_{\mathrm{m}}A_{\mathrm{p}}\eta_{\mathrm{p}} \tag{2-5}$$

式中：ξ 为当地的光照辐射强度；θ 为光照在太阳能电板的入射角度；η_{m} 为 MPPT 控制器的效率，主要受工作温度影响；A_{p} 为太阳能电池板的面积；η_{p} 为太阳能电池板的效率。同时，光伏 DG 的经济性模型可概括为

$$C_{\mathrm{PV}}=C_{\mathrm{PV}}^{\mathrm{inv}}+C_{\mathrm{PV}}^{\mathrm{ins}}+C_{\mathrm{PV}}^{\mathrm{ope}} \tag{2-6}$$

$$B_{\mathrm{PV}}=E_{\mathrm{PV}}^{\mathrm{on}}p_{\mathrm{PV}}^{\mathrm{on}}+E_{\mathrm{PV}}^{\mathrm{se}}p_{\mathrm{PV}}^{\mathrm{se}}+E_{\mathrm{PV}}^{\mathrm{cons}}p_{\mathrm{t}} \tag{2-7}$$

式中：C_{PV} 为光伏 DG 的成本项，包含初始投资成本 $C_{\mathrm{PV}}^{\mathrm{inv}}$、安装成本 $C_{\mathrm{PV}}^{\mathrm{ins}}$ 和运维成本 $C_{\mathrm{PV}}^{\mathrm{ops}}$；$B_{\mathrm{PV}}$ 为光伏 DG 的收益项，包含发电上网收益（即上网电量 $E_{\mathrm{PV}}^{\mathrm{on}}$ 乘以上网电价 $p_{\mathrm{PV}}^{\mathrm{on}}$）、卖电收益（即交易电量 $E_{\mathrm{PV}}^{\mathrm{se}}$ 和交易电价 $p_{\mathrm{PV}}^{\mathrm{se}}$ 的乘积）以及节约的购电成本（即自发自用电量 $E_{\mathrm{PV}}^{\mathrm{cons}}$ 乘以购电电价 p_{t}）。

b．输配电网络模型。

输配电网络传输电力的物理模型通常表示为

$$P_{\mathrm{L}}=U_{\mathrm{L}}I=P_{\mathrm{L0}}(1-\eta_{\mathrm{L}})=U_{\mathrm{L0}}I(1-\eta_{\mathrm{L}}) \tag{2-8}$$

式中：P_{L} 为流经输配电网络后的输出功率，等于输出端电压 U_{L} 乘以工作电流 I；P_{L0} 表示输配电网络的输入功率，等于输入端电压 U_{L0} 乘以工作电流 I；η_{L} 表示网络损耗，包含线路损耗和变电站损耗。同时，输配电网络的经济性模型可概括为

$$C_{\mathrm{EL}}=C_{\mathrm{EL}}^{\mathrm{inv}}+C_{\mathrm{sub}}^{\mathrm{inv}}+C_{\mathrm{EL}}^{\mathrm{ope}}+C_{\mathrm{sub}}^{\mathrm{ope}} \tag{2-9}$$

$$B_{\mathrm{EL}}=E_{\mathrm{EL}}p_{\mathrm{EL}} \tag{2-10}$$

式中：C_{EL} 表示输配电网络的成本项，主要包含线路的投资成本 $C_{\mathrm{EL}}^{\mathrm{inv}}$、运维成本 $C_{\mathrm{EL}}^{\mathrm{ope}}$ 以及变电站的投资成本 $C_{\mathrm{sub}}^{\mathrm{inv}}$ 和运维成本 $C_{\mathrm{sub}}^{\mathrm{ope}}$；$B_{\mathrm{EL}}$ 表示输配电网的收益项，等于输配电 E_{EL} 和输配电价 p_{EL} 的乘积。

c．储能电池模型。

储能电池典型的物理模型式（2-11）为

$$Soc(t)=(1-\delta\Delta t)Soc(t_0)\left(P_{\mathrm{ch}}\eta_{\mathrm{ch}}-\frac{P_{\mathrm{dis}}}{\eta_{\mathrm{dis}}}\right)\Delta t \tag{2-11}$$

式中：$Soc(t)$ 和 $Soc(t_0)$ 分别表示储能电池在 t 和 t_0 时刻的剩余电量；δ 表示储能电池的自放电率；Δt 表示 t_0 到 t 的时间跨度；P_{ch} 和 P_{dis} 分别表示储能电池的充放电功率；η_{ch} 和 η_{dis} 分别表示储能电池的充放电效率。

同时，储能电池的经济性模型可概括为

$$C_{\text{STE}} = C_{\text{STE}}^{\text{inv}} + C_{\text{STE}}^{\text{ins}} + C_{\text{STE}}^{\text{ope}} + C_{\text{STE}}^{\text{ch}} \tag{2-12}$$

$$B_{\text{STE}} = E_{\text{STE}}^{\text{dis}} P_{\text{t}}^{\text{dis}} \tag{2-13}$$

式中：C_{STE} 为储能电池的成本项，包含储能电池的初始投资成本 $C_{\text{STE}}^{\text{inv}}$、安装成本 $C_{\text{STE}}^{\text{ins}}$、运维成本 $C_{\text{STE}}^{\text{ope}}$ 以及充放电成本 $C_{\text{STE}}^{\text{ch}}$，充放电成本等于储能电池额定充放电量乘以充电当时的电力价格；B_{STE} 表示储能电池的收益项，等于电池的放电电量 $E_{\text{STE}}^{\text{dis}}$ 乘以放电当时的电力价格 $P_{\text{t}}^{\text{dis}}$。

d．充电桩。

充电桩的典型物理模型表示为

$$P_{\text{CHA}}^{i} = \sum\nolimits_{k=1}^{K} s_{\text{tate}}(k) P_{\text{cha}}^{k} \tag{2-14}$$

式中：P_{CHA}^{i} 表示区域 i 内充电桩总的充电负荷容量；k 表示区域 i 内充电桩总数；$s_{\text{tate}}(k)$ 为二进制变量，表征第 k 个充电桩的充电状态，充电是其值为 1，反之为 0；P_{cha}^{k} 表示第 k 个充电桩的输出功率（电动汽车充电功率）。同时，充电桩的经济性模型可概括为

$$C_{\text{CHA}}^{i} = C_{\text{CHA}}^{\text{inv}} + C_{\text{CHA}}^{\text{ope}} + C_{\text{CHA}}^{\text{E}} \tag{2-15}$$

$$B_{\text{CHA}}^{i} = E_{\text{cha}}^{i} P_{\text{cha}}^{i} = \sum\nolimits_{k=1}^{K} [P_{\text{cha}}^{k}(t^{k} - t_{0}^{k})] P_{\text{cha}}^{i} \tag{2-16}$$

式中：C_{CHA}^{i} 和 B_{CHA}^{i} 分别表示区域 i 内充电桩的成本项和收益项；$C_{\text{CHA}}^{\text{inv}}$ 表示充电桩和初始投资成本；$C_{\text{CHA}}^{\text{ope}}$ 表示充电桩的运维成本；$C_{\text{CHA}}^{\text{E}}$ 变成电成本；E_{cha}^{i} 表示区域 i 内的充电电量；P_{cha}^{i} 表示充电价格；t^{k} 和 t_{0}^{k} 分别表示充电的终止和起始时间。

2）独立型热力设备单元建模。综合能源系统中的独立型热力单元主要包括热力管网、储热设备等，此类设备只传输、储存热能。

a．热力管网模型。

热力管网是供热系统的重要组成部分，主要包含热力管道和循环水泵两部分。热力管道的典型物理模型可表示为

$$P_{1} - P_{2} = 1.15 \frac{\varpi^{2}}{2g\overline{v}} \left(\frac{\lambda}{D_{1}} L + \sum \xi \right) + \frac{H_{2} - H_{1}}{\overline{v}} \tag{2-17}$$

$$t_{\text{in}} - t_{\text{out}} = \frac{3.6 Q_{\text{Loss}}}{1000 G_{\text{L}} c_{\text{P}}} \tag{2-18}$$

$$Q_{\text{Loss}} = \frac{\pi D_{0} L K (t - t_{\text{a}})}{R} \tag{2-19}$$

式中：P_{1} 和 P_{2} 分别为管道的始端和末端压力；ϖ 为管道的平均流速；$\overline{v}$ 为管道的平均比体积；g 表示重力加速度；D_{1} 和 D_{0} 分别为管道的内径和外径；λ 为沿程阻力系数；L 为管网的长度；$\sum \xi$ 为局部阻力系数；H_{2} 和 H_{1} 分别为管道的始端和末端高度；t_{in} 和 t_{out} 分别为管道的始端和末端温度；Q_{Loss} 为管道的热损失；G_{L} 为管道的流量；c_{P} 为热水的比

定压热容；K 为热损件的当量长度系数；c_P 为热水的比定压热容；K 为热损件的当量长度系数；R 为管道的热阻；t 为管内介质平均温度；t_a 为环境温度。

循环水泵的典型物理模型式（2-20）可表示为

$$P_{WP}=\sum_{i=1}^{N}\left(\frac{2.73H_iG_i}{\eta_{WP}}\right) \tag{2-20}$$

式中：P_{WP} 为循环水泵的功率；η_{WP} 为水泵的效率；H_i 表示第 i 个水泵的扬程；G_i 表示第 i 个水泵的流量。

同时，热力管网的经济性模型可表示为

$$C_{HL}=C_{HL}^{inv}+C_{TS}^{inv}+C_{HL}^{ope}+C_{TS}^{ope} \tag{2-21}$$

$$B_{HL}=S_{HL}\Delta p_{HL}^{S} \tag{2-22}$$

式中：C_{HL} 为热力管网的成本项，主要包含管道的投资成本 C_{HL}^{inv}、运维成本 C_{HL}^{ope} 以及循环水泵站的投资成本 C_{TS}^{inv} 和运维成本 C_{TS}^{ope}；B_{HL} 为热力管网的收益项，等于管网的供热面积 S_{HL} 和单位面积供热价格 Δp_{HL}^{S} 的乘积。

b．储热罐模型。

储热设备的典型物理模型可表示为

$$Q_{HS}(t)=(1-\mu_{Loss})Q_{HS}(t_0)+Q_{HS}^{ch}(\Delta t)\eta_{HS}^{ch}-\frac{Q_{HS}^{dis}(\Delta t)}{\eta_{HS}^{dis}} \tag{2-23}$$

式中：$Q_{HS}(t)$ 为 t 时刻储热罐的储热量；μ_{Loss} 为储热罐散热损失率；$Q_{HS}(t_0)$ 为初始 t_0 时刻储热罐的储热量；$Q_{HS}(t_0)$ 为 t_0 至 t 时刻之间储热罐的充热量；η_{HS}^{ch} 为储热罐的充热效率；$Q_{HS}^{dis}(\Delta t)$ 为 t_0 至 t 时刻间储热罐的放热量；η_{HS}^{dis} 为储热罐的放热效率。

同时，储热罐的经济性模型可概括为

$$C_{HS}=C_{HS}^{inv}+C_{HS}^{ins}+C_{HS}^{ope}+C_{HS}^{ch} \tag{2-24}$$

$$B_{HS}=\frac{Q_{HS}^{dis}}{\Delta E_{E}^{H}}p_E\,\frac{Q_{HS}^{dis}}{\Delta V_{G}^{H}}p_G \tag{2-25}$$

式中：C_{HS} 为储热罐的成本项，包含储热罐的初始投资成本 C_{HS}^{inv}、安装成本 C_{HS}^{ins}、运维成本 C_{HS}^{ope} 以及储热时的热力成本 C_{HS}^{ch}；B_{HS} 为储热罐的收益项，$\dfrac{\text{主要来自于储热放热而减少的电力}}{\text{天然气消耗}}$；$Q_{HS}^{dis}$ 为储热罐的放热量；ΔE_{E}^{H}为电制热设备每供应单位热量消耗的电量；p_E 为电力价格；ΔV_{G}^{H} 为气制热设备每供应单位热量消耗的天然气量；p_G 为天然气价格。

3）天然气设备单元建模。综合能源系统中的独立型天热气设备单元主要包括天然气管网、储气罐等，此类设备只生产、传输、存储天然气。

a．天然气管网模型。

天然气管网的输送能力物理模型式（2-26）可表示为

$$M_{\mathrm{d}}=67.86\sqrt{\left(\frac{P_{\mathrm{s}}^{2}}{z_{\mathrm{s}}^{2}}-C_{\mathrm{B}}\frac{P_{\mathrm{e}}^{2}}{Z_{\mathrm{e}}^{2}}\right)\frac{Z_{\mathrm{ave}}d^{5}}{\lambda LRT}} \tag{2-26}$$

$$q_{\mathrm{d0}}=2.523\sqrt{\left(\frac{P_{\mathrm{s}}^{2}}{Z_{\mathrm{s}}^{2}}-C_{\mathrm{B}}\frac{P_{\mathrm{e}}^{2}}{Z_{\mathrm{e}}^{2}}\right)\frac{Z_{\mathrm{ave}}d^{5}}{\lambda L\rho_{0}T}} \tag{2-27}$$

式中：M_{d} 为天然气的质量流量；q_{d0} 为天然气在 101.325kPa，273.15K 时的体积流量；P_{s} 为天然气在管道起点的绝对压力额定值；Z_{s} 为天然气在管道起点的压缩因子；C_{B} 为天然气的势能因子函数；P_{e} 为天然气在管道终点的绝对压力额定值；Z_{e} 为天然气在管道终点的压缩因子；Z_{ave} 为天然气的平均压缩因子，为 Z_{s} 和 Z_{e} 的平均值；d 为管道的内径；λ 为管道沿程阻力系数；L 为管道长度；R 为天然气气体常数；T 为天然气温度；ρ_0 表示天然气在 101.325kPa，273.15K 时的密度。

气体压缩因子可表示为

$$\frac{1}{Z}=1+\frac{5.27p10^{1.785\varDelta}}{T^{3.825}} \tag{2-28}$$

式中：Z 为气体压缩因子；p 为天然气压力；$\varDelta$ 表示天然气的相对密度。天然气的势能因子函数可表示为

$$C_{\mathrm{B}}=1+\frac{2gh}{Z_{\mathrm{ave}}RT} \tag{2-29}$$

式中：g 表示重力加速度；h 表示管道起点与终点的高度差。管道的沿程阻力系数计算表达式为

$$\frac{1}{\sqrt{\lambda}}=-2.1\mathrm{g}\left(\frac{K}{3.7d}+\frac{2.51}{R_{\mathrm{e}}\sqrt{\lambda}}\right) \tag{2-30}$$

式中：K 表示管道内表面的当量绝对粗糙度；R_{e} 表示雷诺数。

此外，天然气管道实时流量的物理模型式（2-31）为

$$\frac{P_1^2-P_2^2}{L}=1.27\times10^{10}\times\lambda\frac{Q^2}{d^5}\rho\frac{\tau}{T_0}Z \tag{2-31}$$

式中：P_1 和 P_2 分别表示天然气管道起点与终点的天然气压力；Q 表示天然气管道的小时流量；ρ 表示管道内的天然气密度；T 传输中的天然气温度；T_0 为温度值 273.15K。

当燃气压力小于 1.2MPa（表压）时，天然气压缩因子 Z 取 1。

天然气管网的经济性模型可表示为

$$C_{\mathrm{GL}}=C_{\mathrm{GL}}^{\mathrm{inv}}+C_{\mathrm{GT}}^{\mathrm{inv}}+C_{\mathrm{GL}}^{\mathrm{ope}}+C_{\mathrm{GT}}^{\mathrm{ope}} \tag{2-32}$$

$$B_{\mathrm{GL}}=V_{\mathrm{GL}}p_{\mathrm{G}} \tag{2-33}$$

式中：C_{GL} 表示天然气管网的成本项；$C_{\mathrm{GL}}^{\mathrm{inv}}$ 和 $C_{\mathrm{GT}}^{\mathrm{inv}}$ 分别表示天然气管道和加压站的投资成本；$C_{\mathrm{GT}}^{\mathrm{inv}}$ 和 $C_{\mathrm{GT}}^{\mathrm{ope}}$ 分别表示天然气管道和加压站的运维成本；B_{GL} 表示天然气管网的收益项，

等于天然气输送量 V_{GL} 与天然气价格 p_G 的乘积。

b．储气罐模型。

储气罐的典型物理模型可表示为

$$V_{GS}=\frac{V_C(p_{high}-p_{low})}{p_0} \tag{2-34}$$

式中：V_{GS} 为储气罐的有效储气体积；V_C 为储气罐的几何体积；p_{high}、p_{low} 为最高、最低工况下的绝对压力；p_0 为工程标准压力。同时，储气罐的经济性模型可概括为

$$C_{GS}=C_{GS}^{inv}+C_{GS}^{ins}+C_{GS}^{ope} \tag{2-35}$$

$$B_{GS}=E_{GS}^{dis}\Delta p_G \tag{2-36}$$

式中：C_{GS} 为储气罐的成本项，包含储气罐的初始投资成本 C_{GS}^{inv}、安装成本 C_{GS}^{ins}、运维成本 C_{GS}^{ope}；B_{GS} 为储气罐的收益项；E_{GS}^{dis} 为储气罐的放气量；Δp_G 为储气罐充、放气时的天然气价格差值。

c．加气站。

表征加气站的物理参数主要是加气流量，其成本参数主要有加气站的初始投资成本、运维成本和用气成本，加气站的主要受益来源于给天然气/氢气汽车的加气收益，其物理、经济模型与充电桩类似，囿于篇幅不再展开表述。

（2）耦合型设备单元建模。

1）气—电耦合设备单元建模。

a．燃气轮机模型。

燃气轮机典型的物理模型可表示为

$$P_{EGT}(t)=\frac{V_{EGT}(t)L_{NG}\eta_{EGT}}{\Delta t} \tag{2-37}$$

式中：$P_{EGT}(t)$ 为燃气轮机时段 t 的输出电功率；$V_{EGT}(t)$ 为燃气轮机在时段 t 的天然气消耗量；L_{NG} 为天然气的低位热值；η_{EGT} 为燃气轮机的发电效率；Δt 表示时间步长。燃气轮机的经济性模型可概括为

$$C_{EGT}=C_{EGT}^{inv}+C_{EGT}^{ope}+C_{EGT}^{G} \tag{2-38}$$

$$B_{EGT}=E_{EGT}p_E \tag{2-39}$$

式中：C_{EGT} 为燃气轮机的成本项，包含燃气轮机的初始投资成本 C_{EGT}^{inv}、运维成本 C_{EGT}^{ope} 以及天然气消耗成本 C_{EGT}^{G}；B_{EGT} 为燃气轮机的收益项，E_{EGT} 为燃气轮机的出力电量；p_E 为电力价格（上网电价或交易电价）。

b．氢燃料电池模型。

氢燃料电池典型的物理模型可表示为

$$P_{FC}=\frac{Q_{FC.H_2}V_{FC}F_z}{N_{FC}} \tag{2-40}$$

式中：P_{FC} 为氢燃料电池的输出电功率；$Q_{FC.H_2}$ 为氢燃料电池的氢气消耗量；V_{FC} 为氢燃料电池的电堆电压；N_{FC} 为氢燃料电池的单体串联个数；F 为 Faraday 常数；z 为每次反应电子转移数。

同时，氢燃料电池的经济性模型可概括为

$$C_{FC}=C_{FC}^{inv}+C_{FC}^{ins}+C_{FC}^{ope}+C_{FC}^{H} \tag{2-41}$$

$$B_{FC}=E_{FC}^{H}p_{t}^{H} \tag{2-42}$$

式中：C_{FC} 表示氢燃料电池的成本项，包含氢燃料电池的初始投资成本 C_{FC}^{inv}，安装成本 C_{FC}^{ins}，运维成本 C_{FC}^{ope} 以及耗氢成本 C_{FC}^{H}；B_{FC} 表示氢燃料电池的收益项，需要注意的是，燃料电池出力较少上网，一般是用于自用，因此燃料电池的收益来源于因此减少的购电成本，即等于燃料电池的出力电量 E_{FC}^{H} 乘以电力价格 p_{t}^{H}。

2）电—气耦合设备单元建模。电制氢系统主要包含电解槽和储氢罐两部分。其中，电解槽的典型物理模型可表示为

$$Q_{CL.H_2}=a_1\exp\left(\frac{a_2+a_3T_{CL}}{I_{CL}/A_{cell}}+\frac{a_4+a_5T_{CL}}{(I_{CL}/A_{cell})^2}\right)\times\frac{N_{CL}P_{CL}}{U_{CL}z_F} \tag{2-43}$$

式中：$Q_{CL.H_2}$ 为电解槽的制氢产量；a_i（i=1，2，…，5）为 Faraday 效率相对系数；T_{CL} 为电解槽的工作温度；I_{CL} 为电解槽电流；A_{cell} 为电池面积；N_{CL} 为电解槽串联电池个数；P_{CL} 为电解槽输出功率；U_{CL} 为电解槽电压；F 为 Faraday 常数；z 为每次反应电子转移数；储氢罐的典型物理模型为

$$V_{ST}(t_0+\Delta t)=\int_{t_0}^{t_0+\Delta t}Qs_{ST.H_2}(x)\mathrm{d}x+V_{ST}(t_0) \tag{2-44}$$

式中：$V_{ST}(t_0+\Delta t)$ 表示 $t_0+\Delta t$ 时刻的有效储氢容量；$V_{ST}(t_0)$ 表示 t_0 时刻的有效储氢容量；$Qs_{ST.H_2}$ 表示氢气产量。

电制氢系统的经济性模型可概括为

$$C_{EH_2}=C_{EH_2-CL}^{inv}+C_{EH_2-CL}^{ope}+C_{EH_2-ST}^{inv}+C_{EH_2-ST}^{ope}+C_{EH_2}^{CL} \tag{2-45}$$

$$B_{EH_2}=Q_{CL.H_2}p_{H_2} \tag{2-46}$$

式中：C_{EH_2} 为电制氢系统的成本项，包含电解槽和储气罐的初始投资成本 $C_{EH_2-CL}^{inv}$ 与 $C_{EH_2-ST}^{inv}$，电解槽和储气罐的运维成本 $C_{EH_2-CL}^{ope}$ 和 $C_{EH_2-ST}^{ope}$，以及电解成本 $C_{EH_2}^{CL}$；B_{EH_2} 为电制氢系统的收益项；$Q_{CL.H_2}$ 表示电解槽的制氢产量；p_{H_2} 为氢气价格。

3）电—热耦合设备单元建模。

a．电热锅炉模型。

电热锅炉是典型的电—热耦合设备单元。分布式电源联合电热锅炉物理模型为

$$Q_{EHB}(t)=\eta_{EHB}(1-\mu_{Loss})P_{EHB}(t) \tag{2-47}$$

式中：$Q_{EHB}(t)$ 为电热锅炉时段 t 的供给热量；$P_{EHB}(t)$ 为电热锅炉时段 t 的耗电功率；η_{EHB}

为电热转换效率；μ_{Loss} 表示时段 t 的热损失。

同时，电热锅炉的经济性模型可概括为

$$C_{\mathrm{EHB}} = C_{\mathrm{EHB}}^{\mathrm{inv}} + C_{\mathrm{EHB}}^{\mathrm{ope}} + C_{\mathrm{EHB}}^{\mathrm{E}} \tag{2-48}$$

$$B_{\mathrm{EHB}} = S_{\mathrm{EHB}} \Delta p_{\mathrm{EHB}}^{\mathrm{S}} \tag{2-49}$$

式中：C_{EHB} 为电热锅炉的成本项，包含电热锅炉的初始投资成本 $C_{\mathrm{EHB}}^{\mathrm{inv}}$、运维成本 $C_{\mathrm{EHB}}^{\mathrm{ope}}$ 以及用电成本 $C_{\mathrm{EHB}}^{\mathrm{E}}$ 表示电热锅炉的收益项，电热锅炉收益来自供热收益与减少的天然气供热消耗之和；B_{EHB} 为电热锅炉的收益项；S_{EHB} 为电热锅炉的供热面积；$\Delta p_{\mathrm{EHB}}^{\mathrm{S}}$ 为电热锅炉单位面积供热价格。

b．热泵模型。

热泵典型的物理模型可表示为

$$q_{\mathrm{HP}} = k \frac{V_{\mathrm{HP}}(t_{\mathrm{h}} - t_{\mathrm{c}})\rho_{\mathrm{r}}}{3600 T_{\mathrm{HP}}} \tag{2-50}$$

式中：q_{HP} 为热泵机组的制热功率；V_{HP} 为热泵机组的用水量；ρ_{r} 为热水密度；t_{h} 和 t_{c} 分别为热水设置温度和冷水补水温度；k 为安全系数；T_{HP} 为热泵机组的工作时间。

同时，热泵的经济性模型可概括为

$$C_{\mathrm{HP}} = C_{\mathrm{HP}}^{\mathrm{inv}} + C_{\mathrm{HP}}^{\mathrm{ope}} + C_{\mathrm{HP}}^{\mathrm{E}} \tag{2-51}$$

$$B_{\mathrm{HP}} = S_{\mathrm{HP}} \Delta p_{\mathrm{HP}}^{\mathrm{S}} \tag{2-52}$$

式中：C_{HP} 为热泵的成本项，包含热泵的初始投资成本 $C_{\mathrm{HP}}^{\mathrm{inv}}$、运维成本 $C_{\mathrm{HP}}^{\mathrm{ope}}$ 以及耗电成本 $C_{\mathrm{HP}}^{\mathrm{E}}$；$B_{\mathrm{HP}}$ 为热泵的收益项；S_{HP} 为热泵的供热面积；$\Delta p_{\mathrm{HP}}^{\mathrm{S}}$ 为热泵的单位面积供热价格。

4）气—热耦合设备单元建模。气—热耦合设备单元主要是燃气供热锅炉，其物理模型可表示为

$$q_{\mathrm{GHB}}(t) = \frac{V_{\mathrm{GHB}}(t) L_{\mathrm{NG}} \eta_{\mathrm{GHB}}}{\Delta t} \tag{2-53}$$

式中：$q_{\mathrm{GHB}}(t)$ 为燃气供热锅炉的热输出功率；$V_{\mathrm{GHB}}(t)$ 为燃气供热锅炉在时段 t 的天然气消耗量；L_{NG} 为天然气的低位热值；η_{GHB} 为燃气供热锅炉的热效率；Δt 为时间步长。同时，燃气锅炉的经济性模型可概括为

$$C_{\mathrm{GHB}} = C_{\mathrm{CHB}}^{\mathrm{inv}} + C_{\mathrm{CHB}}^{\mathrm{ope}} + C_{\mathrm{CHB}}^{\mathrm{G}} \tag{2-54}$$

$$B_{\mathrm{GHB}} = S_{\mathrm{GHB}} \Delta p_{\mathrm{GHB}}^{\mathrm{S}} \tag{2-55}$$

式中：C_{GHB} 为燃气供热锅炉的成本项，包含燃气供热锅炉的初始投资成本 $C_{\mathrm{CHB}}^{\mathrm{inv}}$、运维成本 $C_{\mathrm{CHB}}^{\mathrm{ope}}$ 以及天然气消耗成本 $C_{\mathrm{CHB}}^{\mathrm{G}}$；$B_{\mathrm{GHB}}$ 为燃气锅炉的收益项；S_{GHB} 为燃气供热锅炉的供热面积；$\Delta p_{\mathrm{GHB}}^{\mathrm{S}}$ 为燃气供热锅炉的单位面积供热价格。

5）热—冷耦合设备单元模型。吸收式制冷机典型的物理模型可表示为

$$Q_{\mathrm{AC}} = C_{\mathrm{AC}}^{\mathrm{OP}} Q_{\mathrm{AC}}^{\mathrm{H}} \tag{2-56}$$

$$Q_{AC}^{H}=\frac{W_s(h_{s1}-h_{s2})}{3600} \tag{2-57}$$

式中：Q_{AC} 为吸收式制冷机的输出冷功率；C_{AC}^{OP} 为热力系数；Q_{AC}^{H} 为吸收式制冷机的输入热功率；W_s 为吸收式制冷机的输入热蒸汽流量；h_{s1} 和 h_{s2} 分别表示热蒸汽比焓和凝结水比焓。同时，吸收式制冷机的经济性模型可概括为

$$C_{AC}=C_{AC}^{inv}+C_{AC}^{ope}+C_{AC}^{H} \tag{2-58}$$

$$B_{AC}=T_{AC}\Delta p_{AC}^{T}S_{AC}\Delta p_{AC}^{S} \tag{2-59}$$

式中：C_{AC} 为吸收式制冷机的成本项，包含吸收式制冷机的初始投资成本 C_{AC}^{inv}、运维成本 C_{AC}^{ope} 以及热能消耗成本 C_{AC}^{H}；B_{AC} 为吸收式制冷机的收益项，T_{AC} 为吸收式制冷机的工作时间；Δp_{AC}^{T} 为吸收式制冷机单位时间供冷价格；S_{AC} 为吸收式制冷机的供冷面积；Δp_{AC}^{S} 为吸收式制冷机单位面积供冷价格。

6）电—冷耦合设备单元模型。

a．冰蓄冷空调。

冰蓄冷空调的典型物理模型可表示为

$$Q_{IS}=\frac{T_{night}\eta_{IS}\sum_{i=1}^{24}q_i}{T_{day}-T_{night}\eta_{IS}} \tag{2-60}$$

式中：Q_{IS} 为制冷机的蓄冰量；η_{IS} 为制冷机的制冷效率；q_i 为制冷系统的实时负荷；T_{day} 和 T_{night} 分别为制冷机在白天、夜间的工作运行时间。

同时，冰蓄冷的成本模型可概括为

$$C_{IS}=C_{IS}^{inv}+C_{IS}^{ins}+C_{IS}^{ope} \tag{2-61}$$

式中：C_{IS} 为冰蓄冷的成本项，包含冰蓄冷的初始投资成本 C_{IS}^{inv}、安装成本 C_{IS}^{ins}、运维成本 C_{IS}^{ope}。

在收益方面，当前供冷系统的收益主要有两种方式，一种是按照供冷时间计费，另一种是按照供冷的面积进行计费，具体收益模型可表示为

$$B_{IS}=T_I\Delta p_I^{T}S_I\Delta p_I^{S} \tag{2-62}$$

式中：B_{IS} 为冰蓄冷空调的收益项；T_I 为冰蓄冷空调的工作时间；Δp_I^{T} 为冰蓄冷空调单位时间供冷价格；S_I 为冰蓄冷空调的供冷面积；Δp_I^{S} 为冰蓄冷空调单位面积供冷价格。

b．电制冷机。

电制冷机典型的物理模型可表示为

$$Q_{EC}=C_{EC}^{OP}P_{EC}^{H} \tag{2-63}$$

式中：Q_{EC} 为电制冷机的输出冷功率；C_{EC}^{OP} 为制冷系数；P_{EC}^{H} 为电制冷机的输入电功率。

电制冷机的经济性模型可概括为

$$C_{EC}=C_{EC}^{inv}+C_{EC}^{ope}+C_{EC}^{E} \tag{2-64}$$

$$B_{EC}=T_{EC}\Delta p_{EC}^{T}S_{EC}\Delta p_{EC}^{S} \tag{2-65}$$

式中：C_{EC} 为电制冷机的成本项，包含电制冷机的初始投资成本 C_{EC}^{inv}、运维成本 C_{EC}^{ope} 以及

电能消耗成本 C_{EC}^{E}； B_{EC} 为电制冷机的收益项， T_{EC} 表示电制冷机的工作时间； Δp_{EC}^{T} 为电制冷机单位时间供冷价格； S_{EC} 为电制冷机的供冷面积； Δp_{EC}^{S} 为电制冷机单位面积供冷价格。

7）电—热—气耦合设备单元模型。

在综合能源系统中，电/热/气耦合环节是通过热电联产（CHP）机组实现的，其典型的物理模型可表示为

$$\eta_{P.CHP}=\frac{3.6P_{P.CHP}}{P_{F.CHP}} \tag{2-66}$$

$$\eta_{Q.CHP}=\frac{P_{Q.CHP}}{P_{F.CHP}} \tag{2-67}$$

$$\eta_{Y.CHP}=\frac{E_{P.CHP}+E_{Q.CHP}}{E_{F.CHP}} \tag{2-68}$$

式中： $\eta_{P.CHP}$、 $\eta_{Q.CHP}$、 $\eta_{Y.CHP}$ 分别为 CHP 机组的发电效率、供热效率、㶲效率； $P_{P.CHP}$、 $P_{Q.CHP}$、 $P_{F.CHP}$ 分别为 CHP 机组的发电量、供热量、输入总能量； $E_{P.CHP}$、 $E_{Q.CHP}$、 $E_{F.CHP}$ 分标为 CHP 机组输出电能、输出热能、输入总能量包含的㶲值。同时，CHP 机组的经济性模型可概括为

$$C_{CHP}=C_{CHP}^{inv}+C_{CHP}^{ope}+C_{CHP}^{G} \tag{2-69}$$

$$B_{CHP}=E_{CHP}^{E}p_{CHP}^{E}+S_{CHP}^{H}\Delta p_{CHP}^{H} \tag{2-70}$$

式中： C_{CHP} 为 CHP 的成本项，包含 CHP 的初始投资成本 C_{CHP}^{inv}、运维成本 C_{CHP}^{ope} 以及天然气消耗成本 C_{CHP}^{G}； B_{CHP} 为 CHP 的收益项， E_{CHP}^{E}、 p_{CHP}^{E} 为 CHP 的出力电量和电力价格； S_{CHP}^{H} 和 Δp_{CHP}^{H} 为 CHP 的供热面积和单位面积供热价格。

8）电—气—热—冷耦合设备单元模型。

冷热电三联供（CCHP）系统典型的物理模型为

$$W_{CCHP}^{E}=W_{CCHP.N}N_{CCHP} \tag{2-71}$$

$$W_{CCHP}^{C}=C_{CCHP}^{OP}P_{CCHP}^{C} \tag{2-72}$$

$$W_{CCHP}^{H}=W_{CCHP}^{G}\eta_{CCHP}^{H}(1-\eta_{CCHP}^{Loss}) \tag{2-73}$$

$$\eta_{CCHP}=\frac{E_{P}+E_{C}+E_{Q}}{F_{CCHP}H_{low}} \tag{2-74}$$

$$\eta_{RER}=\frac{P_{CCHP}+C_{CCHP}+Q_{CCHP}}{F_{CCHP}H_{low}} \tag{2-75}$$

式中： W_{CCHP}^{E} 为燃气轮机发电功率； $W_{CCHP.N}$ 表示单台燃料轮机发电功率； N_{CCHP} 为燃气轮机的运行台数； W_{CCHP}^{C} 表示电制冷机的输出冷功率； C_{CCHP}^{OP} 为制冷系数； P_{CCHP}^{C} 表示电制冷机的输入电功率； W_{CCHP}^{H} 为燃气锅炉的输出热功率； W_{CCHP}^{G} 表示天然气消耗量； η_{CCHP}^{H} 和 η_{CCHP}^{Loss} 分别为燃气锅炉的热效率和热损失率； F_{CCHP} 为 CCHP 系统输入的燃料总量； H_{low} 表示燃料低位发热值； η_{CCHP} 为㶲功率； E_{P}、 E_{C} 和 E_{Q} 分别表示电量㶲、冷量㶲和热量㶲； η_{RER} 为 CCHP 系统的一次能源利用率； P_{CCHP}、 C_{CCHP}、 Q_{CCHP} 分别为 CCHP 系统输出的

电量、冷量、热量。

CCHP 系统的经济性模型可概括为

$$C_{\mathrm{CCHP}} = C_{\mathrm{CCHP}}^{\mathrm{inv}} + C_{\mathrm{CCHP}}^{\mathrm{ope}} + C_{\mathrm{CCHP}}^{\mathrm{G}} \tag{2-76}$$

$$B_{\mathrm{CCHP}} = E_{\mathrm{CCHP}}^{\mathrm{E}} p_{\mathrm{CCHP}}^{\mathrm{E}} + S_{\mathrm{CCHP}}^{\mathrm{H}} \Delta p_{\mathrm{CCHP}}^{\mathrm{H}} + S_{\mathrm{CCHP}}^{\mathrm{C}} \Delta p_{\mathrm{CCHP}}^{\mathrm{C}} \tag{2-77}$$

式中：C_{CCHP} 为 CCHP 的成本项，包含 CCHP 的初始投资成本 $C_{\mathrm{CCHP}}^{\mathrm{inv}}$、运维成本 $C_{\mathrm{CCHP}}^{\mathrm{ope}}$ 以及天然气消耗成本 $C_{\mathrm{CCHP}}^{\mathrm{G}}$；$B_{\mathrm{CCHP}}$ 为 CCHP 的收益项，$E_{\mathrm{CCHP}}^{\mathrm{E}}$、$p_{\mathrm{CCHP}}^{\mathrm{E}}$ 为 CCHP 的出力电量和电力价格；$S_{\mathrm{CCHP}}^{\mathrm{H}}$ 和 $\Delta p_{\mathrm{CCHP}}^{\mathrm{H}}$ 为 CCHP 的供热面积和单位面积供热价格；$S_{\mathrm{CCHP}}^{\mathrm{C}}$ 和 $\Delta p_{\mathrm{CCHP}}^{\mathrm{C}}$ 为 CCHP 的制冷面积和单位面积制冷价格。

3. 综合能源系统效益评价模型

（1）综合能源系统效益评价指标体系。现阶段，关于综合能源系统效益评价的研究还相对较少。在已有的研究中，对 CCHP 系统、燃气轮机系统等进行效益评价，并分别选取系统投资费、一次能源消耗量、NO_x 等作为评估综合能源系统的经济、能耗、环境效益的评价指标。本书构建的能源综合效益评价指标体系涵盖了综合能源系统能够带来的经济、社会、环境效益等 3 个方面的效益情况，分别从能源环节、装置环节、配网环节和用户环节建立了区域综合能源系统效益评价指标体系，并将反映经济效益、社会效益、环境效益等指标融入各环节中，具体评价指标如表 2-26 所示。

本书考虑了区域综合能源系统内部能源之间的耦合关系，且能够比较全面的反映综合能源系统带来的经济、环境和社会效益，但是该指标体系涵盖的效益指标还不够全面，如并未考虑天然气管网、热力管网等的负载率，也未将投资收益等经济性指标考虑在内，仍有待进一步的丰富和完善。

表 2-26　考虑各项环节的综合能源系统评价指标体系

一级指标	二级指标	指标单位	指标类型
能源环节	能源转换效率系数	—	经济/环境效益
	可再生能源渗透率	%	环境效益
	环境污染排放水平	t	环境效益
	能源经济性水平	—	经济效益
装置环节	设备利用率	%	经济效益
	装置故障率	%	经济效益
	投资运维成本	万元	经济效益
	装置使用寿命年限	年	经济效益
配网环节	配网负载率水平	%	经济效益
	网络综合损耗	%	经济效益
	缓建效益能力	万元	经济/社会效益
	平均故障停电时间	h	经济效益

续表

一级指标	二级指标	指标单位	指标类型
用户环节	用户端能源质量	—	社会效益
	用户舒适度	%	社会效益
	主动削峰负荷量	kW	经济/社会效益
	智能电表普及度	%	社会效益

此外，评价指标分为外部性指标和内部性指标，外部性指标主要从环境外部性指标（包括供电电压合格率、供电频率合格率等）、社会外部性指标（包括单位投资的就业人数、用电收入/支出的变化等）、经济外部性指标（包括电压分布改善、线路损失降低等）和能耗效率指标（包括物理—热量、经济—热量等）4 个方面进行划分；内部性指标主要根据财务指标（包括净现值、内部收益率等）的标准选择。

相较于国内考虑的各环节、各类型效益指标，国外对综合能源系统的效益评价大多沿用传统的评价指标，即以综合能源系统的技术经济指标（投资及运行成本、净现值 NPV、内部收益率 IRR、投资回收期 PP 等）、气体减排指标（CO_2、SO_2、NO_x 排放量）和化石能源消耗量等指标衡量综合能源系统的投资价值和环保效益，简洁明了且操作性强。以电—热耦合利用的 CHP 热电联产系统为研究对象，采用技术经济评价方法，构建了相对完整的投资效益评价指标体系，提出了各评价指标的计算公式、表征含义和应用局限性。

从现有的研究成果来看，国内外已对综合能源系统效益评价指标体系展开研究，但能够应用于实际工程评价的综合能源效益评价指标体系及其评价标准尚未完全建立。

（2）综合能源系统效益评价方法。在综合效益评价方法设计方面，国内外常用的综合评价方法包括灰色关联 TOPSIS 法、AHP 法、熵权法、神经网络算法、支持向量机算法以及其他智能优化算法等。

采用 AHP—熵权法对综合能源系统的综合效益展开评价，即在主观（ω_j^1 表示 AHP 确定的指标权重值）与客观（ω_j^2 中 2 表示熵权法确定的指标权重值）赋权后引入熵值（H_j 表示指标熵值），对 AHP 法进行修正，确定组合权重，构建了多属性综合决策的综合能源系统效益评价模型，进行综合能源系统效益评估与方案排序。

将概率分析法引入综合能源系统效益评价是近年来国外相关领域的研究热点，概率分析法通过将定量分析与定性分析相结合的赋权方式对评价指标的权重系数进行确定，能够使评价结果更加客观地反映用户需求、市场价格和可再生能源出力等不确定性因素对综合能源系统效益带来的风险和影响。统筹考虑用户需求和市场价格的不确定性，采用基于蒙特卡洛模拟的方法来测算含热电联产、蓄热装置和需求响应资源的综合能源系统的净现值期望，以评价不同投资方案下所能够取得的收益。提出了一种面向综合能源系统的均值—方差投资组合评价法，以项目的平均收益及其方差为主要指标对综合能源系统的预期投资效益进行评价，并以一个含可再生能源、热、氢气的综合能源系统为算例系统进行评价，具备一定的参考价值。

同时，国内已有研究对综合能源系统综合效益的概率评价方法进行了一定的探索。建立基于正态分布区间数的权重信息不完全的综合效益评价模型，以处理综合能源系统效益评价中指标的确定性及不确定性问题。该评价模型首先将区间数属性矩阵转化为正态分布区间数属性矩阵，并通过 Lagrange 函数求解该模型，在此基础上，根据最优属性权重处理属性矩阵 $R=(\beta_{ij})_{m\times n'}$，求出第 i 个评价指标综合属性值，并基于期望—方差准则对综合能源系统的综合效益进行评价。

2.3.5　动态模拟的应用

1. 动态模拟定义

在上节所述的仿真器中的模拟装置是动态模拟程序，所谓动态指的是系统中加入了各种滞后和惯性的因素，包括：

（1）因热容量和混合扩散而造成的响应滞后（一次滞后系数、时间常数）。

（2）因物质和热的传输距离而造成的传送滞后（无效时间）。

（3）启动停止时的惯性滞后（旋转机械的起动时间等）。

（4）开闭需要的时间（阀、风门等）。

（5）控制的偏离、振动现象（二次滞后）。

此外，由于人也具有动的性质，故舒适性的评价也具有动态和非稳定状态。

空调的模拟一般是单位时间的负荷计算，而建筑物墙体或蓄热槽模型等具有较大的热容量和时间常数，故可认为属于稳定状态（在反馈控制中仍会有振动），按静态进行模拟。以能耗评价等作为目的时，了解设备的耐久性、不合适状态及确定最优参数时则必须掌握动态特性。由于系统的运行是动态的，故在控制和能源管理系统的性能检测时必须使用动态模拟。

空调系统是一项复杂的系统，分别由盘管、风机、减震器等具有独特的非线性特性的系统，并根据复杂的控制算法控制温度、压力、流量等许多的控制点，很难掌握对它有影响的具有复杂热特性的活动状态。

利用计算机模拟复杂的空调系统的状态即是空调系统的动状模拟，但模拟这些复杂的状态不是简单的。其中美国的 DOE2 是典型的能量模拟程序。该程序将空调系统复杂的状态模拟化，并以时间平均值表示这个状态。因此，该程序不仅是再现分秒单位设备的状态，而且还能进行各方案的能耗性能比较。

对于考虑作为控制合适化和故障诊断、分析工具的系统模拟时，就必须建立起能模拟分秒单位控制和设备状态的系统程序。为此必须模型化各设备构成或同类模型的非线性特性和动态特性并开发能计算分秒单位时间间距的程序。

2. 动态模拟的意义和作用

由于动态模拟是对各构成要素的模拟，故也能模拟构成要素的异常、故障状态和不合适设计的系统。由于该模拟还包括了控制系统，同时也能模拟很难再现的控制参数调节不合适的状态。因此，其应用范围可以从设计阶段到运行管理阶段。特别是可作为发生故障检测、故障诊断、最优控制等运行阶段的知识数据库的工具而应用，动态模拟的意义和作用如下：

（1）确认室内温湿度变化特性。

（2）确认系统各要素动态的安全性。

（3）系统的最优化。

（4）控制动作和控制参数最优的选择。

（5）室内环境动态舒适性的评价。

（6）系统要素（控制阀、减震器等）设计不合适的发现。

（7）最优控制特性的检验。

（8）系统故障状态的模拟。

（9）实时模拟运行故障的发现。

（10）建筑能源管理系统（Building Energy Management System，BEMS）和计算机的测试。

如前所述，采用静态模拟能计算能耗，但实际上动态状态可能会产生过大的能耗（例如，室温的变化和分布可能会对室内混合损失和新风制冷效果的判断产生影响），如果没有动态模拟就不能再现实际的能耗现象。

3. 动态模拟

（1）程序构成。HVACSIM 是由前处理程序，后处理程序构成。前处理采用主程序“MODSIM”的输入数据，后处理采用的能将主程序输出数据变换为易于用表计算的应用软件的形式。

图 2-13 是图式化包括在 HVACSIM 中的程序和数据存储的流程，当前处理存储的模型定义编目是“MODSIM”的必要的数据编目，该流程记述了模拟系统的构成，各物理量的输入输出关系，各构成要素的特性等。图 2-14 是用 HVACSIM 建立的简单的系统。由于改善了输入的操作性，采用图像构成系统自动地进行了输入输出的定义，开发了能制作编目的复合模拟工具。

（2）模拟的再现性。由于动态模拟输出的是分秒单位的系统状态，与实测值比较，其再现性是一目了然的，图 2-15 表示的是模拟大楼（TD 大楼）标准层空调系统动态模拟与实测值的比较，图 2-16 表示的是对再现性的评价结果。表 2-27 表示的是对象系统主控制的概要，由于大楼的模型化很困难，故采用复杂控制逻辑的 VAV 系统，能够正确再现室温的变化、水温、水量和风量变化，但不能再现不能模拟的特殊发热变化的状态。由于系统模拟的精度与确定再现性的方法有关，故必须详细调查设备样本参数。

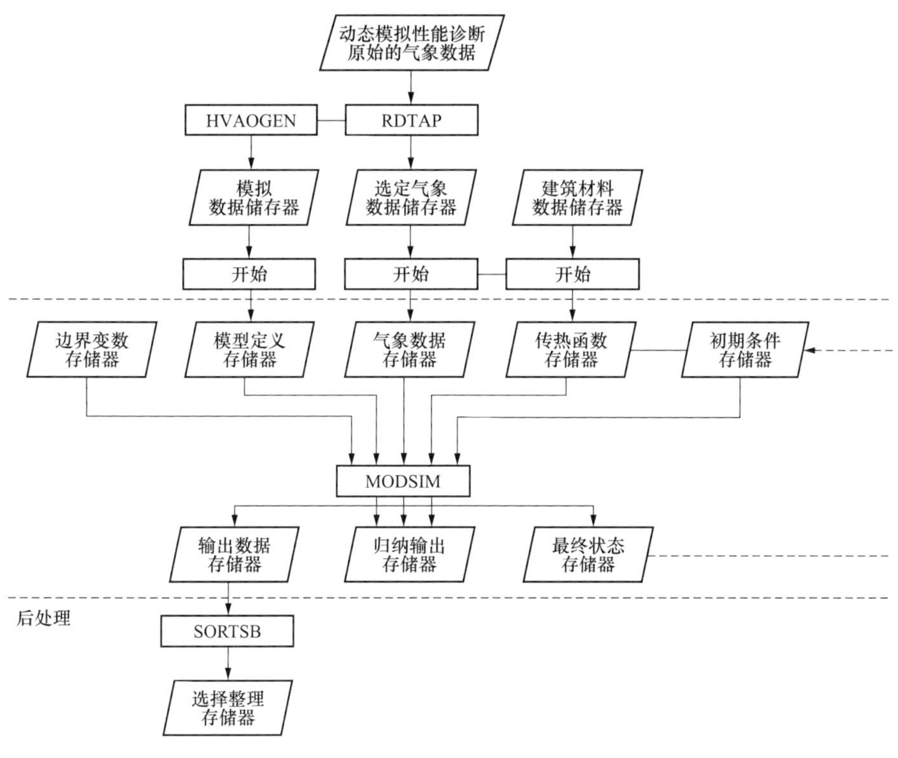

图 2-13　HVACSIM+的流程

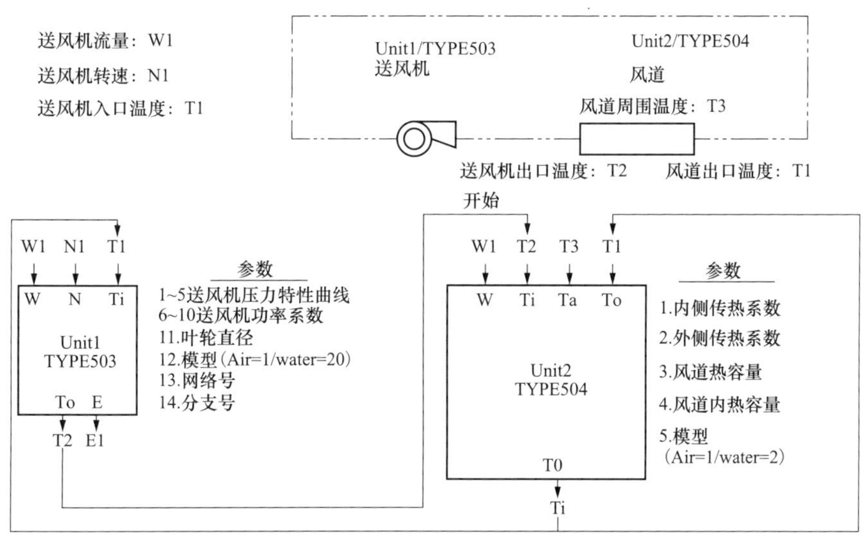

图 2-14　HVACSIM+系统图

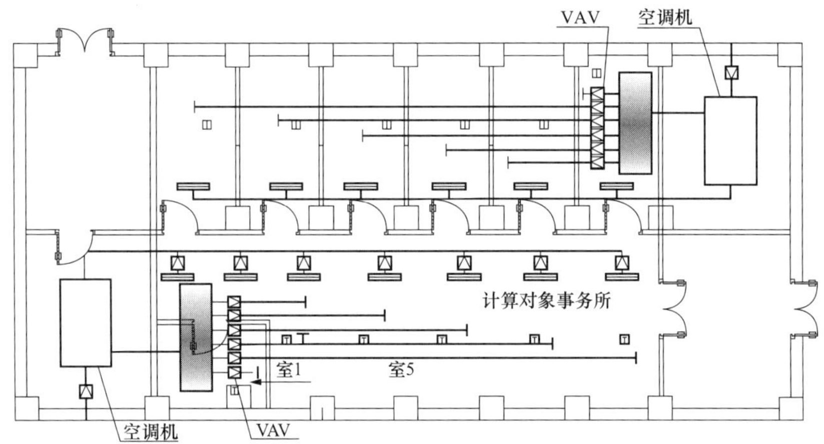

图 2-15　模型大楼标准层平面图

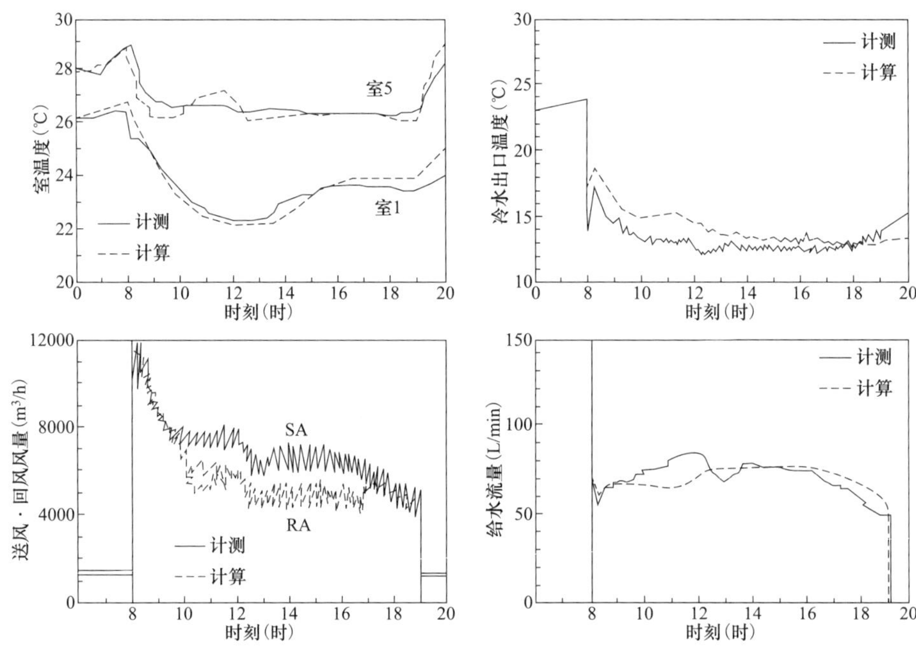

图 2-16　模型大楼系统模拟结果

表 2-27　　系 统 控 制 概 要

室温控制	室内温度 PI 控制（P=2%，I=40min） 控制范围 24%～100%（360～1000m³/h） 根据 VAV 传感器的检测风量和 PID 控制器要求风量的偏差，操作 VAV 风阀，控制周期 1s 连续状态：要求计测偏差 1.2m/s 以上，连续变化（1.2deg/s） 步进状态：要求计测偏差 1.2m/s 以下时，1s 动作后，5s 停止 非感应区：要求计测偏差为最大风量的 4.5%以下
送风机转速控制	VAV 全开信号的送风机转速复位控制，复位速度 1%/min 在全开信号时增加，没有时减少

续表

冷水二通阀控制	0～80%范围内 PID 控制（P=70%，I=7min，D=0.6min）
送风温度控制	最大（1500m³/h）・最小（375m³/h）风量的送风温度复位控制 限制范围：10～18℃ 最大开度判定：开度 80%以上最小开度判定：开度 40%以下 复位速度：最大・最小量全开时 0.5℃/20min 非全开时 0.1℃/20min
新风量控制	回风 CO_2 浓度的新风控制和送风用送风机启停的节流控制 送风机运转时定风量 1725m³/h 送风机停止时 CO_2 控制在 0.9%以下 PI 控制（P=3%，I=3min）

4. 动态模拟案例

（1）控制参数的调节。随着 DDC 控制的普及，许多空调系统都采用了 PID 控制。控制参数对设备的状态有很大的影响，对大楼的能耗性能及环境性能影响也很大。但在空调领域内尚未探讨控制参数的调节方法，实际情况是设定的参数为工厂出厂时的参数。合适的参数与系统和负荷条件有关，传统调节方法的临界值法和时间响应法均会受到时间的限制，实际上很难调整。

图 2-17 所示的是空调系统的 VAV 控制 PID 参数的变化，图 2-18 表示的是跟踪室内设定温度（26℃）的模拟结果。根据参数的比例放大系数（K_p）和积分放大（K_i）的方法了解室内状况的变化。与临界限值法和时间响应法求出的最优参数的状况是一致的，故认为这种方法是合适的。

（2）系统故障的分析。图 2-17 所示系统模型典型的故障是相对于全系统模拟的案例。以下介绍两种典型的故障和异常。

1）热源吸入口三通阀的故障：吸入口三通阀的故障会使低温侧处于全闭状态，全系统均不合适。

2）送风温度控制的异常：当送风温度设定值过低（14℃）时，室内侧、热源侧均产生不合适状态。

图 2-19 和图 2-20 表示模拟结果，正常的工况下，各室的室温变化均处在控制带 22～25℃范围内，盘管入口水温在 14 时从 7℃（设计值）稍微上升至 8℃，盘管出口温度随着负荷变化从 12℃上升至 16℃。控制冷水三通阀使制冷机出口温度为 7℃，VAV 风阀开度的位置使送风温度从 16℃上升至 20℃，蓄热槽的温度图斜率各时刻向右下降接近平行，蓄热槽两端槽全天维持在 7℃和 14℃。

当热源吸入三通阀发生故障时，不能控制制冷机出口温度，可能达到 10℃，盘管入口温度也比正常工况时高，对盘管出口水温和各房间温度影响较小，但蓄热槽低温槽水温上升，连续运行 2 日后对室温有很大影响。

送风温度控制异常时，室 1VAV 风阀开度最小，室温可能会在控制带外（22℃以下）。盘管出口水温低于正常状况，出入口温差变小，午后冷水达到最大值，盘管入口温度上升到 10℃。制冷机出口温度在午前下降至 5℃。蓄热槽温度图在高温槽相交，运转 2 日后的 8 时才能恢复正常。

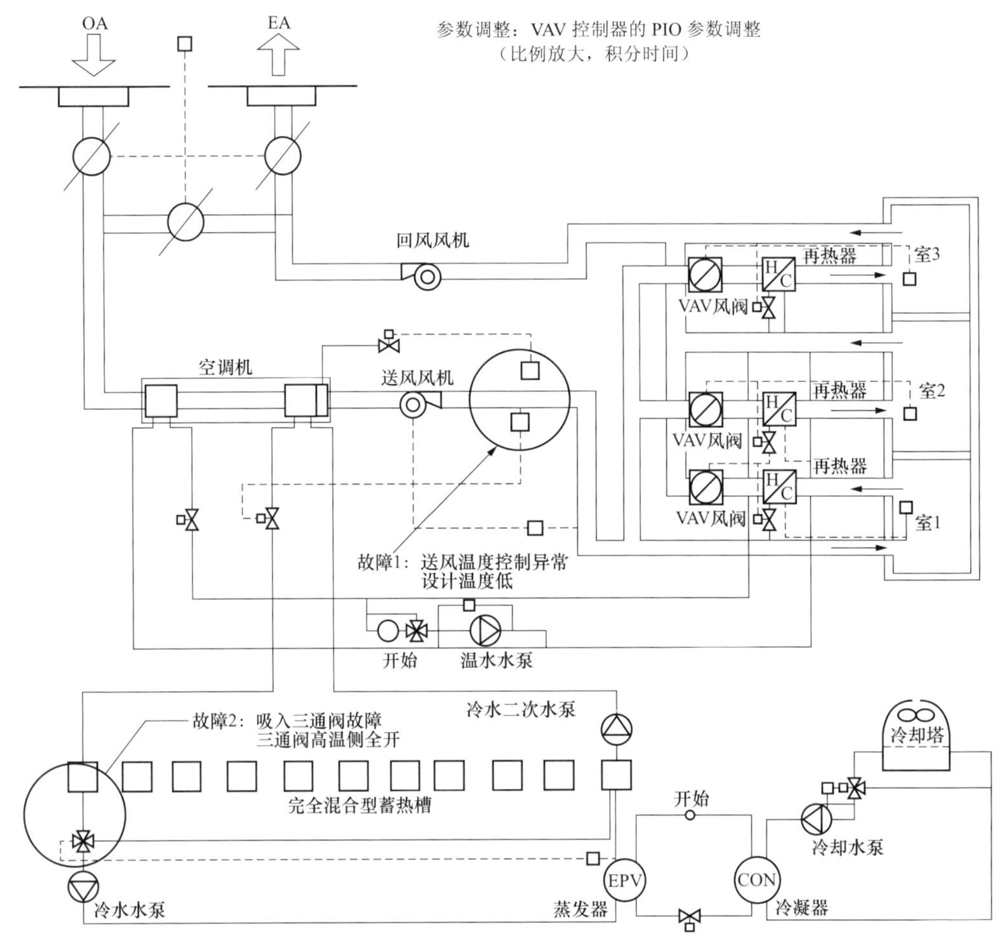

图 2-17　蓄热式空调系统的模拟模型

如上所述，故障的影响可能是全系统，也可能是局部，可通过蓄热槽温度图形改变的动态模拟分析方法求解。

5. 模拟的应用

大楼和空调系统动态模拟能实现实时的模拟，因此通过建筑能源管理系统就能对运行管理者进行模拟的培训，即可用计算机替代系统和大楼。动态模拟在系统设计的最优化、控制系统的最优设计和控制参数的最优调整中还应具有预测的功能。使用动态模拟对最优设计系统进行性能检测的工作变得相对容易实现，在全寿命期的管理和性能检测工作中是非常适合的。

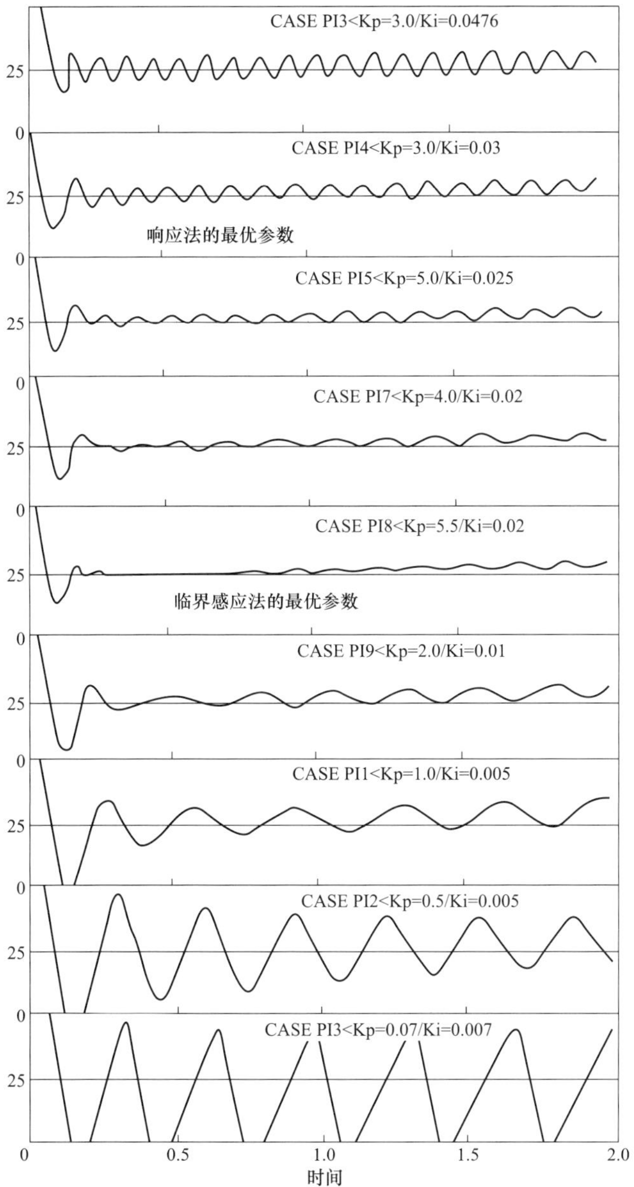

图 2-18　动态模拟的 VAV 控制参数调整图

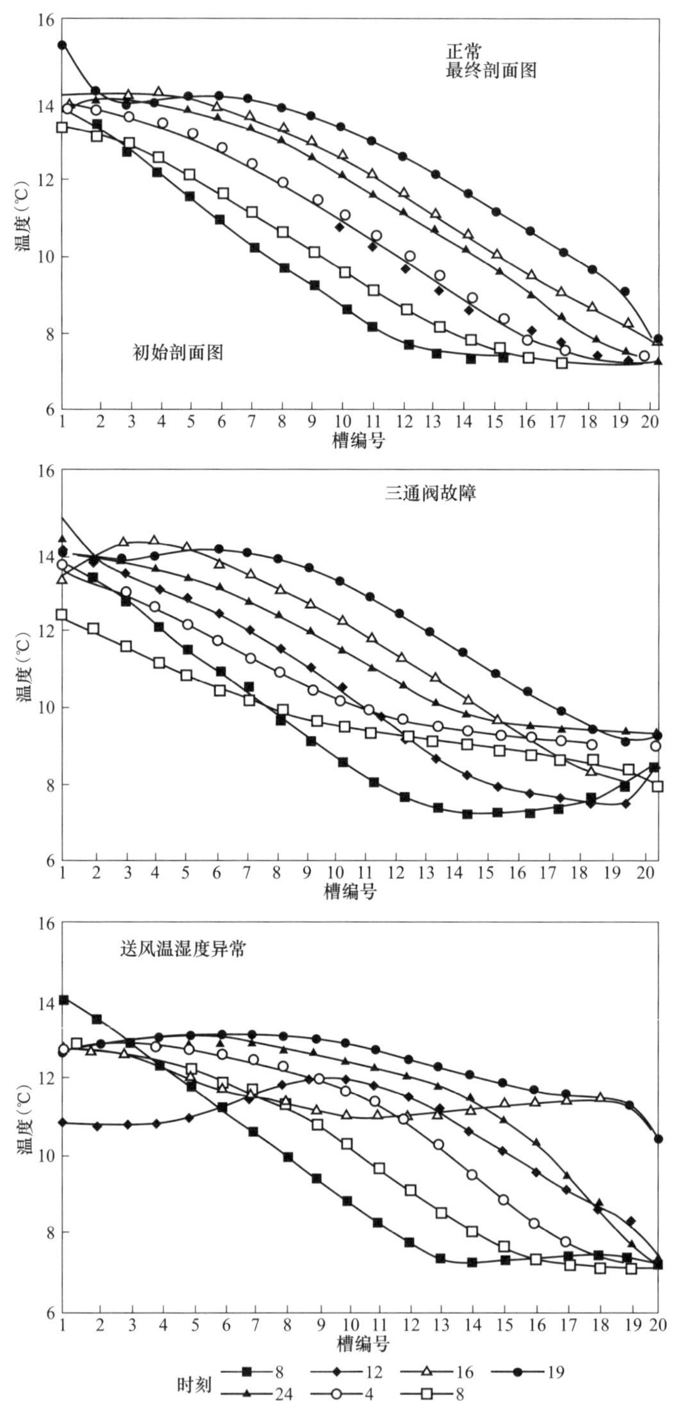

图 2-19 动态模拟蓄热系统的故障分析蓄热槽温度剖面图

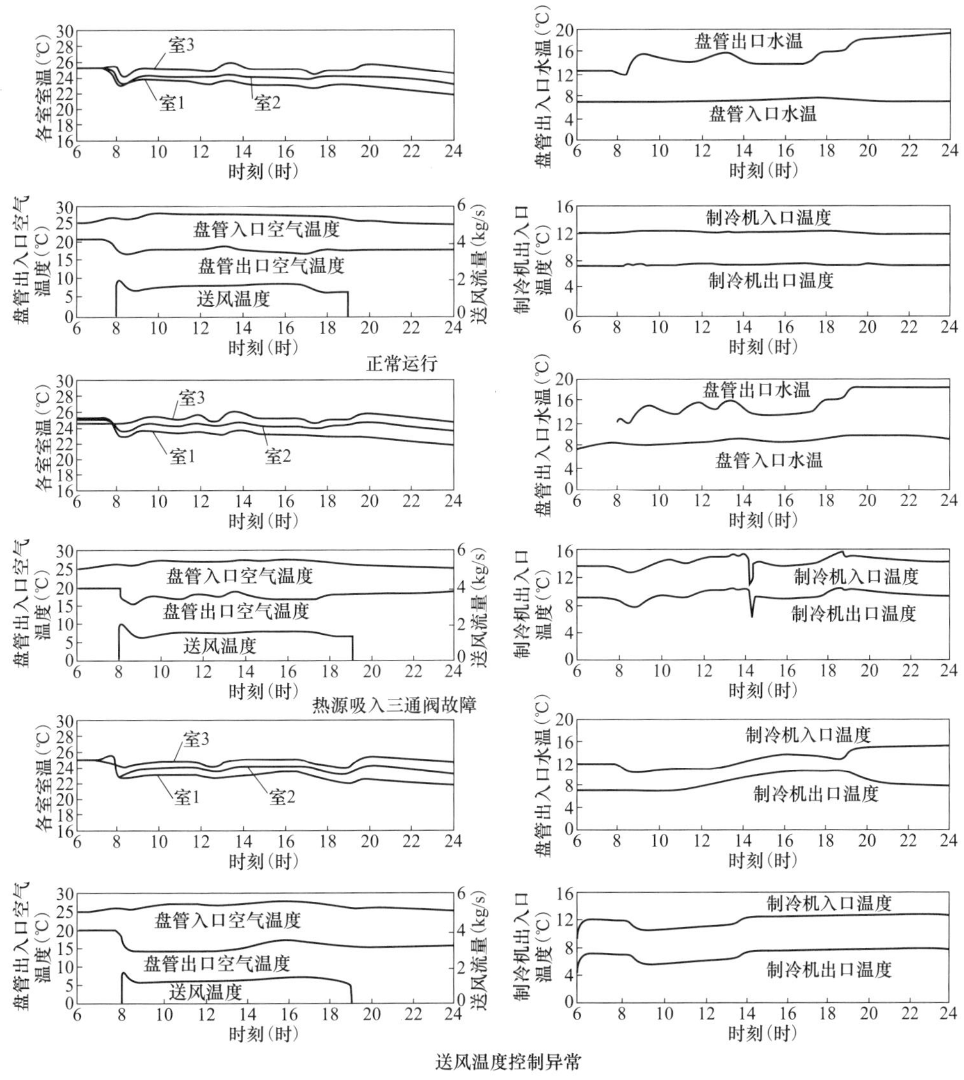

图 2-20　动态模拟蓄热系统故障分析温度、流量等的变化

2.3.6　组态软件检查

“组态”的概念最早源于英文“Configuration”，含义是使用软件工具对计算机及软件的各种资源进行配置，达到使计算机或软件按照预先设置，自动执行特定任务，满足使用者要求的目的。组态软件的系统构成（见图 2-21）内部结构（见图 2-22）。组态软件所建立的工程由主控窗口、设备窗口、用户窗口、实时数据库和运行策略五部分构成（见图 2-24）。其中实时数据库是能源站各个部分的数据交换与处理中心，其处理流程（见图 2-23）。从该图可知，实时数据库是组态软件的核心和引擎，历史数据的存储与检索、报警处理与存储、数据的运算处理、数据库冗余控制和 I/O 数据连接都是由实时数据库系统完成的。实时数据库可以存储能源站各监测点多年的数据，用户既可浏览能源站当

前的运行情况，又可回顾过去的运行情况。可以说，实时数据库对于能源站来说就如同飞机上的“黑匣子”。能源站的历史数据是很有价值的，实时数据库具备数据档案管理功能。运行策略的窗口主要完成工程运行流程的控制，包括编写控制程序（if…then 脚本程序），选用各种功能构件，例如，数据提取、定时器、配方操作、多媒体输出等。

图 2-21　组态软件系统结构

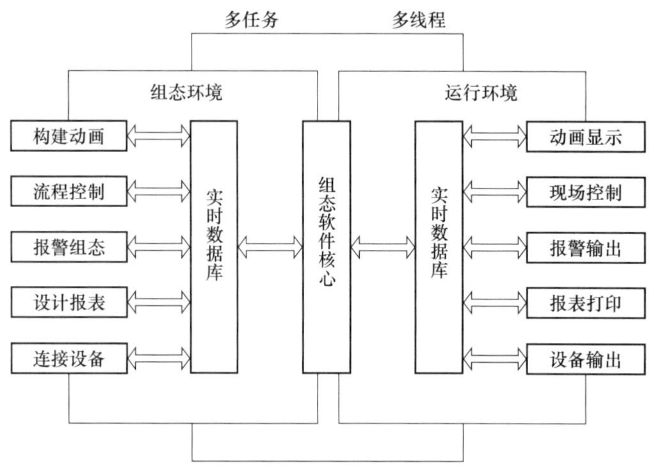

图 2-22　组态软件内部结构

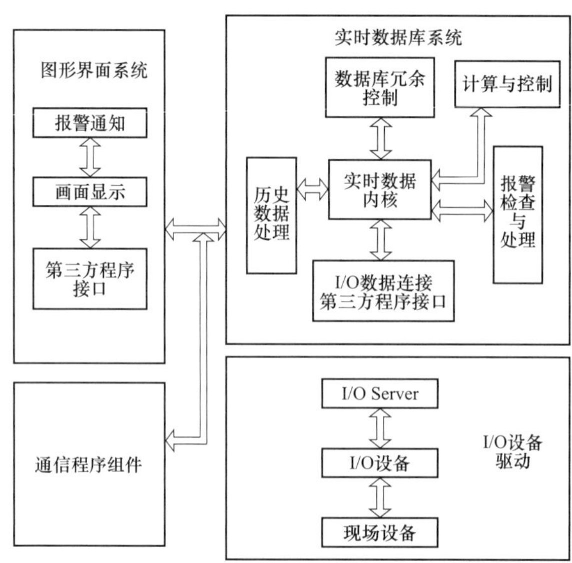

图 2-23　组态软件的数据处理流程

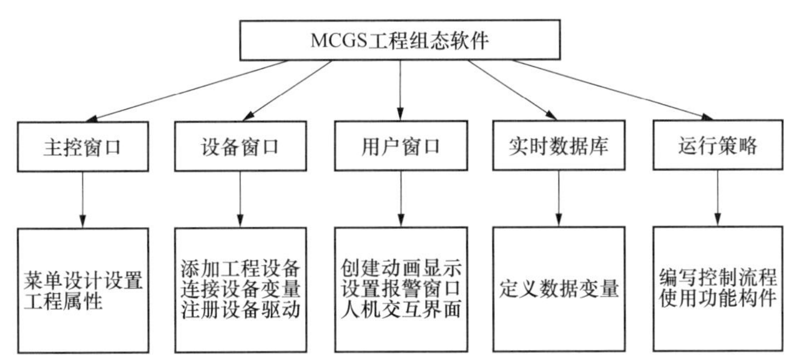

图 2-24　MCGS 组态软件五大组成部

2.3.7　新的能量性能评价方法

1. ZEB 近零能耗大楼在运行阶段的能耗性能评价

当前国内建有不少零能耗建筑，其全年能源收支实现了零，有些也采用 ZEB 对能耗性能进行评价。一般来说，作为 ZEB 评价指标指的是全年能源收支的产生/消费能量平衡的关系，但在设计阶段很难对配送/逆送的能量平衡和电力加热进行预评价，因此采用了“能源自用率”（产生能源中自用消耗量占能源消耗量的比率）进行评价的方法。

2. 能量性能的评价分析

表 2-28 表示在 ZEB 中分析能量性能的各主要因素的计算公式。为了计算全年能量收支就必须掌握在建筑边界范围内的能量产生、消费、能量配送、逆送等数据。在采用多种能源时还要进行一次能的换算，计算出总的能量收支。在运行阶段内建筑物总的能源消耗（C），$C=D+G-E$ 进行计算，式中配送（D），产生（G），逆送（E）。

表 2-28　　一次能收支计算

参　数	计算式（MJ）	参　数	计算式（MJ）
D：输送能量	$D_e+D_f+D_h$	G_e：产生能量（电力）	$g_e \times f_{ge}$
D_e：输送能量（电力）	$d_e \times f_{de}$	G_h：产生能量（热）	$g_h \times f_{gh}$
D_f：输送能量（燃料）	$d_f \times f_{de}$	C：消耗能量	$D+G-E$
D_h：输送能量（热）	$d_h \times f_{de}$	C_{AC}：消耗能量（空调）	$c_{e(AC)} \times f_{ce}+c_{h(AC)} \times f_{ch}$
E：逆送能量	E_e+E_h	C_L：消耗能量（照明）	$c_{e(L)} \times f_{ce}$
E_e：逆送能量（电力）	$e_e \times f_{ee}$	C_A：消耗能量（插座）	$c_{e(A)} \times f_{ce}$
E_h：逆送能量（热）	$e_h \times f_{eh}$	C_O：消耗能量（其他）	$C-（C_L+C_A+C_O）$
G：产生能量	G_e+G_h		

建筑物的能量收支计算中，配送（D）表示的是从建筑之外供给的电力、燃料和热，产生（G）是建筑内可再生能源太阳能产生的能量，逆送（E）表示的是从建筑内向建筑外输送的能量。当建筑内有燃料电池和天然气内燃机发电装置时，消耗（C）按使用用途分解时必须按其效率和比例进行 f_{ce} 和 f_{ch} 的计算。对于办公楼而言，能耗的用途有空

调、照明、插座和其他四类，在医院建筑中还有生活热水。

在实验建筑物建筑能源管理系统记录是每 1min 计量的数据，然后计算出各时间的累计值。该建筑物有天然气发电设备，根据其运行状态和配送电力的比例，换算为每个时间的一次能并计算出不同用途的能耗。当以燃料电池作为基础能源（以电定热）的常规运行工况时，由于用户端发电效率优于配送电力，在计算不同用途的能耗时，在没有余热利用时，以电力作为投入能量的总量进行不同用途的能耗计算。当有天然气内燃发电机时，对应空调峰值负荷采用以热定电的启停控制，在计算不同用途的能耗时，应根据投入的电和热的比例进行计算。

（1）全年能量收支的变化。图 2-25 表示 3 年间不同年份的能量收支，第一年消耗能量为 436MJ/m^2，产生的能量为 493MJ/m^2，实现了全年能量收支为零的目标。其他的能耗还有受变电损失、蓄电池的充放电损失和控制盘等的待机损失也占了很大的比例。

图 2-26 表示不同月的能量收支，该建筑采用了太阳能，对产生能量和消耗能量均有很大的影响。例如，2016 年 9、10 月日照时间少，太阳能发电也少。此外，建筑的利用率也有很大的影响，2014 年 6～8 月来大楼人员多，消耗的能量也多。

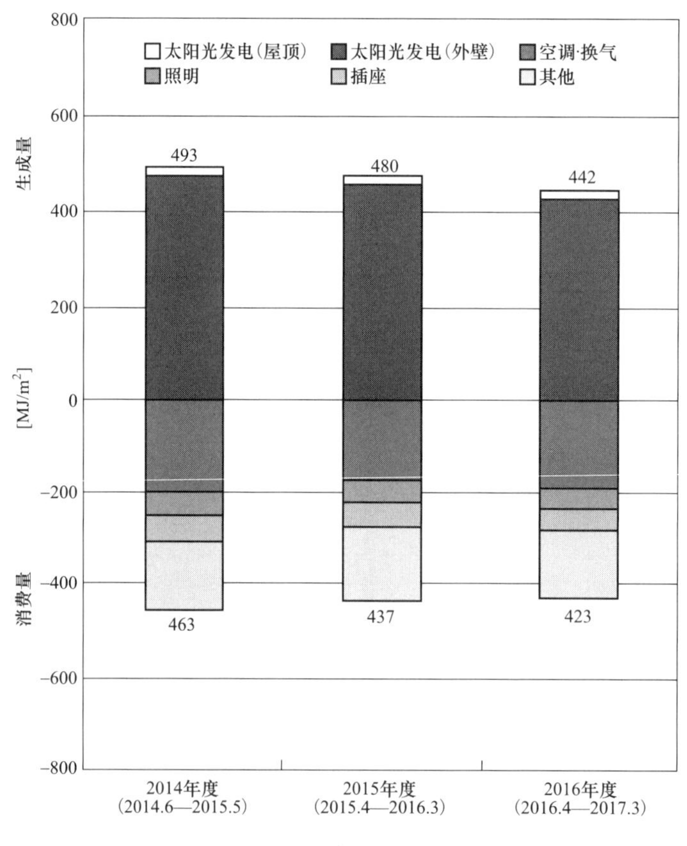

图 2-25　不同年份的能量收支

（2）ZEB 的能量性能评价。图 2-27 表示 2015 年的实际能耗。作为计算节能量的标准能耗对于办公楼来说是 1817MJ/（m^2 • 年）。

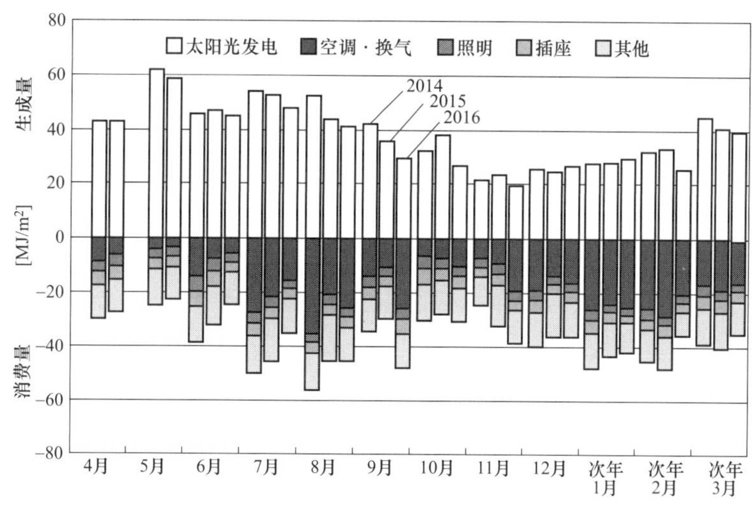

图 2-26　不同月份的能量收支

与标准大楼比能耗减少 76%，产生的能量补偿了 27%，合计节能量达到 103%，用全年能量收支 ZEB431817MJ/（m^2 • 年）进行评价。

为了掌握 ZEB 特征之一的建筑物产生的能量对能耗的影响，必须关注对建筑配送/逆送的能量并考察能量的平衡。一般在初设阶段只能试算产生的能量，很少会试算自发自用能量，分析时大多采用运行中的数据。图 2-28 表示 2015 年度的能量收支平衡。首先，从外部供给的能量是 286MJ/（m^2 • 年）［电力 134MJ/（m^2 • 年），天然气 152MJ/（m^2 • 年）］，往外部供给的能量是 329MJ/（m^2 • 年），产生/消耗的能量收支平衡，同样是 43MJ/（m^2 • 年）。

（3）新的能量性能评价指标。ZEB 化建筑对于减少光热费用和低碳化有很重要的作用，在 ZEB 推进阶段，通用的节能技术有太阳能发电。但太阳能发电存在时间的间歇性和电源稳定性的问题。今后，随着可再生能源的选择多样化和建筑单体能量自用率的提高显得更为重要。ZEB 只是考虑了全年的能量收支平衡，对建筑来说在各个时刻的能耗过程中还要考虑提高能量的自发自用率和可再生能源的价值等。

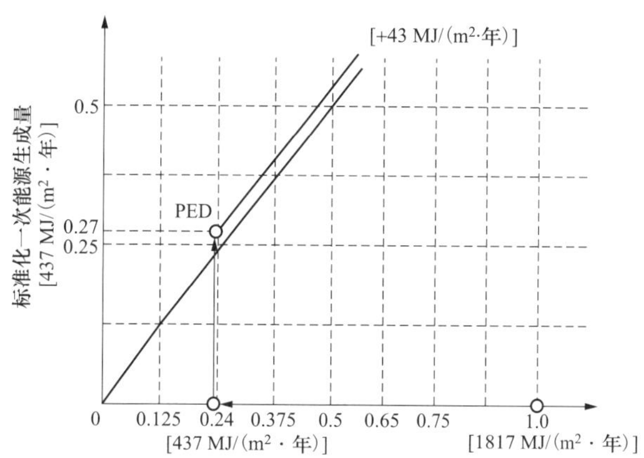

图 2-27　标准化一次能源耗量

作为既有的指标有太阳能发电自发自用率和 RER［可再生能源利用率=总可再生能源量/（总可再生能源量+总外供再生能源量）］。例如，自发自用率达到 100%，但相对于建筑能耗而言，太阳能发电设备容量可能偏小，或 RER 的值很大，可能大部分逆送至建筑外。

作为评价能量自发自用性的评价指标之一定义为能量自用率（self-reliance energy ratio，SER），它表示产生能量的用户自用消耗量占能耗中的比例。在 ZEB 的能量分析中，一般有换算为一次能量后的产生能量的用户自用消耗占全部消耗的比例，作为二次能量的电力消耗量、热耗中也存在自身产生能量的自用率占全部电力、热力的比例。

分别用式（2-78）SER_p、式（2-79）SER_e、式（2-80）SER_h 表示能量自用率（综合）、能量自用率（电力）和能量自用率（热）。在二次能量自用率中有燃料电池、天然气内燃机、锅炉等，也有从外部输送的燃料转换为内部的能量设备，并分别用 S_e、S_h 表示它们的出力（电、热）。

$$SER_p=(G-E)/C \tag{2-78}$$

$$SER_e=(g_e-e_e)/\{d_e+s_e+(g_e-e_e)\} \tag{2-79}$$

$$SER_h=(g_h-e_h)/\{d_h+s_h+(g_h-e_h)\} \tag{2-80}$$

当采用上述指标对该示范进行评价时，SER_p 为 0.35，自身产生的能量约占全部能耗的 1/3，当对不同类型能源进行评价时，SER_e 为 0.37，由于在建筑物内没有热产生设备，故 SER_h 为 0。若在建筑内设置了太阳能集热器时则能提高 SER_h。采用该指标不仅能评价全年的能量收支，还能评价电耗，热耗等自身产生电力、热力的自用率。

3. 能量特性的详细分析

（1）不同月能量性能分析和能量自产自用率评价。图 2-28 表示 2015 年不同月的能量收支和能量自产自用率（综合）和峰值电力的变化。在不同月的收支中，以 5 月为中心春季中间期的收支为最大，比秋季中间期大，原因是 PV 产生能量的差，在相同的中间期内能量平衡也存在差异。夏季能耗增加，但自身产生的能量也多，按月计算的收支整体平衡。若以 1 月为中心，冬季自身产生的能量减少。随着内部发热的减少采暖负荷增加的原因提高了能耗，同时，随着日照时间短，太阳高度低，降低了 PV 发电量。在不同月的电力峰值变化中，冬季出现了具有太阳能发电设备的受电峰值的 ZEB 特性。

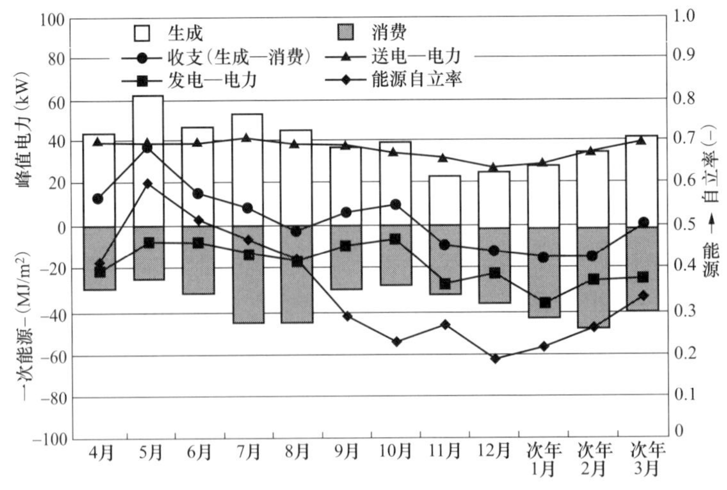

图 2-28　不同月的能量收支和能量自产自用率（综合）和峰值电力的变化

对于本示范建筑的能量自产自用率，5 月、6 月能量自产自用率（综合）大于 0.5，12 月、次年 1 月低于 0.2，原因是太阳能发电设备发生的电力不同所造成的。10 月因能量自产自用率低，故出现了收支相反的现象，中间期燃料电池发电产生的电力补偿了建筑物的能耗。2015 年 5 月、6 月燃料电池因维修而停止运行，故出现了与 10 月相同的现象。

（2）蓄电池调节能量自产自用率的性能。该示范建筑采用了非常时的作为支撑电源的蓄电池设备，由于该项目的第一目的是能量收支平衡，平时并不运行蓄放电，但作为能量自产自用率和抑制电力峰值的手段，蓄电池在有多余发电电力时能蓄电，当电力不够时会对外放电，从而实现了供需调节。为了验证调节性能，采用实际运行数据计算不同蓄电池容量对能量自产自用率和峰值电力的影响。作为检验蓄电池的供需调整效果，以每小时的受电、送电电量数据为基础，采用前时刻的多余电力补偿后时刻的不足电力运行方式（设定的蓄电池的充放电损失为 5%），而不考虑负荷预测控制方式。

与实际运行数据（无蓄电池）比较，用不同蓄电池的容量对供需进行调节能够提高能量自产自用率（综合），图 2-29 表示计算结果。以示范建筑的能耗、自产能量为前提时，当蓄电池的能量到 1kW・h 时能量自产自用率（综合）的调节效果从 0.35 至 0.57。

但能量自产自用率与能量收支之间有相互制约关系。还有受电和送电电力峰值的抑制效果也不一定能达到预期的效果，主要原因是相对于发电设备容量而言蓄电池容量偏小和无实现负荷预测控制等。

现在在设计阶段计算蓄电池容量时以考虑了 BCP 和电力峰值，将来的设计目的是提高能量自产自用率。

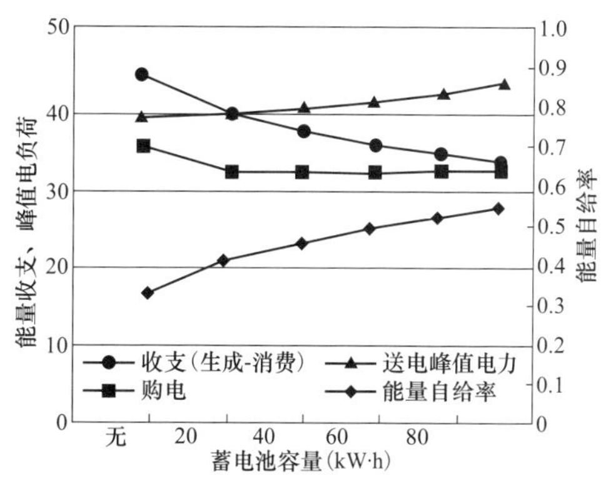

图 2-29　不同蓄电池容量自产自用率（综合）

（3）能量供需平衡的详细分析。在全年累计值中不能掌握不同时刻和不同季节的能量平衡和能量自产自用率。因此绘制对应年累计值的能量供需平衡图，确认日累计值和月累计值。选择适中日或晴天日作为代表典型日的峰值负荷。

1）夏季代表典型日的分析。图 2-30、图 2-31 表示夏季晴天日的变化，太阳能发电（PV）与日射量成比例，6:00—17:00，其中逆送从 7:00—14:00。空调从 3:00 开始预冷，一直运行到 17:00。夜间的空调采用燃料电池的余热运行到 17:00。照明从 8:00 启灯，14:00—19:00 能耗较多。插座从 7:00 开始使用一直至 18:00 能耗也较多。与夏季比较，当办公时间少时，能耗也相对减少。

在配送能量方面，当作为基础电源的燃料电池的发电量不够时，就必须供给商用电源。在燃料电池不运行时还要向燃料电池供给天然气。在供需平衡方面，夏季晴天日的倾向是通过一日比较自产能量和消耗能量，相对应产出/消费能量的比来说，配送/逆送能量的量偏小，此时能量自产自用率（综合）可达 0.59。此外，晴天日的受电峰值出现在 17:00。

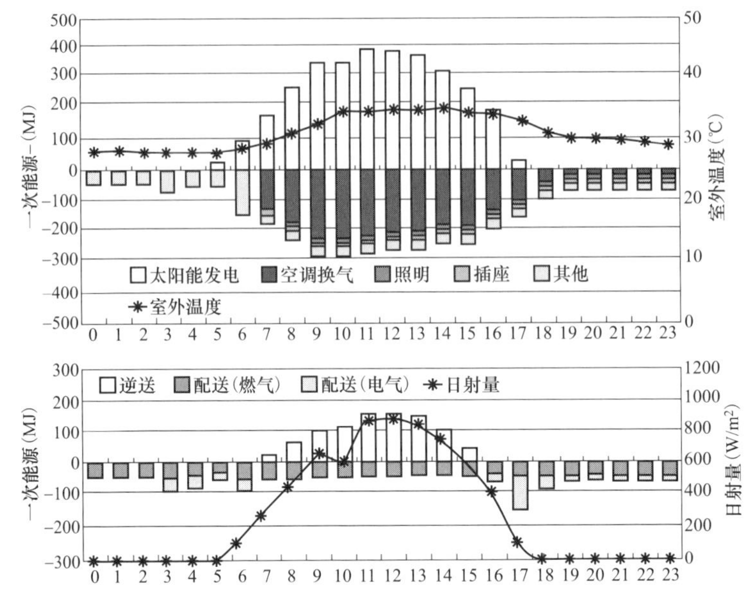

图 2-30　夏季典型日供能的变化

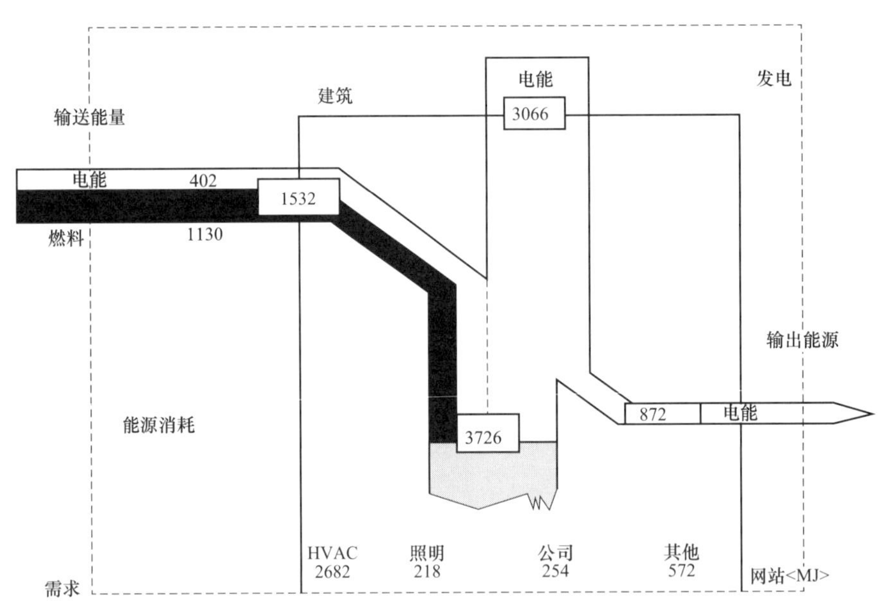

图 2-31　夏季典型日供能的供需平衡

2）冬季典型日的分析。图 2-32、图 2-33 表示冬季晴天日的变化。PV 电力 8:00—15:00，比夏季日短，逆送 9:00—19:00。空调从 6:00 开始余热一直运行至 19:00。照明从 8:00 开始，14:00—19:00 能耗较多。插座从 7:00 开始使用，到 18:00 的能耗也较多。与夏季比较，由于办公时间少，故能耗也较少。另一方面配送能量方面，与夏季一样，燃料电池也要消耗天然气，受电峰值发生在 6:00，此时商用电源开始工作。与夏季比，白天的逆送量多，早晚的商用电力多，能量自产自用率（综合）为 0.33。

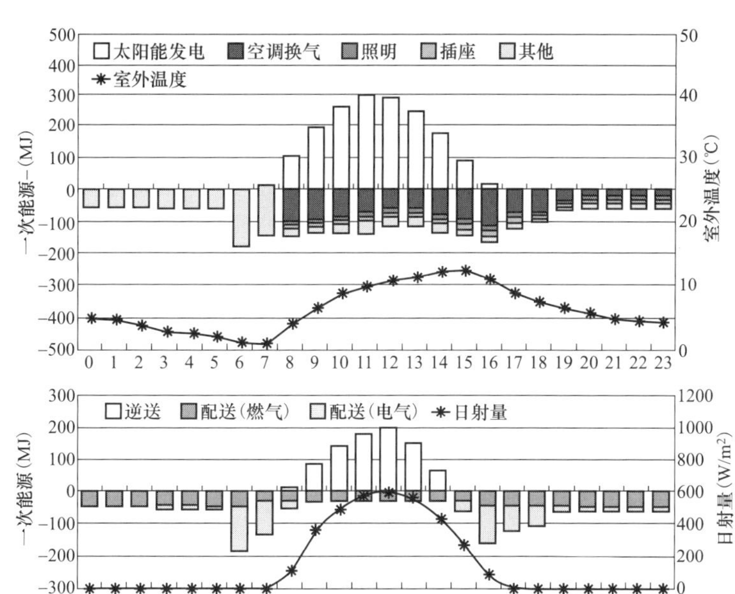

图 2-32　冬季典型日供能的变化

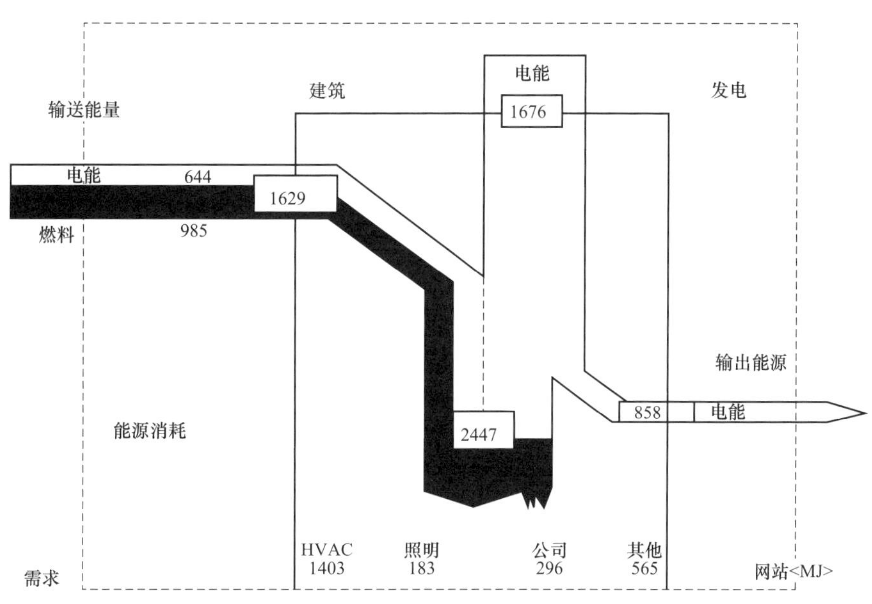

图 2-33　冬季典型日供能的供需平衡

3）过渡季代表典型日的分析。图 2-34、图 2-35 表示过渡季晴天典型日的变化。接近夏至日时，PV 电力 5:00—18:00，逆送 5:00—17:00。空调 8:00—17:00，当不能用自然通风时采用空调制冷。照明同样从 8:00 开始，到 20:00 能耗较多。插座 8:00—19:00，能耗也较多。在配送能量中，当燃料电池维修停止工作时，采用商用电源补偿夜间的待机电力。

由于空调负荷较少不存在受电峰值。能量自产自用率（综合）可提高至 0.77。

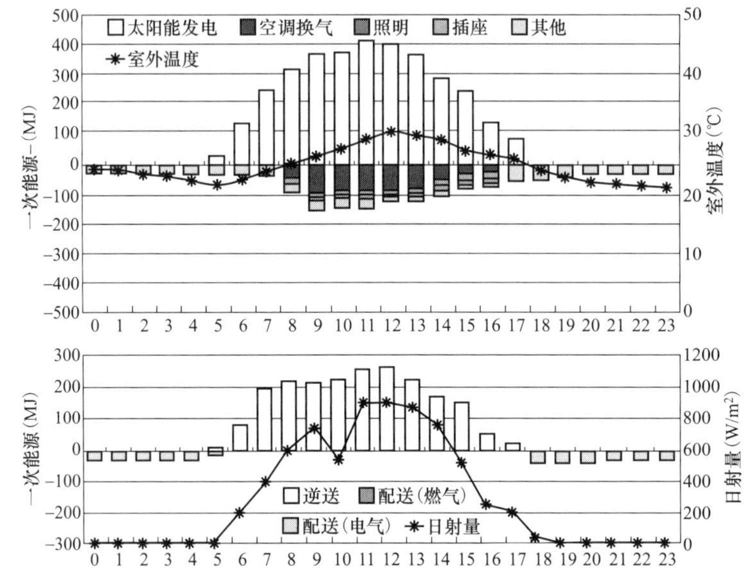

图 2-34　过渡季典型日供能的变化

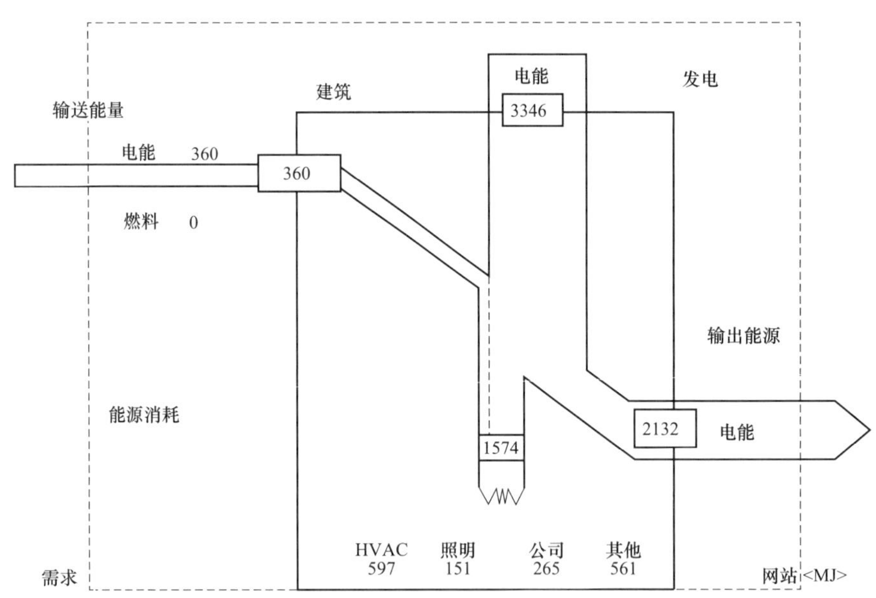

图 2-35　过渡季典型日供能的供需平衡

2.4　综合试运行调节

在确保室内环境满足用户要求的前提下，应力求实现运行的合理的节能。但实际运行时，经常能听到“考虑了节能的设计、施工的建筑物竣工后能达到设计的性能和意图吗？”为了掌握建筑物的实际运行状态，对设计时的能耗预测和竣工后实际能耗的调查案例较少，因此认为现状能耗不明。导致调查案例少的原因是没有设置计测能耗必要的最低限度的计测装置。但在远大运行的几百个能源站中都安装了计测能耗的装置。根据这些能源站的调查结果，竣工时就应通过综合试运行调节，即综合效能的测定与调整检测是否能达到设计的意图。

此外，能源管理系统的性能不仅指的是对设备的管理，还要扩展到信息和 FM 等各种性能的集成。作为基本性能之一是环境和能耗的管理，为了使能源管理系统达到预定的效果，就必须通过综合试运行调节使能源站的设备能达到设计时的意图。

换言之，为了检测和保持能源站设备的性能，就必须通过综合性能试验验证运行起始阶段的最优控制和 BOFD 等能源站管理系统的性能。通过对项目的调查结果，发现许多设备的性能均不能达到样本的规定。

另外一个理由是以往进行的试运行调节和性能校核的范围仅限于设备单机且验证在某一定条件下的运行状态和性能，在多数场合也仅确认施工者和制造者的责任范围，其各种设备的责任分界点和连接点及全系统的运行调节却做的不够。从以上叙述可知，与过去的试运行调节不同，以检测全系统的性能为目的的方法是综合试运行调节。

2.4.1　系统调试和综合能效的测定与调整的规定

GB 50243—2002《通风与空调工程施工质量验收规范》和 GB 50242—2002《建筑给水排水及采暖工程施工质量验收规范》对系统调试和综合效能的测定与调整等作了以下的规定。

1. 系统调试

通风与空调工程安装完毕，必须进行系统的测定和调整（简称调试）。系统调试应包括：设备单机试运转及调试；系统无生产负荷下的联合试运转及调试，并应符合下列规定：系统总风量调试结果与设计风量的偏差不应大于 10%；空调冷热水、冷却水总流量测试结果与设计流量的偏差不应大于 10%；室内空调的温度、相对湿度应符合设计的要求。

2. 综合效能的测定调整

通风与空调工程交工前，应进行带生产负荷的综合效能试验与调整。调试项目包括冷（热）源和空调机组性能参数的测定与调整；送、回风口空气状态参数的测定与调整；室内噪声的测定；室内空气温度和相对湿度的测定与调整等。

2.4.2　综合试运行调节

现状是根据设计图纸进行能源站施工，竣工前对能源站设备和系统进行试运行调节，在确认性能后交给甲方运行。但经常进行的试运行调节换热性能校核的范围仅为设备单机，并确认系统在一定条件下运行状态和性能是否正常，这样进行全系统的性能检测并不充分。

1. 从建筑设备（空调）的缺陷看

建筑设备竣工后发现的缺陷很少向设计人、施工人反映。从运营管理的立场上看，调查了两幢大于5万m^2的办公楼竣工一年后管理的缺陷。在这些缺陷中与温度调节有关的缺陷不是很严重，但仍对性能有影响。在这次调查的空调设备故障及缺陷汇集表中，设备不合适的经综合试运行调节发现的件数约占50%以上（见表2-29、表2-30）。

表2-29　　空调设备的故障、缺陷汇集表

缺陷内容	A大楼		B大楼	
	件数	%	件数	%
温度调节	172	47	76	41
风向调节	67	18	3	2
湿度调节	12	3	2	1
过滤器	11	3	34	18
设备不合适	104	28	69	38
合计	366	100	184	100

表2-30　　设备不合适的故障、缺陷汇集表

不合适内容	A大楼		B大楼	
	件数	%	件数	%
机器不合适	47（21）	45	22（10）	32
施工不合适	35（25）	34	19（14）	27
调节不合适	22（13）	21	28（17）	41
合计	104（59）	100	69（41）	100

注　（ ）内表示经过综合试运行调节发现的件数。

2. 从能耗管理的观点上看

试运行调节的时期与负荷不匹配，性能检测指的是在实际负荷状态下的检测。但许多情况是在负荷较少的状态下实施的，强制的改变控制、设定参数等模拟全负荷，不能与实际负荷相对应，因此不能判断运行后发生的预想的各种运行工况是否合适，特别是与全年冷热负荷相等的数据有较大的变动，在建筑物竣工前的校核评价中一般不能进行节能评价。因此在判定与空调设备的节能有关的系统性能和能力时，即必须进行包括峰值负荷在内的综合试运行调节。

评价项目和评价基准设定的不明确，通常不仅在节能性能评价中，或是在系统的性能评价中评价项目及评价基准大多不明确。因此应明确能耗管理中的相关评价项目和评价基准。即为了提高节能系统的实效性，在策划每个系统的计测计划时，就应该明确节能对象、项目评价基准和测定时期。

不具备计量系统，若不具备计量系统则不能准确地进行性能和能力的判断，即不能判断试运行调节结果或内容是否合理。例如，运行时大多不会发生非节能的事态，但在不充分地进行检测诊断或传感器的位置不合适时则可能产生动作不良或非节能的动作。

此外，为了确认节能效果，在评价设备单机性能的同时还必须进行各种工况的动态分析，即必须对时间系列变动数据进行分析评价。从精密的观点上调整设计时确认的动作条件，同时将这些数据作为调节改善的基础数据。根据冷热负荷和计测的能耗评价冷热源设备的能效并采取提高效率的措施。为了推动节能就必须明确计测系统的价值，在设计阶段就应充分明确地表示计测系统的设计和运行时序。

工具等的不具备，为了提高节能系统的实效性，在策划设计阶段提出大楼管理计划的同时就应明确向运行单位传递设计意图和各种工具使用方法等的合同条件（运行数据、咨询服务等）。为此，应注意以下三个问题：

（1）在监测装置中若不安装系统的检测软件就不能获得准确的判断。

（2）大楼管理系统的管理对象应明确，当不明确时则无效。

（3）应有效合理的利用专业知识。

2.4.3　综合试运行调节的方法

综合试运行调节的前提是实施了设计检测、设计审查，传达了设计的意图，检测了设备各构件的健全性和进行了子系统的性能检测，除此之外还应提出综合试运行调节中发现问题的“改造项目”和“新的综合试运行调节方案”。

（1）在实际负荷条件下进行系统运行和检测系统的性能，具体包括以下内容：

1）在综合试运行调节阶段应进行实际负荷的性能检测。

2）原则上要进行跟踪全年动态负荷特性的能源管理（最大负荷、部分负荷、最小负荷、昼夜负荷变动等）。

3）相对于负荷变化、条件和状态的变化。检测及记录控制性能（设备单机 COP、子系统及全系统的控制状况和参数设定等）。

4）应明确竣工交工前的试运行调节和交工后的综合试运行调节的内容（实施阶段、实施要领、合同、评价标准等）。

5）应编制作为设计、施工、运营管理共同的基准文件的运行说明书和性能说明图或控制说明书并绘制试运行调节的作业流程图。

6）应明确保障试运行调节和综合试运行调节有效实施的制度、时间、工程、合同条件、费用和实施条件等。

（2）为进行性能检测必须具备有最低限度的计测系统，包括如下内容：

1）计测系统有“性能检测的计测”和“能源管理的计测”并制定相应的计测计划（包括计测装置的计划）。

2）掌握各系统、各子系统在负荷变化时的能耗（季节转换时的运行、部分负荷运行、检测不合格、故障的数据等）。

3）利用监测装置进行能耗分析，确认设备能效和检测异常等。

（3）试验前明确确认计测值是否为合适的目标值，包括以下内容：

1）明确与能耗相关的基准值，数据计测的设定值或推算值及控制性能的评价基准值等。

2）在实际负荷状态的性能检测时要合理的应用模拟负荷和低负荷条件竣工交工前的试运行调节数据等。

2.4.4 综合试运行调节的具体内容

1. 时期

在竣工交工时，应按该时期的运行模式进行运行调节。在过渡季包括冷热源设备均处于低负荷运行时期的运行，模拟峰值负荷和负荷变化都非常困难。为此对各子系统都要采取强制地增加水量或改变风量的试运行，并根据经验规定各种设定和参数。按照这种试运行调节并交工，从运行开始算起在一年的时间内均要进行实际负荷的检测的运行调节，完成“性能（控制性、舒适性）检测”和“能耗的检测”。

竣工后的运行调节主要是进行季节转换模式的调节，但应和建筑的管理者共同编制一年期间的全系统运行计划书，同时必须收集和积累运行数据以便掌握运行状态。

2. 综合调节内容

竣工时在检测表上以数据的形式记录由各子系统构成的各组成部分的试运行结果。同时控制说明书和动作说明书也是十分重要的。当在运行调节中若采用的控制说明书和动作说明书不统一时，不同装置之间和不同工种之间就可能出现不统一的问题。即使对同一子系统（例如标准层空调系统）也要以书写方式记录运行结果数据、各种设定值和参数等。

季节转换时运行调节的前提是保障对象系统的各部件的性能是正常的，并能与实际负荷的数据进行比较检测，尽可能接近最优运行。

3. 过程

各作业系统必须明确各基本部件的试运行过程，但系统的运行调节流程更重要。该流程必须包括“性能（控制性、舒适性）检测”和“能耗的检测”。此外，对于不同装置之间和不同系统之间的检测过程也是非常重要的。为此必须编制全系统及各子系统运行调节流程表并按照该表的要求进行综合试运行调节。

4. 计测系统

为了进行“性能（控制性、舒适性）检测”和“能耗的检测”，能够收集数据的计测系统是不可缺少的。对于控制系统，为了检测季节不同时与负荷状态相对应的运行状况，部分负荷时的运行状况，控制不合适时的运行状况，设定变更时出现的故障和各组件的故障等，“试运行”时的各种数据将是重要的参考依据。对于空调机系统，为了检测能耗与室内负荷、外扰的关系，计测个别系统的电量、运行时间、温度、湿度和风量就显得特别重要。

竣工时希望在集中监测系统中安装与计测目的相关的计测系统，以便掌握大楼的运行状况。根据计测目的，有时也可不采用固定的计测装置。设计时应了解系统和计测点，以便使检测能进行多方案对比，从而使集中监测系统的系统构成具有冗余性。

5. 工具

在集中监测系统和 DDC 系统中必须附加工具的功能，并以复制试运行调节时的必要的检测表和各种账单类的文件为输出以便在检测作业中使用。正确地记录试运行结果中的各种设定参数，并以它们作为建筑物运行后的运行调节的必要的重要数据和设定值。

试运行时和运行时计测点的数据收集和累计是分析建筑物运行状况和能耗的重要依据，但不能完全依靠集中监测系统了解全部的功能，在局部的子系统内通过与计算机的人机对话也能有效地了解子系统的运行状况、各种设定值和正确地掌握控制状况。

6. 全部

作为“综合试运行调节”的成果当然是以记录资料的形式保存从功能检测中获得的结果，但明确记录该建筑物的“与性能（控制性、舒适性）有关的特性”和“与能耗相关的特性”更为重要。研究分析这些资料并根据“试运行”时获得的特性值制定“管理目标”，使之成为运营管理上有效的工具。若“试运行”时特性不明确，就必须“追加试运行”，目的是通过一年或数年的研究分析课题获得包括经济性在内的管理目标值。

以这种方式获得的“管理目标值”对于编制节能运行计划、运营管理计划等是非常有效的。

2.4.5 评价项目和基准值

诊断时，必须了解管理项目、检测对象和评价项目。为了提高节能系统的节能效益，在制定诊断计划的同时，还必须了解诊断对象的评价项目及其标准值/指标等。

1. 评价项目的研究

管理项目大致分为能源管理、热源输送系统的最优化、空调系统的最优化、全系统的最优化和室内环境等五类，必须研究与上述项目相关的检测对象（管理项目和控制系统）和具体的评价项目。

例如，对于能源管理来说，检测对象有不同用途和不同系统的电量，一次能量换算值，与室外气象条件的相关性，电力和空调负荷的分布等。同样，还要根据选用的系统设定相对于各种热源和空调系统的能源效率或能效系数等检测项目。关于室内环境，以室温设定值、冷热环境和空气质量等为对象，设定相应的评价项目。

2. 标准值的确定

明确各评价项目的标准值是非常重要的，原则上，必须在设计资料上表示各项标准值。表 2-31 表示办公楼的检测项目，评价项目和标准值。

表 2-31　　一般办公楼的评价项目

管理分类	检测对象	评　价　项　目	备注（标准值等）
1. 能量管理	1）不同用途用电量 2）不同系统用电量 3）一次能费用单位换算 4）外界条件的相关 5）空调状况与空调运行状况的相关 6）负荷与冷热负荷的相关	①有没有电量过大的用途和系统 • 不同用途（空调·照明·OA·输送机等）用电量的构成 • 不同系统用电量的构成 • 不同用途/不同系统用电量的一次能·费用·原单位换算值的比较 • 不同用途/不同系统用电量的不同年份的比较 ②用电量过大的用途、系统的原因分析 • 不同用途/不同系统用电量和室外气候条件（室外温度·焓）的关系 • 不同用途/不同系统用电量和空调运行状况（空调运行时间）的关系 • 不同用途/不同关系用电量和负荷的关系	与相同规模相同用途建筑物的标准值的比较
2. 热源输送系统的最优化	1）热源台数的控制 2）热源容量的控制 3）旁通阀控制 4）冷却塔风机的控制 5）其他	①能否用合适的动力产生对应空调负荷的热量 • 通过冷热源设备的台数控制、容量控制了解热量和耗电量的关系 ②各种节能控制的有效性 • 各种方式的冷热源、输送能量的比较 • 各种方式的热源效率，输送效率，热源全系统效率的比较 ③自动控制和热源本体控制能否适应负荷状况变化的要求 • 热源本体容量控制信号和热源台数控制的关系 • 负荷流量和泵台数控制的关系 • 负荷状况和供水温度/负荷流量的关系 ④冷热水机组、水冷机组的效率 • 室外温度和热源效率（COP）的关系	与设计参数的比较
3. 空调系统的最优化	1）空调机控制 2）VAV 控制	①能否用合适的空调机用送风机动力、冷水量处理空调负荷 • 空调机的负荷热量和送风机动力，冷水量的关系 ②自动控制和 VAV 本体控制能否适用负荷状况变化的需要 • 负荷状况和风机转速/送风温度的关系 ③新风制冷的有效性 • 新风条件·室内温度和新风的关系 • 新风条件和新风制冷效果的关系	设计值和各种控制参数的比较
4. 全系统的最优化	1）最合适的启停控制 2）电力监视	①能否通过最佳启动停止方式实现必要最小限度的运行 • 热源·输送系统运行状态的确认 • 空调机·VAV 系（室内环境）运行状态的确定 ②合同电力是否为合适值 • 通过电表值校核确认	与设计值等的比较
5. 室内环境	1）室温设定值 2）室内环境分布（周边控制） 3）IAQ（新风控制）	①室温设定值是否是根据节能、舒适的原则设定的 • 室温设定值（制冷、采暖）的确定 • 室内环境舒适性（若可能采用 PMV）的确认 • 居住区设定（个别设定性能）的状况和结果的确认 ②室内湿热环境的分布离散度是否偏大 • 室内湿热环境分布（周边环境）的确认 ③能否将室内 CO_2 浓度控制在合适的范围内 • 室内浓度和新风量关系的确认	与设计条件的比较 夏：26℃，60% 冬：22℃，40%

2.4.6　性能数据检测和评价指标

1. 空调系统运行评价项目及评估指标（见表 2-32）

表 2-32　　空调系统运行评价项目及评估指标

项目	单位	计算公式	评价方法	评价指标
单位面积空调能耗	kW·h/（m²·a）	$ECA=\Sigma W_i/A$	评价系统能耗水平	
单位空调面积耗冷量	W/m² GT/（m²·a）	$CCA=1000Q/A$ $CCA=Q/A$	评价系统提供的服务	
空调系统能耗比		$EERs=Q/\Sigma W_i$	评价系统整体运行效率	≥2.9
制冷系统能效比		$EERr=Q/\Sigma W_j$	评价制冷系统的经济运行	≥4.0（水冷） ≥额定值 90%（风冷）
冷水输送系数		$WTFch=Q/W_{chp}$	评价冷水系统的经济运行	≥35
末端能效比		$EERt=Q/\Sigma W_k$	评价空调末端的经济运行	全空气系统≥15 风机盘管≥30
冷水机组能效比		$COP=Q/W_{ch}$	评价冷水机组的经济运行	≥冷水机组额定值 COP 的 95%
冷却水输送系数		$WTFc=Q_c/W_{cp}$	评价冷却水系统的经济运行	≥35

2. 供热系统运行评价项目及评估指标（见表 2-33、表 2-34）

表 2-33　　供热系统运行评价项目及评估指标

项目	单位	计算公式	评价方法	评价指标
锅炉房单位供热量燃料消耗量	kg/GJ m³/GJ	$BQ=G/Q$	评价热源系统的经济运行	燃煤锅炉＜48.7 燃气锅炉＜31.2 燃油锅炉＜26.3
锅炉房、热力站单位面积燃料消耗量、耗电量	GJ/m² kg/m² m³/m²	$BA=G_0/A$	评价热源的能耗水平	热电厂 0.25～0.38（寒冷地区） 0.40～0.55（严寒地区） 燃煤锅炉 12～18（寒冷地区） 19～26（严寒地区） 燃气锅炉 8～12（寒冷地区） 12～17（严寒地区）
	kWh/m²	$E_A=E_0/A$	评价热源的能耗水平	燃煤锅炉 2.0～3.0（寒冷地区） 2.5～3.7（严寒地区） 燃气锅炉 1.5～2.0（寒冷地区） 1.8～2.5（严寒地区） 热力站 0.8～1.2（寒冷地区） 1.0～1.5（严寒地区）
单位面积耗热量	GJ/m³	$Q_yA=Q_y0/A_y$	评价系统提供的服务	0.23～0.35（寒冷地区） 0.37～0.50（严寒地区）
单位面积补水量	L/m² kg/m²	$W_A=1000W_0/A$	评价系统的经济运行	一级管网＜15（寒冷地区） ＜18（严寒地区） 二级管网＜30（寒冷地区） ＜35（严寒地区）

表 2-34　　供热系统运行评价项目及评估指标

项目	单位	计算公式	评价方法	评价指标
锅炉运行热效率	%	$\eta_g=Q_g/g_{gc}\times G_g$	评价热源的经济运行	—
水泵运行效率	%	$\eta_b=G_b\times H_b/3.6N_b$	评价输送的经济运行	≥额定工况的 90%
换热设备换热性能	%	$K_F=Q_1/\Delta t_p\times\tau$	评价热力站的经济运行	≥额定工况的 90%
换热设备运行阻力	MPa	$\Delta h=h_1-h_2$	评价热力站的经济运行	≤0.1MPa
管网输送效率	%	一级管网 $\eta_1=\Sigma Q_1/Q$ 二级管网 $\eta_2=\Sigma Q_y/Q_2$	评价输送的经济运行	≤95% ≤92%
沿程温降	℃/km	$\Delta tL=(tL_1-tL_2)/L$	评价输送的经济运行	热水 地下≤0.1 地上≤0.2 蒸汽≤1.0
管网水力平衡度		$\eta_0=\eta_{max}/\eta_{min}$	评价输送的经济运行	0.9～1.2
热力入口的流量		$\eta=g_y/g_{yi}$	评价输送的经济运行	0.9～1.2
室内温度	℃	$t_{ymin}>t_j-2$ $t_{ymax}\leq t_j+1$	评价系统提供的服务	—

3. 天然气分布式能源评价项目及评价指标（见表 2-35）

表 2-35　　天然气分布式能源评价项目及评估指标

项目	单位	计算公式	评价方法	评价指标
年平均能源利用率	%	$v=(3.6W+Q_1+Q_2)/B\times Q_L$	评价系统的节能性	＞70
余热利用率	%	$v=(Q_1+Q_2)/(Q_3+Q_4)$	评价系统的经济运行	＞80
年利用小时数	h	$n=W_{year}/Cap_e$	评价系统的经济运行	＞2000
节能率	%	$r=1-(B\times Q_L/[3.6W/\eta_{eo}+Q_1/\eta_O+Q_2/\eta_{eo}\times COP_0)]$	评价系统的节能性	＞15
节能量	吨标煤/kW		评价系统的节能性	0.25～1.0
余热供冷（热）量	%	α=余热供冷（热）量/全系统供冷（热）量	评价系统的节能性	

4. 全系统的监测数据和评价指标（见表 2-36）

$$\eta_O=\eta_G\times\eta_T\times\eta_U \tag{2-81}$$

式中：η_G 为年发热效率，取决于锅炉设计、锅炉房技术以及工作参数，如过量空气系数、烟气温度、备用损失与控制维护质量等。η_T 为输配效率，取决于管网设计与技术、管道与设备保温质量、管网温度和压力、失水率，以及控制与维护质量等。η_U 为最终使用效率，是一项复杂参数，取决于建筑设计（影响热量损失与建筑的结构、形状与方向，以及围护结构质量），使用的采暖设备（热力站、内部管网、阀门与控制设备）、控制与维护质量。最终使用效率可以分为控制效率（考虑调节内部温度的可能性，是否需要调节内外条件）、热利用效率（考虑内部管网布局，例如，非预保温管道内壁热损失，或冷空间热损失以及穿墙散热器损失等）。

表 2-36　　全系统的监测数据和评价指标

系统	h_G	h_T	h_U	h_O	备注
坏系统	50%	75%	75%	28.1%	小型集中供热系统
坏系统	60%	80%	75%	36.0%	大中型集中供热系统
好系统	85%	85%	85%	61.4%	采取了节能措施
节能系统	90%	93%	95%	79.5%	

2.4.7　能源站的能源管理系统

综合试运行调节的目的是使系统在全年实现舒适性和节能性，为此如前所述收集和分析实际运行的数据是不可缺少的必要的内容。以下叙述是利用能源管理系统实现控制、能源管理、室内环境、自动控制和评价管理的案例。

1. 控制系统的检测（最优起动控制）

图 2-36 的纵轴表示室温、设备运行状况项目（最优起动的开始时刻、室内开始供冷（热）时刻的室温、室外气温），横轴表示经过时间，同时表示空调机和冷（热）源设备对室内开始供冷（热）前后的运行状况，目的是检测最优起动控制功能。

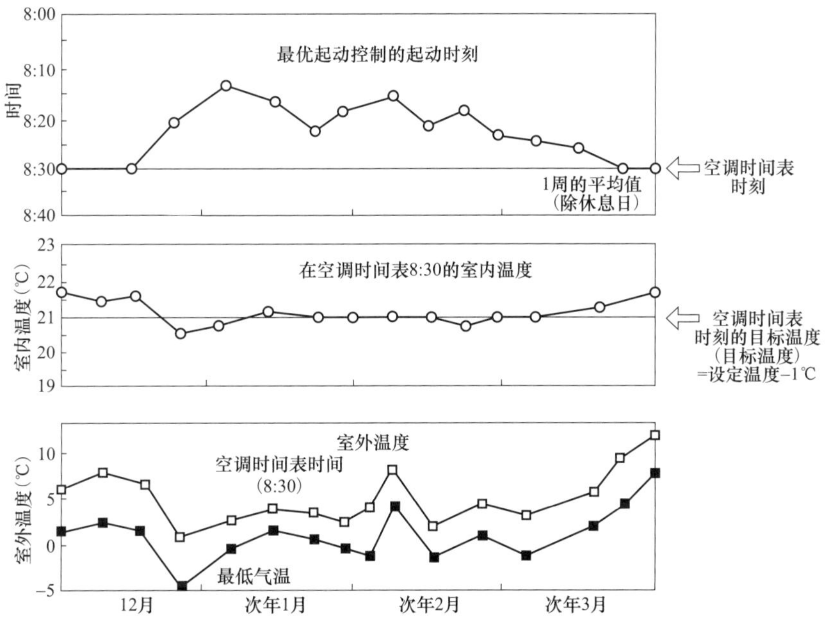

图 2-36　控制流程图（最优起动：冬季）的验证表示画面

2. 控制系统的检测（台数控制）

图 2-37 表示负荷较大日（高负荷日）的冷（热）源设备的运行状况。综合调节时能发挥设计的控制内容和性能，但为了确认是否达到了最优运行状况，则必须进行低负荷时和高负荷时的评价，而应用时间系列图和频率分布图则可实现上述任务。

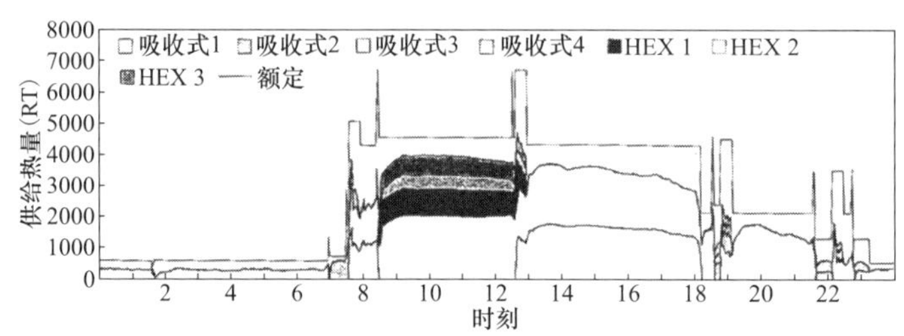

图 2-37　控制流程图的检测表示画面

（二次侧空调负荷和冷热源供应平衡：高负荷时 2011/8/19）

3. 能耗分析管理（时间系统分析，负荷与新风的相关）

图 2-38、图 2-39 表示以能量分析管理为目的的案例图。

图 2-38 表示不同月的各种不同用途的一次能使用量，是以整理的计测系统的计测数据为基础绘制的。图 2-39 的纵轴表示冷水热量、热水热量（kW），横轴表示室外气温（℃），是表示能耗量与室外气温的相关图，该图能够确认空调用能的特征（包括季节转换时期），这种类型的图同样也能进行电量的管理。

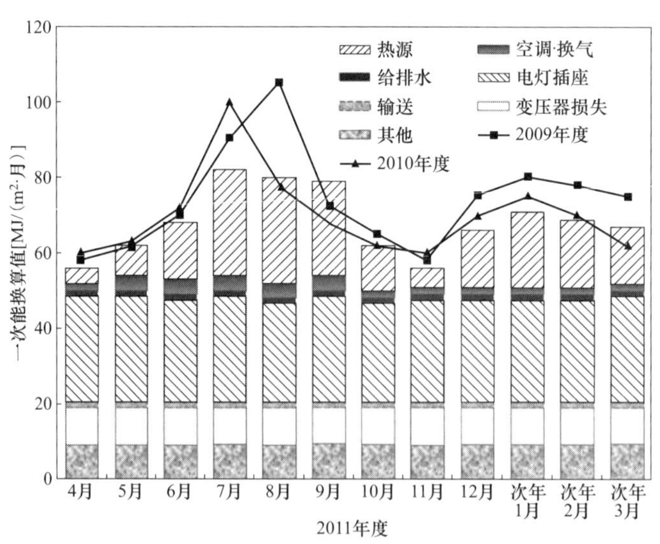

图 2-38　不同用途不同月的一次能耗量

4. 室内环境管理（温湿度等）

图 2-40 表示典型室内空调运行时的室温频度分布。纵轴表示室内温度（模拟值），

横轴表示发生频率。该图表示室内温度与空调系统的运行状况和与设计条件的关系。使用该图可以确认不同季节室内环境是否合适。湿度和 CO_2 浓度也可采用同样的评价方法。

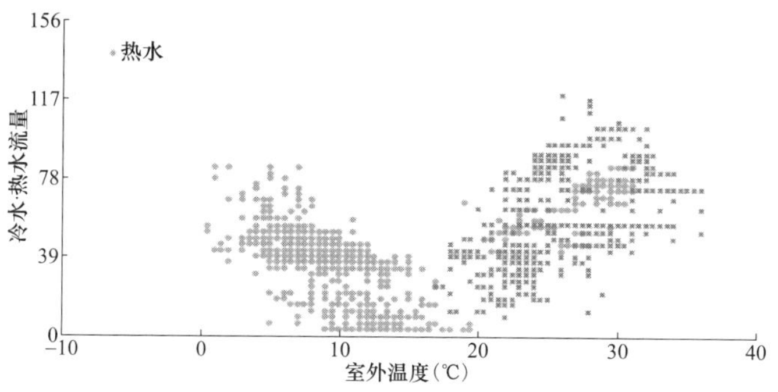

图 2-39　空调负荷和室外气温的相关图

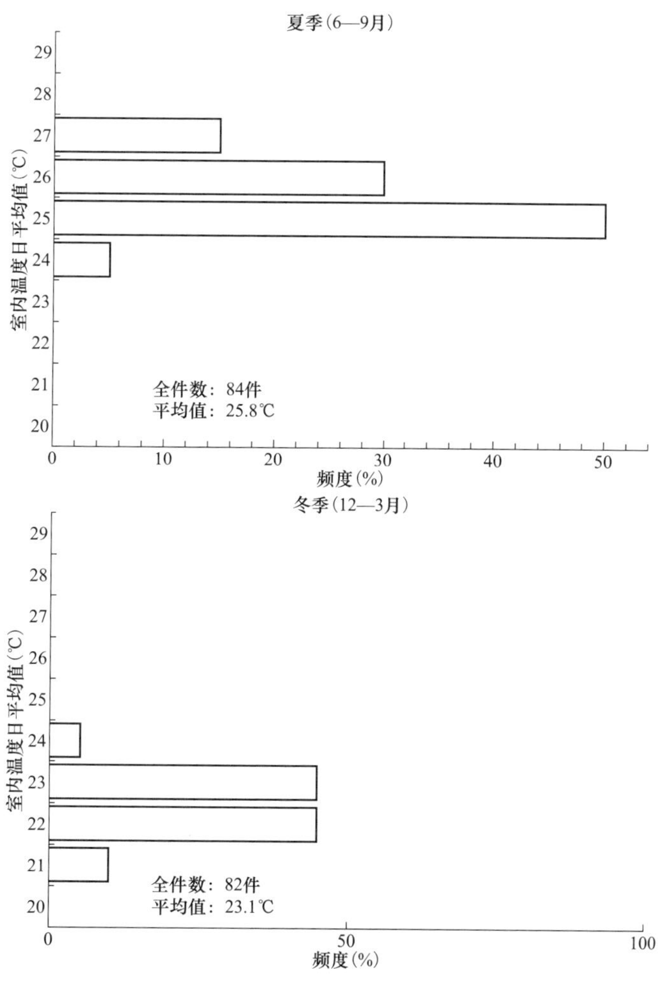

图 2-40　室温的频度分布图［2 层空调运行时室内温度的频度分布（日平均值）］（一）

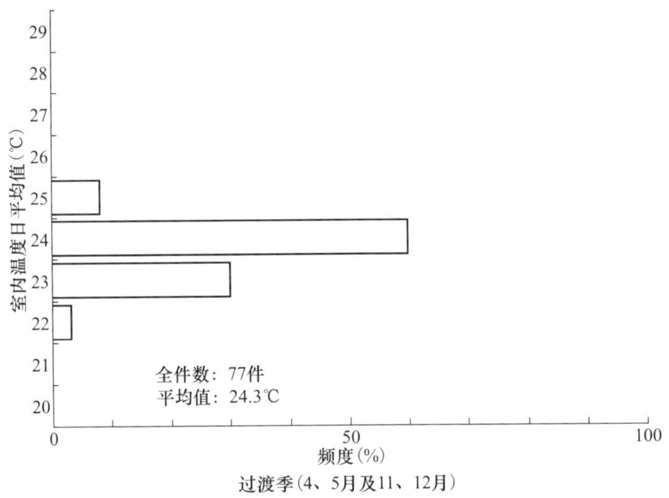

图 2-40　室温的频度分布图［2 层空调运行时室内温度的频度分布（日平均值）］（二）

图 2-41 表示不同月的空调运行时间等的状况。纵轴表示累计时间，横轴表示月。与全年目标值（或预定值：图中的虚线）不同，采用的是不同月的累计值。此外，照明时间也是采用同样的评价方法。

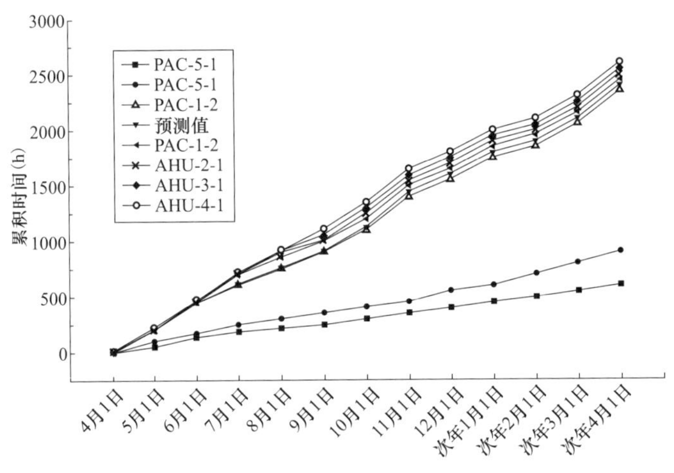

图 2-41　不同区域空调设备累计运行时间

5. 利用 PC 的系统异常检测案例（冷却水出口温度控制）

表 2-37 表示的是利用与冷却水出口温度控制系统相关的 PC 简易异常检测的案例。表示以收集冷却塔周围的数据为基础并采用软件自动地判断运行是否良好（表中<NG>部分异常场所）。

这种类型的自动检测系统可用于综合试运行调节阶段，在运行阶段也是很有效的。

6. 其他的评价动向

评价能耗量时，不仅要对节能系统进行检测评价，对运行方法的评价也是十分必要的。

表 2-37　利用 PC 的系统异常检测案例（冷却水出口温度控制）

日期	检测故障代码	00 时	01 时	02 时	03 时	04 时	05 时	06 时	07 时	08 时	09 时	10 时	11 时	12 时	13 时	14 时	15 时	16 时	17 时	18 时	19 时	20 时	21 时	22 时	23 时
8月1日	30101	1	1	1	1	1	1	1	1	1	1	1	1	1	0	0	0	0	0	0	0	0	0	0	0
	30102	1	1	1	1	1	1	1	1	1	1	1	1	1	0	0	0	0	0	0	0	0	0	0	0
	30601	23.8	23.9	23.9	23.6	23.4	23.4	23.4	23.2	23.4	23.5	23.5	23.6	24	24.5	24.9	25.3	25.6	25.8	26	26.1	26.1	26.1	26.1	26
	30602	27.6	27.7	27.7	27.4	27.2	27.2	22.8	26.8	26.8	26.9	24.5	23.7	23.8	24.4	25.1	25.6	26.1	26.3	26.5	26.6	26.6	26.5	26.5	26.4
														<NG>											
8月2日	30101	0	0	0	0	0	0	0	0	0	0	0	0	0	0	0	0	0	0	0	0	0	0	0	0
	30102	0	0	0	0	0	0	0	0	0	0	0	0	0	0	0	0	0	0	0	0	0	0	0	0
	30601	26	25.9	25.8	25.7	25.7	25.6	25.6	25.6	25.8	26	26.2	26.6	27.1	27.6	28	28.2	28.4	28.5	28.5	28.5	28.3	28.2	28	27.8
	30602	26.3	26.2	26.1	26	25.9	25.8	25.8	25.9	26	26.3	26.6	27.2	28	28.6	28.9	29.2	29.5	29.6	29.4	29.3	29.1	28.9	28.7	28.5
8月10日	30101	0	0	0	0	0	0	1	1	1	0	0	1	1	1	1	1	1	0	0	0	1	1	1	1
	30102	0	0	0	0	0	0	1	1	1	0	0	1	1	1	1	1	1	0	0	0	1	1	1	1
	30601	23.3	23.3	23.4	23.3	23.3	23.2	21	20.8	21.1	21.4	22.1	22.8	22.2	23.4	23.6	24	23.7	24	24.5	24.7	23.6	23.7	23.9	23.8
	30602	23.5	23.6	23.6	23.6	23.6	23.5	24.7	24.5	24.8	24.9	24.8	24.7	26.7	26.7	27.1	27.3	27.1	26.8	26.7	26.6	27.1	27.1	27.2	27.1
8月11日	30101	1	1	1	1	1	1	1	1	1	1	1	1	1	1	1	1	0	0	0	0	1	1	1	1
	30102	1	1	1	1	1	1	1	1	1	1	1	1	1	1	1	1	0	0	0	0	1	1	1	1
	30601	23.7	23.4	23.2	22	21.8	22	22.4	22.7	24.1	24.3	24.5	25	25	25.5	25.7	25.8	25.9	26.3	26.6	26.7	25.3	25.1	25.1	25
	30602	27.1	26.7	26.5	22.1	21.8	22	22.3	24.6	27.4	27.7	27.8	28.3	28.3	28.8	28.9	29.1	28.8	28.7	28.6	28.5	28.5	28.3	28.3	28.2
								<NG>																	

续表

日期	检测故障代码	00 时	01 时	02 时	03 时	04 时	05 时	06 时	07 时	08 时	09 时	10 时	11 时	12 时	13 时	14 时	15 时	16 时	17 时	18 时	19 时	20 时	21 时	22 时	23 时
8月12日	30101	1	1	1	1	1	1	1	0	1	1	1	1	1	1	1	1	1	0	0	0	1	1	1	1
	30102	1	1	1	1	1	1	1	0	1	1	1	1	1	1	1	1	1	0	0	0	1	1	1	1
	30601	25	25	24.8	24.7	24	23.9	24.3	25.2	25.7	26	25.9	26.3	26.8	26.2	26.3	26.1	25.7	26.1	26.3	26.5	26.4	26.4	26.1	25.2
	30602	28.2	28.2	28	28	24	23.8	24.4	28	29.3	29.6	29.5	30	30.4	29.8	29.9	29.8	29.4	29.1	29	28.8	30	30	29.7	28.9
							<NG>																		
8月13日	30101	1	1	1	1	1	1	1	1	1	1	1	1	1	1	1	1	1	0	0	0	1	1	1	1
	30102	1	1	1	1	1	1	1	1	1	1	1	1	1	1	1	1	1	0	0	0	1	1	1	1
	30601	23.9	23.6	23.5	23.5	23.3	22.5	22.7	23.5	24.6	25.2	25	25.1	25.1	25.4	25.2	25.3	25	25.4	25.8	26.1	24.2	23.9	23.7	23.7
	30602	27.9	27.7	27.7	27.7	27.5	23.3	23.4	27.2	27.4	27.5	27.6	27.5	27	25.6	25.2	25.2	25.2	25.8	26.3	26.6	24.6	24.2	24.1	24.1
																	<NG>								
8月14日	30101	1	1	1	1	1	1	1	1	1	1	1	1	1	1	1	1	1	0	0	0	1	1	1	1
	30102	1	1	1	1	1	1	1	1	1	1	1	1	1	1	1	1	1	0	0	0	1	1	1	1
	30601	24.1	24.2	24.1	23.6	23.6	23.5	23.7	23.7	24.9	24.4	24.3	24.3	24.7	25.3	25.5	25.3	25.1	25.5	26	26.3	25.6	24.9	24.5	24.3
	30602	24.5	24.5	24.4	24	24	23.9	24.1	24	28.5	28.1	28.1	28	28.3	29.1	29.1	29	28.8	28.6	28.6	28.6	29.1	28.5	28.2	28.1

注　冷却塔（CT）30101 异常判定条件 CT 或 CTP 运行时，$T_1>T_2$；　冷却水泵（CTP）30102　原因分析传感器位置不良（初期故障）；
冷却塔出口温度（T_1）30601　CT 故障（偶发故障）　冷却塔入口温度（T_2）30602　传感器位置不良（劣化）

2.5　性能检测案例

通过实际应用的案例，说明性能检测的重要性、目的和检测步骤。

1. 医院设施概要

（1）建筑概要。表 2-38 表示 K 医院的建筑概要。

表 2-38　　建筑概要

所在地	某市	规模	地上 18 层，地下 2 层
占地面积	9664m²	结构	RC，抗震
建筑占地	4429m²	病床数	400 床
建筑面积	40 116m²		

（2）冷热系统概要。9～17 层住院区域为有新风处理的组装式空调个别分散放置方式，6 层以下的门诊办公区域为空气源热泵（AHP）及水冷螺杆机（SR）和利用地下槽连接的完全混合型水蓄热槽的集中热源方式，7、8 层管理部门采用集中、分散结合方式。

表 2-39 中集中热源系统的概况，图 2-42 为系统图，集中热源有 2 台 AHP 和利用地热的热泵（WHP），冷水专用的 SR 构成。基本热源运行方法，夏季制冷 AHP 和 WHP 的冷水蓄放热运行和 SR 往二次侧直接送冷水，中间期，冬季制冷，用 SR 往二次侧直接送冷水。冬季采暖用 WHP 往二次侧直接送热水，冬季采暖用 AHP 和 WHP 的热水蓄放热运行。

表 2-39　　热源系统规格

设备型号		制冷量（kW）	供热量（kW）	台数	备注
空气源热泵	AHP-601（蓄热时/放热时）	420/447	308/309	1	3 比 1
空气源热泵	AHP-602（蓄热时/放热时）	837/893	656/659	1	5 比 1
水冷螺杆机	SR-B101	520	—	1	
利用地热的热泵	WHP-B101	39	49	1	
蓄热系统换热器	HEX-B101	408	338	1	蓄热系统
蓄热系统换热器	HEX-B102	816	675	1	蓄热系统
放热系统换热器	HEX-B103-1・2	1300	1300	2	放热系统
冷温水蓄热槽	CH-T	容量 1100m³		1	

（3）水再利用系统的概要。图 2-43 所示为 K 医院雨水、空调加湿冷凝水，蓄热水槽排水的一部分，RO 装置的凝水，某杂用水再利用的系统图。此外，高层空调、加湿冷凝水排水夏季用于空气源热源后再度回收以提高效率。

2. 资源、能源的综合处理

（1）不同用途、不同部门的系统。为了监测 K 医院热源设备，设计了具有能进行监

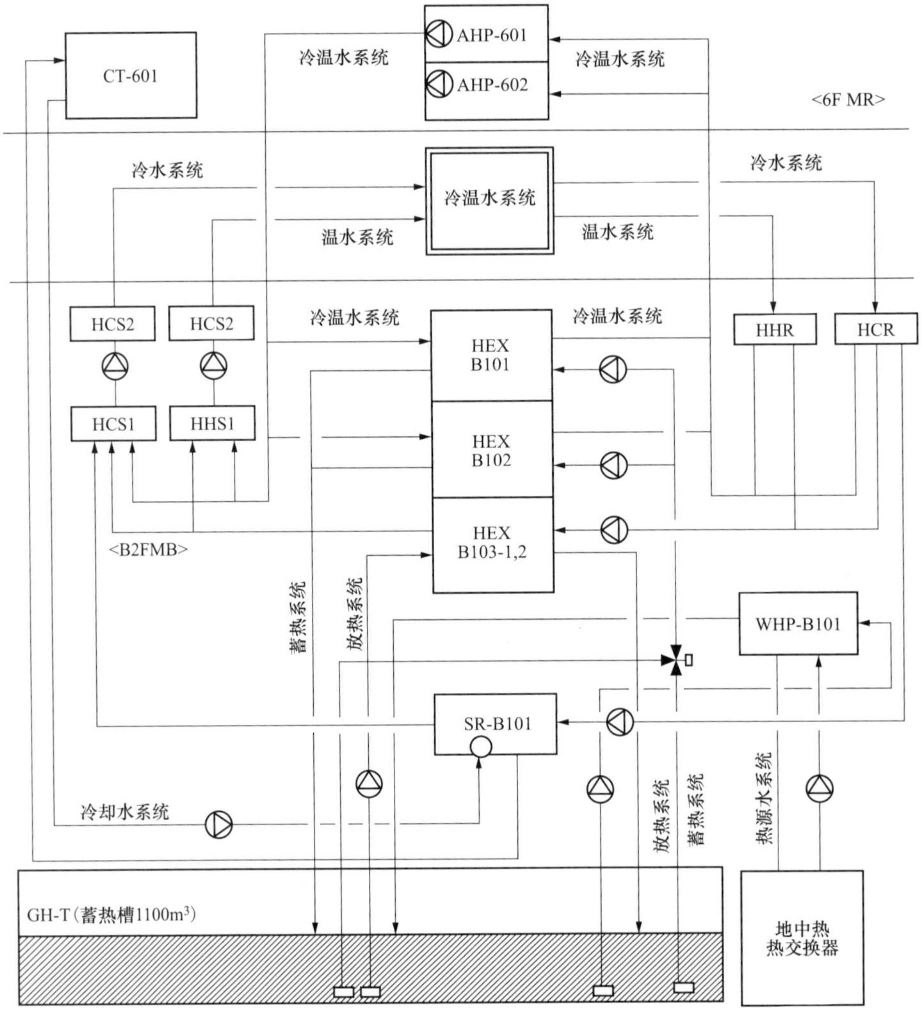

图 2-42　热源系统图

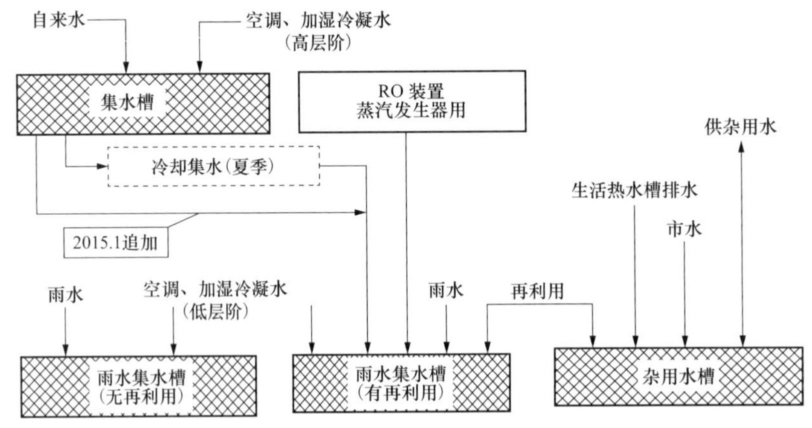

图 2-43　水再利用系统

控的集中监测设备。共有能计测用电量（照明、插座、动力）、热量（冷水、热水）、流量（给水、生活热水、杂用水）约 4000 个点位监测的建筑能源管理系统。分部门、分用途（不同空调、不同设备）整理、分析建筑能源管理系统得到的数据，掌握资源、能源的利用状况。还能进行日常运行管理和检测出不合适状况。图 2-44 表示资源、能量综合管理的概况，图 2-45 表示不同部门主要功能。

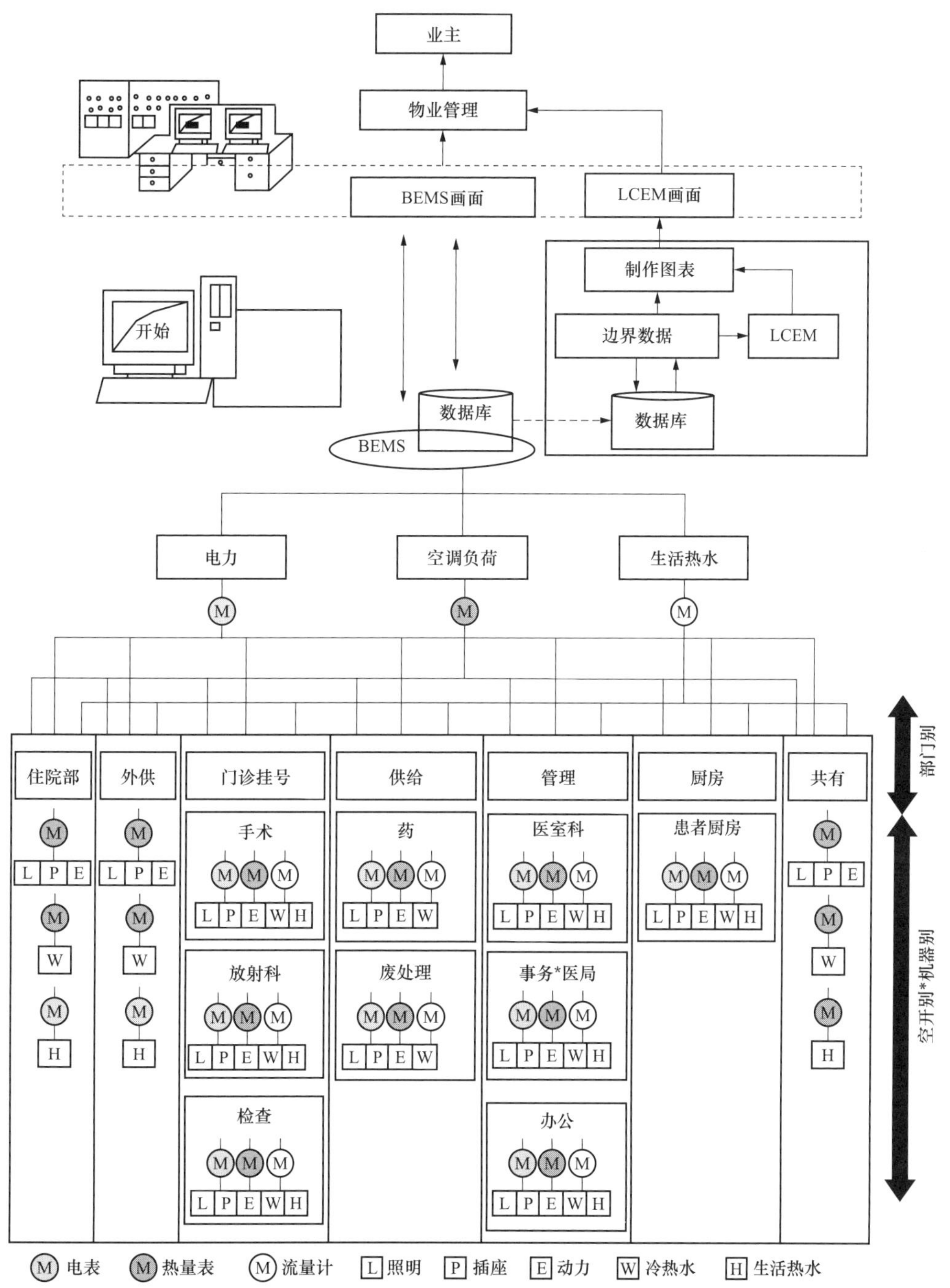

图 2-44　资源、能源综合系统概略图

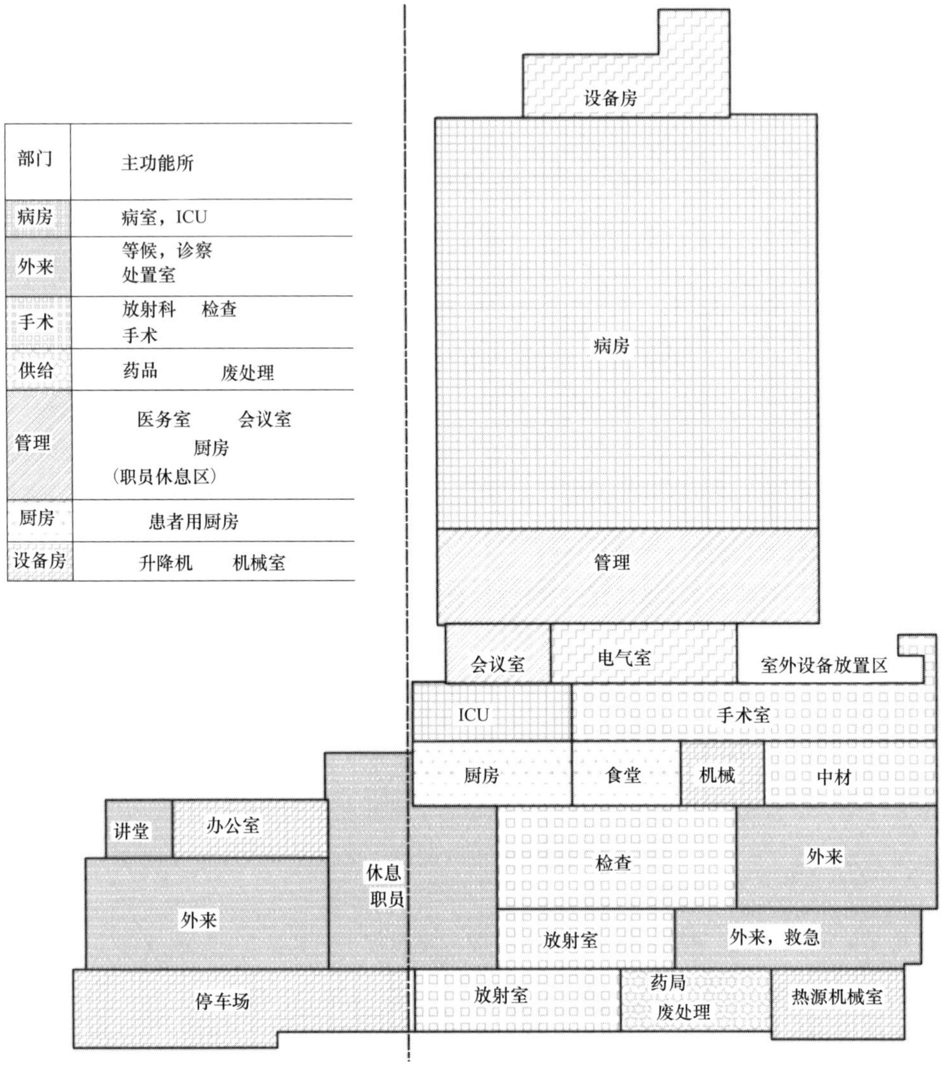

部门
主功能所
病房
病室，ICU
外来
等候，诊察
处置室
手术
放射科 检查
手术
供给
药品 废处理
管理
医务室 会议室
厨房
（职员休息区）
厨房
患者用厨房
设备房
升降机 机械室
设备房
病房
管理
会议室
电气室
室外设备放置区
ICU
手术室
厨房
食堂
机械
中材
讲堂
办公室
休息
职员
检查
外来
外来
放射室
外来，救急
停车场
放射室
药局
废处理
热源机械室

图 2-45 各部门分布图

模拟
边界条件
（室外温湿度）
模拟热泵
边界条件
（冷水）
流量
水温
能耗比较
流量
水温
实际运行
边界条件
（室外温湿度）
热泵实际运行
边界条件
（冷水）

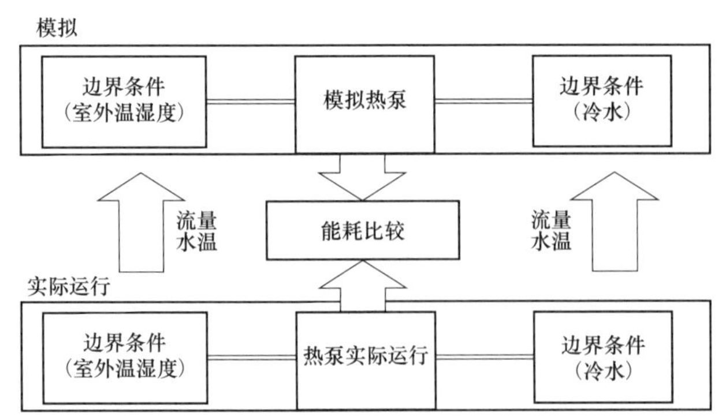

图 2-46 建筑能源管理系统数据和模拟模型的关系

（2）建筑能源管理系统和模拟模型。在建筑能源管理系统数据库中安装了模拟模型，建立了以实际运行数据为基础的性能检测和评价热源设备单体和系统的系统。在模拟模型中采用了 LCEM 工具。

图 2-46 表示建筑能源管理系统数据与模拟模型的关系。以室外条件（温度、湿度）和二次侧负荷条件（回水温度和流量）作为边界条件，作为

热源系统模拟模型的输入，计算出能耗并与实际数据比较，了解热源系统的系统和不合适的状态。

3. 能源性能的检验、评价

（1）热源系统的模拟模型化。在设计阶段应采用 LCEM 工具构建集中热源系统的模拟模型，模拟化的范围从热源至二次泵。

冷热源主机的空气源热泵模型是考虑了室外干球温度、冷热水出口温度（额定值）和部分负荷率的能力、输出特性的计算模型。

1）最大冷却能力。

2）最大加热能力。

3）计算 100%负荷时的 COP（冷却、加热）。

4）部分负荷时修正后的 COP_p（根据负荷率 p 计算）。

5）输入电力。

（2）设计阶段的研究。图 2-47 是设计阶段建立的模拟模型的热源系统运行的计算案例。以制冷运行时设计值作为基准（方案 1），计算变更冷却水温度和供水温度边界条件设定值的电耗和 COP 等，进行节能运行的研究。

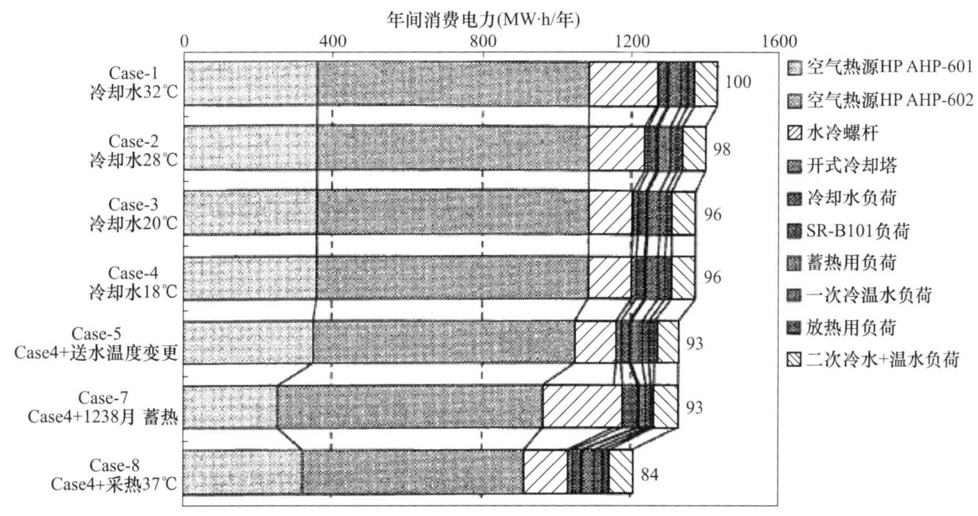

图 2-47　设计阶段的模拟

（3）施工（试运行调节）阶段的检验。在施工阶段，由于实际采用设备可能与设计阶段设计的设备特性不同，因此要更新数据模型，并在试运行调节阶段 1 个月后对热源主机试运行数据和模拟结果进行比较，对热源主机的单体性能进行检验。图 2-48 表示 AHP-601 的检验结果。左边为部分负荷特性（负荷率/COP），右边为室外温度特性（室外温度/COP）的比较。文中负荷率为产生热量（kW）/额定出力（kW）。

试运行数据的室外温度特性和部分负荷特性的趋势与模拟结果一致。

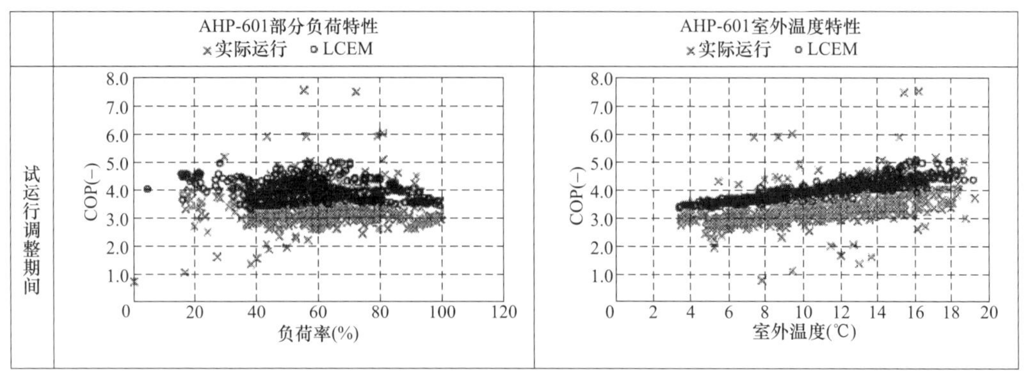

图 2-48　实际运行和模拟的比较

4. 运行阶段的检验、评价

（1）热源运行。图 2-49 表示夏季、冬季典型日热源运行设计和实际的比较。由于是Ⅱ期完成前的数据，产生的热量均比设计值少，夏季实际运行时 AHP-601 作为再热负荷用的热水运行方式。

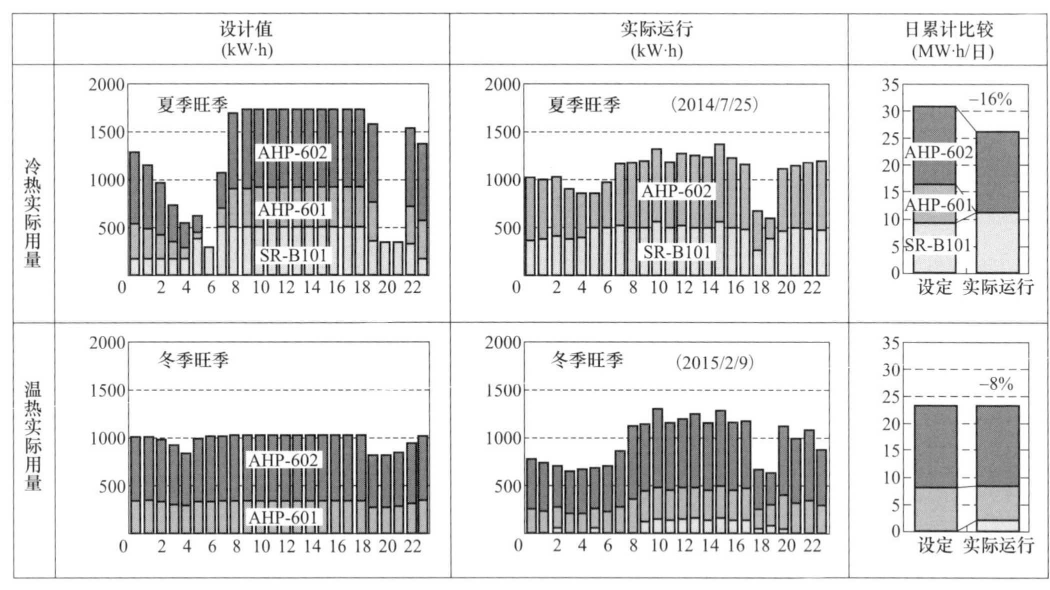

图 2-49　热源运行参数的设计值和实际运行的比较

（2）模拟模型的再现性的确认。以夏季代表周为对象，对模拟模型运行状态的计算结果和实际进行比较。图 2-50 表示热源冷水负荷分担的时间变化，图 2-51 表示与热源相关的电耗的时间变化。两者的计算结果和实测值大体一致，确认再现运行状态。实际运行到周末时手动停止蓄热，而模型是自动运行蓄热。

（3）设备单体性能的检验。图 2-52 表示 AHP-602 夏季和冬季代表月热源单体的

COP。实际运行和模拟结果大体一致，确认后能达到热源单体规定的性能。

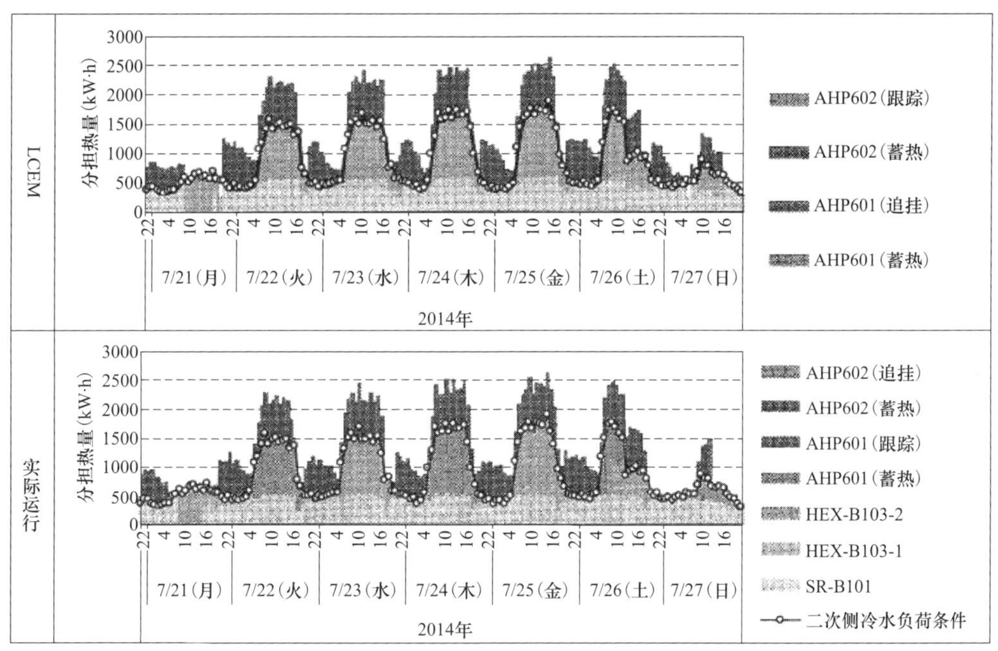

图 2-50　热源冷负荷分配的小时变化

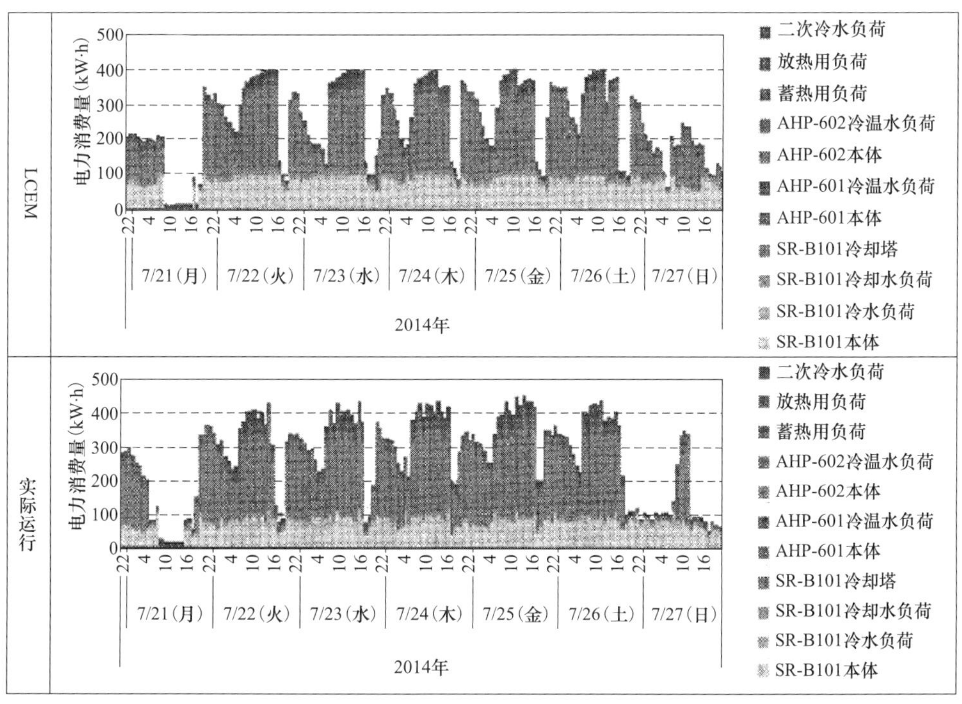

图 2-51　热源机房用电量的小时变化

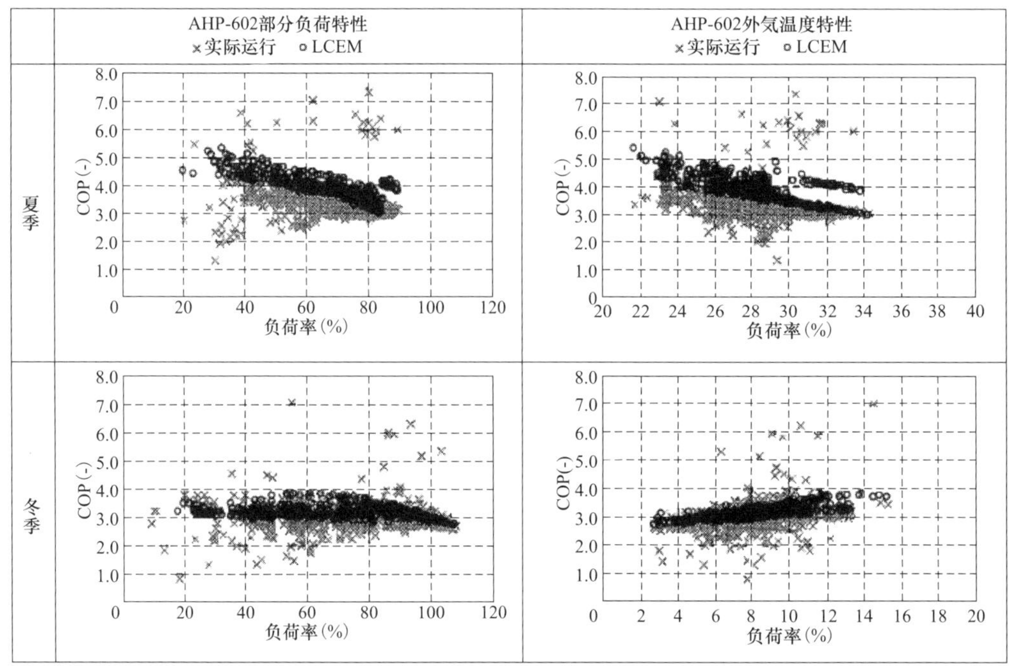

图 2-52　设备单体性能的比较

（4）系统性能的检验。图 2-53 是系统性能的比较。夏季代表周，相比于模拟结果，实际运行产生的热量为–2.8%，电耗为+6.0%，系统平均 COP 为–5.6%。说明实际运行和模拟结果大体一致，确认能达到设计系统的性能。

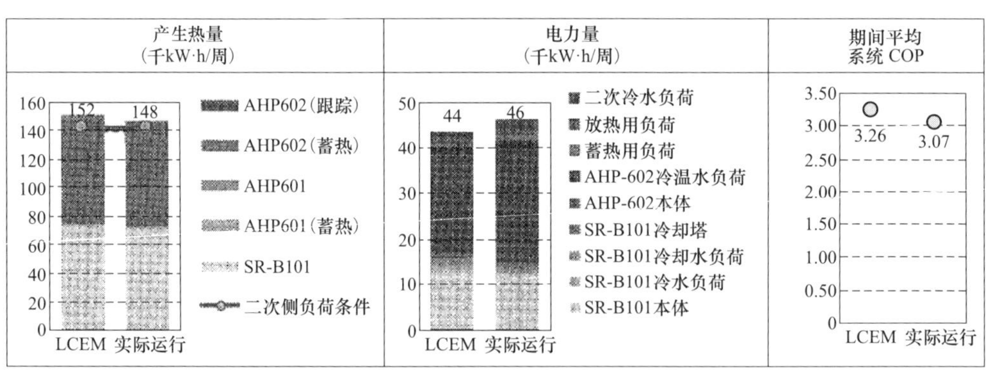

图 2-53　系统性能的比较

（5）水蓄热槽温度分布图的确认。图 2-54 表示水蓄热槽温度分布的比较，在夏季典型日蓄热槽温度分布图上表示，蓄热时间带和放热时间带的实际运行和模拟结果一致。

5. 运行阶段运行效果改善的检验

表 2-40 表示对热源系统运行改善的方法。对这些项目采用模拟模型并计算运行效果，以方案 1 作为基准工况，方案 2～4 变更冷却水供水温度和泵频率的设定值，方案 5～8 变更热源运行方法，方案 9 新设置小容量泵，方案 10 表示各工况的综合效果（方案 2～4 或 6）以对象期间每时的实测值作为条件计算全年的冷负荷、热负荷和用电量等。

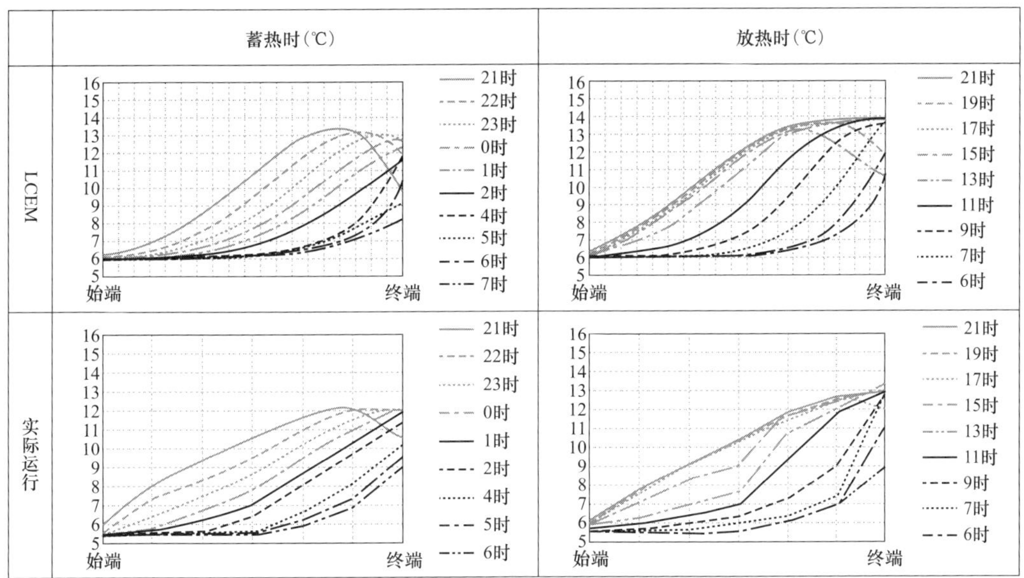

图 2-54　水蓄热槽温度剖面图的比较

表 2-40　　　　　　　　　**各工况运行参数的变化**

←　　非蓄热　→←　　冷水蓄热　　→←　非蓄热→

项目	冬季				中间期	夏季				中间期	冬季		备注
	1 月	2 月	3 月	4 月	5 月	6 月	7 月	8 月	9 月	10 月	11 月	12 月	
方案 1：基准工况	○	○	○	○	○	○	○	○	○	○	○	○	夏季 SR 经常 100%运行，轻负荷期和其他热源同时节流运行
方案 2：冷却水下限温度的变更	○	○	○	○	○	○	○	○	○	○	○	○	从基准设定 25℃变更为 16℃
方案 3：泵下限频率的变更	○	○	○	○	○	○	○	○	○	○	○	○	从基准设定 30Hz 变更为 20Hz
方案 4：轻负荷期冬季冷水供水温度提高	○	○	○	○	○	—	—	—	—	○	○	○	从基准设定 7℃供水提高至 8℃
方案 5：AHP 直供（仅星期日）	—	—	—	—	○	○	○	○	○	○	—	—	冬季冷热处理非蓄热运行，适用期为夏季和轻负荷期
方案 6：AHP 直供（轻负荷期）	—	—	—	—	○	—	—	—	—	○	—	—	
方案 7：白天非蓄热（放热 SR 直供）（轻负荷期）	—	—	—	—	○	—	—	—	—	○	—	—	无放热后，直供优先
方案 8：白天非蓄热（放热 AHP 直供）（轻负荷期）	—	—	—	—	○	—	—	—	—	○	—	—	无放热后，直供优先

续表

项目	冬季				中间期	夏季				中间期	冬季		备注
	1月	2月	3月	4月	5月	6月	7月	8月	9月	10月	11月	12月	
方案9：小容量放热用换热泵的设置（放热量少时泵容量为现状的1/2）	—	—	—	—	○	○	○	○	○	○	—	—	
方案10：复合效果（适用工况2～4）	○	○	○	○	○	○	○	○	○	○	○	○	

注　冬季全工况非蓄热运行（热源仅SR），[—] 9月条件与基准工况相同。

图2-55表示所有方案的全年电耗量，图2-56表示全年热源平均COP。变更SR冷却水下限温度的方案2、方案10能降低SR的电耗，提高热源COP。方案6的热源COP比其他方案高，主要原因是室外温度条件较好，负荷较低的运行方式较多。计算结果说明复合方案（方案10）的节能效果为7.1%。

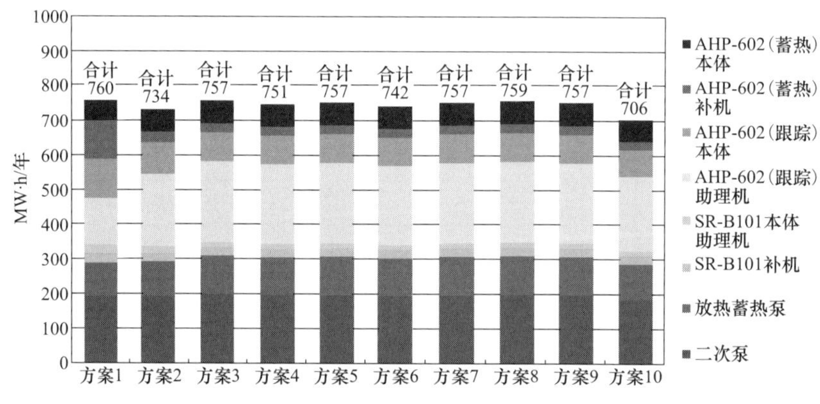

图2-55　全年用电量（包括不同设备）的比较

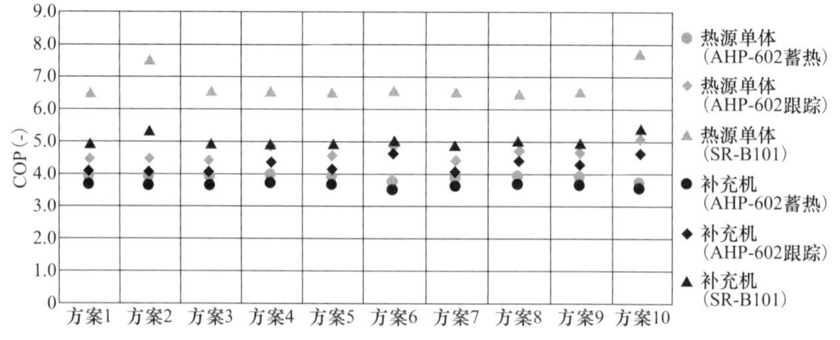

图2-56　年平均热源COP的比较

根据以上计算说明，现场运行可实施中间期提高冷水供水温度，变更SR冷却水下限温度，改变热源泵下限频率等改善运行的措施。

6. 不同用途不同部门运行的数据分析、评估

（1）用水量的分析。

1）给水量。

图 2-57 表示不同部门给水量的比率，图 2-58 表示不同月的变化。在全年比例中，厨房占 28%，生活热水占 21%，病房占 19%。从不同月的变化看，生活热水，加湿要求在冬季 3—12 月使用量增加。

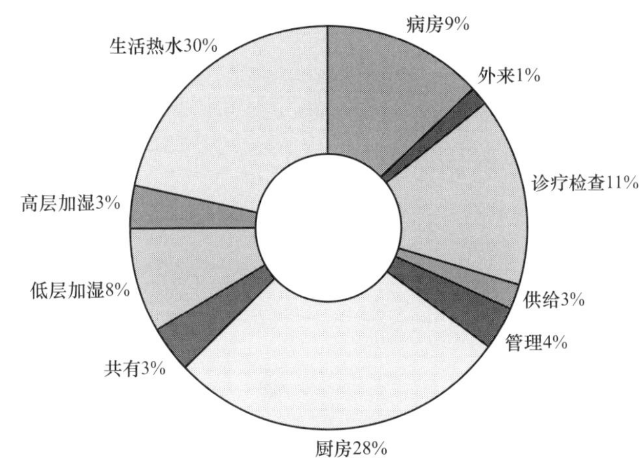

图 2-57　用水量构成比

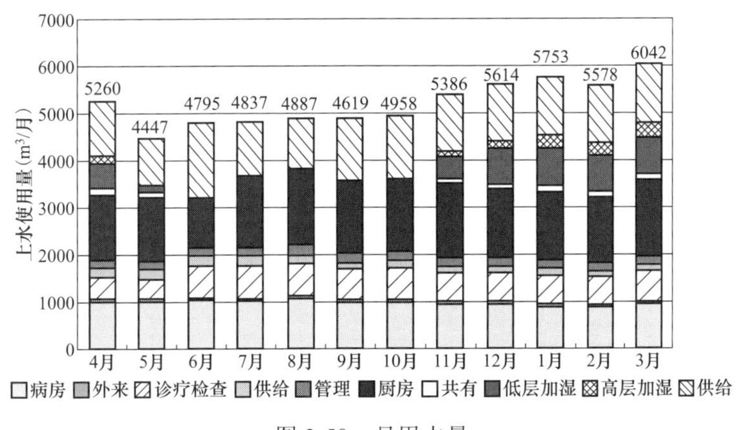

图 2-58　月用水量

2）杂用水。

图 2-59 表示再利用水使用量的月变化。夏季（7、8 月）和冬季（1、2 月）再利用水的比率提高，该结果与空调冷凝水量增加和夏季制冷机组散水后的回收量增多有关。杂用水占再利用水的全年比例平均为 57%。

3）生活热水量。

生活热水量计测时分为住院、厨房和其他三类。全年比例，住院部使用量为全年平均的 47%，厨房使用量为 40%。图 2-60 表示不同月的变化，住院部季节不同使用量的差

距较大，冬（12 月）的使用量是夏季（8 月）的 1.7 倍。厨房全年使用量几乎不变。每床每月的生活热水量为 91L/（床・日）。

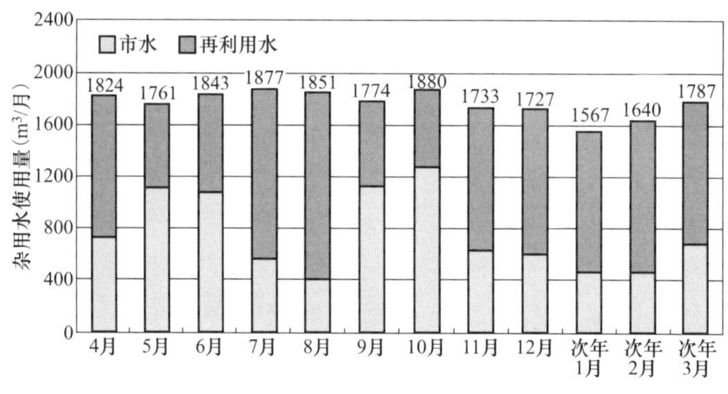

图 2-59　月杂用水量

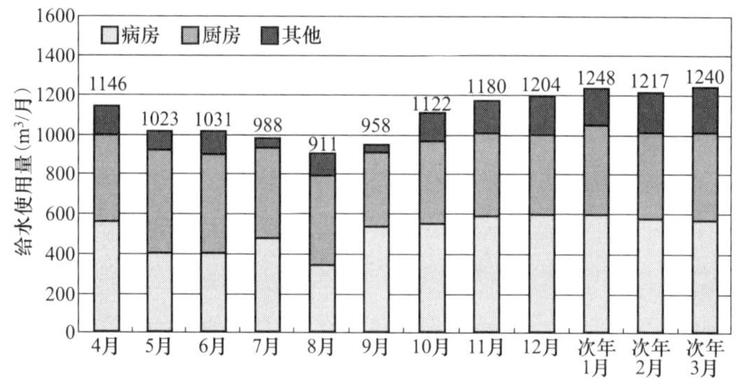

图 2-60　月生活热水用量

4）用水量。

图 2-61 表示 2015 年的全年用水量，市政水占 87%，再生水占 13%。杂用水占全部用水量的 32%，对杂用水的上水补给占全年用水量的 19%。图 2-62 表示每床・每日的用水量。近年来，综合医院的平均值约为 750L/（床・日），K 医院用水量为 547L/（床・日），约比设计标准低 27%。

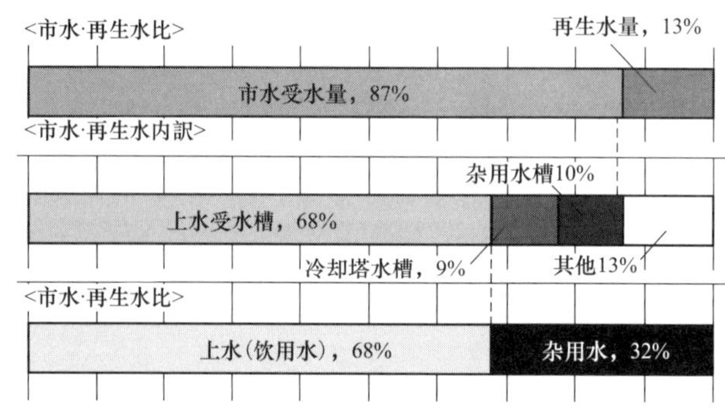

图 2-61　全年用水量构成比

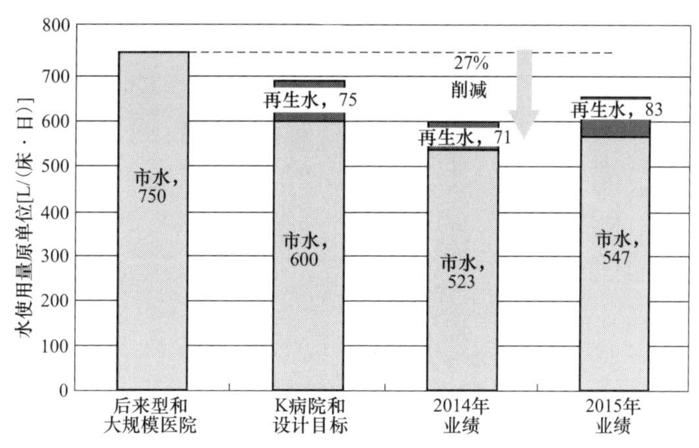

图 2-62　每床每日用水量

（2）用电量的分析。

1）用电量、最大电功率。

图 2-63 表示用电量，最大电功率不同月的变化，用电量、电功率最大时是夏季的 8 月，全年夜间用电量的比率是 38%。

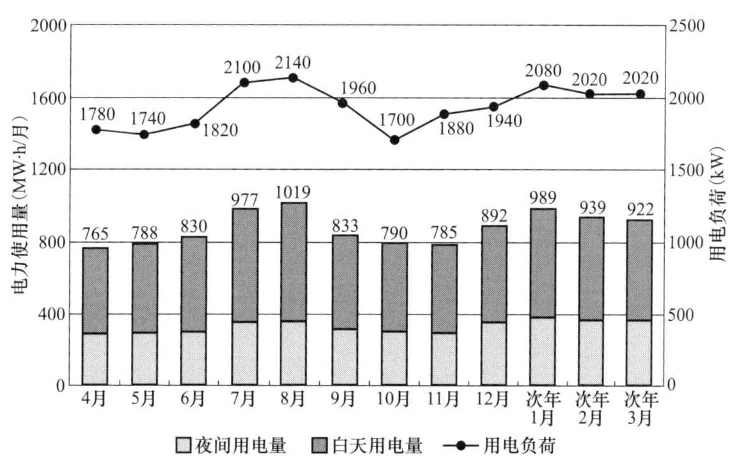

图 2-63　月最大用电负荷、白天夜晚的用电量

2）不同用途的用电量。

图 2-64 表示不同用途用电量的逐月变化，热源空调季节不同的变化很大，但其他用途的变化不大。全年不同用途的用电量的比例从图 2-65 可知，热源空调最大为 36%，次之照明、插座为 33%，插座中含有住院部 130 台房间空调器的耗电量。

3）不同部分的用电量。

图 2-66 表示不同部门用电量逐月的变化，图 2-67 表示全年平均值。不同部门的占比每月几乎不变，门诊和住院比例大。门诊和住院部季节的变化也比其他部门大，是全部用电量每月变化的主要原因。热源、生活热水用量根据各部门的负荷分摊。

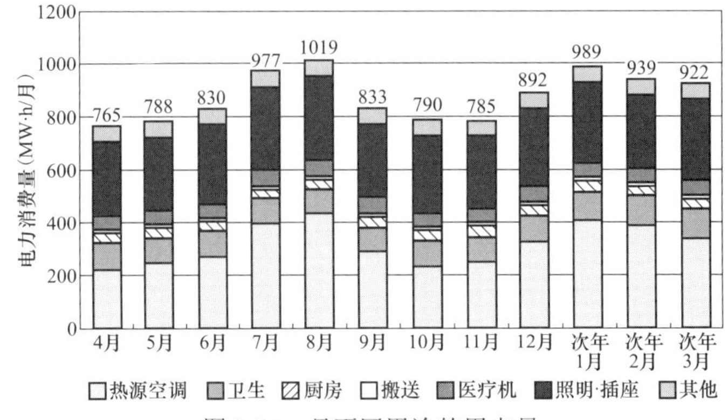

图 2-64　月不同用途的用电量

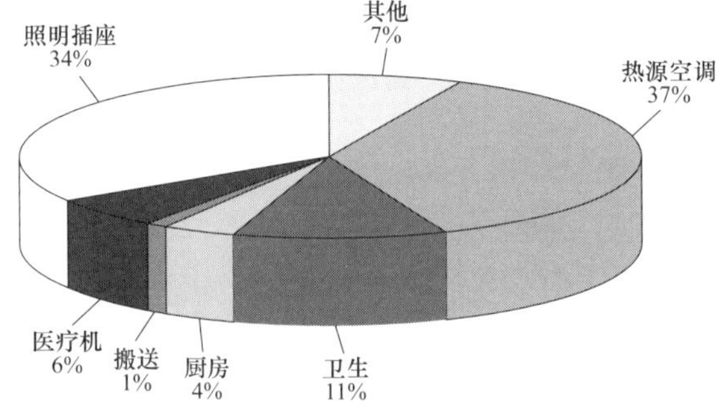

图 2-65　全年不同用途用电量的比例

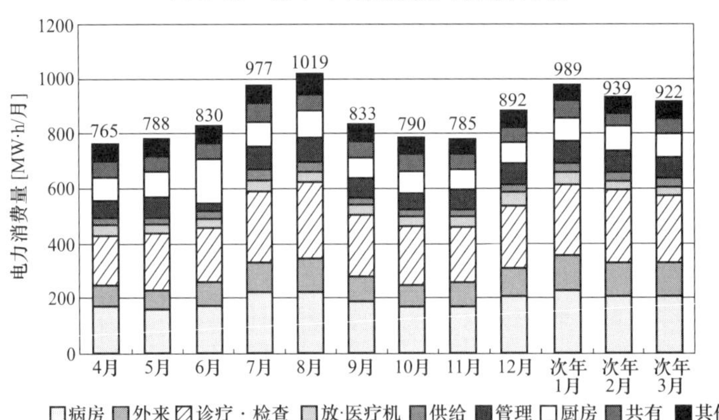

图 2-66　月不同部门的用电量

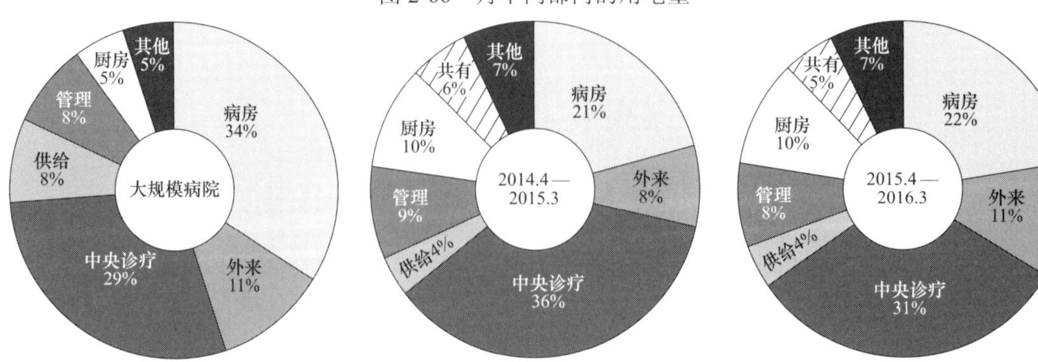

图 2-67　全年不同部门用电量的比例

与大规格医院的调查结果比较，住院部的用量较小，主要原因是住院部采用分散式空调的效果（空调不需要时停机时运行时间最小化，输送动力降低）。

4）全年一次能耗。

图 2-68 表示一次能耗，2015 年比大规格医院能耗降低 37%，比 2014 年也减少 13%，主要原因是采取了节能措施和改善了运行方式。

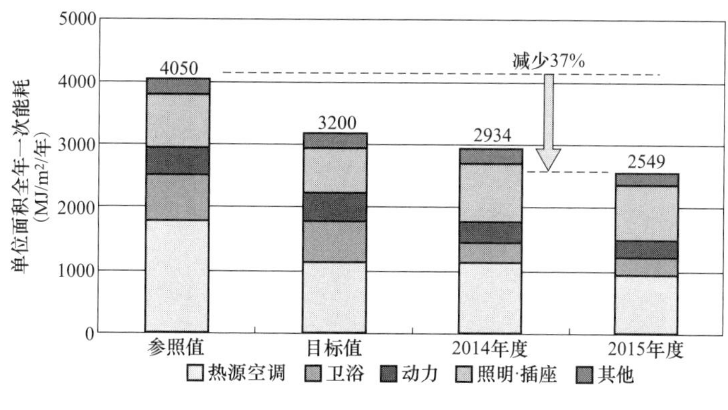

图 2-68　全年一次能耗

第 3 章 绿色能源站智慧化

3.1　能源站智慧化

3.1.1　能源站智慧化定义

能源站智慧化是通过对能源站物理和工作对象的全寿命期量化、分析、控制和决策，提高能源站价值的理论和方法。因此，能源站智慧化既不是一个项目，也不是一个软件或系统，而是一种理论和方法。这一理论和方法研究的对象是能源站的物理对象和工作对象，其方法是从整个寿命周期出发研究如何对其进行量化、分析、控制和决策。

建设能源站智慧化就是在智能供能的基础上，通过供能与其他产业的融合延伸，形成循环经济，提高能源和资源的利用率，承担更多保护环境和服务社会的功能，不仅可以成为能源站参与市场经济的资本，也是新时代生态环境建设和经济社会发展对能源企业的要求。

能源站智慧化指广泛采用云计算、大数据、物联网、人工智能等新一代信息与通信技术，集成智能的传感与执行、控制和管理等技术，具有一定的感知能力、学习和自适应能力、行为决策能力，与智能楼宇相互协调，达到更安全、更环保、更高效、更经济的能源站。

3.1.2　建设能源站智慧化的意义

能源智慧化，就是以能源系统为核心纽带，构建多类型能源互联网络，即利用互联网思维与技术改造传统能源行业，实现横向多源互补，纵向“源—网—荷—储”协调，能源与信息高度融合的新型能源体系。其中，“源”是指煤炭、石油、天然气、太阳能、风能、地热能等一次能源和电力、汽油等二次能源；“网”是指涵盖天然气和石油管道网、电力网络、冷温水管道网等能源传输网络；“荷”和“储”是指代表各种能源需求和存储设施。实施“源—网—荷—储”的协调互动，实现最大限度消纳利用可再生能源，实现整个能源网络的“清洁替代”与“电能替代”推动整个能源产业的变革与发展。“互联网+”智慧能源就是能源生产“终端”将变得更为多元化、小型化和智能化，交易主体数量更为庞大，竞争更为充分和透明。通过分布式能源和能源信息通信技术的飞跃进步，特别是交易市场平台的搭建，最终形成庞大的能源市场，能源流如信息流一样顺畅自由配置。

3.1.3　能源站智慧化的结构

能源站智慧化体系架构应由智能设备层、智能控制层、智能管理层三部分组成。

1. 智能设备层

智能设备层是能源站智慧化的底层，应利用先进的智能测量传感技术，将能源站设备各关键状态参数及其他信息直接数字化，并实现高效处理和智能传输，为智能控制及智能管理奠定数据基础。

宜采用智能传感设备、智能检测设备、超声波冷热量检测设备、无线通信与智能网络设备等相关设备。

宜采用现场总线技术实现智能设备（装置）信号与控制室内的自动装置之间的数字式、串行、多点通信。

宜采用能源在线测量、冷温水温度场测量、烟气及重要参数测量等智能测控技术实现能源站设备关键参数的实时测量与传输。

2. 智能控制层

智能控制层是能源站智慧化的中间层，连接了智能设备层与智能管理层，应采用智能优化控制算法及智能控制策略，实现机组各工艺过程及运行参数临界点的智能控制，适应末端对负荷控制的要求，确保机组在不同条件下达到最佳运行状态。

宜包括智能自启停控制、台数优化控制、环保优化控制、报警控制、自动变频控制、适应智能管网的站网协调控制等功能。

3. 智能管理层

智能管理层是的顶层，应以三维虚拟、数据共享、大数据分析为基础，以资产高效利用为目标，实现对全能源站设备资产数字化、可视化、智能化的监控与管理，以及运营管理各环节的智能预测、智能分析、智能诊断、智能决策。

宜包括基建智能管理、运行智能管理、设备智能管理、物资智能管理、安防智能管理、经营智能管理、办公智能管理等功能。

3.2 能源站智慧化故障检测及诊断

3.2.1 故障诊断意义、目的、方法、评价

1. 故障诊断意义

供热、空调设备和系统是为建筑服务的，但与建筑寿命相比，设备和管道的使用年数约为它的1/3～1/2。建筑物竣工之后，通过维护保全工作，使设备和系统维持初期的设计性能，随着使用年限的增长，由许多设备、装置、材料和零部件构成的供热空调系统产生了不同程度的物理性能劣化现象，出现了如下问题：

（1）室内环境低于设计标准，用户不满并投诉。

（2）管道设备漏水。

（3）机器故障频率增高，维修费增加。

（4）能耗增多。

（5）不具备维修空间或更换设备的必要条件。

随着城市现代化，管理自动化，供热空调社会化、商品化和人民生活水平的提高，已建的供热，空调系统可能不能满足用户的要求；已建设备的性能在节能、节省空间和人力方面，在安全性能方面相应低于新开发的产品；也可能不能适应新颁布的法规要求，如臭氧层保护政策对氟利昂制冷剂的限制，如节能法、防治公害法、有关锅炉和压力容器的法规等。供热空调系统产生了不适应社会发展的问题。

图 3-1、图 3-2 分别表示空调、通风系统和设备的物理性能劣化的原因。

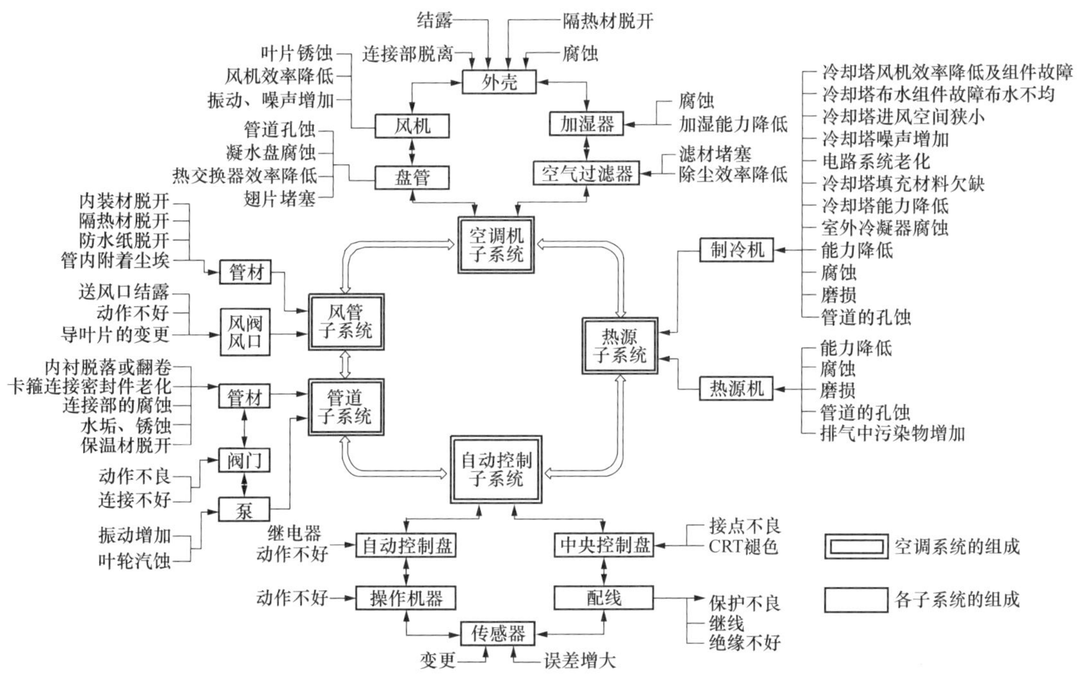

图 3-1　空调系统和子系统物理性能劣化的原因

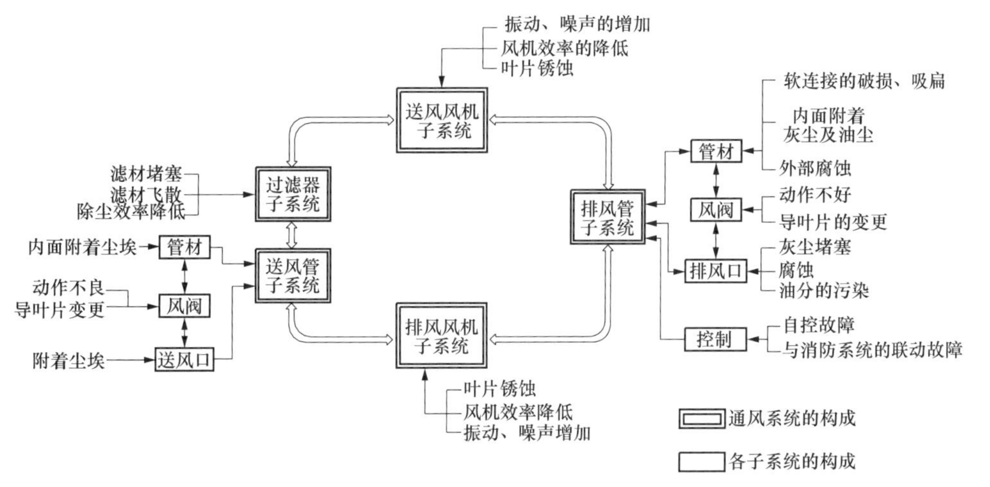

图 3-2　通风系统和子系统物理性能劣化的原因

图 3-3 表示已建空调、通风系统不能适应社会发展的要求。①不能适用用户变化的

要求：如办公设备增加使室温增高；如各用户要求分室控制；如休息、下班后继续工作对空调的要求等。②相应于新开发的高性能设备而言，已使用设备的能力偏低：如与节能系统比较，成本偏高，竞争力较差。③为了保护臭氧层，必须限期更换氟利昂。④不能适应法规变更的要求。

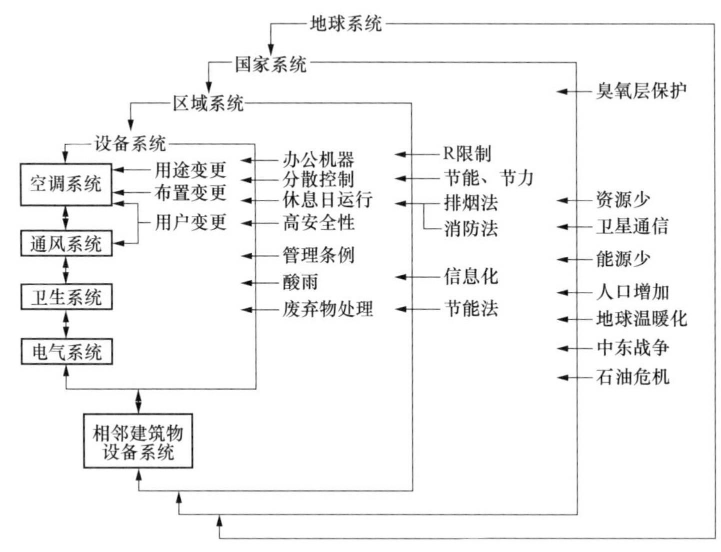

图 3-3　空调、通风系统与社会发展的差距

2. 故障诊断目的

故障诊断目的有以下三个：

（1）了解和掌握供热空调设备和系统的现况，进行物理性能劣化（腐蚀、磨损状况）的诊断，性能劣化（机器性能和运行性能）的诊断，并对室内环境（温度、湿度、尘埃及 CO_2 浓度和气流等）进行调查，找出性能变化的原因，推算出设备的寿命，为完善设备的维护保全计划，为设备的维修，改造更新提出指导性意见。

（2）了解和掌握供热空调系统当前的能耗、运行费，分析能耗和运行费偏高的原因，提出降低运行费用，管理费用，节能和节省人力，保障安全供冷（热）的措施。

（3）了解现代化要求的提高对供热空调系统的影响。如前所述，通过维护保全的努力，竣工后 20 年内，能使设备和系统的性能满足用户的最低要求，但为了满足现代化社会对设备提出的更高要求，应该通过诊断，提出相应的维修、更新改造内容（见图 3-4）。

3. 故障诊断方法和评价

（1）诊断流程（见图 3-5）。明确诊断目的后，应对必要的项目进行诊断，但为了有效地进行诊断，首先要进行预备调查，了解事故和不合理的情况，充分地掌握设备的现况，在此基础上，编制诊断计划书。一次调查以观察和咨询为主，对于采用上述方法不能评价的部分，则采用更高级别的二次诊断（详细调查）方法。

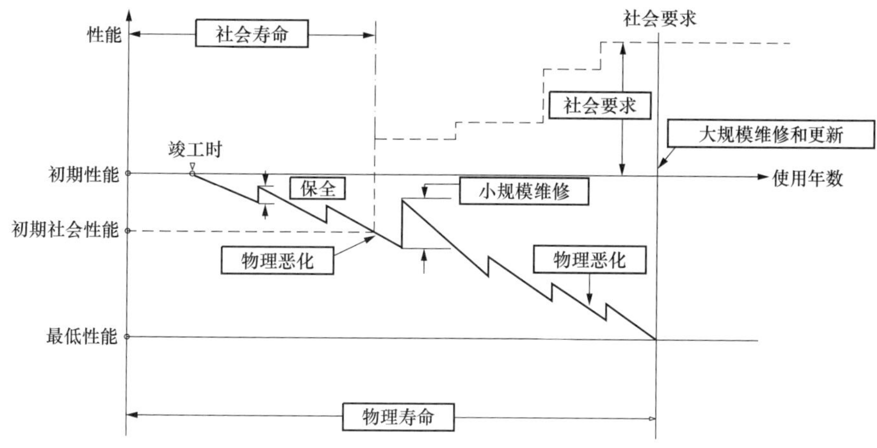

图 3-4 系统性能劣化和更新改造

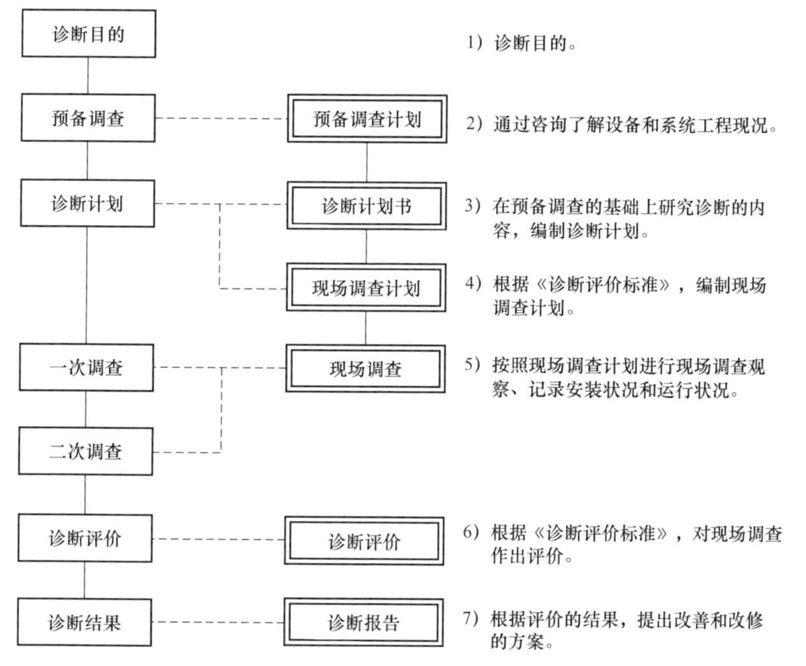

图 3-5 诊断流程

（2）预备调查。向维护管理人员了解如下问题，用户的要求，设备不合理运行的程度，现况设备的概要等，还要通过竣工资料、运行记录和法定检测记录等大致上掌握设备和系统的现况。之后的调查按照“预备调查计划”进行。

（3）诊断计划。诊断评价内容：①性能劣化诊断：机器：零部件更换、购置的难度，劣化现象的程度，性能降低的程度。零部件：腐蚀、变色、变形等劣化现象的程度，机械性能状态。②安全性能诊断：是否符合现行法规的规定，安全指标是否失效等。③环境性能诊断：各环境因素（温、湿度，光，声，保健卫生等），工作环境和各设备机器的整合。④节能性能诊断：采用节能技术的状况，能耗的现况。

在编制诊断计划书时，应充分研究预备调查的结果，并描述以下所述事项：诊断目的、对象概要、调查内容、调查方法、诊断体制、诊断时间、评价标准和诊断费用等（见表 3-1）。诊断费用包括完成以上工作所需的人数、日数、材料费、损耗费、养护费、安全费、调查费、诊断费等。

表 3-1　诊断评价（以空调、热源设备、输送设备为例）

对象	设备	部位	检测项目	诊断方法	评价标准	措施	耐久性	次数	备注
制冷机（压缩式）	室内机	本体外观	腐蚀、损伤、漏水 噪声、振动	观察 听觉、触觉	没有明显的腐蚀、损伤和漏水 没有异常的振动、噪声等	补修 二次诊断			
		基础	损伤	观察	没有明显的损伤	补修			
		冷水	入口温度 出口温度 出入口温度差 水质	温度计，观察 温度计，观察 温度计，观察 置烧杯内，观察	17℃以下 设定值+1℃以下 样本值–1℃以上 浊度 10 以下	二次诊断 二次诊断 二次诊断 二次诊断			
		冷却水	入口温度 出口温度 出入口温度差 水质	温度计，观察 温度计，观察 温度计，观察 置烧杯内观察	33℃以下 38℃以上 样本值–1℃以上 浊度 10 以下	冷却塔诊断 二次诊断 二次诊断 二次诊断			
		压缩机润滑油	开度和电流值 油量 压力 冷却器出口温度 冷却器出入口温度差 油质	电流值，观察 油面计，观察 压力计、观察 温度计、观察 温度计、观察 油面计、观察	额定值的 105%以下 规定线的 95%以上 样本值的 95%以上 样本值+1℃以下 样本值+2℃以内 没有明显的污染	二次诊断 给油 给油 二次诊断 二次诊断 二次诊断			

（4）调查。根据预备调查的结果，对调查对象选择调查方式（一次调查或二次调查）。①一次调查：主要是观察或外观的调查，或对各种管理记录进行定性诊断。②二次调查：使用仪器进行调查，或根据分解检查、破坏调查等进行的定量诊断。

（5）诊断、评价。调查结果应清楚，明确。判断时应注意以下事项。①诊断方法的合理性和界限的明确化。②调查数据应是定量的或定性的。③由于是一个系统，各种设备之间关系密切，故数据应相互接近。④诊断必须客观，并应与所有者、用户、管理者进行充分协商。⑤诊断前应明确诊断的目的和各项目的重要程度。调查结果见图 3-6，要明确对设备、机器、材料等提出更新、补修、部分补修的意见，要推算它们的剩余使用年数，并提出运行维护保全方法。

根据调查结果的劣化程度和设备的性能要求，提出如下所示的改进措施：①必须紧急处理。②2～4 年处理。③5～10 年处理。④可使用 10 年以上。判断时，不只考虑物理性能的劣化，还要考虑社会要求的提高，即要进行综合的评价。

（6）诊断报告。诊断报告应有如下内容：

1）序言：简要地记载设备和系统的现况和诊断的目的。

2）诊断概要：描述建筑和设备概要，诊断时间和诊断人员。

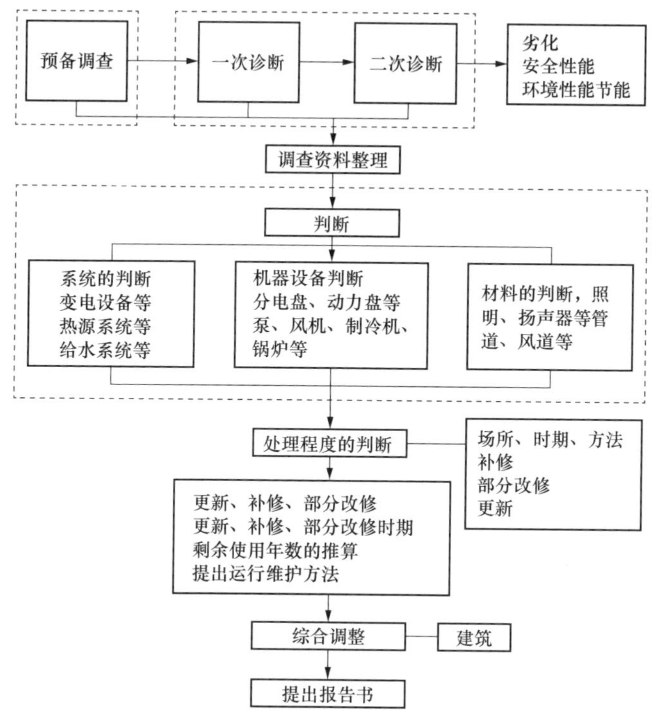

图 3-6　调查结果的判断

3）诊断结果：①综合意见：明确表示对诊断对象的各种设备的主要部分的诊断结论。由于空调、供热与电气、卫生设备和建筑物的内装修密切相关，因此必须从建筑物整体出发提出改造方案，并要考虑社会的进步，进行综合的评价。②改造方案：改造措施应涉及必要的设备系统，机器和材料，并要考虑今后的发展。③诊断计划：记载诊断项目，对象和调查方法以及诊断的结果。

3.2.2　故障检测与诊断的过程

图 3-7 表示能源站故障检测、诊断的过程分类。现场巡检是用微观分析方法进行故障检测的最基本的方法。从该图可知，故障检测还包括诊断和自动检测等。

1. 先兆、不合适、故障

本文所述故障不仅指一般的异常或不合适，而且还包括不合适的程度、不合适的形式等非常明确的异常诊断，并指出设备不能充分发挥性能的状态及原因。图 3-8 说明故障中的常用的术语。故障定义为以下两种类型，全故障：运行动作完全停止的状态；性能不全：性能处于完全不能发挥的状态；劣化：导致形成全故障或性能不全状态的恶化。不合适、异常、故障（全故障和性能不全）的直接原因，有系统级的故障（例如流量不足或风机过大）和设备级的故障（例如阀门全关或开关不全）。缺陷：导致产生以上故障的系统劣化的直接原因，例如热交换器的污垢致使系统不能达到设计值。诊断：说明检测设备或系统缺陷的过程。先兆：表示不适合、异常或缺陷存在现象的变化。

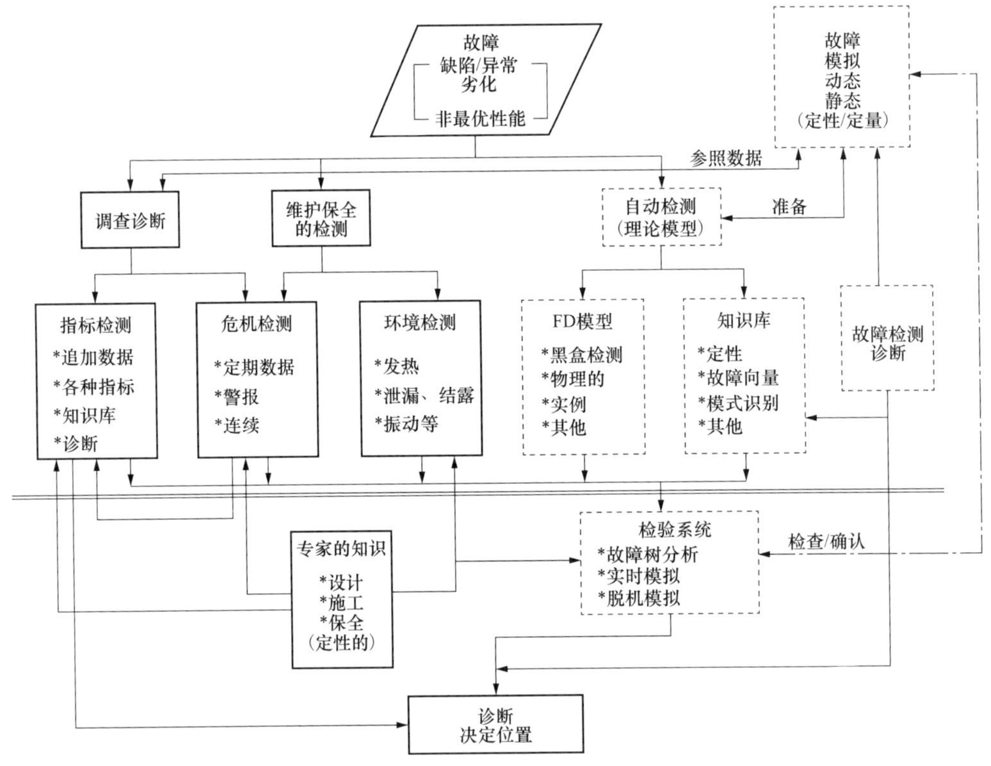

图 3-7　微观分析的故障检测诊断

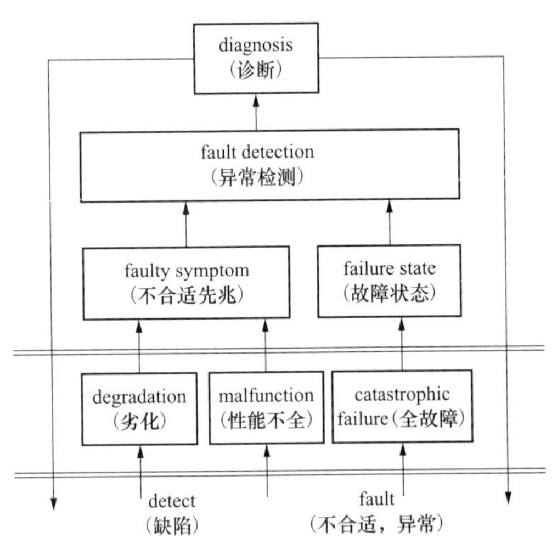

图 3-8　先兆、不适合、故障

在理解了以上术语的相互关系后，本文将故障检测简称为 FD，将故障检测、诊断简称为 FDD。

2. 故障检测、诊断的过程

故障检测诊断设备属设备管理人员、技术管理人员承担的宏观分析过程，包括维护管理人员承担的日常保全的故障诊断，设备管理人员、维护管理人员和调查诊断人员共同进行的调查诊断和将来随着技术不断发展而开发的自动检测诊断等三种类型。图 3-9 表示三类诊断过程的作用和相关性。

3. 自动检测、诊断

当日常保全检测故障较困难时，采用计算机并充分的发挥它的自动检测功能是最优的选择。但希望在计算机判断故障前就能在事前阶段检测出不合适的先兆，尽快地分析出原因和判断问题的场所。该过程不属于预防保全，而是接近预防保全的事后保全过程。

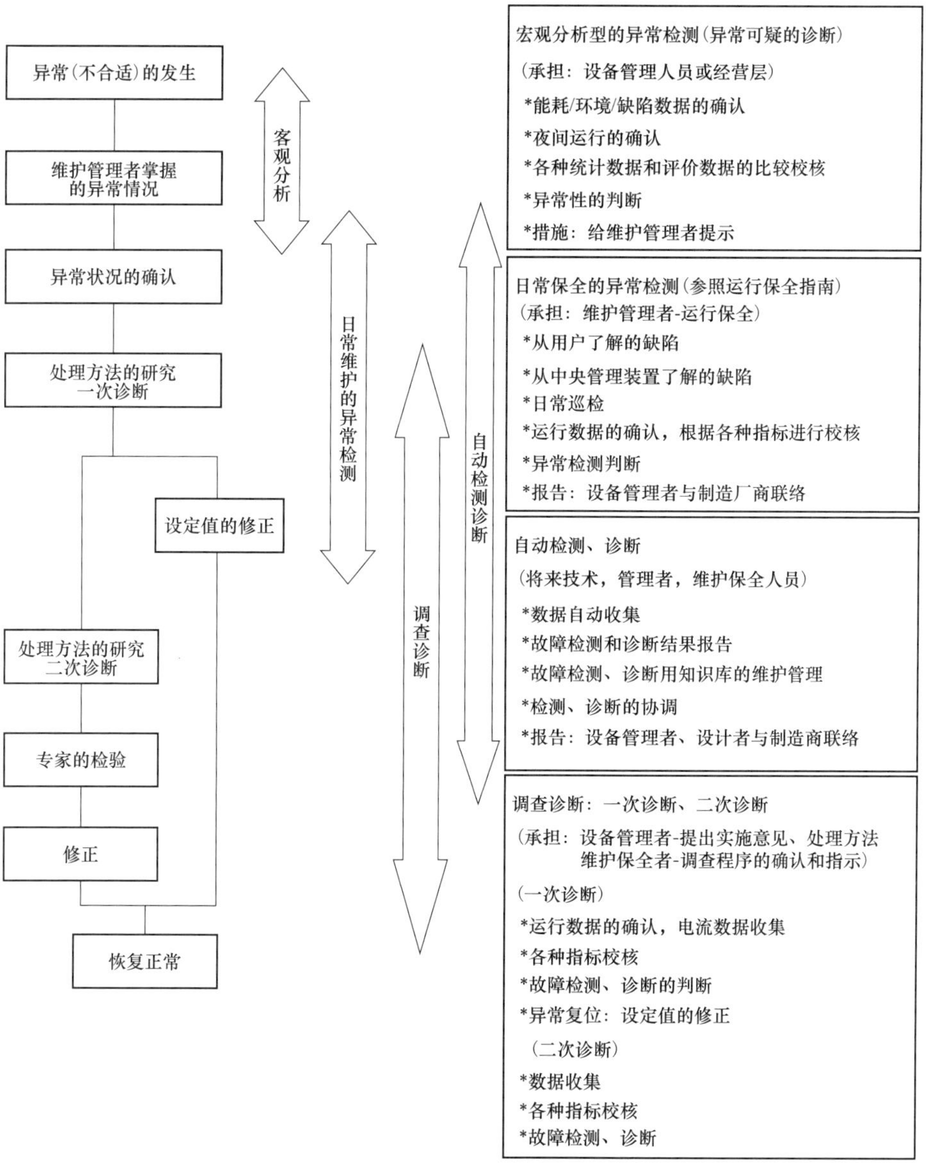

异常(不合适)的发生
维护管理者掌握的异常情况
异常状况的确认
处理方法的研究 一次诊断
设定值的修正
处理方法的研究 二次诊断
专家的检验
修正
恢复正常
客观分析
日常维护的异常检测
调查诊断
自动检测诊断
宏观分析型的异常检测(异常可疑的诊断)
(承担：设备管理人员或经营层)
*能耗/环境/缺陷数据的确认
*夜间运行的确认
*各种统计数据和评价数据的比较校核
*异常性的判断
*措施：给维护管理者提示
日常保全的异常检测(参照运行保全指南)
(承担：维护管理者-运行保全)
*从用户了解的缺陷
*从中央管理装置了解的缺陷
*日常巡检
*运行数据的确认，根据各种指标进行校核
*异常检测判断
*报告：设备管理者与制造厂商联络
自动检测、诊断
(将来技术，管理者，维护保全人员)
*数据自动收集
*故障检测和诊断结果报告
*故障检测、诊断用知识库的维护管理
*检测、诊断的协调
*报告：设备管理者、设计者与制造商联络
调查诊断：一次诊断、二次诊断
(承担：设备管理者-提出实施意见、处理方法
维护保全者-调查程序的确认和指示)
(一次诊断)
*运行数据的确认，电流数据收集
*各种指标校核
*故障检测、诊断的判断
*异常复位：设定值的修正
(二次诊断)
*数据收集
*各种指标校核
*故障检测、诊断

图 3-9　故障检测、诊断的过程和作用

（1）FDD 系统的构成。图 3-10 表示 FDD 系统的构成，从图可知，FDD 系统是根据对象的检测值判断对象是否正常或异常并确定异常的位置。检测和诊断分别用各自的级别表示其结果。检测和诊断的各子系统也是由具有相同结构的装置所构成。一般两者之间的信息共有，并通过控

控制输入
对象过程
故障检测
故障诊断
控制器
试验信号
故障有/无
故障位置

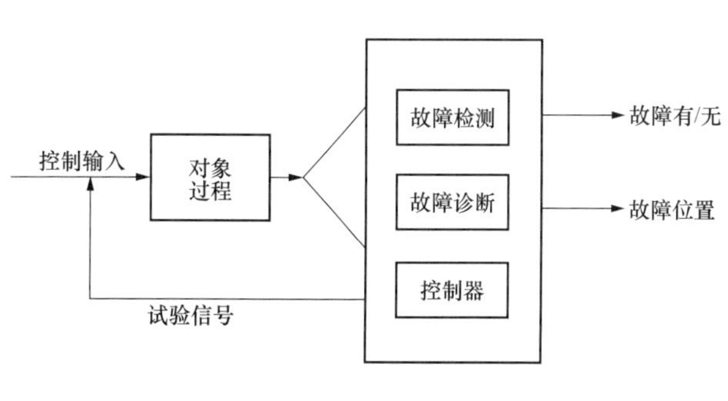

图 3-10　FDD 系统

制器变换试验过程中发出的信号。

FDD 两子系统同有的装置是如图 3-11 所示的预备处理器和分类器。前者是将检测值分成相应类型性能指标的最基本的装置并将其传递至后者。如极限器就属分类器。

（2）故障检测的方法。故障检测（FD）的依据是在能源管理系统中获取的温度、湿度、压力等系统变数的计测计量值。以计量值作为依据检测故障状态的方法大致分为两类，一类是在能源管理系统上以对话的方式展开的专家顾问系统，该系统通过日常管理操作中以运营管理人员操作与室内环境、能耗或效率的对话操作为前提，是宏观分析的检测方法。

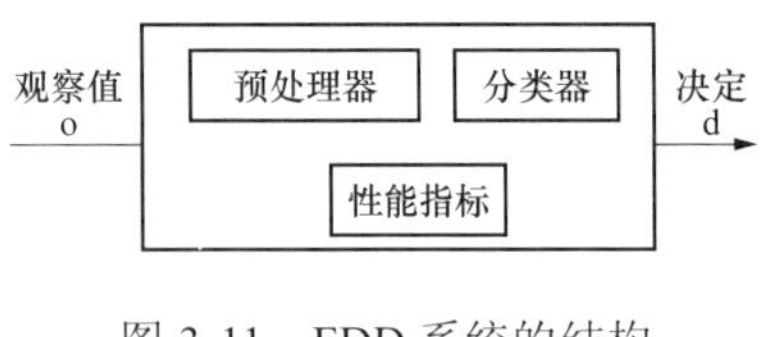

图 3-11　FDD 系统的结构

另一类方法是在 BOFD 最优化系统中加入的数理统计分析模型为基础进行的自动检测系统，在图 3-11 所示的预处理和分类过程中均通过自动地分析方法并将结果放置在画面或纸面上。这种自动检测目前已经实用化。

（3）故障诊断的方法。即使能自动地检测不合适先兆和故障，但却需要采用渐进法才能自动地判断不合适及故障的程度。

一般在现阶段没什么好方法自动地检测出故障的程度和原因，但目前能自动地整理出原因分析一览表。其原因是通过实验实测或设备系统的分析能够了解现象和原因的因果关系，并将许多法规的规定、原因和结果汇集至网络上，即汇集至知识库上。

因果关系的网络很复杂，不是单纯的树枝结构，有时表现的是循环关系或原因不明。在现阶段稳定的因果关系，实际状态可能会有差异，当约束条件或外扰发生变化时，因果关系可能发生变化，应在设备运行阶段发现新的规律。

4. 调查诊断

通过日常保全诊断和自动检测诊断有时也能推测出故障的原因，除简单原因之外，为了判断原因的场所则必须具备相当多的知识和经验。对于已经判断有问题的子系统或设备来说，也必须追查故障发生的原因。为了使不合适场所恢复正常工作状态或为了提出最好的改造方法也必须对设备进行现场调查和对竣工图纸进行检查，将这样的诊断称为调查诊断。

调查诊断分为一次诊断和二次诊断两类，前者基本上是从维护管理技术人员或设计、施工人员那里调查出来的，诊断的工具是通过能源管理系统得到的各种数据，并可通过中心的检验系统进行分析。二次诊断是具有专门诊断技术的人员所进行的诊断，原则上在关键点必须增加计测装置。如果根据调查诊断的结果制定了恢复正常工作的方案及进行了成本分析后则可提出改造实施方案。

5. 故障诊断技术

（1）管道性能变化诊断技术。

1）X 线摄影的方法。该方法采用的装置是携带式工业用 X 线发生装置，从管道的外侧进行 X 线摄影。因此，可在不停水的条件下对管道进行调查。这种方法的特点如下：

a．属非破坏性检查，在不断水的条件下它可进行诊断。

b．由于调查时不要求切断管道，因此不存在伴随调查而产生的第二次破坏的担心。如管道劣化程度更严重，或发生锈堵塞管道的现象等。

c．由于通过视觉就能够掌握劣化状况，故表现力强。同时还保存照片等记录，故说服力强。

d．通过对照片的图像分析，能得到定量的腐蚀量等数据。

e．调查费用比以往的抽检法便宜。

f．使用于各种管材（钢管、铜管、氯乙烯衬里钢管和不锈钢管等），适用于不同的用途。

g．装置较大，仅携带用X线发生器就重约15kg，在摄影时还受到空间的限制。

h．受到辐射线法规的限制。故应加强作业管理，同时还要设定摄影时的禁止出入的区域（周围约5m的范围），并仅由有资格的摄影人员承担这项工作。

采用以下公式计算管道的残存寿命，在其他的诊断技术中也采用该式。此外，利用极值分析的统计方法也是一种能求出残存寿命的方法。

$$U=Y\{(T/h_{max})-1\} \tag{3-1}$$

式中：U为残存寿命，年；Y为使用年数，年；T为标准管壁厚（见表3-2），mm；h_{max}为最大腐蚀深度，mm。

表3-2　标准管壁厚

腐蚀形态	连接方法	T
全面腐蚀	焊接	$t/2$
	螺纹连接	t_1
局部腐蚀	焊接	t
	螺纹连接	t_1

注　T为标准管壁厚（mm），t_1为螺纹部基本厚度（mm）。

2）超声波厚度计测定方法。超声波厚度计测定方法是一种从管道外面测定被腐蚀管道壁厚减少状况的方法，测定时不断水也能诊断管道的优劣状态。但传感器（超声波的信号发生、信号接收）必须与检测管道的外面接触，并要除去保温材料和油漆，管道表面还必须用砂纸磨光。图3-12表示测定的原理，由于利用了超声波的反射机理，因此对于孔蚀应力腐蚀形成的裂纹，沟状腐蚀或接头部等不是直管段的地方，测定时非常困难。

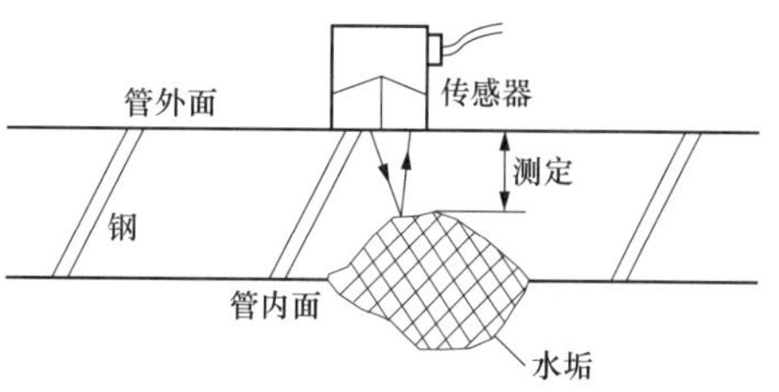

图3-12　超声波厚度计的测定原理

过去，预先在管外面将测点布置格子状，并

标上记号，并用手工方法对每个测点进行测定，但测定比较粗糙，精度较差，数据处理量大。最近开发了自动巡回检测装置（传感器自动的沿着管外面连续走行的成测定装置），并利用计算机自动处理数据。因此与以往方法比较，精度高、时间短，且能自动的计算出管道的残存寿命。

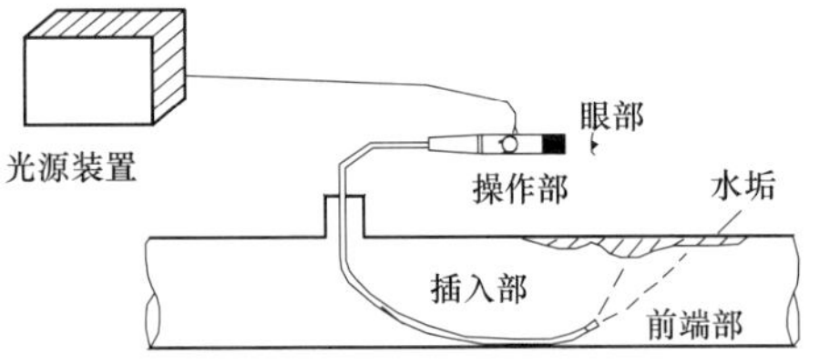

光源装置
眼部
操作部
水垢
插入部
前端部

图 3-13　内视镜测定方法的概念图

3）内视镜测定方法。内视镜又称为纤维式观察器，与医学上使用的胃镜相似，图 3-13 表示内视镜测定方法的概念图。这种方法是在断水的条件下测定调查管道内部的性能。纤微观察器的前端（有光源）插入至管道内，从外部用眼观察管内的状况。插入部分是一根挠性管，通过操作部的控制杆使前端部上下左右弯曲。对于公称直径 20mm 的管道仅有 2 个以下的弯头部分就能插入。该检测装置的规格：插入部的长度为 3～12m，插入部的标准外经为 1.8～20mm，根据检测管道的尺寸选择相应的装置。

检测前，首先排除管内的水，然后从可能的拆卸的水龙头口或与机器的连接部等处插入纤维观察器的前端部。但仅从以上的地方插入内视镜，其结果是限制了调查测定范围，必要时，应拆掉一部分管道。此外，在眼观察部分可安装相机，当将它与电视机连接之后，则能记录优劣状况。

（2）电功率的简易检测和诊断。电力管理不只是用电设备的管理，还包括使用电量的管理。必不可少的测定计和电力管理的方法是使用掌握至末端设备电力消耗情况的钳式电流计进行的用电量的管理。不停止设备运行，利用钳式电流计的传感器，能够检测出设备消耗的电流。所谓用电量管理指的是计算出单位时间（用电时间）内用电量（Wh）和平均电功率（W）的方法，从图 3-14 可以清晰地看出用电的状况。

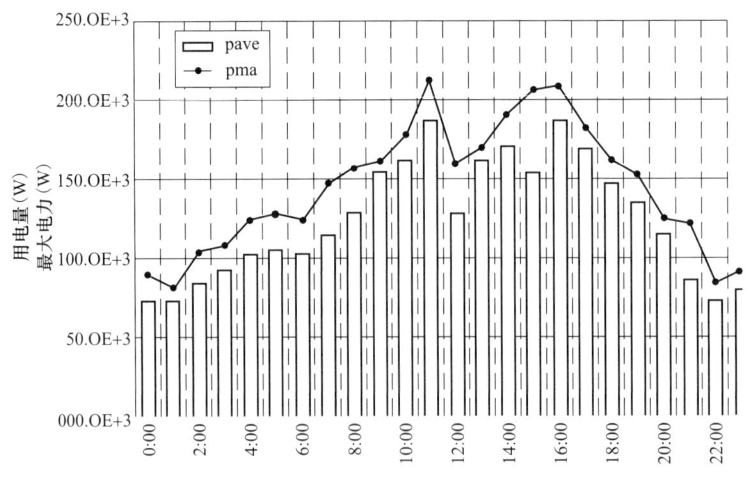

图 3-14　用电量的管理

钳式电流计是进行用电量管理的重要检测仪器，图 3-15 表示测定方法。用电量管理的重要内容之一是在规定用电时间内的平均用电功率不要大于合同电功率，为此，必须掌握规定时间内的平均用电功率和最大电功率。钳式电力计具备用电量管理的处理功能（见图 3-16）。现在市场上销售的钳式电流计还具有变频功能，图 3-17 表示变频器的入出力波形，可在更大的频率范围内测定电流值。

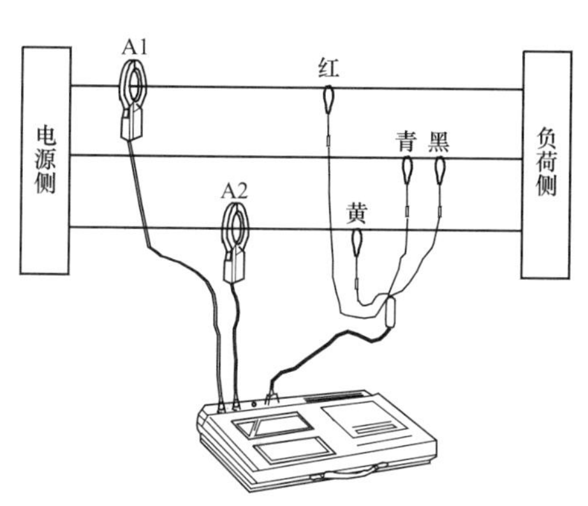

图 3-15　三相三线的测定方法

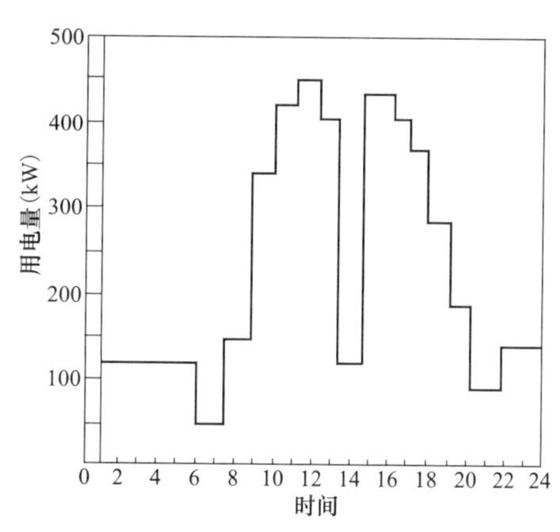

图 3-16　一日用电量的变化

表 3-3 为夏季 3 个月内写字楼空调设备的平均电功率变化状况。从表中可知，平均耗电功率随空调的设定温度，室外温度和室内温度的变化而改变。通过对测定数据的分析，该写字楼采取的节能措施是控制运行时间和控制运行温度，节能的效果见图 3-18，从图可知，节能率约为 15%。

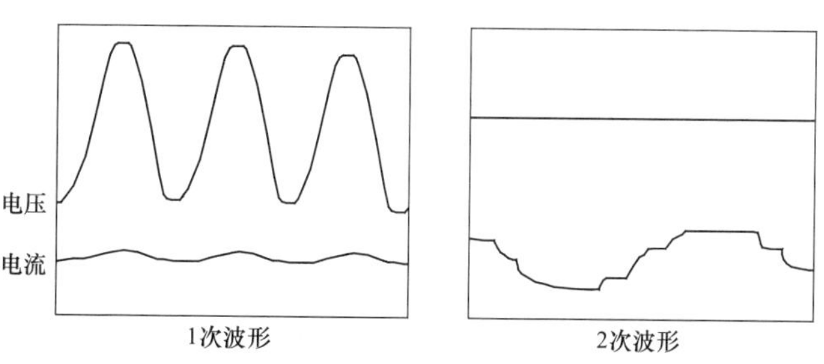

图 3-17　变频器的入出力波形

表 3-3　　空调耗电功率和室外温度的关系（设定 23℃，连续运行）

室外温度（℃）	平均耗电功率（W）	室外温度（℃）	平均耗电功率（W）
16	596.4	22	1246.3
18	780.5	24	1610.6
20	955.7	26	1932.0

（3）采用电动机的负荷控制方法。一般采用监测电流的方式了解电动机的负荷。但从图 3-19 所示的电动机的特性曲线可知，这种方法是有条件的。图 3-20 表示负荷的种类和特性曲线。当电动机的负荷大于额定负荷的 75%时，负荷与电流成比例关系，监测电流是有效的。但以往对机械设备的电动机负荷率（与额定负荷之比）关心的不够，实际上，负荷率小于 50%的电动机占的比重较大，为此必须引起注意。

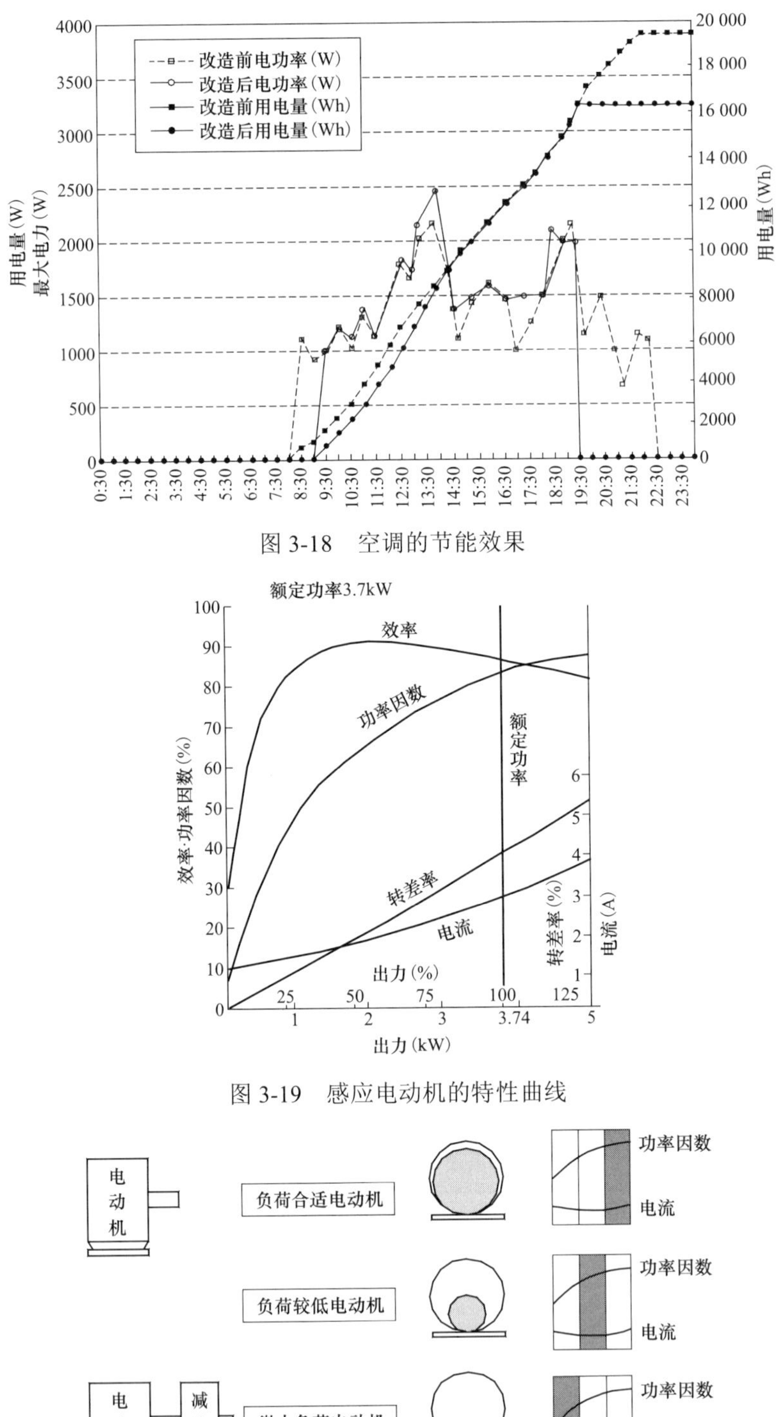

图 3-18 空调的节能效果

图 3-19 感应电动机的特性曲线

图 3-20 负荷的种类和特性曲线

在低负荷或微小负荷范围内，功率因数变化十分明显，因此，采用监测加权了功率因数的有效电功率（$P=UI\cos\varphi$），则能掌握低负荷的变化情况。润滑状态不好往往使电动机很难运转，使机械设备发生故障或运行不良。监测有效电功率能发现电动机运转不良的原因，即能使故障为零，使工作条件达到最优化。

采用监测电动机负荷方式诊断的机械设备有：以交流电动机为驱动源的所有机械设备，以直流电动机为驱动源的机械设备。总之，对于随着负荷的变化而改变的机械设备都是有效的。如水泵，风机等均可作为诊断对象。

图 3-21 表示负荷监测的原理。最初“零”原理指的是，任何运动最初的速度都是“零”，电动机也是从“零”到额定值，起动电流是额定电流的数倍，伴随着冲击使电动机开始运行，当然，冲击会破坏机械设备脆弱的部分。电压控制的软启动使电动机从零开始的动作安全可靠。“额定负荷”的原理指的是正常运行设备的电动机的有效电功率波形，可使用负荷测试器进行监测。“异常负荷”的原理指的是，当机械设备出现故障或运行不良时，负荷波形偏离额定状况，进入异常状况。有两种类型，故障时多为过载负荷形，不良时多为低负荷形。负荷监测装置的特征是通过负荷监测器监测负荷的变化，判断设备的故障或不良的问题，保障设备正常运行。图 3-22 表示与三相电动机的连接方式。采用负荷检测器监测设备的状态，诊断和实现最优化运行的概念见图 3-23。以往的设备诊断是通过诊断发现至故障前的二次现象，但现在监测表示能量信息的负荷变化，从而使工作条件、润滑和质量实现最优化。此外，以应力增加作为诊断的依据，达到防止重新发生故障的目的。

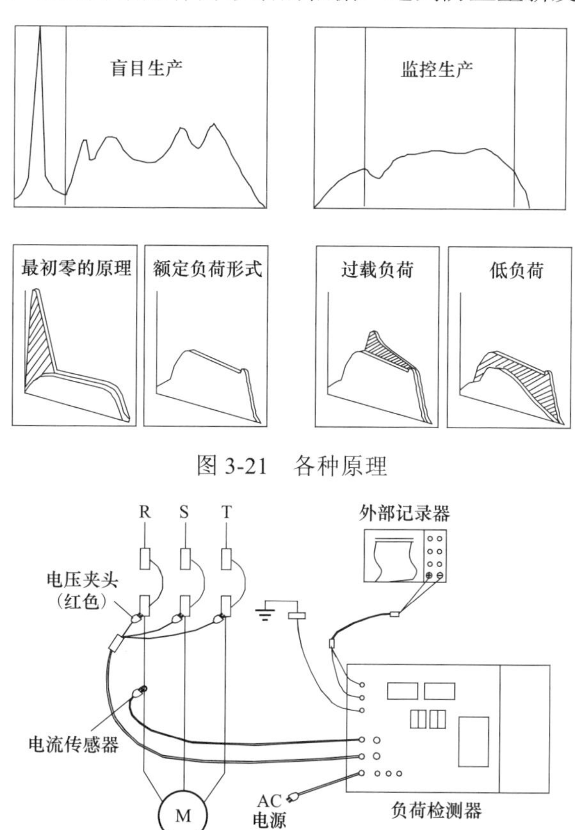

图 3-21　各种原理

图 3-22　三相电动机的连接方式

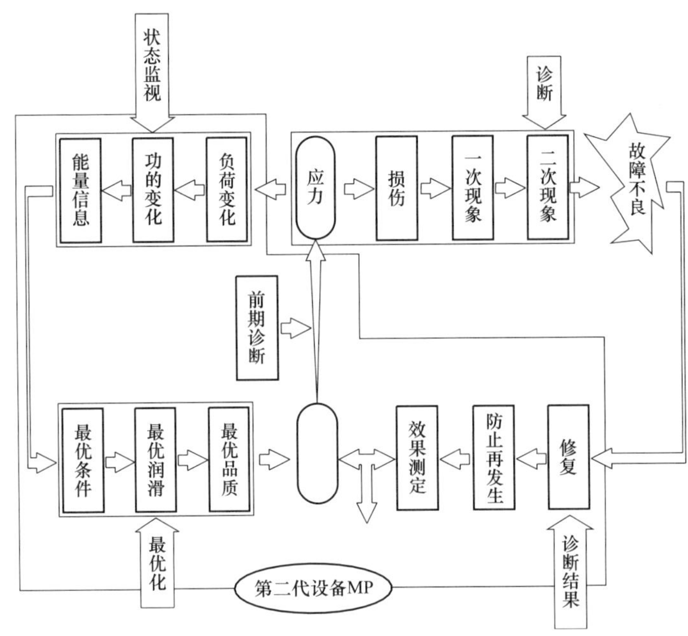

图 3-23　采用负荷监测器监测设备状态，最优化和诊断的概念化

3.2.3　空调系统故障诊断与模拟

1. 故障诊断的主要内容

故障诊断的对象包括建筑物的能源消耗状况、围护结构热工性能、空调系统、照明和动力系统以及变配电设备等所有与建筑物用能相关环节的测试和分析，为顺利开展节能诊断，业主方应提供表 3-4 中的各项资料。

表 3-4　　故障诊断各项资料

类别		内容要求
建筑物的基本情况	建筑专业施工图	建筑设计总说明（建筑物功能、建筑面积、空调面积、高度、层数、人数、机构设置、建筑年代、地理位置等）
		建筑平面图、立面图、剖面图
		建筑门窗表、建筑外墙及屋面做法
	电气专业施工图	电气专业总说明（含光源说明、照明设备清单及负荷计算）
		供配电系统图
		各层照明系统及平面图
	暖通专业施工图	采暖、通风、空调系统设计总说明（含主要设备表及技术参数）
		采暖、通风及空调系统原理图
		空调系统的锅炉房、热力站、冷站、泵房、冷却塔等的平、剖面图
		各层采暖、通风及空调系统平、剖面图

续表

<table>
<tr><th colspan="2">类　别</th><th>内 容 要 求</th></tr>
<tr><td rowspan="2">建筑物的基本情况</td><td>给排水专业施工图</td><td>给排水设计总说明（含主要设备表及技术参数），给水系统原理图，给水系统平、剖面图</td></tr>
<tr><td>改造记录</td><td>以上各项实施改造的详细记录、图纸</td></tr>
<tr><td rowspan="4">运行管理数据</td><td rowspan="2">运行记录</td><td>各类耗电设备的运行策略及详细运行记录</td></tr>
<tr><td>燃气、燃油、燃煤设备的运行策略及详细运行记录</td></tr>
<tr><td rowspan="2">计量记录</td><td>各类能源和资源的年消耗量、逐月消耗量及其收费标准</td></tr>
<tr><td>分项、分区的电、水、冷/热、燃气、燃油耗量计量记录</td></tr>
</table>

既有建筑往往存在资料遗失或缺项的问题，特别是能耗分项计量记录基本没有，在这种情况下就需要有各专业人员参加诊断、进行测试和计算分析，结合业主方提供的原始资料和诊断方的测试分析结果，完成一份完整的既有建筑故障诊断报告，应包括如下内容：

（1）建筑概况与能耗现状。

1）建筑基本信息。

建筑名称、地址、建造年代等；

建筑面积、高度、体形系数、窗墙比；

不同功能房间各自的面积；

标准层平面图；

建筑外形照片。

2）设备系统基本信息。

绘制空调系统原理图（水系统、风系统）；

空调系统设备列表（冷热源、水泵、空调箱、风机盘管）；

绘制蒸汽系统、生活热水系统原理图；

用热设备列表（洗衣机、烫平机等）；

电梯设备列表；

照明灯具列表。

3）用能现状。

年建筑总能耗（电、燃气、油、热力）；

代表年逐月能耗（如有历年数据记录更好）；

分系统电耗比重饼图（空调、电梯、照明、给排水、通风、其他）；

空调系统各设备电耗比重饼图（冷机、冷冻泵、冷却泵、采暖泵、空调箱、风机盘管）。

（2）负荷需求合理性诊断。

1）围护结构现状和问题。

现有外窗的类型（玻璃层数、窗框材料）；

更换高性能窗带来的节能效益。

2）局部热扰的处理。

蒸汽或电热设备的排热量和去向；

如此部分热量进入空调区，分析多浪费的空调冷量。

3）全楼风平衡分析和新风分配情况。

各楼层和区域的新风量分配（是否满足健康要求）；

全楼总新风量；

全楼总排风量；

总新风量和总排风量的关系。

（3）冷热源设备诊断。

1）冷冻机效率测试。

给出冷机运行策略（供冷季开始、结束时间、各台冷机的运行时间、冷机和冷冻泵、冷却塔的对应关系）；

典型工况下的冷冻机 COP（注意同时测量冷却水状态，便于校核能量平衡）；

根据运行记录统计的各台冷冻机在供冷季的逐时 COP（曲线图）。

2）锅炉热损失测试。

锅炉的散热损失的测试数据；

通过补水量分析凝结水回收情况；

计算减少热损失能节省的燃料量。

3）冷却塔效率测试。

冷却塔效率测试数据；

如效率偏低找出原因并计算改进后由于冷机 COP 提高能产生的节能效果。

（4）输配系统诊断。

1）冷冻水流量分配。

冷冻水集水器各分支的回水温度的测试数据；

如某一支路水温始终偏高，并且用户投诉夏季偏热，则测试该分支水量，核算冷量是否满足要求；

判断总流量偏小还是各分支水流量分配不均匀。

2）水系统压力分布。

读取压力表数值（注意高度修正）绘制冷冻水、冷却水系统压力分布图；

判断各段阻力是否合理，并找出阻力偏大部分的原因。

3）冷却水系统形式检查。

如属于开式系统，计算改为闭式系统冷却泵的节电量。

4）水泵效率测试。

冷冻泵、冷却泵的运行效率（不同水泵开启台数）的测试结果；

水泵工况点偏离情况和效率偏低的原因；

给出合理的水泵参数，分析换泵并进一步采用变频调速技术的节电效果。

（5）空调及通风系统诊断。

1）空调末端情况和典型房间温度。

某一时段典型房间（办公室、宾馆客房、商场售货区）不同朝向温度分布的测试数据；

某一时段典型房间同一朝向不同进深位置的温度分布的测试数据；

有投诉（风口噪声、吹风感、冷热不匀）的房间的空调末端风量、风温的测试数据；

分析是末端装置堵塞或不能调节的问题还是空调分区不合理的问题；

末端设备的情况数据，是否做回风段、吊顶回风空间高度、吊顶空间是否做分区隔断、风管漏风状况、风管与送风口是否有软连接、连接是否严密；

末端设备的工作状况数据，送风温度、回风温度、送风速度、供回水温度及温差、阀门开启状况、电磁阀工作状况、传感器工作状况、传感器的温度偏差。

2）高大空间温度。

大厅、会议室、餐厅等高大空间人员活动区温度和空调箱总回风温度连续一段时间的测试数据；

判断气流组织是否合理；

分析采用控制调节手段后的节能效果。

3）风系统情况及压力分布。

新风、回风、排风调控是否合理；

送风风量调节是否适当；

空气热回收是否需要；

全新风运行能力的状况及是否有该设备；

风井内的新风与排风是否短路漏风；

对典型空调箱（总新风机组和部分全空气系统空调箱）各段绘制风压分布图；

判断各阻力段压降是否合理；

找出不合理的阻力段，分析原因并给出解决方案及带来的节能效果。

4）风机效率测试。

空调箱风机（选取部分有代表性的）实际运行工况点和设计工况点的偏离情况；

风机运行效率的测试结果；

风机效率偏低的原因（皮带松、过滤器堵等）；

分析风机风量减少的可能性和节能潜力。

5）通风系统。

厨房、车库、库房等的排风机运行工况；

通风系统节能潜力分析（开停控制、分档控制、根据污染物浓度控制）。

（6）照明和其他用电设备的诊断。

1）照明用电现状和问题。

各类光源所占比重；

更换节能灯后的照明节电量；

通过照明分区控制、减少白天开灯的照明节电量。

2）其他主要用电设备节能。

根据饮水量和电开水器耗电量之间的比较，分析电开水器的节电潜力，并给出具体节电措施；

根据办公或其他人员办公设备的使用习惯调查，分析待机能耗的数量，并给出具体节电措施；

分析当前电梯的控制方式，分析采用智能控制技术可带来的节电潜力。

3）供配电系统节能。

判断变压器是否为节能型产品；

测试变压器的负载率和功率因数，提出提高变压器效率的措施和节电潜力。

（7）监测与控制系统。

1）监测与控制系统节能诊断应包括下列内容：

集中采暖与空气调节系统监测与控制的基本要求；

生活热水监测与控制的基本要求；

照明、动力设备监测与控制的基本要求；

现场控制设备及元件状况。

2）现场控制设备及元件节能诊断应包括下列内容：

控制阀门及执行器选型与安装；

变频器型号和参数；

温度、流量、压力仪表的选型及安装；

与仪表配套的阀门安装；

传感器的准确性；

控制阀门、执行器及变频器的工作状态。

（8）综合诊断。

1）公共建筑应在外围护结构热工性能、采暖通风空调及生活热水供应系统、供配电与照明系统、监测与控制系统的分项诊断基础上进行综合诊断。

2）公共建筑综合诊断应包括下列内容：

公共建筑的年能耗量及其变化规律；

能耗构成及各分项所占比例；

针对公共建筑的能源利用情况，分析存在的问题和关键因素，提出节能改造方案；

进行节能改造的技术经济分析；

编制节能诊断总报告。

3）其他问题和专题研究。

参考已实施的改造案例，判断有无类似问题；

根据业主或物业管理单位要求进行的专题研究。

2. 异常检测、诊断流程和模型化

系统的异常检测和诊断一般分为异常发生的“检测”阶段和异常发生原因的“诊断”阶段。图 3-24 表示异常检测的基础是信息，根据信息数据判断异常。诊断指的是诊断方法的选择。

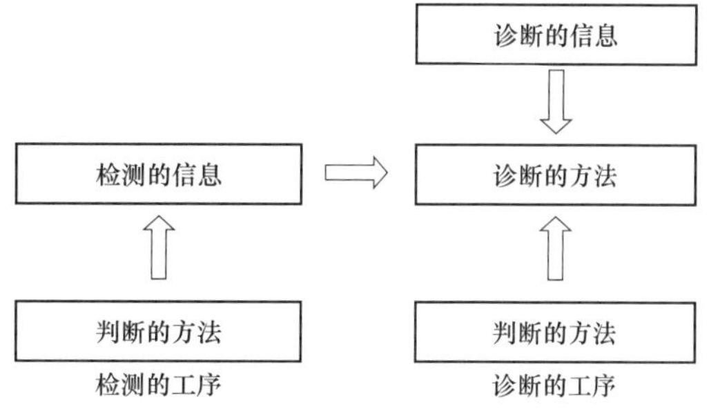

图 3-24　异常检测的基础

（1）检测的信息。检测的信息指的是空调设备的监测系统中计测、监测的温度、流量的变化和热源、泵启停状态的异常检测，根据计测值计算出热源夜晚变化率和热泵 COP 值，并以此作为检测信息的指标值，计测值和指标值是易于获得的监测数据。以下所述的是与系统特性有关的有效信息，若只有计测值和指标值，没有了解系统的管理者，异常检测和诊断是不可实现的。

开发用模型表示构成系统各设备特性检测异常的方法是十分重要的，检测方法大致分为定性的模型化方法和适量的模型化方法，使用时可分为以下两类。

1）模型输出值：以正常状态下模型的温度等输出值（输出预测值）和实际的计测值的差异作为检测信息。

2）模型参数值：以系统运行各阶段的设备模型的参数值（特性预测值）的变化作为检测信息。

以模型输出值（输出预测值）和模型参数值（特性预测值）作为检测信息的方法。

- 相关关系式（设备的输入输出的相关）
- 特性模型（用数式表示设备的特性）
- 定性模型（模型化设备的定性特性）
- 物理模型（模型化设备的物理特性）
- 时间系列模型（ARMA、ARX 模型等）
- 模糊逻辑模型
- 网络模型

（2）诊断的方法。检测异常后，分析原因的诊断方法有定性诊断方法和定量诊断方法。定性的诊断方法分为专家系统方法和定性模型方法。

定性的诊断方法：

1）专家系统诊断方法：数据库内存有异常因果关系的症状和原因的关系，是一种根据现在的症状诊断异常原因的方法。

由于专家系统是通用的工具，故需要掌握诊断前必要的检测信息的计测值、指标值、模型输出值、模型参考值等。该系统是由有获得上述检测信息值和检测系统异常的检测部分和自动地异常检测诊断系统构成。但由于检测异常部分基本上与专家系统的诊断部分是独立的分开的，故检测方法应根据用途而定。

2）定性模型诊断方法：由于利用了设备输入条件的变化与输出结果变化之间的关系，即使有异常，系统仍是稳定的，当输入条件或输出结果没有变化关系时，采用单纯的定性模型很难进行诊断。定量的诊断方法：由于模型化定量了构成系统的设备的输入和输出关系，故能以数值检测模型输出值和模型参数值。此时不必分为检测阶段和诊断阶段，可以同时进行检测和诊断。

图 3-25 表示蓄热式空调系统热泵侧定量的诊断方法，热泵出口设定温度 7℃，设定入口温度 12℃，出入口温差 5℃，在正常的运行状态下，出入口温度保持不变，是一种很单纯的关系，建立模型定量化热泵入口和出口正常关系。实际运行时，即使很正常，蓄热时，热泵入口温度低于 12℃，相应的出口温度也低于 7℃，但由于过程很简单，故不予考虑。

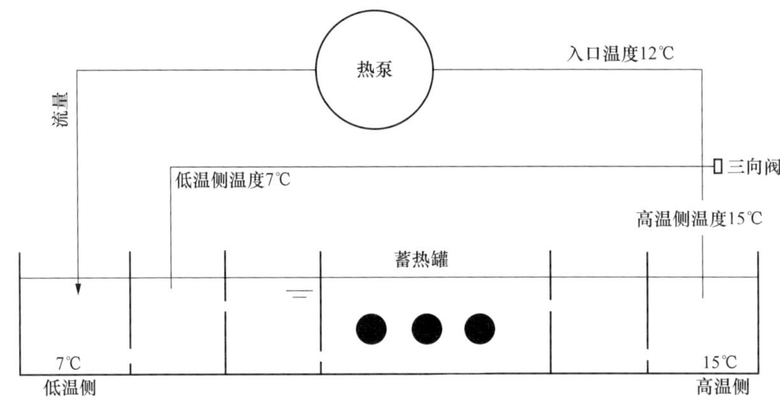

图 3-25　蓄热式空调系统的热泵侧系统构成和诊断流程

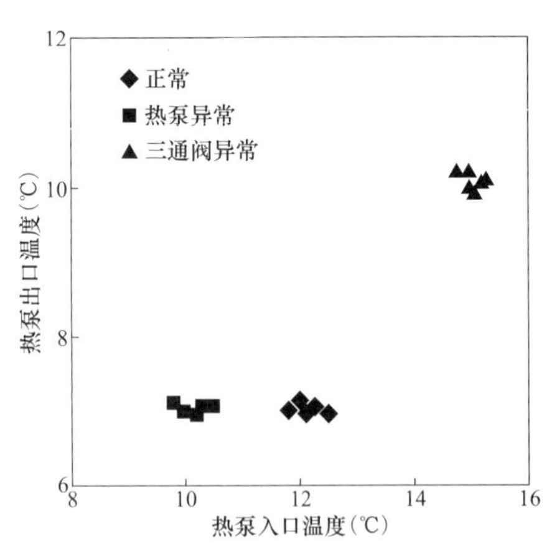

图 3-26　正常、异常状态相对应的热泵出入口温度的定量关系

图 3-26 以◆表示各时间的热泵入口和出口温度的不同状况的分布，出口温度靠近 7℃时，入口温度在 12℃的数量少且离散，为了保持 7℃出口温度，采用入口三通阀进行出口温度控制。此时，为了适应室外气象条件的变化，入口温度在 12℃左右。若热泵发生异常，出入口温度差比设定值 5℃低，当为 3℃时，则控制出口温度为 7℃，在图 3-26 中用■表示热泵入口温度和出口温度的分布。当入口三通阀发生异常时，三通阀固定在槽的高温侧的位置。此时热泵入口温度约等于 15℃，出口温度上升值 10℃，图 3-26 中用▲表示它的分布。从该案例中可知，利用该图的异常状态和正常状态的离散范围即能同时进行检测和诊断。

（3）诊断的信息。在定性的诊断方法中，专家系统必须收集表示异常原因和结果的症状和结果之间因果关系的专门知识，在定性模型中，必须收集系统中每种设备输入和输出之间的定性信息。在定量模型诊断中则必须收集正常状态和异常状态的信息。

在定量的模型诊断方法中除收集、积累必要的正常、异常数据之外，还要预先掌握竣工试运行时系统状态不能达到正常状态的问题。

（4）判断的方法。异常检测时的判断方法，一般诊断方法采用定性模型法，检测时的判断方法采用定量的方法。在自动计测温度、流量等各种状态值时，信息大多是数值化的信息。在专家系统中自动检测较困难时，收集操作人员经验数据作为诊断依据。例如，对蓄热槽内的水质可采用数值化的信息，但也可利用该设备的异常声音作为定性的信息。

1）边界值判断方法：在定量的判断方法中最简单的是边界值判断方法，在过去的大楼管理系统中，当异常值作为监测信号时会发出报警，该方法与此相似。但在确定判断正常和异常的边界值还存在一些问题。例如，图 3-25 所示蓄热式空调系统热泵出口温度时，设定的三通阀出口温度控制值为 7℃，但该温度为 8℃时为异常，还是 10℃时为异常值是比较困难的，了解系统的人认为，若 8℃为正常，即上升至 10℃时会产生哪些问题即可设定边界值。但对不了解系统的人来说，很难设定正常和异常的边界，在研究异常检测诊断系统时，由了解系统的设定边界值十分必要的，同时，根据实际情况的变化进行调整也是必要的。

除此之外，在每 15min 监测热泵出口温度时还存在异常值发生频度问题，一般将连续 2 次以上的异常值判断为异常。即使为正常值监测信息值随着时间的变化而改变。例如，蓄热时蓄热槽高温侧终端槽温度如图 3-25 所示从 15℃下降，并低于 12℃，热泵入口温度也低于 12℃，同时出口温度也从 7℃开始下降，此时，设定的出口温度即使不是 7℃，但仍是正常状态。说明随着系统状态改变的检测信息值同时也要考虑与他相关联的其他检测信息值。

2）统计的判断方法：也是边界值判断方法，但该边界值是预设定的，根据实际运行统计后确定边界值，是一种以统计为基础的判断方法。

定量的检测信息值一般分布在平均值的附近。图 3-27 表示正常状态检测信息值分布在平均值为 0 周边的两个案例。一个分布在–1～+1 之间，一个集中在平均值的周边，从图 3-27 可知，用↓表示的检测信息值集中在 0.6 附近，从在正常状态的检测信息值分布较广的图 3-27（a）来看，即使在 0.6 附近也能说明在正常的范围之内，但从集中在平均值的图 3-27（b）来看，同样是 0.6 就不能明确在正常的范围内，说明分布特性对判断检测信息值是否在正常范围内有很大的影响。

考虑检测情报值分布特性的统计判断方法中，最常采用的是检测信息平均值的标准偏差 2 倍或 3 倍以上时即为异常。假定正常状态时检测信息值的分布为标准分布时是一种直观的方法。

诊断时的判断方法：从判断异常的检测信息中分析异常原因时，必须从许多原因中找出特定的原因。诊断方法有定性的方法和定量的方法，但两者的方法是不同的。

专家系统的定性诊断方法是根据异常原因和症状的因果关系分析原因，诊断定性方法，但在定性的诊断方法中的模型诊断方法有时也采用定量的判断方法。

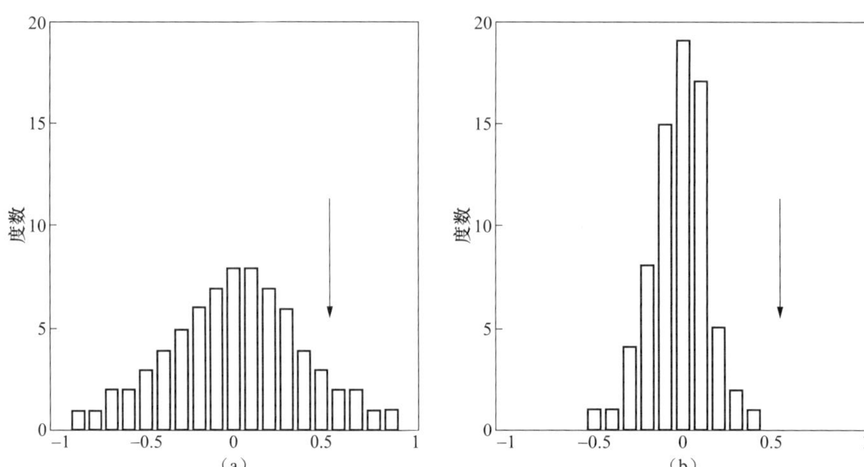

图 3-27　检测信息值的分布形状和定量判断的例子

诊断时的定量判断方法与异常检测时判断方法变化不大，但在异常检测时的判断基本上是检测信息值中的正常和异常二者中选择一个，在诊断时的判断时是从许多的原因中选择影响大的原因，二者是不同的。在边界值的判断方法中，重复很多异常原因症状的状态值（检测信号值）时，可能分析不出特定的真正原因，一般采用统计判断方法则能选择出真正的原因。

检测信息值为 1 项时采用一次元空间判断，如果能掌握各种原因检测信息值的分布状态，则能选择出准确率高的原因。也可能出现误判断，但可按照准确率高的顺序选择可靠性高的判断。

马氏距离（Mahalanobis distance）一般化距离：检测信息值有几个以上时，采用的是多次元空间判断，简单统计方法很难判断，应使用成为玛哈兰诺比斯一般化距离的统计距离的方法。

当将多个检测信息值作为成分定义为矢量时，确定多元次矢量空间上的状态点，形成正常状态和各种异常状态的组合。图 3-27 表现检测信息值为 2 项时的二次元矢量空间。比较某个状态点与各组合中心的距离判断正常状态或异常状态，同时还能判断异常的原因。一般检测信息值之间是相关的，仅是合成距离各检测信息值平均值是不合适的，此时，应求出距离由各检测信息值构成的主成分中心的距离，考虑各主成分的分散性后求出合成的统计距离。该统计距离称为马氏距离，计算过程如下：

某状态点 p 个参数 x_1，x_2，…，x_p 为标准化分布时，该变数矢量 x，平均矢量 μ，母分散・共分散行列 Σ 表现形式如下：

$$x=\begin{bmatrix} x_1 \\ x_2 \\ \vdots \\ x_p \end{bmatrix},\quad \mu=\begin{bmatrix} \mu_1 \\ \mu_2 \\ \vdots \\ \mu_\pi \end{bmatrix},\quad \Sigma=\begin{bmatrix} \sigma_{11} & \sigma_{12} & \cdots & \sigma_{1p} \\ \sigma_{21} & \sigma_{22} & \cdots & \sigma_{2p} \\ \vdots & \vdots & \ddots & \vdots \\ \sigma_{p1} & \sigma_{p2} & \cdots & \sigma_{pp} \end{bmatrix} \tag{3-2}$$

此时，按下式计算出马氏距离 D 的平方。

$$D^2=(x-\mu)^T\sum^{-1}(x-\mu)$$

马氏距离 D 是在正确率分布曲面上考虑了斜率后的距离，此外 D^2 与自由度 p 的 x^2 分布有关，属于有一个状态值的矢量空间。

以下表示采用马氏距离进行蓄热式空调系统的异常检测和诊断。根据分别模拟正常状态，二次侧二通阀故障时的异常状态（异常状态1），热源出口温度控制利用三通阀故障的异常状态（异常状态2）的结果，以槽内温度分布斜线的负比例为横轴，以最大温度差的平均值为纵轴，在二次元矢量空间上分别表示正常状态，异常状态1，异常状态2的分布范围，各种状态有重复的部分，因此，仅从分布范围上判断时，某个状态点可能是正常的，也可能是异常的，也不能判断是什么样的异常。在该案例中，由于母平均、母分散、共分散是未知的，采用的是正常状态，异常状态1、2的模拟得到的状态值的平均和分散、共分散。在各状态点，求出离开正常状态和异常状态1、2各自中心与马氏距离，判断它是否属于最近的组团范围。表3-5表示检测、诊断的结果。从该诊断结果可知，在状态点分布有许多重复部分时，采用马氏距离可以提高准确率。

表3-5　　基于马氏距离的检测、诊断判别性能

判 别 的 种 类	判别率（%）
在正常状态之外的异常状态1的比率	97.4
被判定为在正常状态之外的异常状态2的比率	97.3
判定为异常状态1、2时，能够区别异常状态1、2的比例	81.0

当某原因造成异常检测信息值处在标准分布的平均值周边时，即使坐标上距离相同，但离平均值的统计距离相对较远，分布较缓时具有较近的性质，即使许多原因分布重复时，也可选择出统计距离较近的原因，该统计距离能利用在视觉上不能表示的三次元以上的多次元矢量空间，因此，利用多个检测信息值诊断原因是非常有效的。

3.2.4 管网故障检测与模拟

1. 管网泄漏点定位方法

对管道泄漏点定位的方法分为基于硬件的检测方法和基于软件的检测方法。

（1）基于硬件的漏点定位方法。基于硬件的方法主要是依靠人工巡检或各种仪器检测的数据，依据物理和化学的原理来判断管道是否发生泄漏。此方法具有严重的滞后性，一般作为辅助手段来使用。包括人工巡检法、热学诊断法、声学诊断法、漏磁通诊断法、示踪气体诊断法、分布式光纤诊断法、激光诊断法、管道机器人诊断法。其原理及优缺点分析见表3-6。

（2）基于软件的漏点定位方法。基于软件的泄漏故障诊断方法是通过监测管网泄漏时的压力、流量以及温度等参数，利用其变化规律来进行泄漏故障诊断和定位。根据原

理的不同可以分为基于软件的基本方法、基于信号处理的方法、基于模型的方法和基于知识的方法。基于软件的故障诊断方法的原理及优缺点分析见表 3-7。

表 3-6　　基于硬件的漏点定位方法比较

方法名称	原理	优点	缺点
人工巡检法	依靠有经验的管道工人，通过看、听方法判断，补水量的检查，土地、地沟、管井观察及异常现象分析	简单实用	仅适用于地上管道，受主观因素影响大，时效性差，无法连续检测
系统压力诊断法	疑似漏水处前后安装压力表，水管内压降分析	简单实用	适用于地上管道，地下管道需开挖
热学诊断法	可通过检测管网周围环境温度的变化判断	—	成本高，测温仪器易损坏，不适合广泛普及
声学诊断法	管网发生泄漏时，工质流过泄漏点时会形成涡流，涡流与管壁和周围环境摩擦产生声波，通过传感器接收信号	定位精度高	成本高，若要提高精度，必须增加传感器个数
漏磁通诊断法	将管网磁化，检测磁铁通过管道时，由于泄漏处有漏磁现象，磁敏探头采集的管网漏磁信号经处理后可识别漏点	易于操作，价格低廉	精度不高，只适合较薄的管道
示踪气体泄漏检测法	当管网发生泄漏时，管道内的示踪气体由高压侧经过漏孔向低压侧流动	—	效率低
分布式光纤诊断法	将光纤传感器放置于管道内，根据干涉仪接收到的泄漏工质声波辐射相位的变化而定位泄漏点	可以实时了解运行管道状况，可以检测出微小泄漏量，灵敏性好	对旧管道重新铺设光纤施工量大且成本高，信号数据量非常大
激光诊断法	结合激光和超声波技术	高精度，高空间分辨率，高效率，强适应性	需与管壁接触或接近检测表面，且需用耦合剂
管道机器人诊断法	通过与机器人一体的传感器发出的信号确定其在管网内的位置	得到详尽管道损伤情况	设备昂贵，且需要停运，不适宜在运行管道上使用

表 3-7　　基于软件方法的漏点定位方法比较

方法名称	原理	优点	缺点
压力/流量突变法	管网进出口压力或流量变化较大时，会超出既定范围	原理简单，易于操作	仅适用于准静态、大泄漏低压管网，无法定位泄漏点，误报率高
质量/体积流量平衡法	基于质量守恒定律，正常工况下，管网输入和输出流量差值应在一定范围内	原理简单，易于操作	进出口流量变化存在时滞现象，检测精度低，时效性差，不能定位泄漏点
压力梯度法	正常工况下，管内压力曲线为直线，发生泄漏时，泄漏点压力突变，压力出线变为折线	操作简单	只适用于大流量泄漏故障
压力点分析法	通过监测管网测点压力的变化，与原来的对比来判断是否泄漏，由负压波到达监测点的时间与传播速度可计算得管段的具体泄漏位置	相应时间短、计算量小	需要大量原始数据，评估能力差，应用范围小
负压波法	利用泄漏声波在管输中的传播特性进行故障诊断	灵敏度高，无需建立数学模型，适用性强	不适用于微小缓慢的管网泄漏

续表

方法名称	原理	优点	缺点
统计决策分析	通过计算监测的管网进出口流量和压力之间的函数关系，判断是否泄漏	适应能力好，误报率低，计算简单	要求使用高精度的监测仪器，实际应用很少
基于状态估计的实时模型法	通过对管网内工质状态的模拟，获得非线性参数分布模型，将其线性化，最后预测系统状态	—	要求流量计的精度高，检测误差大，只适用于管网少量泄漏
基于系统辨识的实时模型法	在管网上施加激励信号，构建管网的无故障模型和故障灵敏模型，采用辨识法求解出特性参数，类比状态估计器模型法	—	算法复杂，响应时间慢，且对流量计的要求高
基于知识的方法	应用人工智能技术解决管网数据多和特性参数非线性的问题	可以通过调节权值和阈值提高检测率，降低漏报和误报率	训练数据无法从实际工况中得到，只能模拟，应用时具有很大的局限性

2. 管网泄漏点定位常用检测技术

（1）实时瞬态模型法。实时瞬态模型法是基于管道内流体可以精确得被模拟。通常它需要模拟许多管道参数（长度、直径、壁厚、管道走向起伏、粗糙度，泵、阀、地理位置）和流体性质（布格模量、粘滞系数、密度），一般通过数据采集与监控系统得到的数据来进行模拟计算。这种方法成本一般较低，可依赖于已有的数据采集控制系统。这种方法可以进行长距离的检测，并且可以提供一系列其他功能，诸如压力分布、模型预测等功能。主要的缺点是依赖于设备的灵敏度与精度性，对于瞬时信号、流速缓慢以及模型参数假设有误的情况下有着较高的误报和误差。再者，管道参数模拟的时候是基于无泄漏情况下进行的，因此有一定的遗漏。此外，这种方法对液体性质敏感，需要大量的数据，在模型参数随时间变化时会变得很复杂。最后这种方法的操作成本较高。较为成熟的系统有 RTTM LDS（Shaw et al.2012）。

（2）数据分析法。数据分析方法一般而言，我们可以首先通过滤波来降低噪声的干扰。不论其背后的算法有多不一样，数据分析法都要使用数据采集监控系统或者可编程序逻辑控制器、远程终端设备得到的数据。这里又可分为两大系统，一类是压力点分析，对一个定点的压力数据进行滑窗处理，利用 t 分布来判断压力是否有急剧变化，以此给出泄漏警报，这在稳态下非常有效。另一类是序贯概率比检验，通过计算有泄漏的概率与无泄漏的概率之比，当其达到一个阈值时则给出警报。这种方法的优点是成本也相对较低，误报率低，在瞬态与稳态情况下均有效，可以长距离情况下检测，可以测出泄漏的程度与位置，受背景噪声干扰较小。主要的缺点是依赖于仪器的性能，对小的泄漏的位置的精度性不高，在一段管道内无法区分多个泄漏点。另外在管网系统中，受限于仪器数目，检测效果一般不好。

（3）负压波探测。负压波是利用由泄漏处压力降低所产生的波，通过压力仪接收数据来进行检测。这与声波方法类似，但不完全一样。传统的方法是受限于有限带宽接通信，又由于泄漏的阈值与正常接近，检测效果不够理想。新的方法是提高了压力仪的敏感度，利用特定的算法进行分析，这种方法的效果有时非常好。此方法的优点在于安装成本低，对流体的参数不敏感，泄漏位置的测定很准确，检测时间短，不受背景噪声的干扰。缺点是需要高性能硬件，可能会遗漏缓慢发展的泄漏，有一定的误报率，管道上的仪器设备会有干扰。

（4）振动源声学定位检测。振动源定位的目标是利用振动源所产生的信号来追溯其位置坐标。这里的两个关键要素，一是振动源，二是位置。生活中振动源的种类非常多，对象的尺度跨越也非常大，从人声、气液泄漏、车辆移动等，到炮弹爆破、地震等。位置坐标也随着研究对象的不同而变换，其可以是目标对象（例如材料板、管道等）上的一个相对位置，也可以是地图上（如震源）的一个具体的经纬度数值。对振动源定位的研究具有广泛的应用价值与科学研究意义，例如管道泄漏检测、战场监测、地震预警、层析成像等。

振动源的定位，与其他的源定位（例如无线网络定位、广播定位、GPS 定位等）相同，包含三个要素：信号、检波器以及定位算法。一般过程是：由振动源所产生的信号通过介质的传播，被预先布置好的检波器所接收到。对采集到的信号进行预处理，代入定位算法中得到对振动源位置的估计。由于振动源种类的多样性与传播介质的复杂性，接收到的振动信号有着各自的特点，进而催生了许多不同的定位算法。

按源（不限于振动源）定位算法分类，总体有两种：一是直接算法，即利用所测得的信息直接估计位置坐标，而不需要从采集到的信号中进一步提取中间信息。从另一种角度来说就是通过对空间的搜索，找到一个点，使其能最好地符合或解释所采集到的数据（Weiss 2004）；第二种是间接算法，即在采集到包含位置信息的信号中，从中进一步提取信号的特征，例如到时、方向等，并以此为根据得到位置的估计。在间接算法中，根据所提取的信号的特征进一步可分两大类：到时（Time of Arrival，TOA）和到时差（Time of Difference of Arrivals，TDOA）；到达波方向（Direction of Arrival，DOA）。其中，第一种方法涉及计算振动源至检波器之间的距离，利用距离来约束振动源的位置估计，而第二种则是通过计算到达波的入射角度，通过方向来约束振动源的位置估计。

TOA 方法是利用波在介质中的传播时间（假设是单一传播路径，多路径效应很小），乘以已知的介质波速，得到源点与接受点的距离，则源点位于以该检波器为中心的球面上。然后利用多个检波器得到各自解的交集，定为源点。TOA 中需要已知所有检波器的位置，要求各个检波器以及振动源的时钟同步，并且需要振动源信号开始时刻的时间戳。

TDOA 方法区别于 TOA 方法，获取两个检波器间信号的到时之差，相对应的源的位置位于以该两个检波器为离心点的双曲线的一支上。传统的 TDOA 方法同样也需要知道检波器的具体位置。相比于 TOA 方法而言，不需要振动源信号开始时刻的时间戳，也不需要其时钟与检波器同步，因此 TDOA 比 TOA 更实用。

但在管线中 TDOA 一般只能是在两个热力竖井中安装，安装的位置受到很大的限制，常常难以获得定位所需的高信噪比信号。

DOA 方法通常需要天线式的检波阵列，通过计算到达波与检波阵列之间的夹角，从而估计出源点相对于该检波阵列的方位角。进步通过多组检波阵列，得到振动源的位置。

该方法中一般要求震源到检波阵列的距离远大于检波阵列的口径，从而入射到阵列的波前近似为平面波，即远场检测。

上述两类方法均可以抽象成对应的信号特征与位置之间的一个非线性方程组（Zekavat and Buehrer 2011），因而振动源的定位就是对这系列的非线性方程组进行优化的问题。

3. 管网泄漏点定位模拟模型

（1）泄漏信号检测及处理识别。声波泄漏检测法是现代检测技术中的一个热点，是很有发展潜力的一种检测技术。这种技术可以实现连续在线检测，并且能检测到很小的泄漏量，具有很好的灵敏性，误报率低，定位精度高，适应性好，安装费用和维护费用也较低。声波测漏法的技术核心是高灵敏度的声波检测传感器、背景噪音的甄别和滤除算法、成熟可靠的系统数据库模型等。

1）高灵敏度的声波检测传感器是泄漏检测的基础，通常采用压电式声波传感器。

2）背景噪声的甄别和滤除算法也是泄漏检测一个核心技术。首先对采集的声波信号进行滤波，得到处于声波范围内的泄漏信号，然后通常采用小波分析对信号进行处理，得到原始的泄漏信号。

3）为了减少误报率，该技术还需要建立成熟可靠的数据库模型，对采集的泄漏信号与数据库模型进行比较识别，以确认是否发生泄漏。

结合信号检测声波法和小波分析法各自特点，对管网信号检测开展如下研究工作：

1）对区域能源管道进行分析，并找出管道失效的原因及常见失效部位；

2）分析负压法检测技术和小波分析法基本原理，分析声波信号特征。论证基于声波法和小波分析法检测技术的区域管网管道并行双管道非开检测技术的可行性，并建立管道壁厚值计算数学模型；

3）研究区域能源管道非开挖检测系统，并对可调探测深度检测装置进行设计，分析其不同参数下的信号特征；

4）设计区域能源管道非开挖检测试验，并对检测数据进行分析，对检测原理、管道壁厚值计算等理论进行论证；

5）利用区域管网管道非开挖检测系统解决实际中的问题，并通过后期验证对整个系统的可靠性进行论证。

（2）管网泄漏预测。建立模拟仿真模型（神经网络法+向量机），将以往泄漏事故数据进行“学习”，对泄漏事故进行预测。将层次化、模块化的思想引入区域能源管网泄漏故障诊断系统，并建立二级神经网络诊断模型来预测发生泄漏的点的具体位置及漏水率。分别采用 BP 神经网络方法和 SVM 方法进行二级泄漏故障诊断的建模。将非线性函数拟合支持向量机理论引入区域能源管网的泄漏故障诊断研究中，建立基于支持向量机的空间区域能源管网泄漏状态回归模型，该模型可以由已知监测点的压力变化值回归出其他节点的压力变化值。利用该方法可以扩充泄漏状态下空间供热管网的信息量，从而有效克服供热管网监测点数量不足或监测点监测设备发生故障的情况，为建立区域能源管网泄漏故障诊断模型提供必要的保障。

3.2.5 天然气分布式能源站故障检测与诊断

电网及电力设备的故障诊断、预测及防护一直以来都是电力系统研究的重点课题。在电力系统生产实践中，故障诊断与预测技术对于防止事故发生、避免经济损失、制定与完善维修计划等具有重要意义。近年来，国内外多次发生的大规模停电事件，如北美大停电、巴西大停电。以及我国广东省大停电事件，使电力系统运行可靠性及安全性得到了更多的重视，也对电网的可靠性和稳定性提出了更高的要求。随着分布式发电技术的快速发展，分布式能源系统的故障诊断及预测技术也得到了广泛的关注。对发生故障的分布式能源系统进行及时准确的诊断，甚至对即将发生的故障进行预测，具有非常重要的意义：一方面，它能缩短故障应急处理时间，减少故障所导致的损失；另一方面，它能为系统维护计划制定和备品备件管理提供必要的参考。

1. 总体设计

（1）整体技术方案。分布式能源系统故障诊断与预测专家知识库软件平台针对分布式能源系统主要设备的故障处理业务，以故障事件为核心构建系统业务模型框架，并以基于故障事件模型的关系型数据库为软件实现基础，整体技术方案如图 3-28 所示。

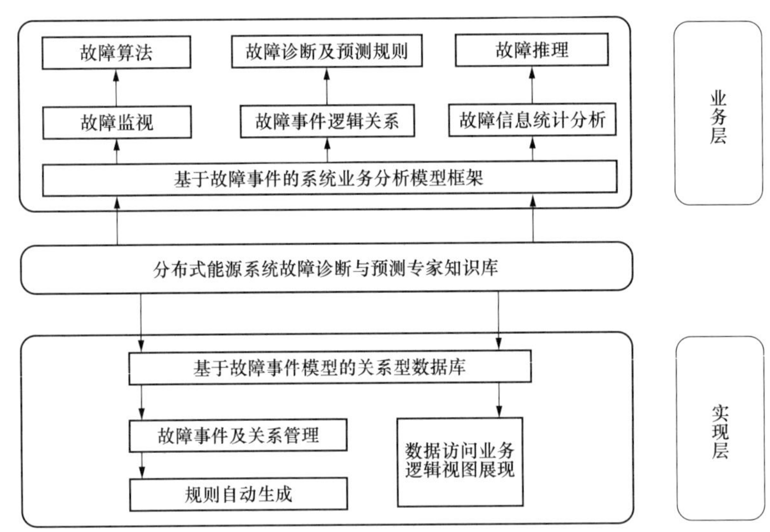

图 3-28 分布式能源系统故障诊断与预测专家知识库软件平台整体技术方案

该软件平台的主要业务功能包括故障相关测量数据监视、故障检测算法配置、故障事件逻辑关系定义和构建、故障信息自动记录与统计分析、基于规则和统计信息的故障推理等，图 3-29 为软件功能示意图。

此外，该软件平台以故障事件模型为核心构建关系型数据模型，并以此数据模型为基础，实现整个软件平台。具体所实现的功能包括故障事件及关系管理、故障诊断及预测规则的自动生成、案例库设计、Lucene 全文检索、数据访问、业务逻辑定义及实现、视图展现等。

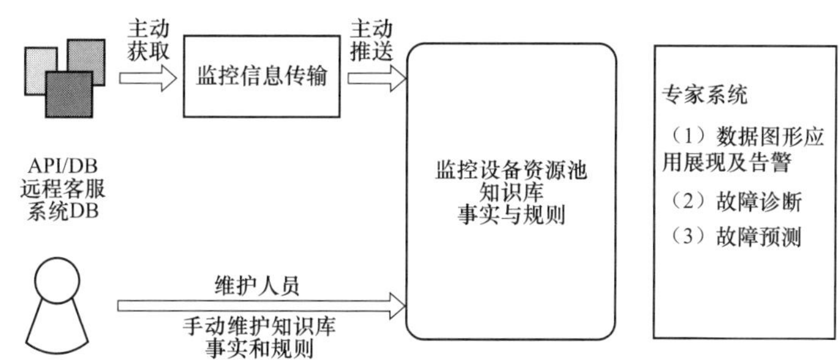

图 3-29 分布式能源系统故障诊断与预测专家知识库软件平台功能示意图

（2）系统软件架构。如图 3-30 所示，分布式能源系统故障诊断与预测专家知识库软件系统采用三层架构实施，分别为视图展现层、业务逻辑层、数据访问层。采用分层处理能有效提高系统的高内聚低耦合性，促进组件模块化，提高系统可维护性。

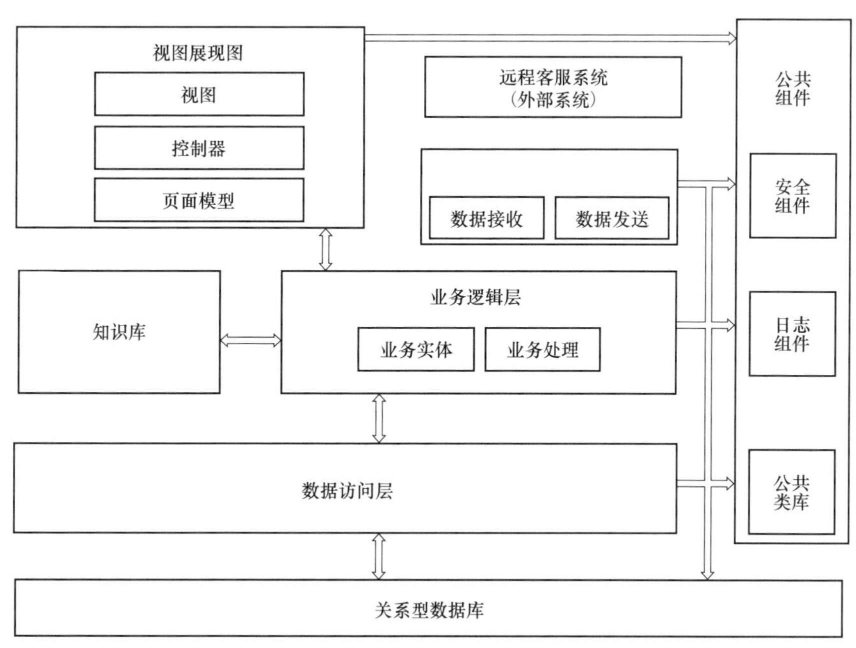

图 3-30 分布式能源系统故障诊断与预测专家知识库软件平台总体架构

视图展现层：负责用户与系统的交互。用户打开浏览器，点击相应的按钮或链接，发送请求指令，系统经过处理后，将返回结果展现在浏览器中。

业务逻辑层：负责业务逻辑处理，是系统的核心层。该层主要根据实际业务需要，进行相应的业务逻辑处理，用于系统内部的有效性验证、逻辑判断、业务处理性工作，以更好地保证程序运行的稳定性和健壮性。

数据访问层：负责与底层数据库的交互，执行数据的添加、删除、修改、显示等。

2. 详细设计

（1）登录管理。分布式能源系统故障诊断与预测专家知识库软件系统采用目前主流的 B/S（Browser/Server，浏览器/服务器模式）应用架构，在移动终端设备上打开浏览器，输入系统访问地址后，输入用户名、密码及验证码，即可登录系统。

（2）权限管理。分布式能源系统故障诊断与预测专家知识库软件平台不仅需支持基于角色的访问控制（Role-based Access Control，RBAC）权限管理，还需满足工程权限管理的要求。RBAC 权限管理分为菜单管理、角色管理、用户角色管理，各个功能按照菜单划分，不同的角色可以访问不同的菜单集合。用户与角色关联，不同的用户拥有不同的角色，系统从而可以控制不同用户的访问权限。

（3）获取监控数据。由于微网远程客服系统软件已对各地区各工程的监控数据进行了采集，专家知识库软件平台需具备从远程客服系统的数据库中获取监控数据的能力。专家系统采用相应的故障诊断与预测策略对监控数据进行分析，如果故障出现，则进行告警，并将告警信息显示在软件页面上。

（4）知识采编与规则管理。故障诊断及预测的核心是推理引擎，推理引擎需要知识和规则的支撑，管理人员根据业务需要，对知识进行采编，对规则进行维护。

知识库知识采编主要是维护知识点，实现对知识的输入、查询、浏览、删除、修改等基本管理，提供知识的一致性、完整性，以及抗冗余检查。

规则维护主要是维护规则，实现对规则的输入、查询、测览、删除、修改等基本管理。

（5）知识全文检索。知识库是故障诊断与预测分析的基础，是系统中不可缺少的组成部分。知识库要管理的知识量是庞大的，知识的调用、检索和查询效率，以及知识的一致性维护和完整性检查等是故障诊断与预测能否成功的关键。

分布式能源系统故障诊断与预测专家知识库软件具有 Luccne 知识全文检索功能，提供良好的用户体验。若故障诊断或预测结果不完善或需要补充查询，用户可以根据关键词进行全文搜索，将搜索到的内容展现出来，并根据提示信息找到自己所需要的内容，从而能够快速查找问题。在确认知识库尚未包含的知识点后，维护人员可对知识库进行编辑维护，添加相应的知识。

（6）故障监控。故障监控功能实时从后台获取故障诊断与预测的信息，并快速、高效、准确地通知用户，保证用户能够对故障信息进行及时处理，同时确认故障预警发生的根本原因，快速找出解决问题的方案，保证设备正常运营，避免或减少不必要的损失。

（7）故障诊断与预测。分布式能源系统故障诊断与预测专家知识库软件平台可以运用该领域专家多年来积累的经验和专业知识，求解需要专家才能解决的问题，具有快速、灵活、可靠的特点。它几乎可以无限制地容纳该领域所有适用于故障诊断与预测的专家经验，并能够利用这些经验知识快速准确地确定故障性质和故障位置，以及预测故障。

故障诊断主要是指当设备系统表现出某种故障信号，而这种故障信号可能对应多种故障原因时，系统可以模拟专家思维推理出最可能发生故障的部位和原因，对故障做出合理的解释并给出处理建议。

故障预测主要是根据历史数据或历史故障数据的统计分析结果，结合系统监测的实时状态数据，预测出设备可能将会发生的故障，并进行预警提示，从而更好地避免不必要的损失，为设备的正常运行提供更好的保障。

在软件首页点击“诊断”或”预测”按钮会出现“专家诊断结果”或”专家预测结果”页面。“专家诊断结果”页面向用户呈现故障事件描述、故障处理方式、故障原因事件等信息。原因事件的状态为红色表示对应的原因事件发生，绿色表示未发生，用户根据故障原因事件的状态可以直观地确认导致故障发生的原因。

此外，软件平台对导致故障发生的原因进行了统计，用户点击“原因统计”便可查阅故障原因的频次统计图。通过查阅统计图，用户可以更为有效地对故障原因进行排查。

3. 核心技术

分布式能源系统故障诊断与预测专家知识库软件平台集成了以下 6 项核心技术。

（1）基于故障事件的故障处理业务模型框架。为了将传感器实时检测数据、故障检测算法、故障诊断与预测规则、故障推理引擎、故障事件信息、故障处理建议、故障案例等多种业务信息与功能集成到统一的专家知识库平台中，本系统以故障事件为基本业务单元，构建故障处理业务模型框架。传感器实时检测数据同故障检测算法关联，故障检测结果决定故障事件是否被激活；一旦故障事件被激活，故障推理模块将根据规则和统计信息给出故障诊断或预测结果；可能的故障原因或故障结果确定后，根据相应的原因或结果给出故障处理建议；故障案例也可以根据故障事件类型进行分类管理和检索。

（2）基于故障事件的可配置化数据模型。为了满足分布式能源系统故障诊断与预测专家知识库软件平台业务模型框架的实现需求，设计了针对故障处理业务的可配置化数据模型。该数据模型以设备、故障事件为主线，构建各项业务之间的关系。根据设备类型定义和管理故障事件，根据故障事件定义管理故障检测公式、故障事件逻辑关系、故障诊断和预测规则，根据设备类型和故障类型管理故障案例库。各种业务通过设备类型和故障事件实现相互关联，业务属性的配置具有高度灵活性。

（3）故障检测算法自定义配置技术。故障检测算法是决定故障事件是否被激活的关键组件，是传感器实时检测数据与故障事件单元模型之间的接口。由于系统设备类型及故障模式种类繁多，因此故障检测算法也成为故障诊断与预测专家知识库中内容最丰富的组件之一，后期的维护工作量很大。为此，本系统针对工程实际中存在的大量简单诊断公式，提供了自定义、自维护的灵活配置技术，在不需要接触代码的情况下，方便用户自行添加和更改故障检测算法。

（4）基于故障事件模型的故障诊断与预测规则自定义和自动生成技术。由于采用了基于故障事件的业务模型框架，因此在分布式能源系统故障诊断与预测专家知识库软件平台中，故障诊断与预测规则是通过故障事件进行定义和管理的。用户通过事件管理界面定义和管理故障事件，以及故障事件之间的逻辑关系；系统根据所定义的故障事件及事件关系、故障事件之间的因果关系，双向分别自动生成故障诊断与预测规则。

（5）基于故障规则和统计信息的故障智能推理技术。分布式能源系统故障诊断与预测专家知识库基于故障规则和历史故障发生记录，实现故障推理。针对故障事件的原因事件，采用参数满足狄利克雷分布的多项式分布描述事件发生概率，在每次得到一个新的故障及其原因记录时，更新多项式分布，更新后的事件概率分布仍然是一个多项式分布。故障诊断与预测专家知识库的推理引擎根据故障诊断规则列出备选的原因事件列表，并依据原因事件的发生概率判定各故障原因的可能性。

（6）基于 Lucene 全文搜索的案例库智能检索技术。故障案例库能够为故障判定和处理提供经验信息，其有效利用的技术核心是高效的文本搜索技术。本系统提供了基于 Lucene 全文搜索的案例库智能检索解决方案，在故障案例检索界面，用户可根据标题、关键词、故障原因、解决方案等字段进行模糊查询，系统会对关键词和索引文件进行匹配，将匹配结果通过页面排序的方式显示，方便用户快速查询和确认问题。

3.3 能源站运行最优化

3.3.1 智慧能源站全寿命期最优化

将能源站最优化和故障检测、诊断联合在一起称为能源站最优化。它包括从设计观点来说明的环境和能耗性能的系统性能判断，包括从管理控制层面上来说明的通过检验系统进行的诊断过程等。

图 3-31 表示设计、施工、保全全过程在内的最优化、故障检测、诊断的结构。狭义的故障检测、诊断处于最底层。该结构不仅涉及了从最优控制到能源站的最优化，还包括了设计在内的系统评价，改造和再设计等已有内容。观点是以能源站全寿命期的最优化作为目标。该图的重要意义如下：

（1）从能源站的策划到运营管理、维修的全寿命期的观点是十分必要的。

（2）最优化工具在各个阶段是可通用的。

（3）在运营管理阶段的最优化分为故障检测、诊断、最优控制和能源站最优化 3 个阶段，在每个阶段均可分为检测、诊断、恢复正常等 3 个层次。

（4）通用的工具大致可分为模拟程序（动或静）、分析模型、知识数据库和检验系统等。

（5）在试运行期间就确定了全系统的作用，不仅用于竣工，对于上游的设计阶段、下游的改造阶段也应明确其作用。

最优化的前期条件如下所述：

若主要设备不能进行正常运行控制则也不能获得最优控制的控制效果。

在控制或最优控制中产生误动作或计算有误时，不论是从环境或能耗观点看系统都不能实现最优化。例如制冷机的出口温度对 COP 和评价函数都有很大的影响。此时，若不以包括泵、风机输送能耗作为评价函数时，低负荷的控制动作将指向提高供水温度，但运行时却降低了变流量控制的效果。

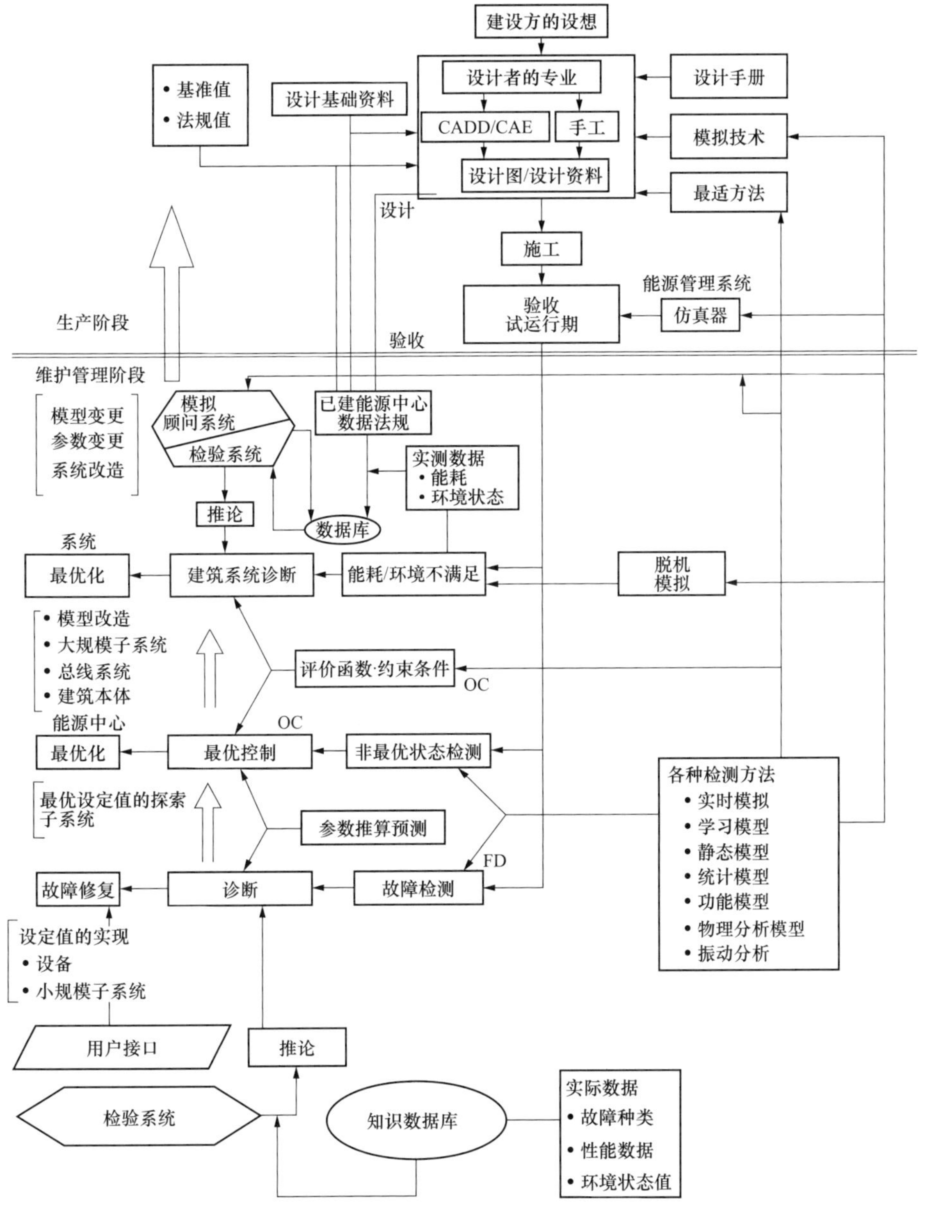

图 3-31　全寿命期能源站最优化、故障、诊断结构图

3.3.2　能源站运行最优化定义

1. 能源站运行最优化定义

运行最优化指的是采用各种在线开关机或离线的方法从能耗和室内环境两方面来看均能使用户达到最佳的状态，在优化过程中包括了反馈控制、前馈控制在内的学习过程，

也包括了离线的分析和根据操作系统进行的操作。

2. 运行最优化的方方面面

根据运行最优化的定义，可将最优化分为设计和运行控制两方面。最优化的设计指的是通过静态或动态系统分析计算出冷（热）负荷后，采用与最优设计时相同的评价函数、约束条件和对使用的设备采用最优运行控制，二者之间没有严格的分界面。但从总的方面来看实现最优化是很困难的，实际上要实现最优化，必须从设计、运行的各方面，包括建筑围护结构的设计、冷（热）负荷的计算、设备的设计、系统分析及竣工后的运行等全方位来进行。

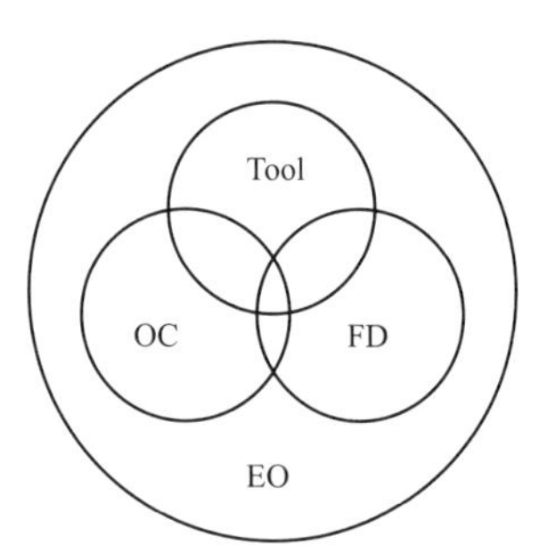

图 3-32 EO、OC、FDD 和工具

3. EO 的前提

在能源站系统的各种设备必须处于正常状态，各子系统也必须处于在最优状态的条件下，实施故障检测 FD 和最优化控制 OC 后才能使能源站实现最优化。

EO 指的是在各子系统的最优状态组合后才能实现整个能源站的最优化，也就是总系统的最优化（见图 3-32）。

若设备出现故障或某子系统不能处于最优状态，则能源站最优控制的结果就不能达到最优点，能源站也不能实现最优状态。

图 3-32 中，EO（Energy station Optimization）为能源站最优化，OC（Optimization Control）为最优化控制，FD（Fault Detection and Diagnosis）为故障检测和诊断。

4. 运行最优控制

最优控制和故障的检测、能源站的最优化有着非常密切的关系。

适用于能源站的最优控制指的是在以人的舒适性、外部环境和生产性作为约束条件的评价标准时达到的最低能耗条件，决定各控制网络的最佳设定点。

为了实现可靠的最优化，根据最优化程序进行的控制系统一定是由几个子系统组合在一起的规模较大的系统。

图 3-33 表示最优控制的结构，它包括最优值计算和状态判断的预测，为了系统判断的学习过程，前馈控制、反馈控制等。

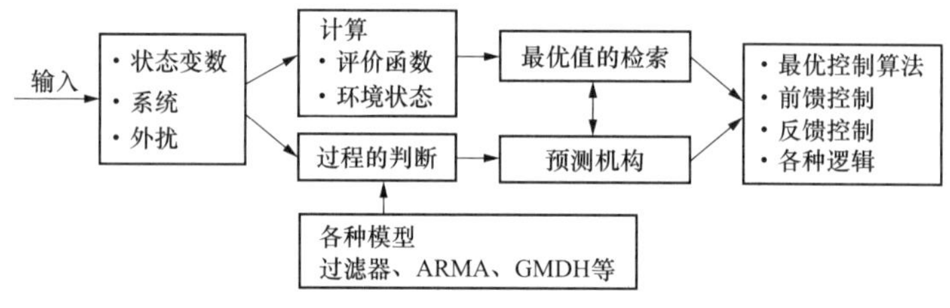

图 3-33 最优控制的结构

5. 能源站运行最优化方法

运行最优化包括具有学习自动修正变更控制参数、最优控制和建立故障检测算法，

通过脱机的系统模拟修改设计内容等。

运行最优化的评价函数和约束条件是以最小的能耗保持室内环境达到要求的水平。能耗的参考数据可以是设计值，按法规或相关标准计算的值，也可以是相同类型建筑的能耗值，为了进行合理的比较，应充分地了解能源站的系统和掌握大量的统计分析数据。脱机模拟不仅是设计时的工具，在运行时也是实现最优化的工具。在各种参数的最优控制程序中应根据实时模拟或学习法进行预先的判断。脱机模拟应能以足够的精度预测出冷（热）负荷、能耗和室内环境，并与运行时的实测值进行比较发现未达到最优状态的原因。

在能源站运行最优化中，非最优状态原因分析的检测系统是实际使用的工具。通过检测系统的使用能够对各种子系统进行再设计。当积累了大量的数据时才能在短时间实现上述愿望。

6. 从上至下和从下至上的方法

作为能源站最优化的方法有从上至下（Top-down）和从下至上（Bottom-up）两种方法。前者适用于宏观分析，后者适用于各组成部分的微观分析。

宏观分析方法是经营者或维护管理者发现能耗存在问题的方法。微观分析方法是发现各子系统性能不合适，环境及能耗异常，最优控制不在状态等的方法。

图 3-34 表示上述关系，从能耗和环境两者的状态出发，与数据库中的参考性数据（法定值、其他能源站统计数据，本能源站的连续记录数据及相似的模拟数据等），有较大差异的作为不合适的对象并对该子系统的组成或设备进行判断。

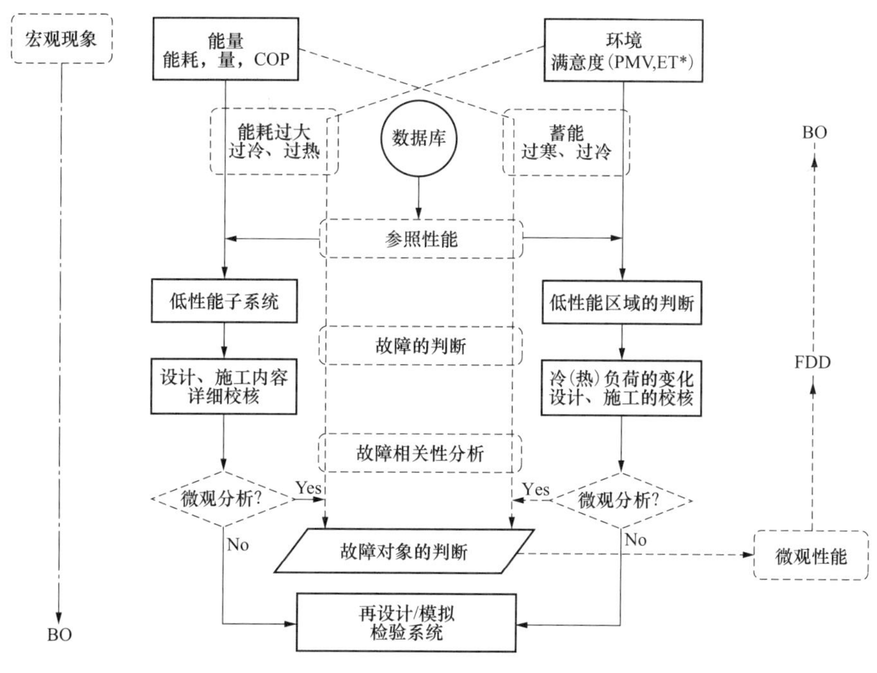

图 3-34　客观分析过程

当对象确定后就采用检测系统进行详细的诊断或者采用故障检测的微观分析方法。一般故障的发现包括维护管理人员日常管理中的发现和采用各种模型通过实时模拟管理两种方式。

3.3.3　区域供冷供热能源站运行最优化

1. 区域供冷供热的负荷调研和优化运行

（1）区域供冷供热冷热负荷分析。

1）区域供冷供热冷热负荷分析。图 3-35 表示 2014 年 8 个地区总面积 361 万 m^2 同日同时刻的冷、热负荷延时曲线（不含管网损失）。

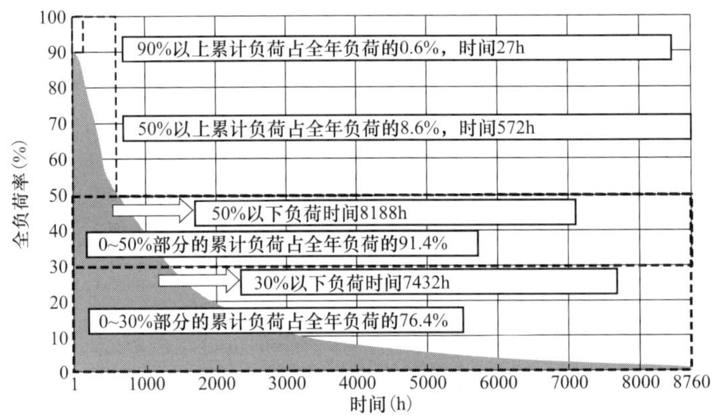

图 3-35　区域供冷供热 8 个地区合计 2014 年冷负荷延时曲线

50%以上的负荷约占全年 8760h 的 8.6%（约 572h）。

能源站的供能对象为市中心办公大楼 37 幢，14 座车站，5 座地下街和 4 个宾馆（见表 3-8）。

表 3-8　区域供冷供热 8 地区供能面积

宾馆	车站	地下街	办公大楼
177 000m^2	129 000m^2	34 000m^2	3 267 000m^2
4.9%	3.6%	0.9%	90.6%

表 3-9 表示供能时间、年利用小时数和全年负荷率等。

表 3-9　区域供冷供热 8 地区 2014 年冷热负荷特性

地　区	A	B	C	D	E	F	G	H	合计
供能面积（km^2）	100	500	800	600	800	400	100	400	3600
延时小时数（h）	8760	8768	8760	8743	8746	8760	8760	8760	8760
满负荷运行时数（h）	1399	1042	1213	1132	1183	1300	1204	1313	1265
全年负荷率（%）	15.97	11.90	13.84	12.94	13.52	14.83	13.74	14.99	14.44

续表

地　　区	A	B	C	D	E	F	G	H	合计
最大负荷（W/m^2）	82.23	52.62	54.59	61.91	47.80	71.53	59.38	54.15	54.76
全年负荷［MJ/（m^2·年）］	414.0	227.5	238.3	252.2	203.5	334.6	257.1	255.8	249.3
大于峰值负荷 50%的负荷占全年负荷的百分比（%）	9.26	7.10	8.50	8.37	7.50	11.10	4.95	10.10	8.61
大于峰值负荷 20%的负荷占全年负荷的百分比（%）	25.73	20.75	23.04	23.23	22.25	29.45	21.11	24.64	23.57
大于峰值负荷 10%的负荷占全年负荷的百分比（%）	59.56	53.71	55.10	55.32	53.17	63.16	61.76	55.99	55.48
标准偏差年利用小时数 105h，最大负荷 10.58W/m^2，全年负荷 64.0MJ/（m^2·年）									

全地区合计全年供冷量 899J，单位面积供冷量 249.32MJ/m^2，最大负荷 54.76W/m^2，约为以往 91.50W/m^2 的 60%。

超过最大负荷 50%的全年冷负荷约为 8.6%，超过 10%的约为 55%，低负荷部分具有很大的节能空间。

图 3-36 所示各个地区的冷负荷延时曲线相似性高，回归的相关系数是 0.990 1（见图 3-37），图 3-38 表示办公楼的负荷延时曲线，图 3-39 表示单位面积不同地区冷负荷出现的频率。

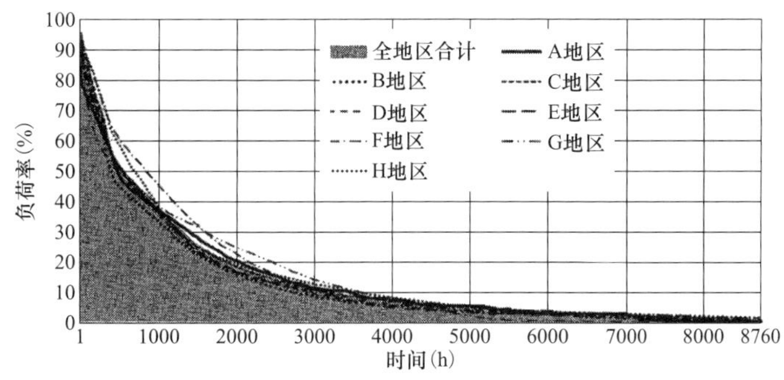

图 3-36　区域供冷供热 8 个地区 2014 年冷负荷延续曲线

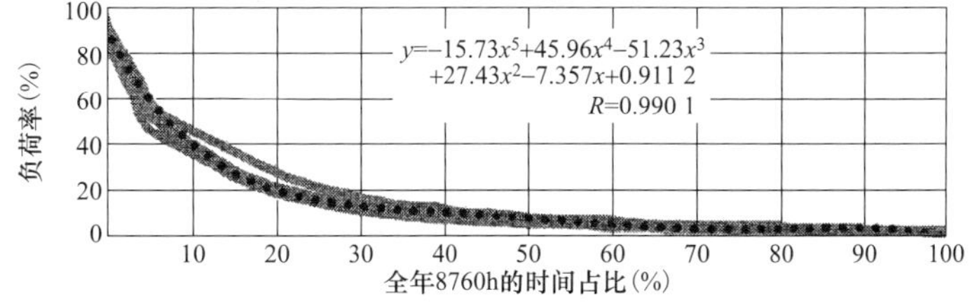

图 3-37　5 地区 2014 年冷负荷延续曲线的回归

办公楼 20W/m^2 以下的时间约为 87%，15W/m^2 的时间约为 82%，说明低负荷的频率较高。由于办公楼的有效面积比为 65%，则负荷 31W/m^2 以下的时间约为 87%，23W/m^2

以下的时间约为 82%。

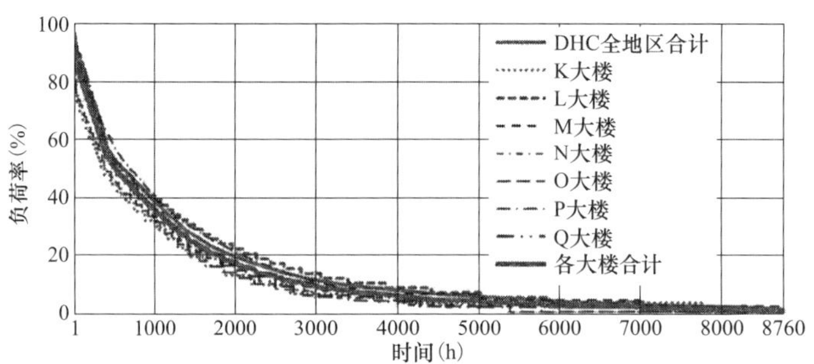

图 3-38　区域供冷供热办公大楼 2014 年冷负荷延续曲线

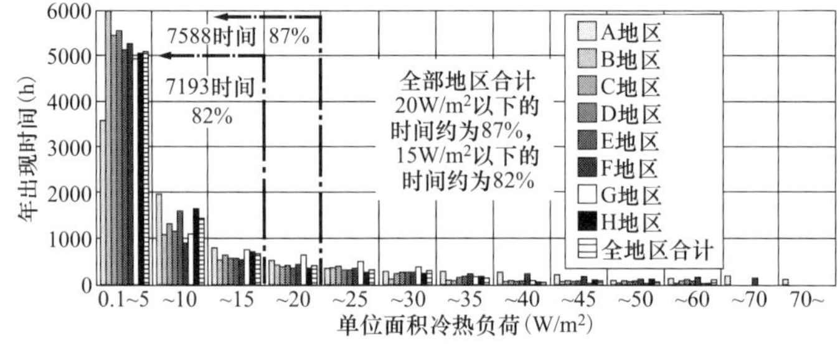

图 3-39　不同地区单位面积冷负荷全年频率分布（2014 年度）

2）区域供冷供热不同时间不同日期的负荷及日负荷的分析。

图 3-40，表 3-8 表示 2014 年 8 地区合计的相对于平日冷负荷的日累积负荷的不同时刻的负荷，从图上可知，中间季（过渡期）、夏季、冬季的相似性较高。

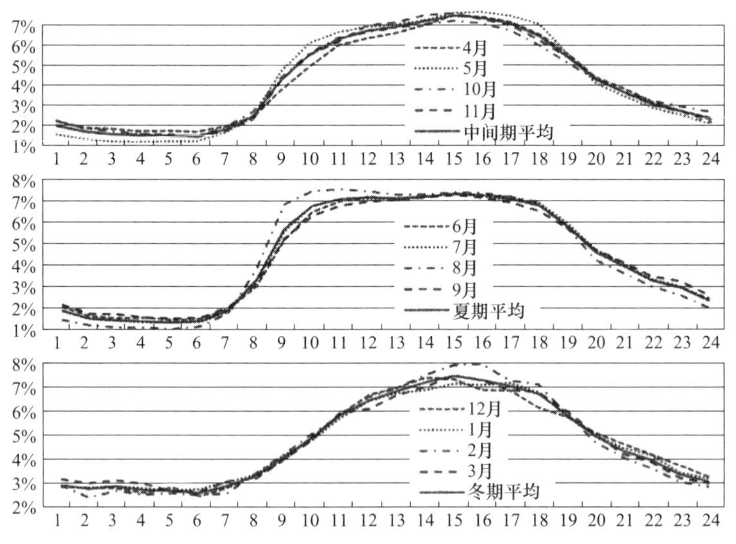

图 3-40　相对于平日冷负荷的日累计负荷的不同平均时负荷比

图 3-41 表示地区日平均气温与最大日平均气温的比和日负荷与最大日负荷比的关系，

从该图可知，两者相关性强，相关系数地区 1 为 0.993 8，地区 2 为 0.989 3。根据该相关系数能计算出日负荷，然后乘以表 3-10 所示的不同时刻的日负荷即能预测出全年的冷负荷。

图 3-42 表示日负荷与年最大日负荷的比和日最大时间负荷与年最大时间负荷比的关系，相关系数是 0.997 4，日平均时间负荷与日最大时间负荷的比（负荷率）随着日负荷的增大而增大，但收敛在 55%。

表 3-10　　相对于平日冷负荷的日累积负荷的不同时刻的负荷

时间	1	2	3	4	5	6	7	8	9	10	11	12
过渡季（%）	1.9	1.7	1.5	1.5	1.5	1.4	1.7	2.4	4.2	5.5	6.3	6.7
夏季（%）	1.6	1.2	1.2	1.1	1.1	1.1	1.6	3.1	5.4	6.5	6.8	6.9
冬季（%）	2.5	2.4	2.4	2.3	2.2	2.2	2.4	2.8	3.5	4.3	5.3	5.9
时间	13	14	15	16	17	18	19	20	21	22	23	24
过渡季（%）	6.9	7.2	7.5	7.4	7.1	6.5	5.4	4.2	3.6	3.0	2.7	2.3
夏季（%）	6.8	6.9	7.0	7.0	6.8	6.5	5.5	4.3	3.7	3.0	2.7	2.1
冬季（%）	6.3	6.6	6.8	6.6	6.4	6.1	5.3	4.5	4.0	3.6	3.0	2.7

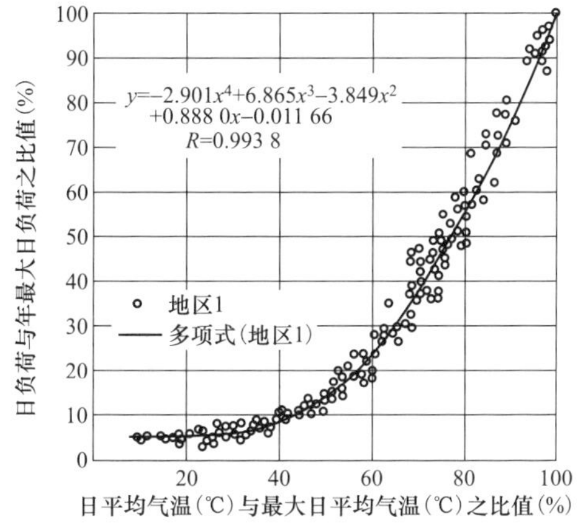

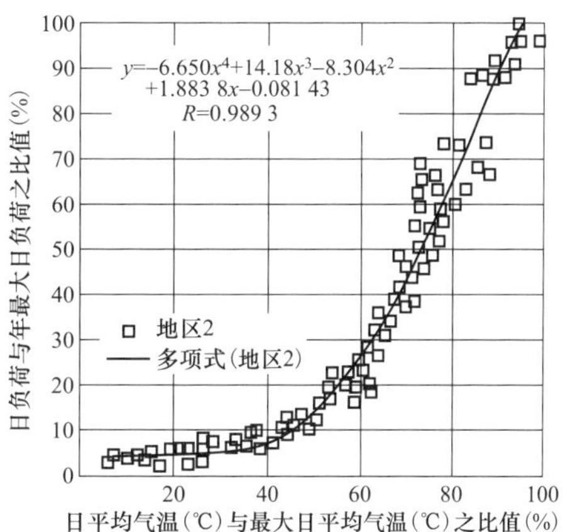

图 3-41　地区 1、2 合计全年最大日负荷和平日日负荷之比

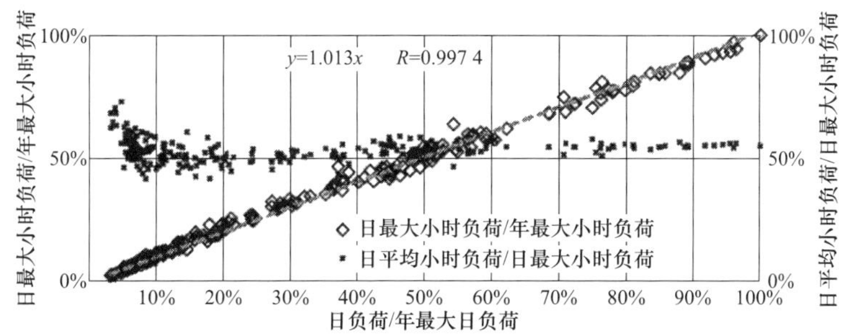

图 3-42　相对地区 1 冷年最大日负荷的平日日负荷和对年最大负荷的日最大负荷

3）中间季（过渡）、冬季和夜间的冷负荷。图 3-43 表示全部时间和 4—11 月的平日 7～21 时（以下称为标准空调制冷时间）的负荷延时曲线，大部分为标准空调制冷时间外的负荷。

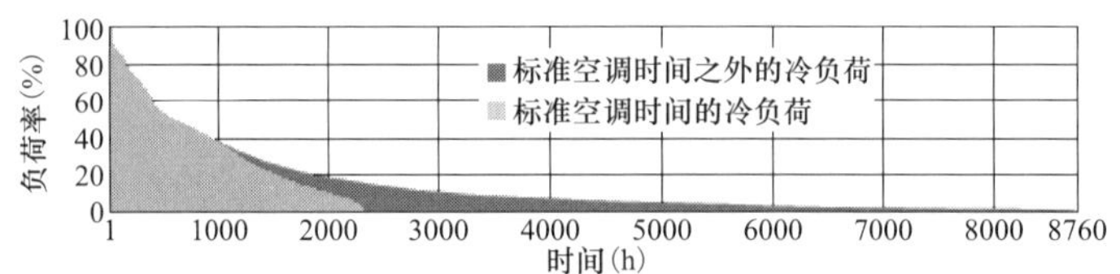

图 3-43　2014 年全地区的全时间和标准空调时间的冷负荷

在图 3-44 的标准空调制冷时间的负荷延时曲线图中，显示在宾馆、饭店多的 G 地区的负荷特性，由于宾馆白天的客房率低，引起白天的负荷少，与其他地区有很大的差异。

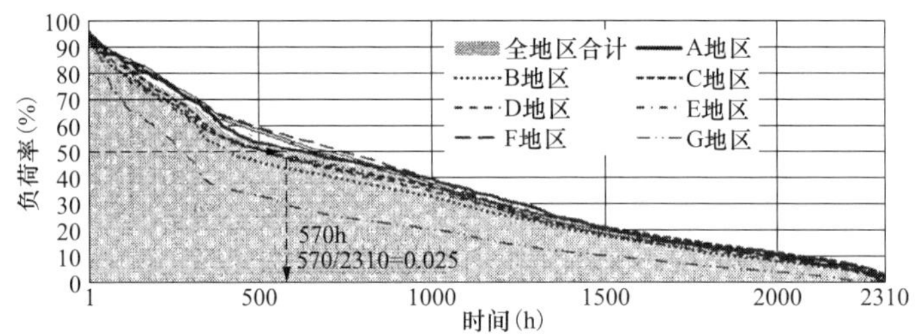

图 3-44　标准空调时间的各地区的冷负荷延续曲线

图 3-45 表示的 A-E 地区的标准空调制冷时间的相关系数是 0.995 0，比全部时间的相关系数 0.990 1 高。图 3-45、表 3-11 表示平日、休息日单位面积的冷热负荷。图 3-46 表示不同地区不同时间段的负荷，除 G 地区外 7 地区标准空调制冷时间负荷的比例为 60.4%～68%，标准时间外平均约 35%，说明标准时间外仍存在制冷负荷。

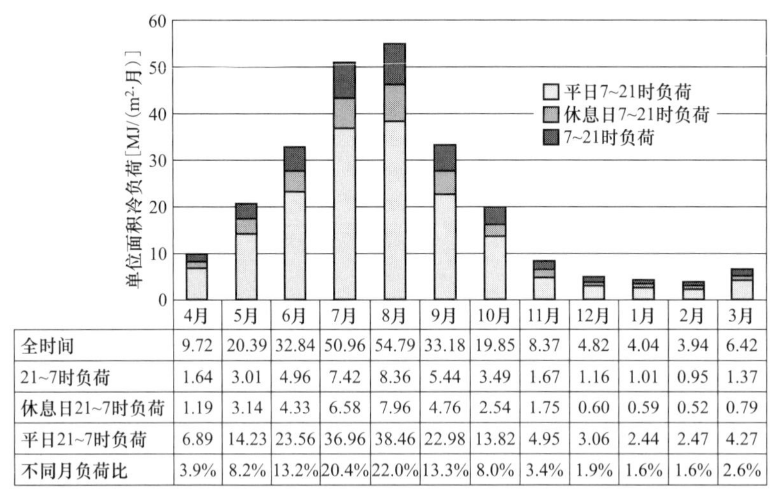

	4月	5月	6月	7月	8月	9月	10月	11月	12月	1月	2月	3月
全时间	9.72	20.39	32.84	50.96	54.79	33.18	19.85	8.37	4.82	4.04	3.94	6.42
21~7时负荷	1.64	3.01	4.96	7.42	8.36	5.44	3.49	1.67	1.16	1.01	0.95	1.37
休息日21~7时负荷	1.19	3.14	4.33	6.58	7.96	4.76	2.54	1.75	0.60	0.59	0.52	0.79
平日21~7时负荷	6.89	14.23	23.56	36.96	38.46	22.98	13.82	4.95	3.06	2.44	2.47	4.27
不同月负荷比	3.9%	8.2%	13.2%	20.4%	22.0%	13.3%	8.0%	3.4%	1.9%	1.6%	1.6%	2.6%

图 3-45　不同时间带平日休息日单位面积的不同月的冷负荷

在区域供冷供热全年冷负荷中，标准空调制冷时间外的负荷约为 30%以上。

表 3-11　　平日、休息日单位面积的冷负荷

项目	冷热负荷 [MJ/（m^2·年）]	年负荷比（%）	年运行时间（h）	时间比率（%）	平均负荷（W/m^2）
满负荷	249.3	100.0	8760.0	100.0	7.9
标准制冷时间	161.8	64.9	2310.0	26.4	19.5
12～3 月平日 7:00—21:00	12.2	4.9	1218.0	13.9	2.8
休息日 7:00—21:00	34.8	13.9	1582.0	18.1	6.1
21:00—7:00	40.5	16.2	3650.0	41.7	3.1

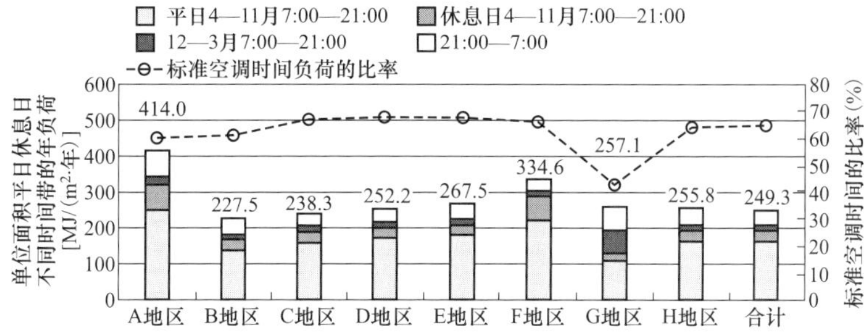

图 3-46　各地区时间带平日休息日单位面积的全年冷负荷

图 3-47 表示 2014 年 8 地区热负荷延时曲线，表 3-12 表示不同负荷率的出现时间和相对于全年累计负荷的比例。从相关数据库查出，2012 年某市 9 个办公楼的热负荷平均是 102MJ/（m^2·年）。区域供冷供热的值约为 133MJ/（m^2·年）。

低负荷时间长，超过最大空调热负荷 50%的累计负荷约占全年空调热负荷的比例平均为 7.73%。

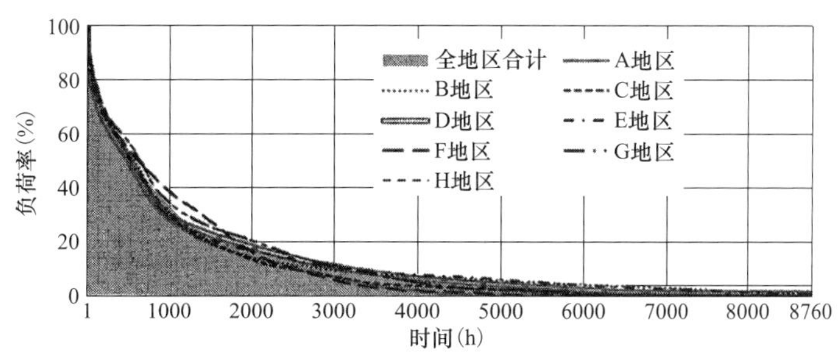

图 3-47　区域供冷供热 8 地区 2014 年热负荷延续曲线

表 3-12　　不同负荷率的出现时间和相对于全年累计负荷的比例

地　　区	A	B	C	D	E	F	G	H	合计
延时小时数（h）	4642	8760	7486	8760	8757	5108	8728	8188	8760
满负荷运行时数（h）	835	1088	905	1059	1122	974	1218	1095	1113

续表

地　　区	A	B	C	D	E	F	G	H	合计
全年负荷率（%）	17.98	12.42	12.09	12.09	12.81	19.07	13.95	13.37	12.71
最大负荷（W/m^2）	54.78	28.16	38.10	37.26	33.81	43.18	26.61	33.78	33.40
全年负荷［MJ/（m^2·年）］	164.6	110.3	124.5	136.7	136.6	151.4	116.7	133.1	132.7
大于峰值负荷 50%的负荷占全年负荷的百分比（%）	7.17	7.64	8.37	6.41	6.60	9.18	2.94	8.91	7.73
大于峰值负荷 30%的负荷占全年负荷的百分比（%）	23.50	21.14	24.27	19.37	19.62	28.54	21.96	24.18	21.76
大于峰值负荷 10%的负荷占全年负荷的百分比（%）	59.45	49.41	57.54	53.57	50.21	65.77	62.10	60.99	53.38
标准偏差年利用小时数 101h，最大负荷 7.90W/m^2，全年负荷 16.60MJ/（m^2·年）									

图 3-48 所示的功能范围内单位供给面积 5W/m^2 以下的时间约为全年热负荷延时时间的 74%，10W/m^2 以下约占 88%，当空调面积约为全部建筑面积的 65%时，则单位空调面积 8W/m^2 以下约占 74%，15W/m^2 以下约占 88%。

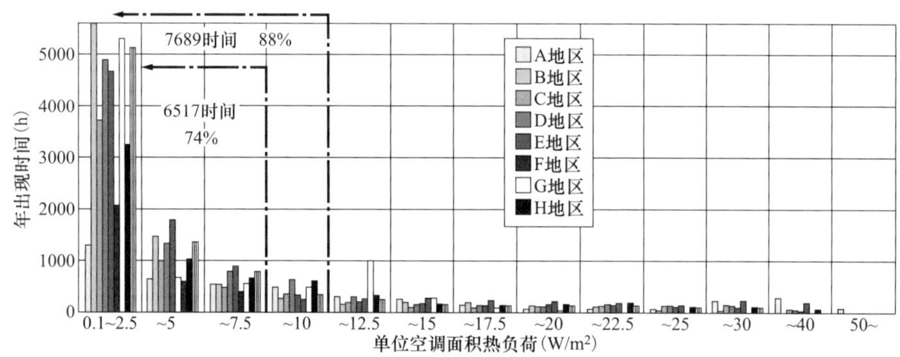

图 3-48　单位面积热负荷年出现时间

平日 12～3 月 7—21 时（以下称为标准供暖时间）之外的负荷约占全年负荷的 42%（图 3-49）。

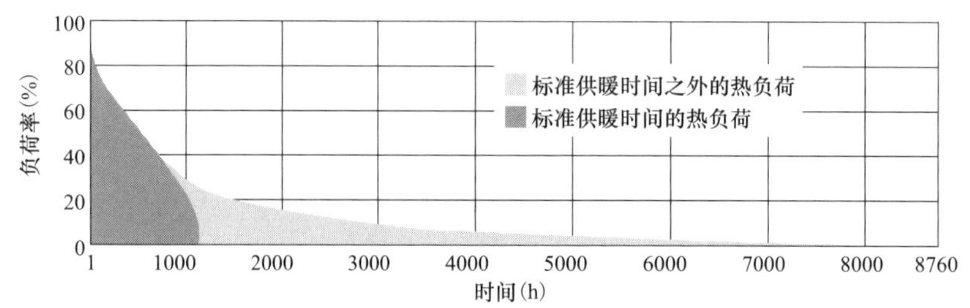

图 3-49　标准供热时间和标准供热时间外的热负荷延续曲线

图 3-50 表示不同月平日、休息日单位面积的热负荷，由于不能区别出吸收式制冷机、生活热水、洗手池等热负荷，因此出现标准采暖时间外的热负荷比采暖负荷大的现象。

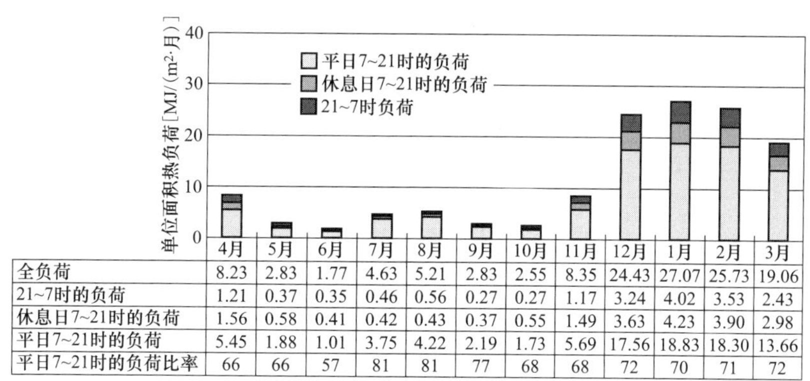

	4月	5月	6月	7月	8月	9月	10月	11月	12月	1月	2月	3月
全负荷	8.23	2.83	1.77	4.63	5.21	2.83	2.55	8.35	24.43	27.07	25.73	19.06
21~7时的负荷	1.21	0.37	0.35	0.46	0.56	0.27	0.27	1.17	3.24	4.02	3.53	2.43
休息日7~21时的负荷	1.56	0.58	0.41	0.42	0.43	0.37	0.55	1.49	3.63	4.23	3.90	2.98
平日7~21时的负荷	5.45	1.88	1.01	3.75	4.22	2.19	1.73	5.69	17.56	18.83	18.30	13.66
平日7~21时的负荷比率	66	66	57	81	81	77	68	68	72	70	71	72

图 3-50　2014 年不同时间带平日休息日不同单位面积的日负荷

图 3-51 表示地区 1 从 12 月至 4 月的平日的不同时间的平均负荷率，图 3-52 表示日负荷和日平均气温的回归分析，相关系数为 0.957 7，比冷负荷的相关系数低。

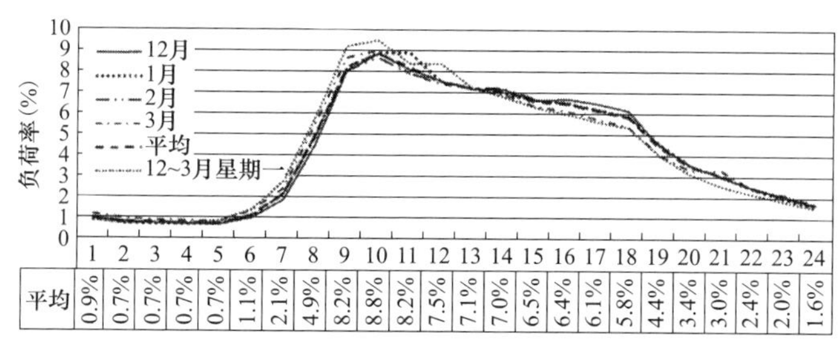

	1	2	3	4	5	6	7	8	9	10	11	12	13	14	15	16	17	18	19	20	21	22	23	24
平均	0.9%	0.7%	0.7%	0.7%	0.7%	1.1%	2.1%	4.9%	8.2%	8.8%	8.2%	7.5%	7.1%	7.0%	6.5%	6.4%	6.1%	5.8%	4.4%	3.4%	3.0%	2.4%	2.0%	1.6%

图 3-51　2014 年地区 1 热负荷不同时间的变化

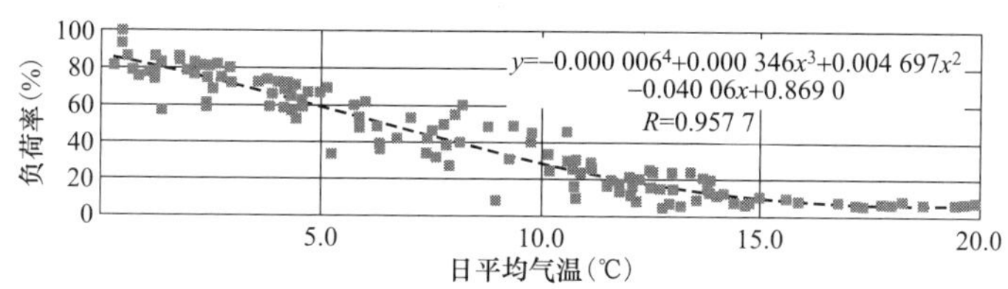

图 3-52　2014 年全地区 1 的日热负荷和日平均气温的关系

（2）冷热负荷的逐年变化。图 3-53、图 3-54 表示地区 1 的 17 所办公大楼（平均供能建筑面积 92 000m^2）的全年及最大负荷的逐年变化。从上两图可知，建筑物节能后冷热负荷大幅度降低，与 2010 年比较，虽然 2014 年平均气温仅低 0.06℃，但全年冷负荷减少约 28%，2016 年低 0.63℃，仍减少 28%，最高气温比 2010 年约高 0.5℃，但最大冷负荷约减少 25%。

热负荷随着室内发热减少而增加，2016 年约比 2010 年增加 5%，表 3-13 表示近年竣工和竣工运行 10 年以上办公大楼的冷热负荷的差异。从表 3-13 可知，2012 年后竣工运行的全年冷热负荷约为 10 年前竣工的大楼的 60%，热负荷约为 66%，最大冷负荷约为 81%，最大热负荷约为 77%，建筑节能效益明显。

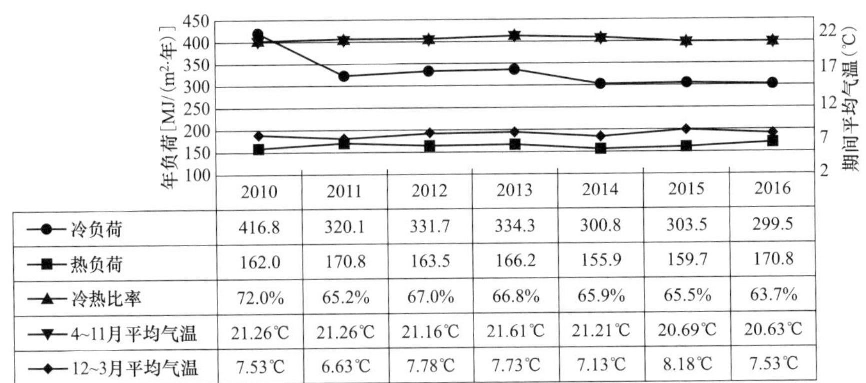

	2010	2011	2012	2013	2014	2015	2016
—●—冷负荷	416.8	320.1	331.7	334.3	300.8	303.5	299.5
—■—热负荷	162.0	170.8	163.5	166.2	155.9	159.7	170.8
—▲—冷热比率	72.0%	65.2%	67.0%	66.8%	65.9%	65.5%	63.7%
—▼—4~11月平均气温	21.26℃	21.26℃	21.16℃	21.61℃	21.21℃	20.69℃	20.63℃
—◆—12~3月平均气温	7.53℃	6.63℃	7.78℃	7.73℃	7.13℃	8.18℃	7.53℃

图 3-53　17 幢办公大楼的单位面积的全年负荷的逐年变化

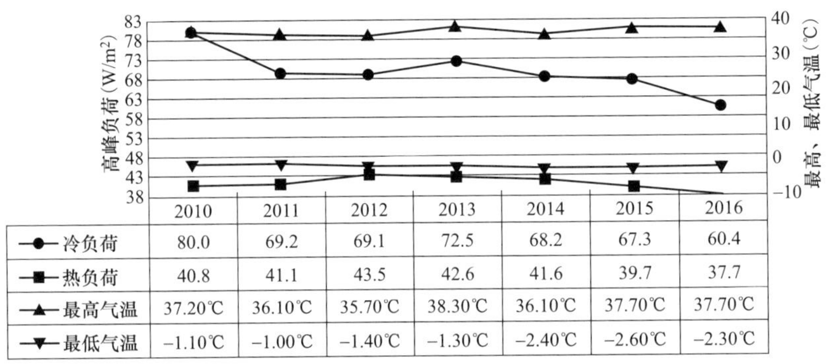

	2010	2011	2012	2013	2014	2015	2016
—●—冷负荷	80.0	69.2	69.1	72.5	68.2	67.3	60.4
—■—热负荷	40.8	41.1	43.5	42.6	41.6	39.7	37.7
—▲—最高气温	37.20℃	36.10℃	35.70℃	38.30℃	36.10℃	37.70℃	37.70℃
—▼—最低气温	−1.10℃	−1.00℃	−1.40℃	−1.30℃	−2.40℃	−2.60℃	−2.30℃

图 3-54　17 幢办公大楼的单位面积的最大负荷的逐年变化

表 3-13　　近年竣工和竣工运行 10 年以上办公大楼的冷热负荷的差异

2014 年	建筑面积（m²）	冷（卫热）		温（卫热）	
		全年负荷［MJ/（m²・年）］	最大负荷（W/m²）	全年负荷［MJ/（m²・年）］	最大负荷（W/m²）
竣工 10 年 13 大楼	82 692	277.7	66.2	151.4	42.4
竣工未满 3 年 5 大楼	168 750	167.7	53.5	100.7	32.8
比率		60%	81%	66%	77%

（3）根据延时负荷曲线实施台数控制。图 3-55 的纵轴表示容量，横轴表示时间，图中长方形表示热源的热源台数控制的运行方式。

在部分负荷时热源效率降低，可采用变频设备提高效率，对于无变频的系统，采用水冷定流量运行方式，冷却水、冷水泵、冷却塔要消耗一定动力。

图中长方形内负荷曲线外的扇形部分能耗较大，使扇形部分面积之积最小化能提高热源及系统的效率。

图 3-56 表示的是根据全地区累计负荷延时曲线采用最小部分负荷运行分配法（以下称为 MPC）求出 2 台热源时最少部分负荷运行范围为 19.4%。

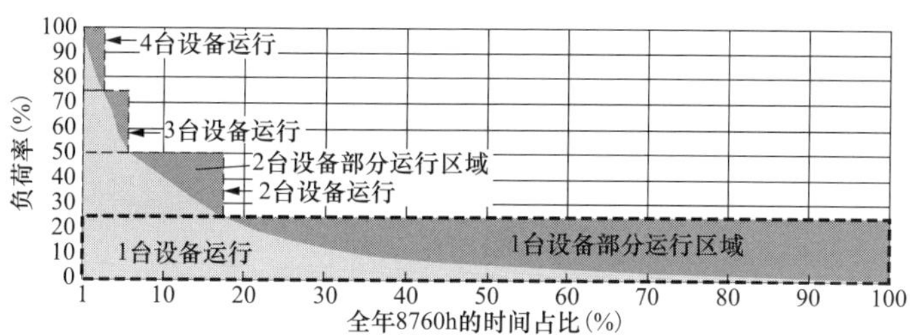

图 3-55　在负荷延时曲线上的热源运行和部分负荷运行范围

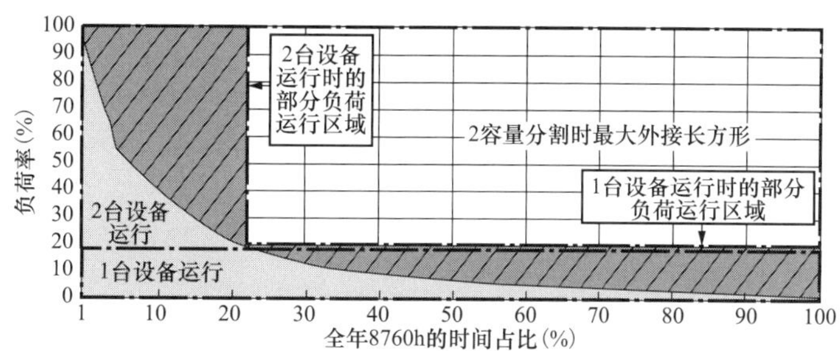

图 3-56　负荷特性曲线的 MPC 分配的方法

1）MPC 分配法的检验。表 3-14 表示区域供冷供热的冷热源系统，图 3-57 表示的是根据制造厂样本的冷却水温度和不用负荷率条件计算出的制冷动力。图 3-58 是参考制造厂制冷机样本得出的制冷能力从 1100kW 至 8000kW 时 COP 为 6.40，小于 1100kW 时 COP 为 6.1 的制冷机动力。

表 3-14　　区域供冷供热的冷热源系统

区域供冷供热冷暖机房（地区 1）2014 年容量 10 000kW（2844RT）						
冷水温度 6～12℃冷却水温度 32～37℃ 一次冷水泵扬程 0.2MPa 冷却水泵扬程 0.3MP						
冷冻机容量	额定 COP	额定功率（kW）	冷水泵功率（kW）	冷却水泵功率（kW）	冷却塔功率（kW）	系统 COP
516kW（1000RT）	6.40	549.4	55.0	90.0	22.0	1.806
1055kW（300RT）	6.10	172.9	15.0	30.0	7.5	1.722

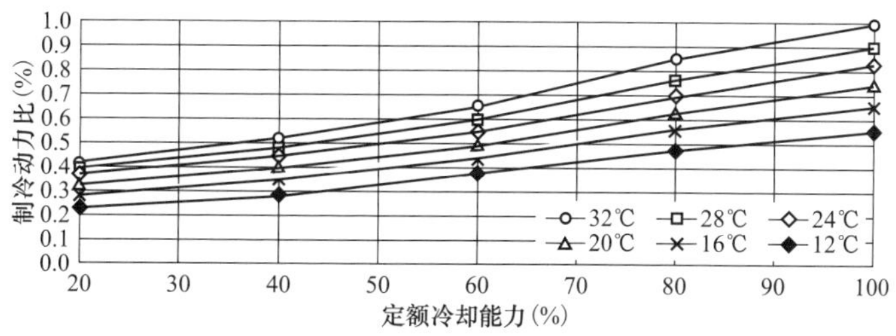

图 3-57　离心制冷机的负荷率不同冷却水温度的输入比

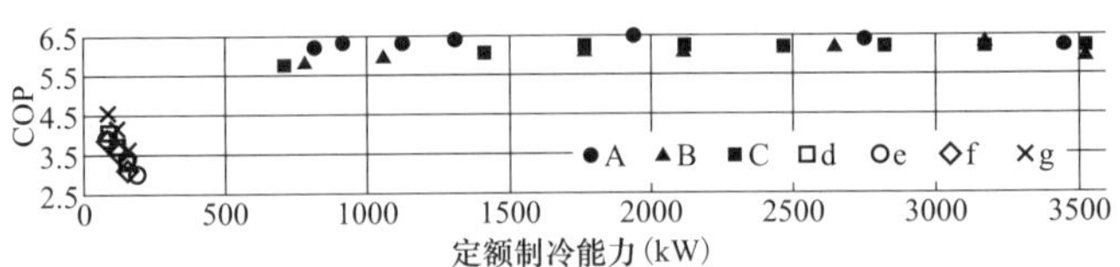

图 3-58　离心制冷机不同厂商样本的额定 COP

等量分配 2 台的 MPC 分配的部分负荷运行范围最小为 19.4%时冷却水温度和按负荷计算出的冷热源系统的动力见图 3-59 和图 3-60。

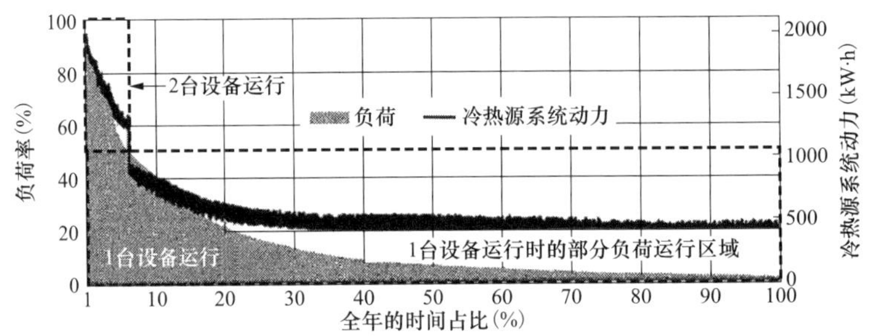

图 3-59　在负荷延续曲线上的等容量台数分配时的动力

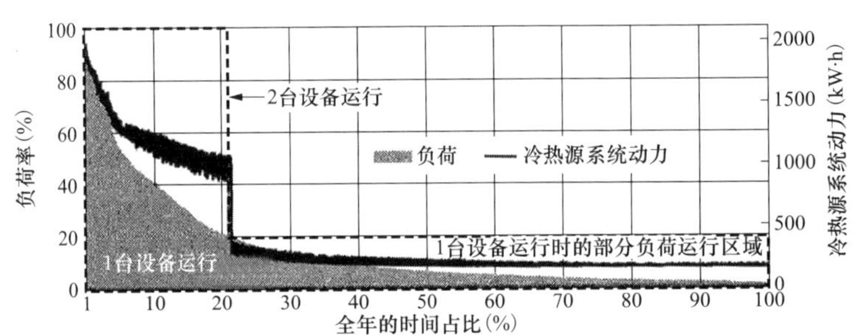

图 3-60　MPC 分配法研究结果在 19.4%是进行台数分配时的动力

冷热源系统动力的累计值从 4840MW·h 降至 3610MW·h，降低约 25%，一次系统 COP 从 0.931 升至 1.248，提高了 34%，一次能换算系数为 9760MJ/kWh（以下系统 COP 表示的是一次系统 COP）。

图 3-61 表示的是检验各分配点的系统 COP 的计算结果。最高效率分配点与 MPC 分配法一致。

从设计上看 20%和 80%的分配方法，产生故障时很难处理，选择 2 台 40%容量设备时，需要采取低负荷时的处理措施。

在图 3-60 的等容量分配法基础上加上低负荷时热源的增加台数的台数分配法（见图 3-62），计算出的 COP 为 1.434，动力提高了 54.1%。

低负荷多时设置低负荷用热源，同时也可采用蓄热槽（罐）提高系统的效率。

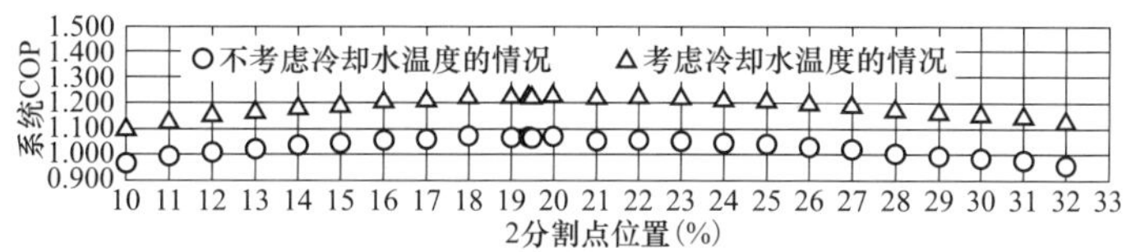

图 3-61　检验各分配点的系统 COP

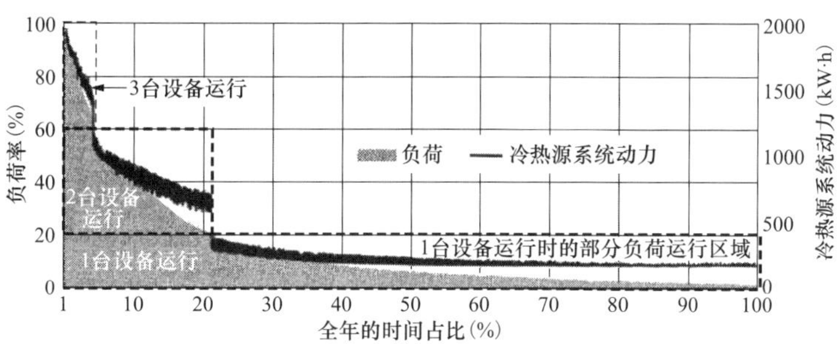

图 3-62　增加低负荷用制冷机时的系统 COP 的改善

2）热源台数分配法的效果。图 3-63 表示的是对全地区负荷延时曲线按 MPC 分配法或 4 台的效果，分配点位置在 7%、19%、51%，系统的部分负荷运行范围少。全年系统 COP 从等容量分配的 1.385 到 MPC 分配法的 1.704，提高了 23.1%。

涂黑的部分是效率低，动力大的部分，但由于背离了负荷延续曲线故容易发现。

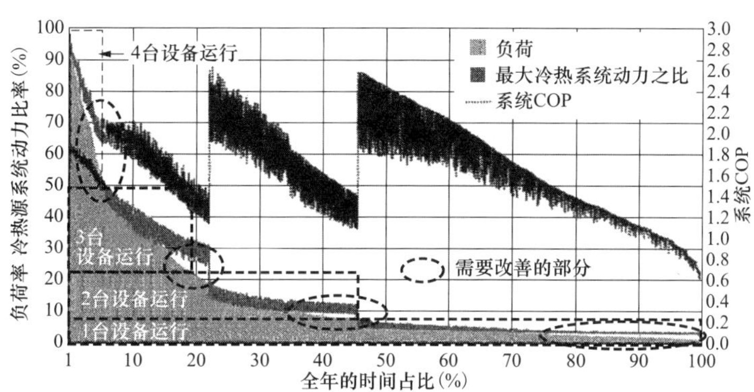

图 3-63　全地区年负荷延续曲线的 MPC4 台分配

表 3-15 表示各地区按 MPC 分配时的系统 COP，从该表可知，按 MPC7%、19%、51%分配的系统 COP 比原设计的 COP 效率降低平均 0.82%最大 2.58%，对于 50 万 m^2 的大规模地区，平均低 0.25%。

表 3-15　　各地区按 MPC 分配时的系统 COP

地　区	A	B	C	D	E	F	G	H	合计
容量分配位置 1（%）	7	6	7	6	7	5	5	7	7
容量分配位置 2（%）	20	17	20	19	19	17	25	21	19

续表

地　　区	A	B	C	D	E	F	G	H	合计
容量分配位置 3（%）	51	47	51	51	52	55	52	51	51
原设计 COP①	1.81	1.94	1.70	2.15	1.71	1.68	1.94	1.71	1.70
原设计 COP②	1.79	1.93	1.70	2.15	1.70	1.66	1.89	1.70	1.70
COP 低下率 1-②/①（%）	1.10	0.52	0.00	0.00	0.58	1.19	2.58	0.58	0.00

（4）低负荷时提高效率的方法。

1）变频的高效率化。图 3-63 所示的 20%以下低负荷范围内，当降低冷却水温度时，系统 COP 能高于 100%负荷的效率。

降低冷却水温度和部分负荷时采用变频制冷机均能实现高效率。图 3-64 表示了分配法中 19.4%以下的部分采用变频制冷机，其性能变化见图 3-65。系统 COP 从 1.434 至 1.635，提高了 14.0%。

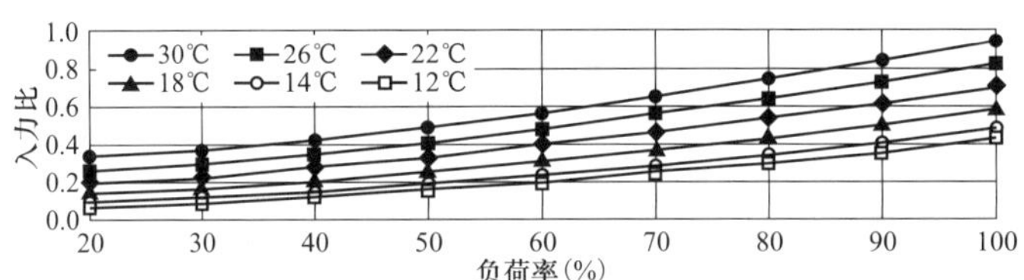

图 3-64　不同冷却水温度使用变频离心机的输入比

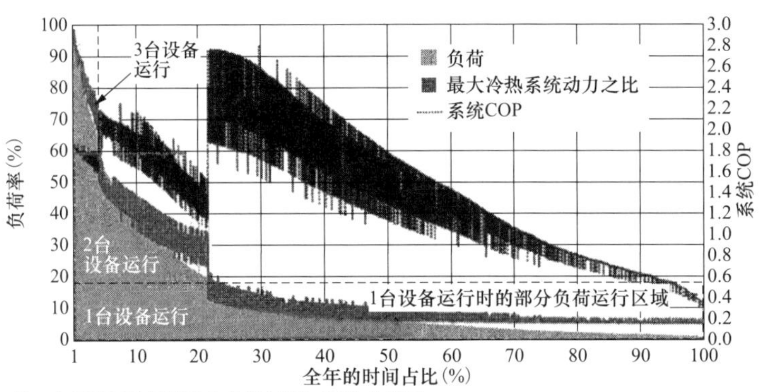

图 3-65　低负荷采用变频离心机的系统 COP

2）区域供冷供热的变频高效率化。D 地区供能范围广，采用了变频制冷机，降低了冷却水温度和补机泵的变流量等方法提高了低负荷时的效率。

图 3-66 表示的全年系统 COP 平均是 1.439，但低负荷时 COP 变化较大，图 3-67 表示的是出现较小负荷和温差不能确保状况的标准制冷时间 4—11 月，平日 7—21 时平均系统 COP 为 1.537。

当区域供冷供热最大冷热负荷为 10 000RT 时，7%的负荷 700RT 也能很好运行，也能实现高效率化，这是区域供冷供热的优点之一。图 3-68 所示平均值在 10%极小负荷时，系统 COP 为 1.15。

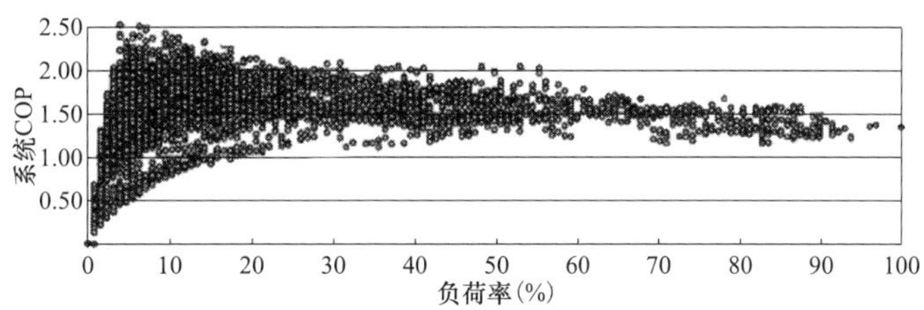

图 3-66　2014 年 D 地区不同负荷率时系统 COP

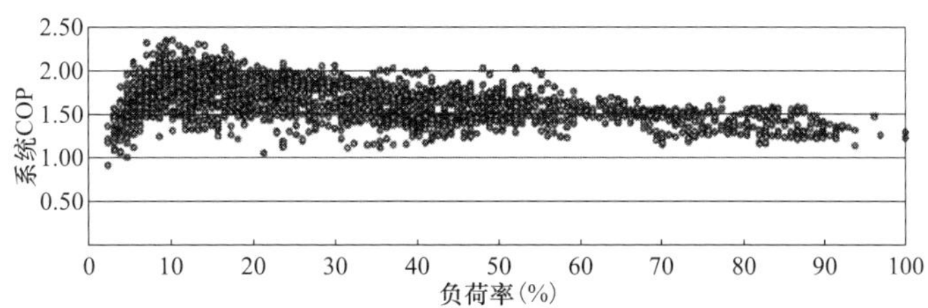

图 3-67　2014 年 D 地区标准空调时间系统 COP

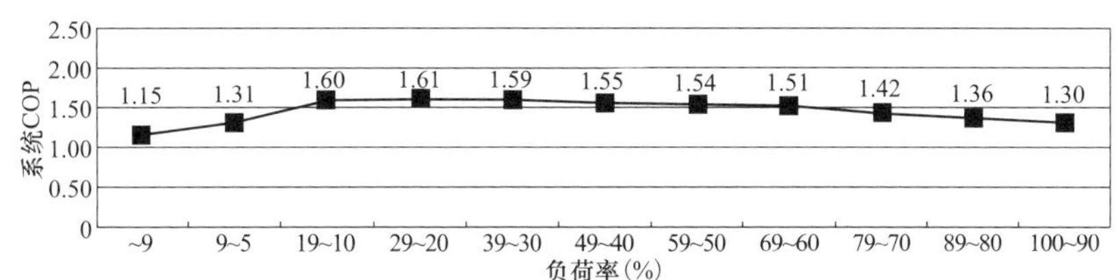

图 3-68　2014 年 D 地区不同负荷率时平均系统 COP

2. 冷（热）源设备的启停控制

冷（热）源设备最优化控制指的是在消耗必要的能耗将冷（热）负荷输送至末端装置以维持室内的环境条件，供能方案不同能耗因素组合也不同，以能耗的和为评价函数并使能耗最小化。

评价函数　　$S=P(X)+Q(X)$　　（3-3）

一般最优化问题使　$\partial S/\partial X=0$　　（3-4）

图 3-69 表示的即是以上叙述的问题，实际上，确定该评价函数就是最优化问题的中心课题。

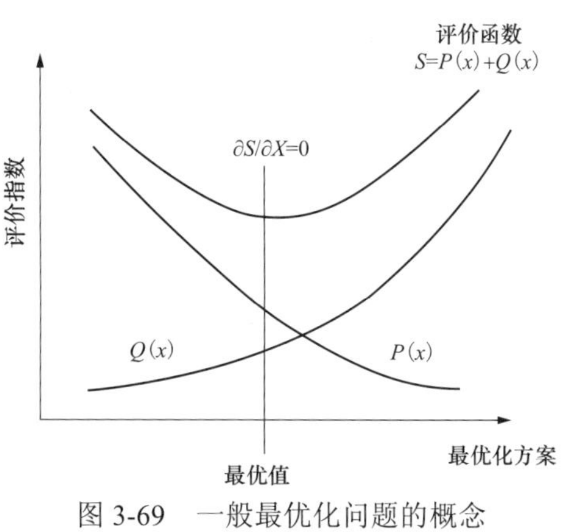

图 3-69　一般最优化问题的概念

对于能源站的冷（热）源设备来说，存在许多约束条件，为了最优化控制而确定评价函数是很不容易的。例如，在某个运行条件下变更处理冷负荷的制冷机的冷水温度 Q_{cs} 就会影响制冷机的能耗 $W_R(Q_{cs})$和二次泵动力 $W_p(Q_{cs})$，故可采用如下所示的评价函数：

$$So(Q_{cs})=W_R(Q_{cs})+W_p(Q_{cs}) \tag{3-5}$$

因此与运行条件相应的 $So(Q_{cs})$的最小化就是运行冷（热）源设备的最优控制，式中冷水温度 Q_{cs} 存在与末端设备运行状态相应的上限值。由于制冷机额定耗能 W_R 比二次泵额定动力 W_p 大得多。在图 3-98 曲线图上的评价函数到达最小值之前，就必须了解控制策略的约束条件。此时的约束条件如下式所示：

$$\theta_{cs} \leqslant \min_{i=1}^{n}(\theta_{c,req,i}) \tag{3-6}$$

$\min_{i=1}^{n}(\theta_{c,req,i})$ 是求最小值的操作过程，$\theta_{c,req,i}$ 是 i 末端设备必要的冷水温度的上限值。因此，在研究中，冷水温度最优化指的是满足式（3-6）的最高的冷水温度条件下的运行。一般末端设备要求的冷水温度随着冷负荷的减少而变成最高值，如末端空调系统为 VAV 方式，则最优化问题就是与 VAV 空调机的送风温度和送风机相关的问题，最优解的结果就是决定冷却盘管必要的冷水温度的上限值。此时，冷（热）源设备最优化问题是包括与 VAV 空调机的送风机动力在内的函数，式（3-5）可变为

$$So(Q_{cs})=W_R(Q_{cs})+W_p(Q_{cs})+W_F \tag{3-7}$$

实际上在制冷机侧也存在冷水温度的约束条件，即对于压缩式制冷机而言，随着冷水温度的上升，冷凝温度和蒸发温度的差也要降低，活塞式和螺杆式制冷机可能会引起制冷剂液给液量过多的问题（对于离心式制冷机，因冷凝温度和蒸发温度差降低可采取叶片控制方式减少进入喘振区域的危险性，故在较大范围的容量控制也是可能的。但通常在制冷机侧仍然设定温差为一个定值，其目的是防止制冷机发生振喘的现象。该问题是冷却水温度的最优化控制的约束条件。当在技术上开发了压缩机容易控制的新的转速控制方法时，则能改善上述问题。

（1）供水温度最优化控制。相应于从冷（热）源设备上所表示出的冷（热）负荷，预先设定冷（热）水温度大于或小于设计值的程序，根据该程序变更冷（热）水供水温度。图 3-70 表示的是冷（热）源系统变更冷水温度时的状态变化。图中所示的是制冷机在额定工况下的定流量运行。在图 3-71 中，当从冷（热）源上发现的冷（热）负荷为 80%时，根据运行程序表就能将冷水供水温度变化为 6℃。由于供水温度的变化，流量会从 75%增加到 87.5%即增加了二次泵动力。此时，由于制冷机的出力仍为 80%，其结果是提高了 COP 降低了能耗，一般来说两者的和降低了。这种情况出现的条件是处理末端设备的冷负荷的冷水温度必须大于 6℃。因此，这种方式使用的场合是末端设备具有相同的冷负荷倾向。

在图 3-70 上表示的是水量比二次侧流量多的状况，但在 1 台制冷机运行时，可能出现二次侧水量多的现象，此时应改变旁通方向将回水与制冷机出口冷水混合后送出。运行时应使混合后的温度为计划的冷水温度，在制冷机运行 2 台时，一次侧水流量多。应通过分析后确定选择的运行方式。

图 3-70（a）中，往二次侧供水温度 5℃，流量 75%运行时，回水温度为 11℃。由于制冷机在额定水量下运行，从出口有 25%水量通过旁通管与回水混合，则制冷机入口温度为 9.5℃。制冷机在额定水量下，采用容量控制的出力约为 80%。图 3-70（b）中，

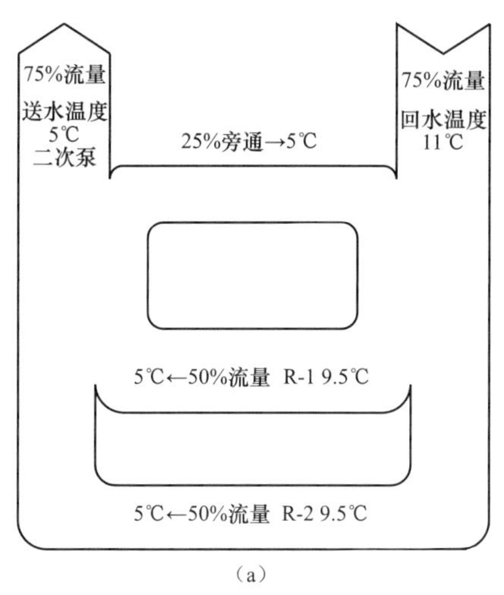

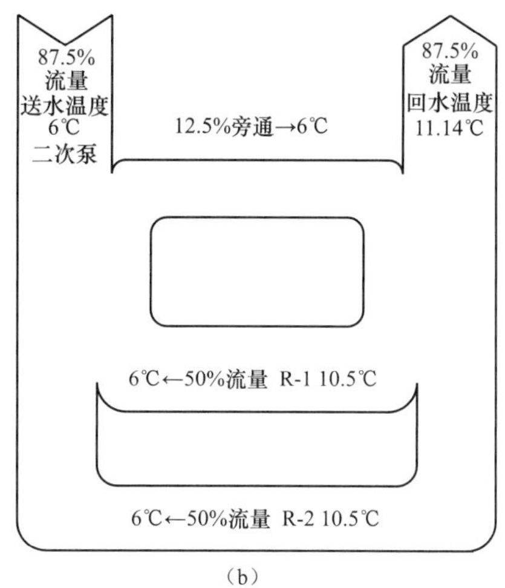

图 3-70　改变冷水供水温度的冷（热）源系统的状态变化

（a）额定供水温度 5℃；（b）制冷机出口温度上升 6℃

往二次侧供水温度为 6℃，流量增加至 87.5%，回水温度变化为 11.145℃。由于制冷机在额定水量下运行，从出口有 12.5%水量通过旁通管与回水混合，制冷机入口温度为 10.5℃。此时，制冷机容量控制的出力约为 80%。COP 提高，能耗减少，但二次泵动力增加。

（2）冷却水最优化控制。

1）冷却水变流量控制。吸收式冷热水机的冷却水入口标准温度是 32℃。图 3-72 表示冷却水入口温度和燃料消耗量的关系。冷却水入口温度越低，燃料消耗量越小，其原因是溶液浓度降低，浓度差增大。图 3-73 表示冷却水入口温度和制冷量的关系。当冷却水温度降低时，制冷量增加。若使用井水降低冷却水入口温度时，其燃料消耗量，制冷量都能得到改善，故选定的机组可能比标准机小。当冷却水入口温度太低时，可能出现制冷剂充灌量不够的问题。故，冷却水温度希望控制在 22～32℃范围内。

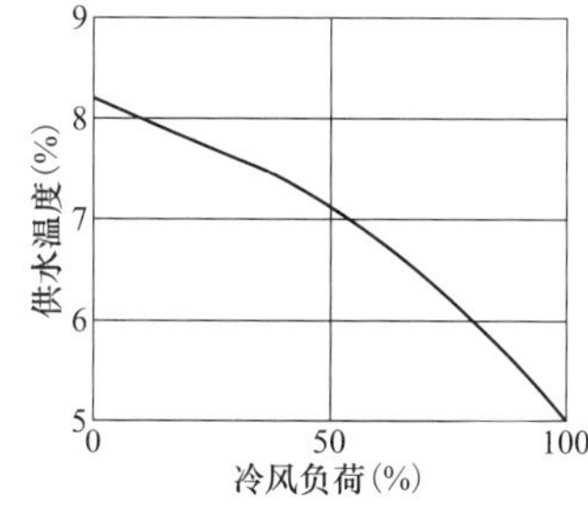

图 3-71　冷水供水温度的变化

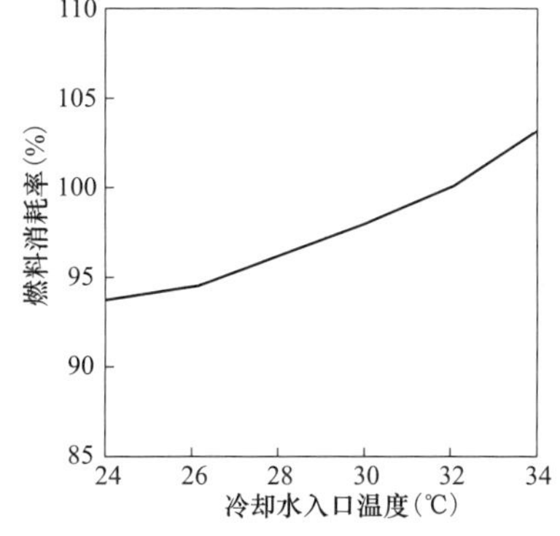

图 3-72　冷却水入口温度和燃料消耗量

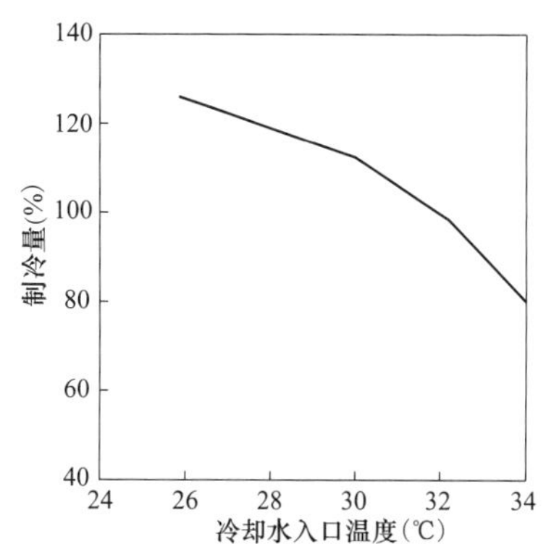

图 3-73　冷却水入口温度和制冷量

图 3-74 表示冷却水流量和燃料消耗率的关系。在负荷 60%时，当冷却水流量从 100%减少到 50%时，燃料消耗率从 96%增加到 110%。即：冷却水流量减少时，吸收式冷热水机的燃料消耗率增加，故必须与输送动力的减少部分比较后，确定是否采取变冷却水流量方式。图 3-74 右侧的临界水量表示的是根据高压发生器的压力规定的状态，是变冷却水量的范围。例如：75%的冷却水流量只能在负荷小于 88%时才能实施。当冷却水流量不够时，安全装置动作，停止吸收式冷热水机的运行。

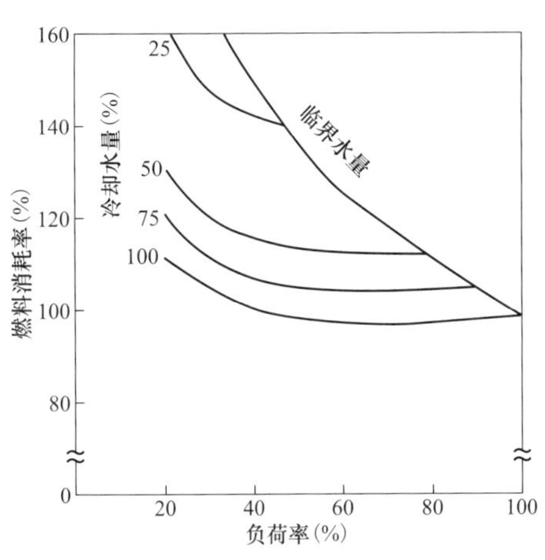

图 3-74 冷却水流量和燃料消耗量

对于水冷式制冷机，当冷却水温度降低时，温度的降低提高了制冷机的 COP。冷却塔的冷却能力一般是根据使用区域的空调设计室外气候条件设计的，在全年运行期间，冷却能力大于设计能力。但在温差降低时，活塞式或螺杆式的制冷剂给液量可能过多，因此，冷却水下限温度成为了约束条件（离心式制冷机是安全的）。对于吸收式制冷机，为了防止吸收液结晶，冷却水温度不应在规定值以下。因此，为了使制冷机侧不发生问题的最优温差应尽可能降低冷却水温度。此时，由于不需要进行冷却塔风机的容量控制，虽然送风机动力比额定条件的高，但，由于制冷机的能耗减少了，二者之和也随之降低了。对于冷凝热换热器，当在图 3-75 所示的冷却水温度降低时，由于冷却水流量也减少了，也能获得相同的冷凝温度。

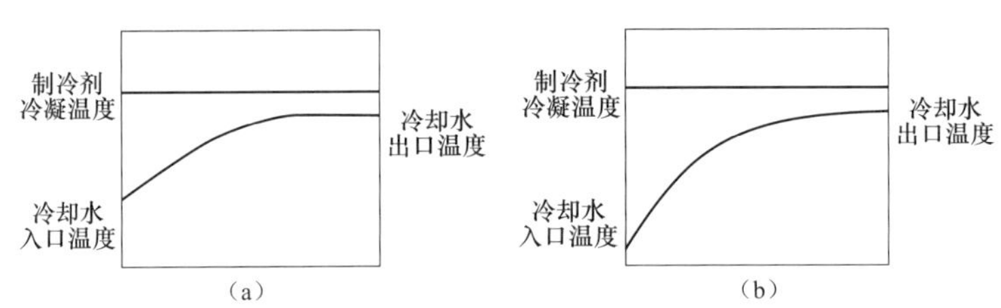

图 3-75 冷却水量减少时冷却水温差变化

（a）额定水量；（b）水量减少

因此，对于压缩制冷剂方式的制冷机来说，在某个温差值以下，保持冷却水出口温度为一定值时进行冷却水的速度控制可以防止温差过低的问题出现。此时减少了冷却水泵的动力，而冷却塔送风机失去了容量控制的机会增加了送风机动力，此时冷却水泵动力减少量比送风机增加量多。由于设定了制冷机冷却水的下限流量值，当水流量低于该值时，启动安全装置制冷机停止运行，因此该下限冷却水量为约束条件。

2）冷却水最优化控制。当运行达到下限流量时，应采用冷却塔风机的速度控制的容量控制方式或三通混合控制（从节能上看前者可能更好）方式进行冷却水温度的控制。图 3-76 表示组合以上最优化方案的冷却水最优化控制。

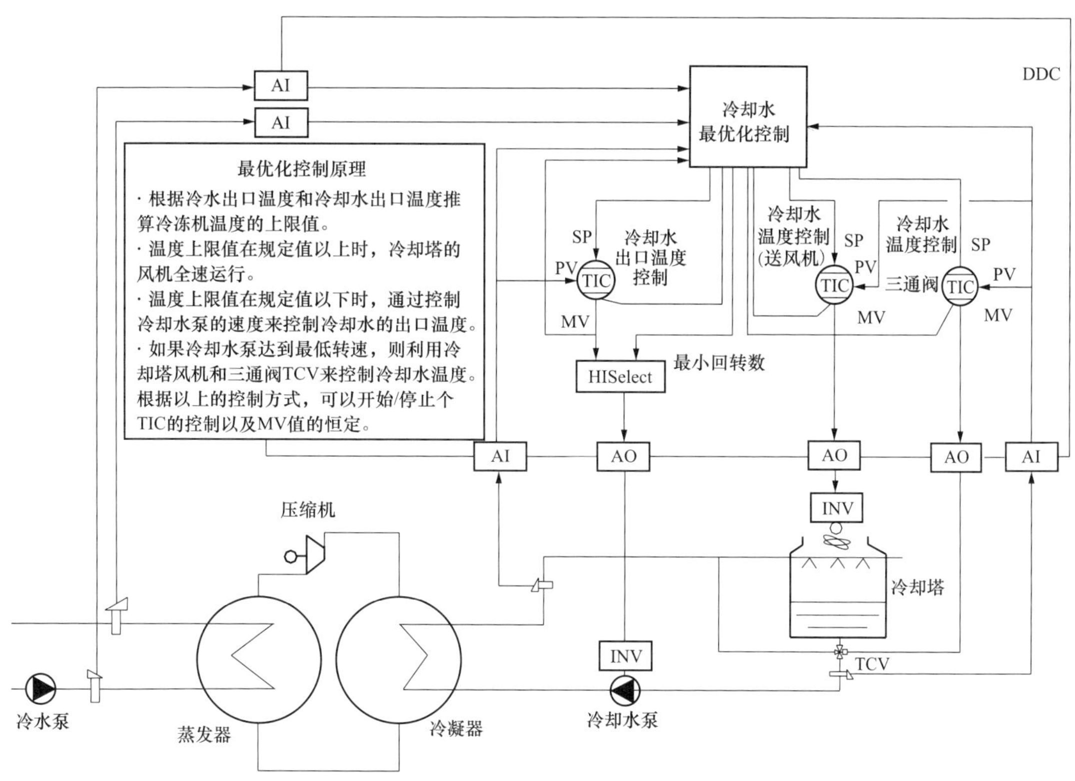

图 3-76 冷却水最优化控制的 DDC 控制系统图

3）冷却塔最优化控制。

a. 冷却塔的效率。在研究冷却塔能效时，出力是冷却能力（kW/h），该值与温度条件（冷却塔入口水温和出口水温的差=水温范围）和循环水量有关。有关标准规定的冷却塔的标准设计温度条件，入口水温 37℃，出口水温 32℃（水温范围 5℃），室外湿球温度 27℃，标准循环水量 13L/（JRT · h）（1JRT=3320kcal/h=3.861kW）。入力是冷却塔各部分消耗能量之和，包括导入室外空气风机耗能和循环泵消耗在冷却塔内的能量。即冷却塔的效率用下式表示。

$$EF = \frac{Q}{860(L_F + L_P)} \tag{3-8}$$

式中：EF 为冷却塔效率；Q 为冷却能力，kcal/h；L_F 为风机耗电，kW；L_P 为水泵耗电，kW。

b. 冷却塔部分负荷效率。对冷却塔部分负荷有影响的因素是冷却塔入口水温和室外湿球温度。当循环水量和风量一定时，入力和全负荷时相同，出力（冷却能力）与温度条件有关。图 3-77 表示冷却塔的部分负荷特性，即以室外湿球温度变化时的冷却塔出口水温作为参数计算能力比的方法。当温差范围为 5℃时，能力比为 1，当范围为 10℃时，其能力比为 2。从图 3-77 可知，在室外湿球温度为 27℃，出口水温为 32℃时，若能力比为 1，则入口水温为 37℃（100%负荷时的出力）。当入口水温 37℃，出口水温

30℃时，从能力比 1.4 和出口水温 30℃交点得到的室外湿球温度为 21.4℃，同样还能求出入口水温 37℃，出口水温 26℃时的室外湿球温度为 5℃，说明当入口水温度一定或出口水温一定时，冷却能力随室外湿球温度的降低而增加。

实际运行时，当室外湿球温度降低时，冷却塔出口水温也降低，而热负荷并不随室外湿球温度的降低而增加，故，冷却水温度不能上升到设计温度，冷却塔入口水温不能维持不变。相反，当室外温度变低时，热负荷变小，冷却水温度也不会上升，冷却塔也不需要冷却到室外湿球温度以下，实际上在比标准设计温度条件低的温度下达到了平衡，温差范围变小，冷却塔的部分负荷效率也比全负荷时低。

图 3-78 表示出力一定时冷却塔必要风量与室外湿球温度的关系。图 3-79 表示转速控制风机时入力的变化。图 3-80 表示转速控制时电动机出力和入力的关系。转速控制用于冷却塔不仅节能，而且从水质污染和噪声上看也是最有效的控制方式。

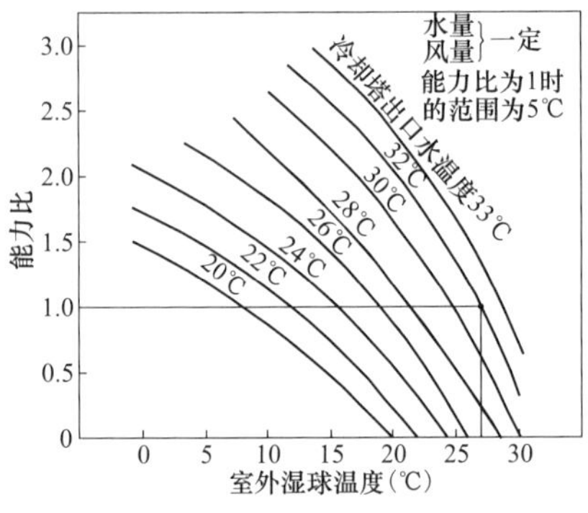

图 3-77　部分负荷持性

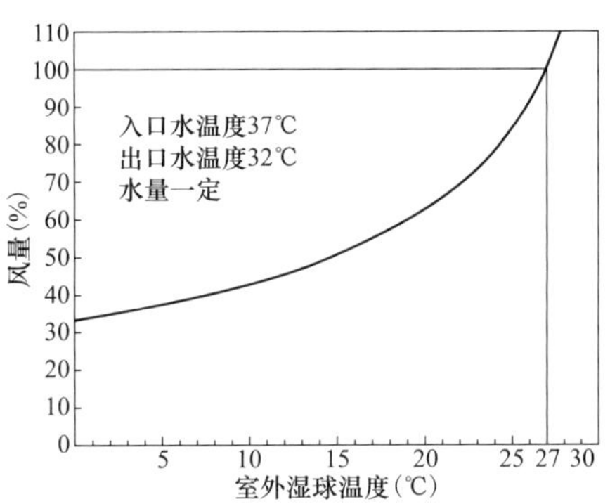

图 3-78　室外湿度温度和风量的关系

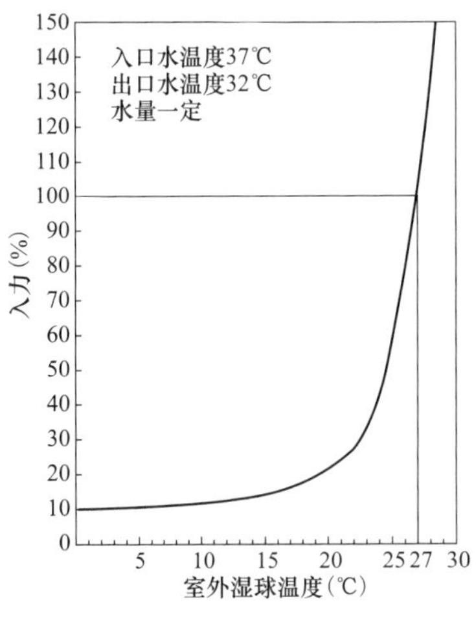

图 3-79　转速控制时入力的变化

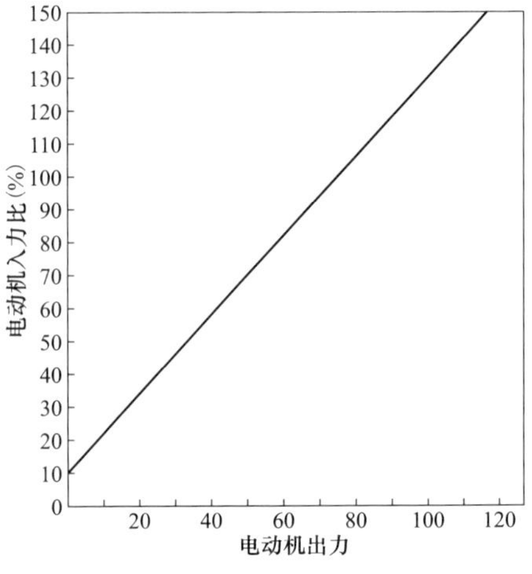

图 3-80　电动机出力和入力

3. 冷却塔风机频率设定值最优化

（1）冷却塔变频控制的控制方法。图 3-81（a）表示在表 3-16 的室外气象条件和负荷条件下冷却塔能量模拟的结果。图 3-81（a）中表示的是在热源的负荷率，室外空气温度、室外空气相对湿度不同组合时冷却水温度的最优化计算结果。直燃型制冷机系统 ON/OFF 控制冷却塔的冷却水温度的最优值是采用如图 3-81（a）所示的相关公式计算出来的。

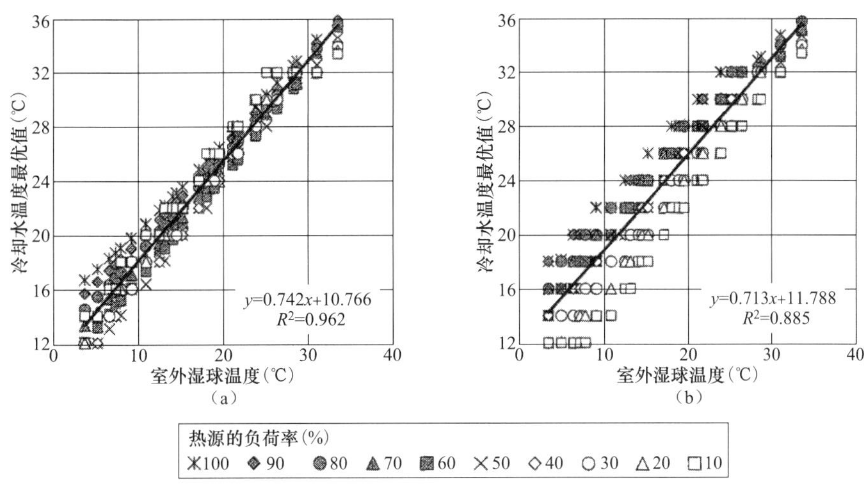

图 3-81　室外湿球温度和冷却水温度最优值的关系

（a）ON/OFF 控制；（b）变频控制

冷却塔风机的控制从 ON/OFF 控制变更为变频控制，在表 3-16 所示的条件没有变化的条件下模拟计算出来的。

表 3-16　　最优化对象、冷却水温度的模拟条件

项　　目	设定值控制内容	通　　道
室外温度	10、15、20、25、30、35℃	6 通
室外相对湿度	30、45、60、75、90%	5 通
冷热源机组负荷率	10～100%（每 10%）	10 通
冷却水入口温度的设定值	12～32℃（每 2℃）	11 通
冷却水泵控制	定流量	
冷水出口温度的设定值	7℃	
一次冷水泵控制	定流量	

注　最优定义为，热源、空调系统能耗为最小的运行和设定值。在没特殊要求时，能耗要换算为一次能，表中电力和天然气的一次能换算系数：9.76MJ/kWh 和 45MJ/m^3。

当冷热源的能耗增加时，模拟结果见图 3-81（b）。当变频控制与 ON/OFF 控制比较时，在相同的室外湿球温度下，冷却水温度最优值范围更大些，说明除室外湿球温度外，负荷率对它的影响也较多。

1）控制对象。冷却水温度下降时能提高冷热源的 COP，同时也会增加冷却塔风机的电耗，合计值最小即为最合适的冷却水温度。说明恰当地控制冷却水温度能实现两种设备合计的能耗最小。在冷却塔冷却水温度控制方法中有以冷却水温度为目标值的方法和以冷却塔风机的风量（频率）为目标的方法。前者能正确地控制冷却水温度，但在室外条件影响下冷却塔风机的能耗与设定值不同。后者室外条件对能耗的影响比前者小。同时以二者作为控制目标能实现能耗最小化。

2）研究顺序。首先采用模拟方法推导求出冷却塔风机频率最优值的关系式。采用推导出的关系式进行控制达到节能目标。对象冷热源设备有直燃型冷温水机和变频离心制冷机。对两种控制目标分别比较有外扰和无外扰的能耗比较，并对关系式的准确性进行评价。

（2）关系式的推导。

1）模拟模型。以制冷运行为对象，用 LCFM 软件对直燃型冷温水机和变频离心机两种系统进行能量模拟。

2）模拟条件。以室外湿球温度、冷热源负荷率和冷却塔风机频率等作为变数，离散化条件作为输入后计算出能量模拟的能耗。表 3-17 表示模拟条件。对其他补机类的控制进行统一的模拟。冷却塔风机采用变频控制，变频控制冷却水泵使出口压力最小。冷水一次泵为定流量控制。

表 3-17　　　最优化对象、冷却水温度的模拟条件

项　　目	设定值控制内容	通　　道
室外湿球温度	1～30℃（每 1℃）	30 通
冷热源机组负荷率	10～100%（每 10%）	10 通
冷却塔风机的频率	1～50Hz（每 1Hz）	50 通
冷却水泵控制	定流量	—
冷水出口温度的设定值	7℃	—
一次冷水泵控制	定流量	—

3）模拟结果。模拟结果，当冷却塔风机频率降低时，图 3-82 表示在室外湿球温度 20℃，冷热源负荷率 30%条件下直燃型冷温水系统（AR）的能耗增加，冷却塔的能耗减少，合计的能耗最小的冷却塔风机频率约为 20Hz。

图 3-83 表示室外湿球温度 20℃，冷热源负荷率 30%条件下变频离心式制冷机（TR）系统的能耗模拟结果。合计能耗在冷却塔风机频率 40Hz 时为最小。由于变频离心式制冷机冷却水温度降低对效率的提高有很大的影响，与直燃型吸收式冷温水机比较，最优的频率数较高。

此外，图 3-82、图 3-83 是表 3-36 所示条件变化时的模拟结果，室外空气湿球温度 30 次，冷热源负荷率 10 次的合计 300 次的组合条件下分别计算出的冷却塔风机频率的最优值。

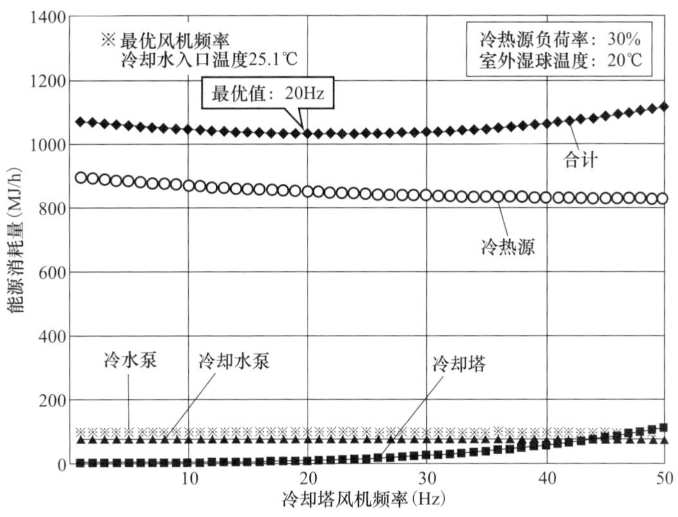

图 3-82　冷却塔风机频率和能耗的关系（AR）

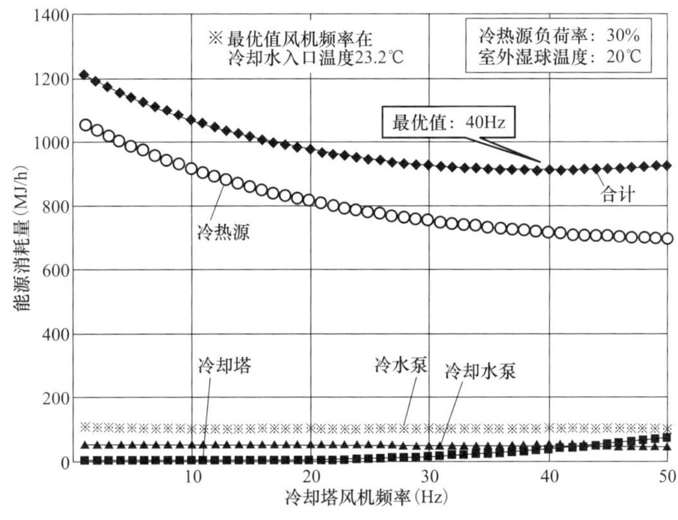

图 3-83　冷却塔风机频率和能耗的关系（TR）

4）相关关系式。由于直燃型冷温水机和变频离心式制冷机的推导方法相同，故以下仅介绍直燃型冷温水机关系式的推导方法。图 3-84 表示前节求出的室外湿球温度、冷热源负荷率和冷却塔风机频率的最优值关系。此外，最优频率数时的冷却水温度也有不在冷热源控制范围内的情况（例如，冷热源负荷率 100%，室外湿球温度 27℃时，频率 38Hz 时的冷却水温度 33.3℃），但在图上未显示。实际系统控制时采用下节介绍的方法。

当热源负荷率相同时，随着室外湿球温度的上升，冷却塔风机频率最优值变小。当室外湿球温度变高时，即使冷却塔风机风量增大，也不能降低冷却水温度，要控制冷却塔风机的风量，以使全系统的能耗为最小，此外，与室外湿球温度无关，当冷热源负荷率增大时，冷却塔风机频率的最优值有升高的倾向。其原因是冷热源的能耗比冷却塔风机大得多，冷却水温度的降低对冷热源能耗的减少有较大的影响。

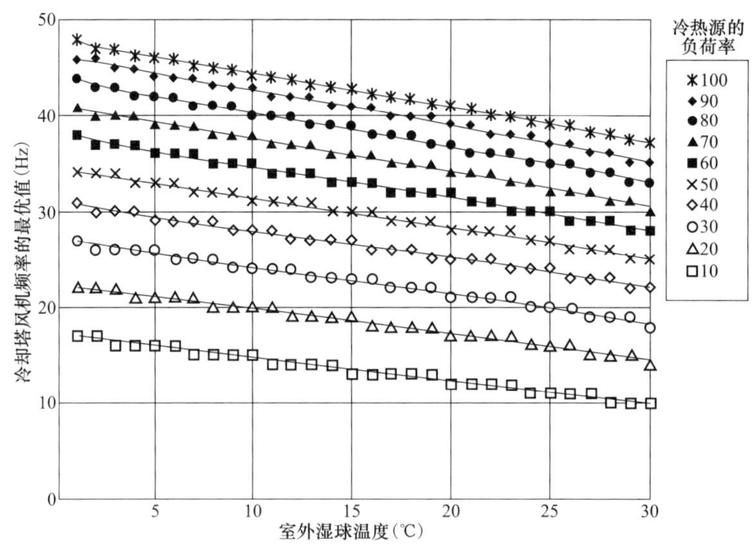

图 3-84　室外湿球温度和冷却塔风机频率最优值的关系（AR）

式（3-9）近似地表示出以上关系，根据室外湿球温度和冷热源的负荷率能计算出最优的冷却塔风机频率。

$$f=(a_{11}q_r^2-a_{12}q_r-a_{13})T_{WB}^2-(a_{21}q_r^2-a_{22}q_r-a_{23})T_{WB}-(a_{31}q_r^2-a_{32}q_r-a_{33}) \quad (3\text{-}9)$$

式中：f 为冷却塔风机频率设定值，Hz；q_r 为热源的负荷率，%；T_{WB} 为室外湿球温度，℃；a_{ij} 为任意的常数。

以下表示模拟式（3-9）常数（a_{ij}）的值

直燃型吸收式冷温水机

$$\begin{pmatrix} a_{11} & a_{12} & a_{13} \\ a_{21} & a_{22} & a_{23} \\ a_{31} & a_{32} & a_{33} \end{pmatrix} = \begin{pmatrix} 0 & 0 & 0 \\ 0 & -0.001\,5 & -0.236 \\ -0.001\,9 & 0.549\,4 & 12.01 \end{pmatrix} \quad (3\text{-}10)$$

变频离心式制冷机

$$\begin{pmatrix} a_{11} & a_{12} & a_{13} \\ a_{21} & a_{22} & a_{23} \\ a_{31} & a_{32} & a_{33} \end{pmatrix} = \begin{pmatrix} 0 & 0 & 0 \\ 0 & -0.001\,6 & -0.353\,1 \\ -0.002\,9 & 0.563\,3 & 31.467 \end{pmatrix} \quad (3\text{-}11)$$

式（3-10）和式（3-11）中室外湿球温度的 2 次方项的系数均为 0，但冷热源系统设备特性中有不是 0 的常数。

5）以频率为控制目标时应注意的问题。当以冷却塔风机频率为控制目标时，冷却水温度不是反馈控制的目标值。因此，必须注意保证冷却水温度的上下限值，图 3-85 表示相应的保证措施案例。

从图 3-85 可知，当冷却水温度超过 32℃时，冷却塔风机频率的上限值是 50Hz，当冷却水温度低于 20℃时，冷却塔风机停止运行。

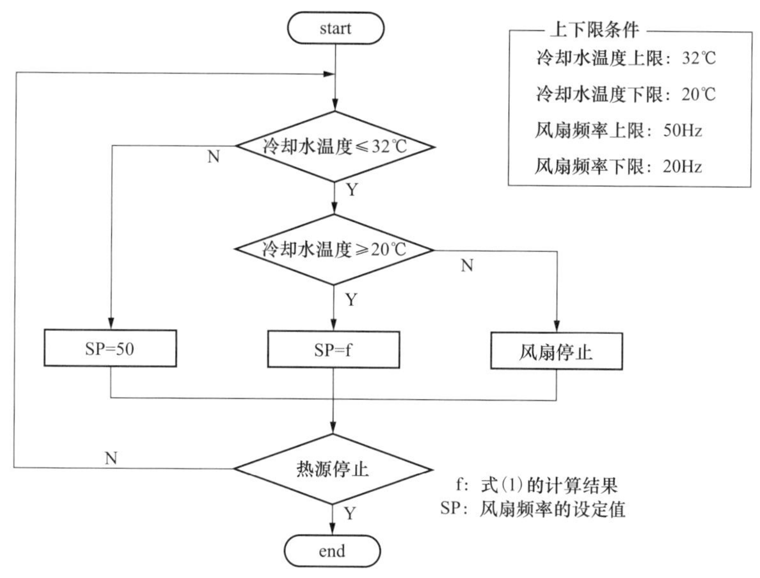

图 3-85　冷却水温度上下限值的保障措施

（3）节能量效果。为了了解按式（3-9）计算的冷却塔风机频率并以它为设定值进行控制的节能效果，应计算出全年能耗并全年按某一定值运行时的能耗进行比较。对象建筑为办公楼，室外气象条件和负荷条件为 2017 年 4 月 1 日至 2018 年 3 月 31 日，全年冷负荷合计 2731GJ。与式（3-9）的比较对象的模型的全年冷却水温度的值定值在以下条件下是一定的。

1）额定值 32℃。

2）冷热源冷却水下限温度 { 20℃（直燃型冷温水机）; 12℃（变频离心式制冷机）

图 3-86、图 3-87 分别表示直燃型吸收式冷温水机和变频离心式制冷机冷热源系统的计算结果。

直燃型吸收式冷温水机采用式（3-9）控制方式的能耗量最小，与冷却水温度 32℃比较时，节能率 4.3%，与 20℃比较时，节能率 4.9%。与 32℃比较，20℃时能耗量增加，虽然随着冷却水温度降低，冷热源的能耗能降低，但仍低于冷却塔风机能耗的增加。此外，从冷热源本身来看，冷热源的能耗按 20℃一定，式（3-9），32℃一定的顺序增大冷却塔风机的能耗；按 32℃一定，式（3-9），20℃一定的顺序增大。式（3-9）考虑了冷热源和冷却塔风机能耗的影响后实现了最优频率的运行。

变频离心式制冷机与直燃型吸收式冷温水机具有同样的变化倾向。相对于 32℃一定的方式，12℃一定的节能率达 22.6%，冷却水温度降低的效果更好些。一般不设定下限温度，采用式（3-9）的控制方式比 12℃一定节能率为 2.4%。

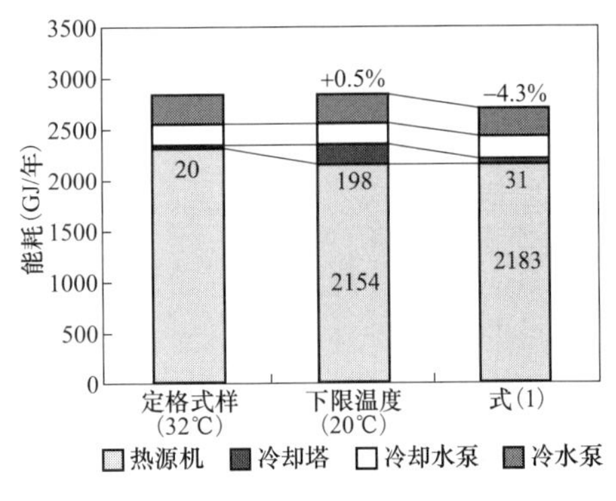

图 3-86 能耗的计算结果

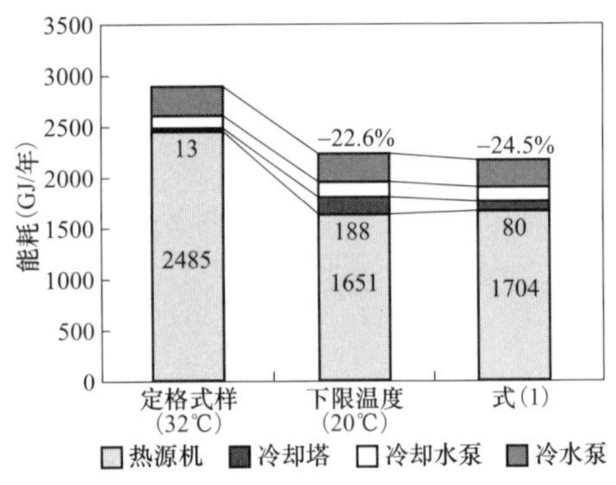

图 3-87 能耗的计算结果（TR）

（4）频率设定和冷却水温度设定的比较。

1）能耗的比较。与式（3-9）推导方式一样，推导出根据室外湿球温度和冷热源负荷率确定最优的冷却水温度的式（3-12）。

$$T_{CT}=(a'_{11}q_r^2+a'_{12}q_r+a'_{13})T_{WB}^2+(a'_{21}q_r^2+a'_{22}q_r+a'_{23})T_{WB}+(a'_{31}q_r^2+a'_{32}q_r+a'_{33}) \tag{3-12}$$

式中：T_{CT} 为冷却水入口温度的设定值，℃；a'_{ij} 为任意的常数。

图 3-88、图 3-89 表示根据式（3-12）计算的全年能耗量的结果。

直燃型吸收式系统两种控制方式的节能率均为 4.3%（图 3-88）。变频离心冷水机的节能率也是 24.5%，与式（3-9）一致（图 3-89）。上述结果显示，两种方式的节能率相同。

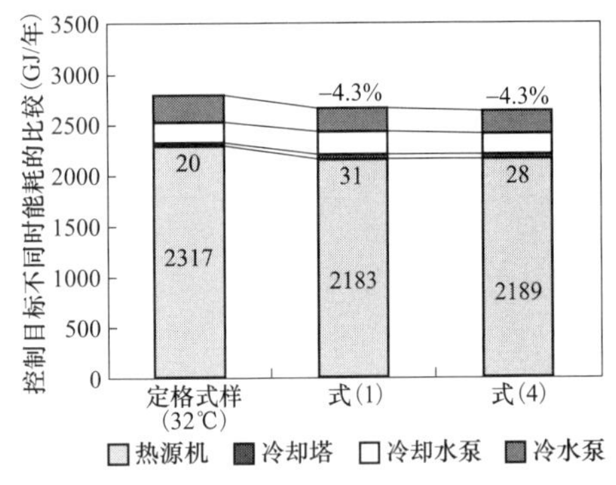

图 3-88 控制对象不同时能耗的比较（AR）

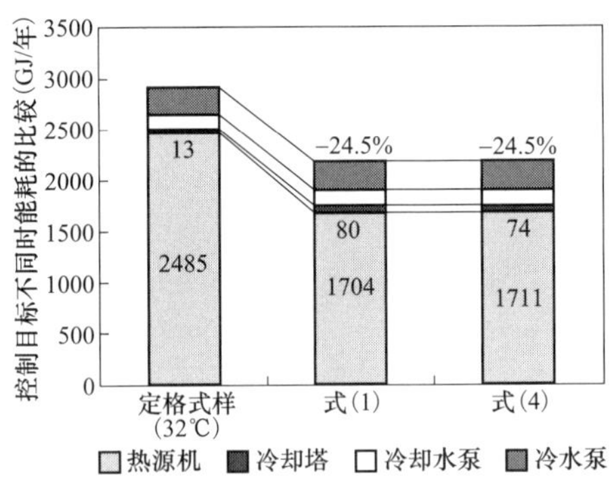

图 3-89 控制对象不同时能耗的比较（TR）

2）外扰影响的比较。当变数有误差时，式（3-9）和式（3-12）的计算结果会偏离，能耗也会增大。分别计算“没有误差”，“室外湿球温度±1℃”，“冷热源负荷率±10%”时的全年能耗量。表 3-18、表 3-19 分别表示以冷却水温度 32℃的能耗为基准值的节能率。在“没有误差”的条件下，如图 3-88、图 3-89 所示，两种方法的节能率相同。在有误差的 4 种方式中，设定频率方法的节能率与“没有误差”完全一致。设定冷却水量的节能率低于“没有误差”。

表 3-18　　以冷却水温度 32℃的能耗为基准值的节能率（AR）

项　　目		式（3-23）（%）	式（3-24）（%）
32℃的能耗为基准值的节能率	误差	–4.3	–4.3
	室外湿球温度　+1℃	–4.3	–3.9
	室外湿球温度　–1℃	–4.3	–4.0
	冷热源负荷率　+10%	–4.3	–3.9
	冷热源负荷率　–10%	–4.3	–3.0

表 3-19　　以冷却水温度 32℃的能耗为基准值的节能率（TR）

项　　目		式（3-23）（%）	式（3-24）（%）
32℃的能耗为基准值的节能率	误差	–24.5	–24.5
	室外湿球温度　+1℃	–24.5	–23.2
	室外湿球温度　–1℃	–24.5	–22.6
	冷热源负荷率　+10%	–24.4	–23.5
	冷热源负荷率　–10%	–24.3	–22.8

计测值的误差会对节能率产生影响。图 3-90 表示“没有误差”，“室外湿球温度±1℃”，“冷热源负荷率±10%”时的冷却塔风机频率和冷却水温度的范围。图中冷却水温度曲线是在某室外气象条件，某负荷条件和不同冷却塔频率下计算出的冷却水温度。

由于室外湿球温度和冷热源负荷率的值不同，按式（3-9）计算出的频率最优设定值偏离范围约为 8.1Hz，冷却水温度的偏离范围约为 1.3℃。按式（3-12）计算，冷却水温度与最优设定值偏离 1.9℃，此时频率偏离 13.7Hz。

3）近似影响的比较。式（3-9）、式（3-12）均是在图 3-84 所示关系下求出的近似式。为了验证二公式的准确性，计算出图 3-84 所示最优值（y_i）和式（3-9）、式（3-12）求出的值（y）的残差的标准偏差。式（3-13）表示计算出式（3-9）的标准偏差的公式，表 3-20 表示各制冷机和各控制目标的标准偏差的值。

$$SD = \sqrt{\frac{\Sigma(y_i + \overline{y})}{(n-9)}} \tag{3-13}$$

式中：SD 为标准偏差，Hz；y_i 为最优值，Hz；$\overline{y}$ 为式（3-9）求出的近似值，Hz；n 为标本数（=300）。

表 3-20　　标准偏差的比较

冷热源机的种类	关系式	标准偏差
吸收式	式（3-9）控制目标：频率	0.34Hz
变频离心式		1.37Hz
吸收式	式（3-12）控制目标：冷却水温度	0.38℃
变频离心式		1.61℃

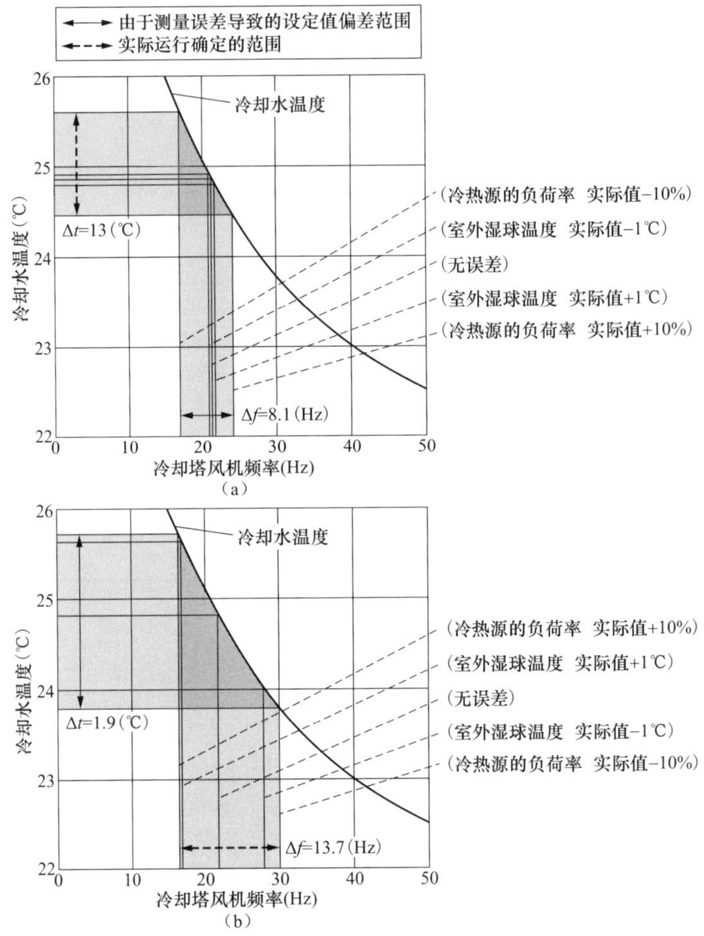

图 3-90　有误差时冷却塔风机频率数和冷却水温度范围

（a）控制目标为频率时：式（3-9）；（b）控制目标为冷却水温度时：式（3-12）

图 3-91 表示变频离心式制冷机与式（3-9）的比较方法。在按模型求出的最优值的标准偏差的±2 倍时，采用全系统能耗增加率的评价方法。表 3-20 表示各制冷机和各控制目标的能耗增加率。表 3-21 中的能耗增加率表示的是全部标本增加率的平均值。

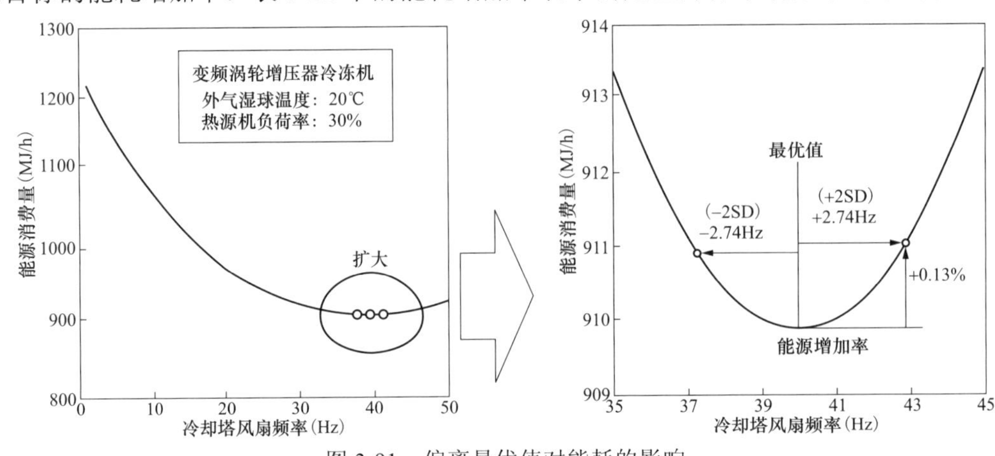

图 3-91　偏离最优值对能耗的影响

表 3-21　　能耗增加率比较

冷热源机的种类	关系式	能耗增加率（%）
吸收式	式（3-9）控制目标：频率	0.01
变频离心式		0.19
吸收式	式（3-12）控制目标：冷却水温度	0.33
变频离心式		1.61

变频离心制冷机的增加率大于吸收式冷温水机。原因是冷却水温度变化对变频离心制冷机能耗的影响大。当对同类冷热源机比较时，式（3-12）对能耗增加的影响大于式（3-9）。

（5）效果验证。

1）实验验证概要。

实验条件：

时间：2018 年 6 月 20 日—2018 年 10 月 28 日

运行时间：平日的 8:00—17:00

测定间距：1min（温度、流量、频率）

1h（用电量、燃气量）

表 3-22 表示包括式（3-9）控制的 5 种工况的实验条件。每日切换 1 种工况，各工况合计的实验日数均为 17 日。

表 3-22　　实验条件

工况	控制目标	控制方法
工况 1	冷却水温度/℃	固定（30）
工况 2	冷却水温度/℃	固定（22）
工况 3	冷却水温度/℃	$T_{WB}+5$
工况 4	冷却水温度/℃	$aT_{WB}+b$
工况 5	冷却塔风机频率/Hz	式（3-9）

工况 1 和工况 2 与室外气象条件和负荷条件无关，是冷却水温度为一定设定值的方法。工况 1 是额定值 30℃。工况 2 是下限温度加 2℃，即 22℃。工况 3 是室外湿球温度加 5℃的冷却水温度为设定值的方法。工况 4 是采用图 3-120（b）近似直线求出冷却水温度设定值的方法，此时，近似直线的系数 a=0.756，b=9.09。工况 5 是采用式（3-9）求出冷却塔风机频率设定值的方法，此时，式（3-9）的常数（a_{ij}）值如下所示。

$$\begin{pmatrix} a_{11} & a_{12} & a_{13} \\ a_{21} & a_{22} & a_{23} \\ a_{31} & a_{32} & a_{33} \end{pmatrix} = \begin{pmatrix} 0.000\,000\,1 & 0.000\,006\,0 & -0.006\,428\,9 \\ -0.000\,042\,6 & 0.003\,548\,0 & 0.131\,122\,0 \\ -0.000\,114\,4 & 0.312\,265\,6 & 10.487\,157\,6 \end{pmatrix} \tag{3-14}$$

2）效果的计算。实验中采用 5 种方法进行控制时，计算出各工况的能耗相对于工况 1 的节能率，图 3-92 表示采用 LCEM 软件计算出的各工况的能耗，相对于工况 1 的节能率分别是工况 2 的 2.8%，工况 3 的 4.4%，工况 4 的 4.7%和工况 5 的 5.0%。

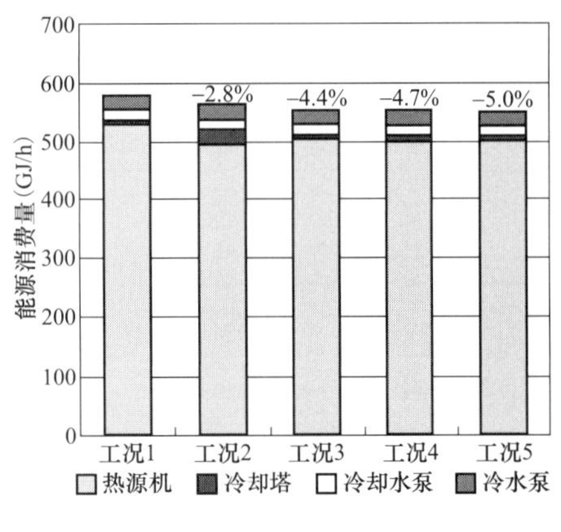

图 3-92　能耗计算值的比较

3）实验结果。

a．控制状况的确认。根据冷却水温度设定值和测定数据，根据冷却塔风机频率的设定值和测定数据，确认各实验工况的控制状况。图 3-93 表示各工况代表日的控制状况。工况 1 冷却水温度设定值 30℃，确认冷却水温度的测定数据在 30℃左右。工况 2 冷却水温度的设定值是 22℃，但冷却水温度不能下降至 22℃，实际值约为 24℃。此时，冷却塔风机频率测定值是上限 50Hz。工况 3 和工况 4 应确认冷却水温度的测定数据能跟踪并与按室外湿球温度演算出的冷却水温度设定值一致。工况 5 是以冷却塔风机频率为设定值时，应确认冷却塔风机频率测定数据能跟踪并与设定值一致。此时，冷却水温度的测定数据约为 26℃。在所有 5 种工况中均要达到设计的控制状况。

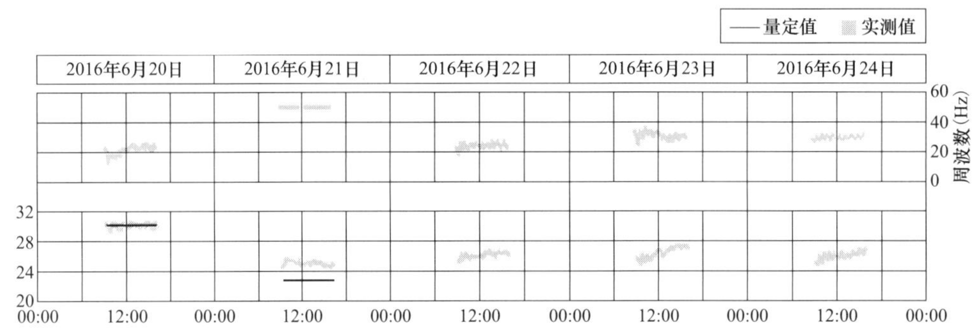

图 3-93　冷却水温度和冷却塔风机频率随时间变化

b．能耗的比较。图 3-94 表示实验验证的能耗比较。由于实验时各工况的室外气象条件和负荷条件不同，故采用单位热量的能耗进行比较。从相对于工况 1 的节能率来看，结果与图 3-92 计算的不同，节能率按工况 5、工况 3、工况 2、工况 4 的顺序增大。原因是各工况的室外气象和负荷等运行条件不同而产生的。工况 4 的节能率较大的原因是冷热源高负荷稳定运行，且受外扰的影响也较小。

图 3-95 是按照与实验时相同的室外气象条件和负荷条件进行模拟的。当比较图 3-94 和图 3-95 时，虽然相对于工况 1 的节能率数据不同，但节能率效果的倾向是一致的。

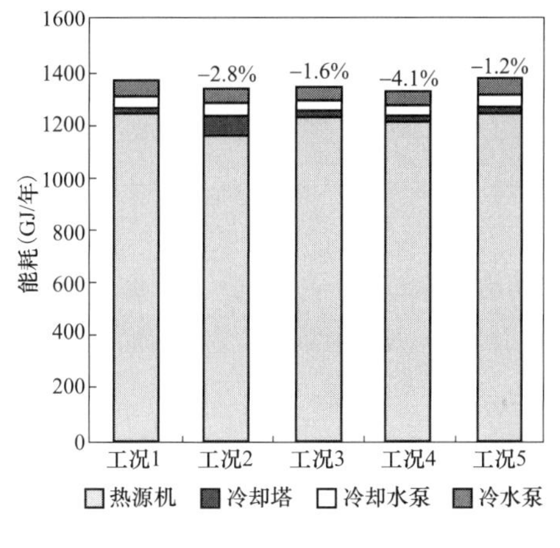

图 3-94　与实测值的比较

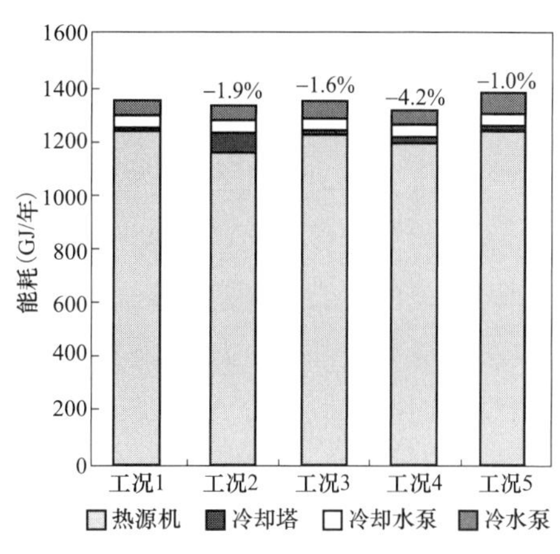

图 3-95　能耗计算结果的比较

表 3-23 表示不同设备按实验验证条件模拟的能耗与实测值的误差。冷却塔的误差大于 10%，其他设备的误差均小于 2%。所有设备（合计 *a*）和系统（合计 *b*）的误差小于 1%。LCEM 软件再现了该模拟模型的精度高。

表 3-23　不同设备按实验验证条件模拟的能耗与实测值的误差　（%）

项　目	冷热源机	冷却塔	冷却水泵	冷水泵	合计 *b*
工况 1	−0.5	16.3	1.2	0.8	−0.2
工况 2	0.8	−0.3	0.1	0.7	0.7
工况 3	−0.1	−12.9	0.4	0.3	−0.2
工况 4	−0.4	−1.0	1.2	0.5	−0.3
工况 5	−0.1	0.4	2.0	−0.1	0.0
合计 *a*	−0.1	0.0	1.0	0.4	0.0

图 3-96 表示的是 2018 年 6 月 20 日至 10 月 28 日时间内室外气象条件和负荷条件与模拟一致，并按 5 种工况运行时计算出的能耗的比较。比较图 3-92 和图 3-96 能确认工况 5 的节能率最大。

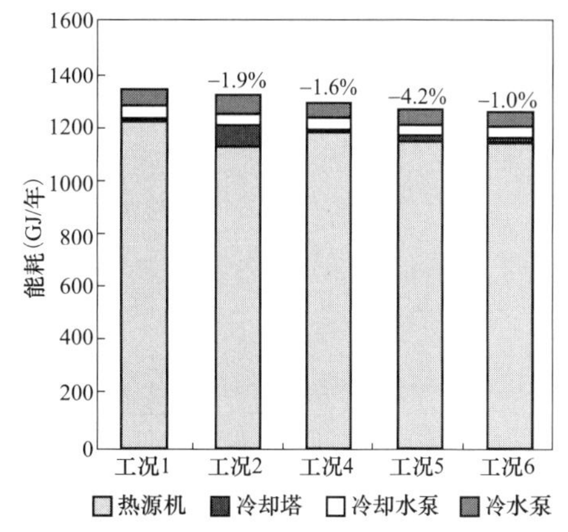

图 3-96　在全寿命期间的能耗计算结果的比较

3.3.4　水系统管网的最优化

1. 水系统最优化控制的条件

在能源站的供能系统中一般以冷（热）水作为冷（热）介质将冷（热）量从冷（热）源输送至空调机组或风机盘管等末端装置。输送冷（热）介质所投入的能耗是通过泵输送冷（热）介质的电能，它与扬程和流量的乘积有关，泵管道系统最优化控制指的是通过泵的控制使输送能耗为必要的最小化。作为最优化控制的前提是必须使泵和管道系统的设计更合理，即必须满足以下条件。

（1）变流量方式（VWV）的采用。空调机组和风机盘管等末端装置为二通阀控制，并实现冷（热）水流量随负荷改变而改变的可变流量方式，一般应设置向末端装置供水的二次泵，并与保障冷（热）源设备流量的一次泵分离。

（2）合理的泵系统的设计。当末端设备的使用时间段和负荷倾向不同时，应进行合理的泵和管道系统的设计。当用相同管道系统和相同泵与使用时间段和负荷倾向不相同的末端设备连接时，泵会在很长的时间内处于低负荷运行状况，为了部分使用时段的末端设备而不能关闭水泵或降低扬程时，则会增加泵的输送能耗。

（3）采用同程方式。主管和分支管都应尽量地采用同程方式。在异程方式中，由于分支部分的压力不平衡，则会出现前端系统的流量过多和末端系统流量过少的问题。此时输送系统的效率就会降低。

2. 供、回水方式、管道压力分布和扬程控制

（1）异程。图 3-97 表示额定流量相等的 9 台末端装置组成的 9 个异程配置的方式（图中未显示定压值）。在该管道系统中管道尺寸是按定压法设计的。除分支部分的两通阀外，末端装置的压降均为 90kPa，二通阀的额定压差为 30kPa，额定流量指的是阀开度的 100% 时的流量。图中阀的压降包括了管道中其他部分的压力损失。图 3-97（a）指的是在额定流量条件下末端系统的额定压力，在近端分支系统的压力存在富裕。这种分支系统的压力富裕将由二通阀节流吸收。当能源站系统运行时所有系统的二通阀全开，系统的流量就过大，泵扬程降低，主管各部分的压降也变大，末端系统的压力降低，流量出现不足。为了不出现这种问题，设置平衡阀调整富裕压力或根据预设定的压力分布计算各分支系统二通阀的额定差压，并选择阀门口径。但是，当采用上述这种策略时，就不可能采用后面所述的可变扬程控制方式，结果是运行时许多压力损失是无效的，也不能实现必要的最小的输送能耗的控制方式。

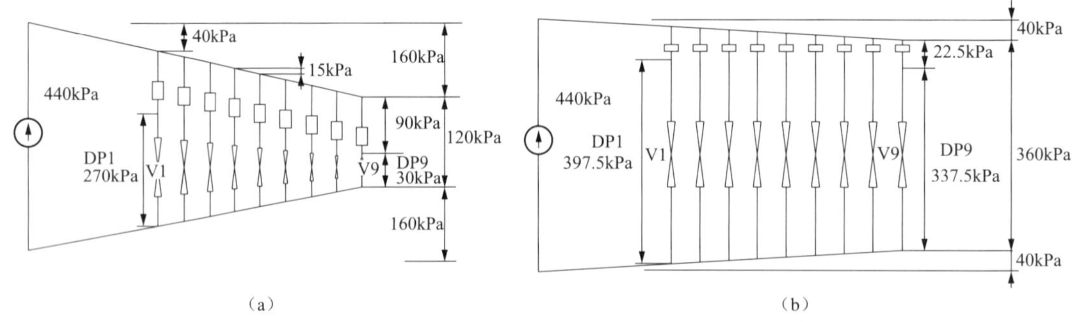

图 3-97　异程方式的压力分布

（a）额定流量时的压力分布；（b）各分支系统 50%流量时的压力分布

图 3-97（a）中，当各分支系统流量均为 100%流量时，末端系统二通阀 V9 的差压 DP9 为额定差压 30kPa，但始端系统为了吸收主管的压力降，二通阀 V1 的差压 DP1 必

须增加至 270kPa。

图 3-97（b）中，当各分支系统末端水量均为 50%水量时，配管的压力降减少至 1/4，各系统二通阀差压吸收的剩余压力增大，当末端系统越大时，变动部分也越大。

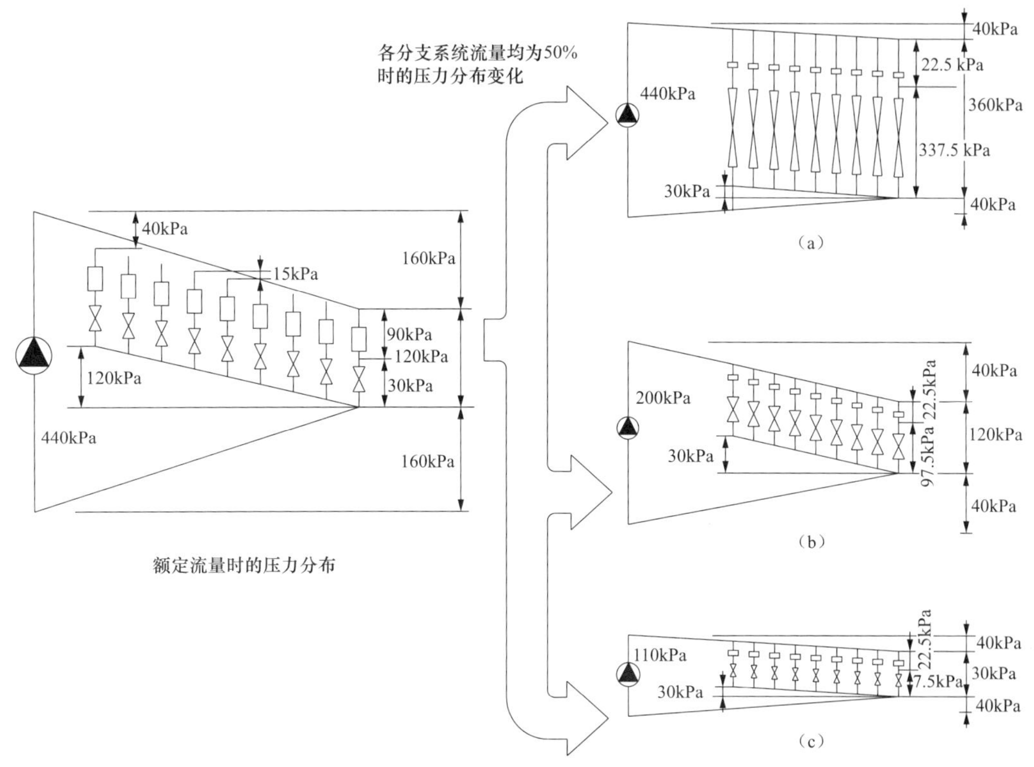

图 3-98　同程方式的压力分布和可变扬程控制

（a）泵扬程一定；（b）末端压差一定；（c）最小供水压力

图 3-98 中，配管按定压法设计，各部分单位长度的摩擦损失与额定流量时均相同，压力降与流量变化的平方成比例。各分支部分 100%流量时二通阀开度为 100%。所有二通阀开度为 100%，其压力降为 1/4。所有配管和设备的摩擦损失变为 1/4，各分支压力增加，并被二通阀吸收。

（2）同程。图 3-98 是理想的同程方式，在额定水流量时，各分支系统的压力损失全部一致均达到额定条件。此时即使不采用平衡阀等措施，也能采用实现必要的最小限度输送能耗为目的的可变扬程控制方式。当图 3-98（a）、（b）、（c）所有分支系统的流量为 50%时，图中表示了三种扬程控制方法的泵扬程和压力分布的关系。理论上必要的最小输送能耗为图 3-98（c）的最小供水压力。但如图所示，要使所有分支系统的水流量均大于 50%时，压力不足可能出现系统水流量不能满足所有用户要求的情况。若各分支系统要求的水流量不同时，为了满足必要的分支压力，就必须增加泵的扬程。此时，其他分支系统的压力就会产生富裕。只有在所有分支系统的压力都满足的条件下才能实现真正的全部管道系统的输送能耗最小化，因此，在确定必要的最小限度输送能耗时就必须掌握各分支系统要求水流量的信息。

3. 泵可变扬程控制

图 3-99 表示相应于不同控制方法的变化扬程和泵转速的关系。图 3-98（a)、(b)、(c）与图 3-99 的 a.b.c 相互对应。由于在异程方式中各分支的控制阀的阻抗不相等，因此，该方式的控制性和节能性均存在问题。即沿着阻力曲线 R 降低转速的控制方式是最节能的，减少的动力与流量成立方关系，但，由于控制阀的必要差压不能保障，因此，除 1 个系统 1 个控制阀之外时，这种方式不成立。

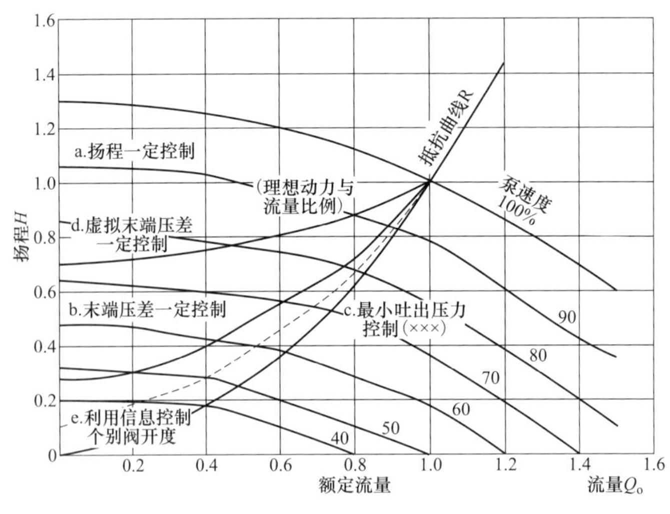

图 3-99 可变扬程控制和泵转速控制

（1）供水压力的控制。由于分支阻力是不一致的，因此不能认定出最大阻力分支，当泵出口管道后有分支时应采用这种方式，但节能性有限。

（2）定末端压差的控制。在二次侧管网配置了许多冷（热）负荷装置时，由于管网最大压损分支系统的最远端的控制阀与末端装置压力损失的和是一定的，因此，检测出该压力差后进行泵速度控制，这种方式具有较大的节能效果。由于压力传感器的配线与距离有关，距离大时，成本较多，但若通过网络传送则可解决该问题。

（3）虚拟末端压差的控制。如图 3-100 所示泵速度控制指的是根据泵供水压力调节信号调整变频器（INV：可变速驱动器 VSD 或可变频率驱动器 VFD）的频率和电压的方式。当水流量减少时，采用降低泵扬程的可变扬程控制，将通过流量计 FT-1 的信号改变供水压力控制 PIC 的设定值的方式称为“虚拟末端压差一定的控制”方式。当流量变小时，将会降低大型泵的效率，因此，当流量小于某值时，建议更换为小流量低扬程的小型泵。一般小型泵多采用定速运行方式。

在虚拟末端压差一定的控制方式中，若根据与流量有关的设定压力的调整值不合适时，就不能保障末端差压，运行可能产生故障，当调整值过于安全时，则会出现与图 3-99 所示的节能效果小于末端差压一定的控制方式的现象。

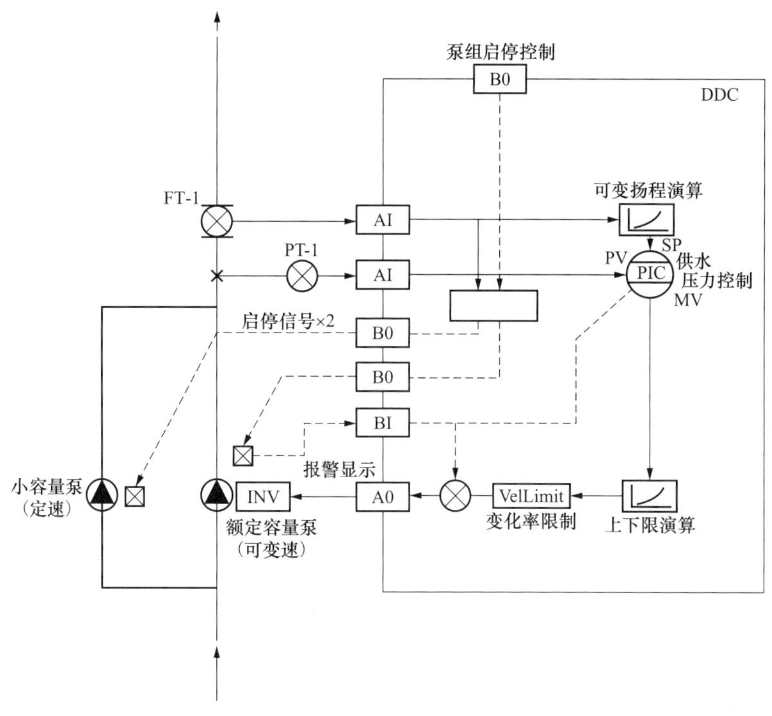

图 3-100　可变速泵控制案例

（该图表示承担全部设计水量的可变速泵和低水量用小容量定速泵进行转换的案例）

（4）利用个别阀开度信息的最优化控制。在上述的可变速扬程控制方式能确保与管网相连接的二次侧设备分支保持不变的设计压力差。但，这种方式只能用于与分支部分的二次设备不处于满负荷的状态，并且也不是设计压力差的状态。当用控制阀的开度判断二次侧设备的负荷状态时，通过如图 3-101 所示的信息的监测监控系统的网络输送至泵速度控制的 DDC，以实现供水压力最优化。此时二次侧设备负荷状态是能用控制阀 TCV-n 的开度来判断的。即，若当控制阀低于某一定值时，则可能出现分支部分的压力差有余量的现象。当控制阀全开或接近全开时，能判断分支部分的压力差不够。经由网络将压力余量或压力不够的信息传递至二次泵控制 DDC。在泵速度控制中，若存在压力不够的信息时，通过与该系统相应的变化率增加泵的转速；若有压力余量时，则泵的转速减少与该系统数相应，其结果是全部压力系统均能满足要求，此时运行接近图 3-99 所示的三次方曲线，从而实现提高泵输送效率的情况。

各系统空调机用 DDC 根据二通阀 TCV1-5 阀开度信号相对于必要的水量判断各分支压力是否富裕或不足，通过监测控制网络以数字值表示判断信号并输出。在网络内汇集同一配管系统的富裕或不足信号并进行 VWV 的最优化控制。即进行泵组的速度控制。

4．台数控制

一般二次泵多采用与该系统设计流量相应的多台等容量（通常 2～3 台）的配置方式，

与此相应的泵的控制是根据流量进行台数控制，有时也同时使用速度控制方式。现在由于速度控制已经普及，则采用如图 3-100 所示的全部流量的可变速泵和小负荷时用的定速小容量泵的情况。

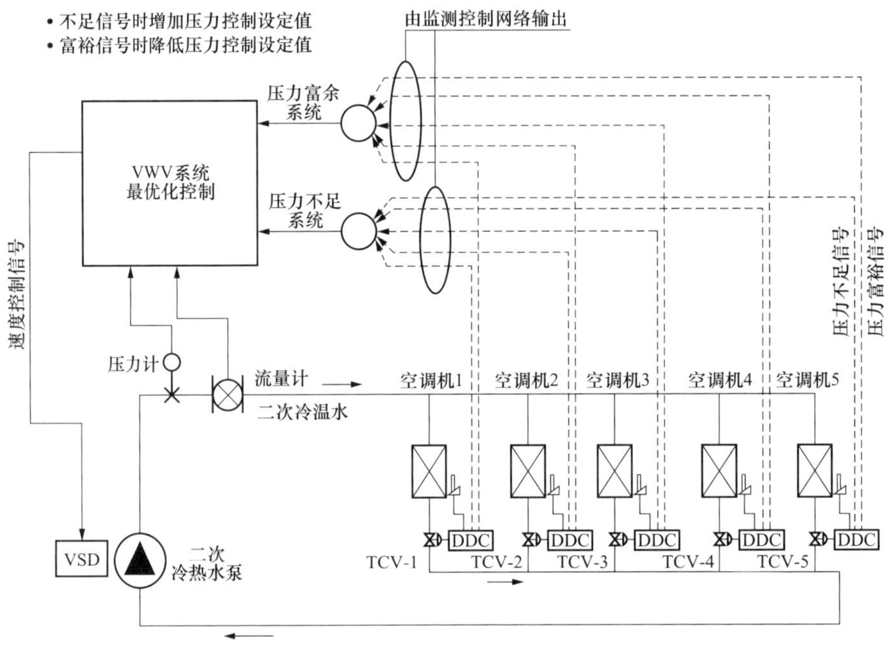

图 3-101　采用网络的 VWV 最优化控制

5. 最小压差变流量控制

相对于空调最大负荷而言的全年平均负荷率约为 20%以下，当负荷率为 20%时动力仅为 0.8%，理论上能减少 99.2%。实际上输送动力是流量和压差的乘积，当对流量进行动态控制时，各分支管道不一定能达到最小阻力，一般固定压差、预测压差超过定流量比 95%，故输送动力的减少达不到预期的效果。动态掌握流量变化前的阻力，反馈后进行最小压差控制能较大地提高输送效率。

（1）以往采用的变流量控制技术。

1）在以往的变流量控制中仍存在降低压差的空间。在一定压差控制方式中，通过控制阀进行流量控制，阻力消耗了输送能量，降低压差不能减少动力的消耗。

在计算末端压差控制方式中，假设变化时各负荷的水量和总水量的比例相同，计算末端控制阀阻力以降低压差，但计算是按照管道阻力和流量呈线性关系的固定模式进行的，压差减少的设定值具有一定的余量空间。

在末端压差一定控制方式中，计算的管道阻力最大的是最远的管道末端，计测末端压力，通过控制阀使末端达到一定的压差，及选择水泵的压差，实现动态反馈控制，但当末端要求最大负荷时，为了不发生压差不足的问题，还要在固定一定压差的基础上加上安全压差。

图 3-102 所示的是处在相同位置的 5 台空调机组，按照每台设计流量 100L/min，选择管径，在最大流量时，管道供、回水阻力 40kPa，最大流量时必须的控制阀压差 120kPa，泵的扬程 200kPa。

图中 a 所示的是最大流量时末端的设定压差，b 是管道阻力形式的压差，在图 3-102 中 m1～m5、n1～n5 分布表示供回水管的阻力，分别为 8kPa，合计 80kPa。

在图 3-103 的压差一定控制方式中，即使负荷流量为 50%，在压差 90%的 c 的空调机和由控制阀调节的部分负荷运行条件下，控制阀仍然存在能耗。

在图 3-104 的末端压差一定控制方式中，当各负荷流量为 50%时，管道的合计阻力从 80kPa 下降至 20kPa，必要的扬程下降至 140kPa。

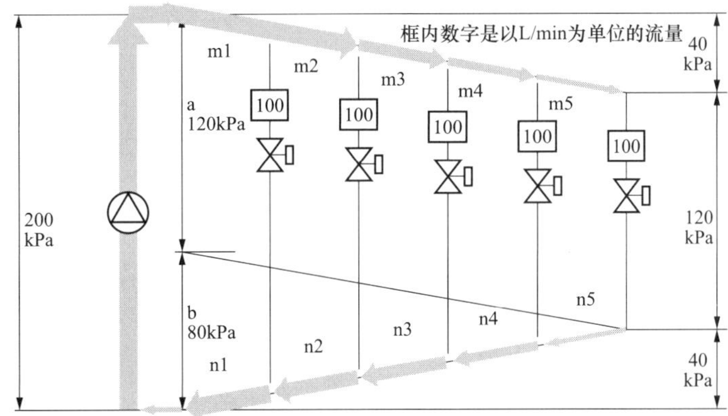

图 3-102　管网压力分布图（最大流量时）

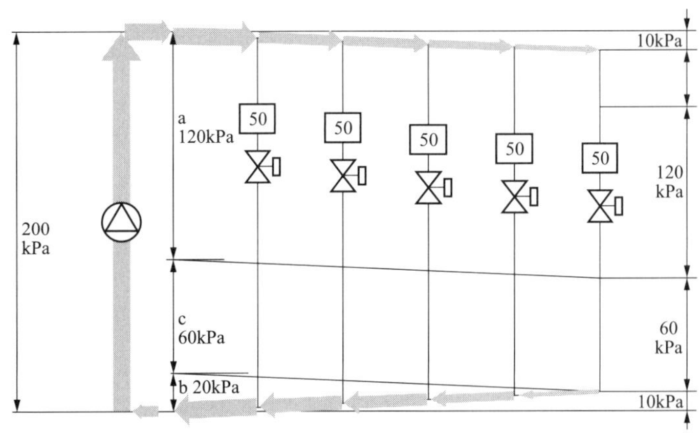

图 3-103　流量 50%压差一定控制时的压力

2）流量偏差引起的阻力变化和压差减少的富裕空间。在 50%负荷的条件下，当图 3-105 表示的末端流量存在偏差时，阻力变大。当 m1～m5、n1～n5 各管道部分的阻力相对于最大流量时的流量比 50%约 250L/min 时，管道阻力为 2kPa（$8kPa \times 0.5^2$）。表 3-24 是按照相同的计算方法得到的全部管道阻力为 53.36kPa，空调机、控制阀的阻力

120kPa，水泵全扬程为 173.36kPa。

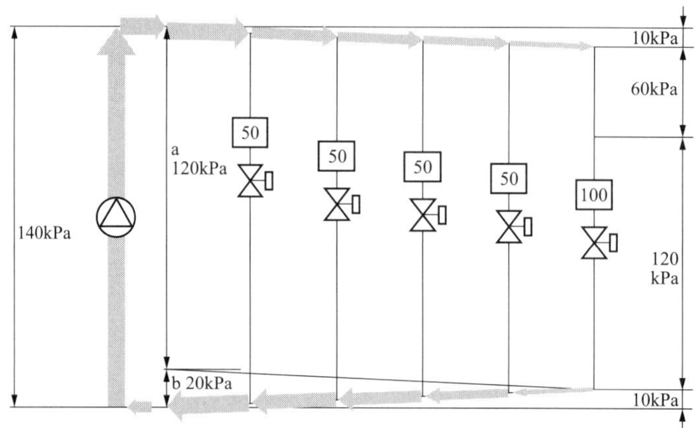

图 3-104　无偏差时流量 50%时末端压差一定控制时的压力

表 3-24　　　　　　　　靠近末端部分流量偏差时各管道部分的阻力

管　网　部　分	m1n1	m2n2	m3n3	m4n3	m5n5	全体
管道最大流量（L/min）	500	400	300	200	100	500
流量（L/min）	250	250	250	200	100	250
流量比	0.50	0.63	0.83	1.00	1.00	
流量比平方	0.25	0.39	0.69	1.00	1.00	
阻力（最大流量时 8kPa 和流量比平方的积）（kPa）	2.00	3.13	5.56	8.00	8.00	53.36

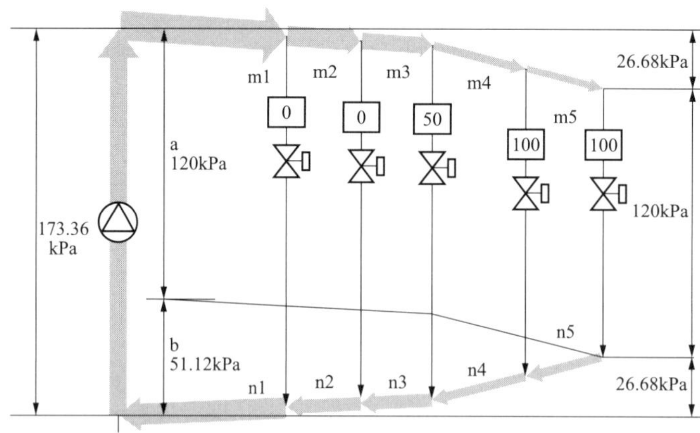

图 3-105　靠近末端流量有偏差时流量 50%时的必要压差

反之，当在图 3-106 所示的靠近水泵的管道负荷偏离时，计算结果如表 3-25 所示，管道阻力为 6.69kPa，空调机控制阀为 120kPa，水泵全扬程为 126.69kPa，阻力变小。

当所有机组流量变化时，管道阻力变大，在相同流量比变化时，设计与流量平方成比例关系的压差可能存在压差不够的问题，故选择具有足够富裕流量和压差的水泵是非常必要的。由此可见，节约水泵能耗是可以实现的。

表 3-25　　　　靠近热源部分流量偏差时流量 50%时的必要差压

管　网　部　分	m1n1	m2n2	m3n3	m4n3	m5n5	全体
管道最大流量（L/min）	500	400	300	200	100	500
流量（L/min）	250	150	50	0	0	250
流量比	0.50	0.38	0.17	0.00	0.00	
流量比平方	0.25	0.14	0.03	0.00	0.00	
阻力（最大流量时 8kPa 和流量比平方的积）（kPa）	2.00	1.13	0.22	0.00	0.00	6.69

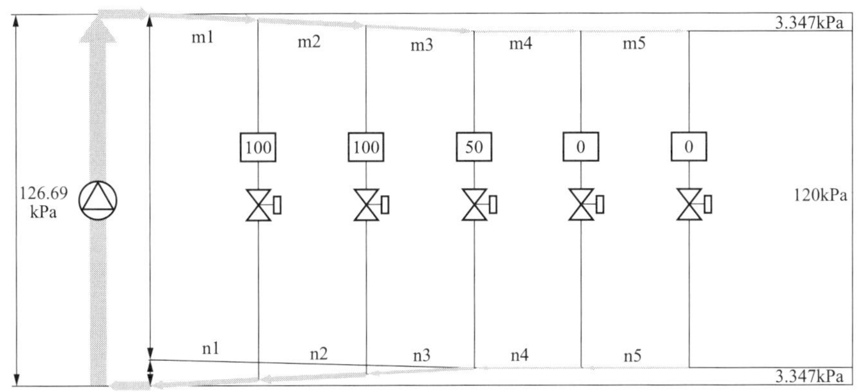

图 3-106　靠近热源部分流量偏差时，流量 50%时的必要差压

3）末端阻力不需最大阻力和压差减少的富裕空间。图 3-107 表示的是图 3-104 所示流量为 50%末端压差一定控制时的总压为 140kPa 时，至末端距离 30%的分支回路 100%流量必须最大流量的末端管道阻力 80kPa 乘以 30%距离比得到的 24kPa（b），空调机的压差 a 为 116kPa，比 120kPa 低（实际运行时和压差平衡的流量）。

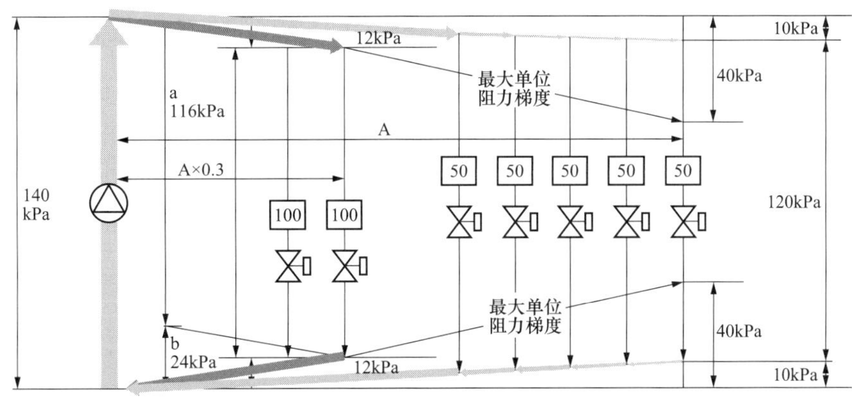

图 3-107　在图 3-104 不同分支最大流量时的压力

在高层大楼内，靠近水泵的低层部分有大空间和电气室等大容量的空调机，控制上

末端不一定是最大流量和压差的分支回路。

但是，设定末端之外发生流量不足的报告很少，120kPa 末端总压设定和最大流量设定存在富余量，故有降低的富裕差。

（2）变流量控制的变压差控制。该控制是称为扬程最优化 VWV 控制（Valve Monitoring VWV）。VWV-VM 控制的降低动力的结果进行了原因分析。

（3）最小压差变流量控制。计测各种负荷流量，计算管道系统内相对于各种流量的阻力，并设定动态负荷的最小压差，这项工作只有在具有 AI 等大量数据的处理技术才能实现，但在试运行时很难了解各调测点的压力，因此可能找不到预测控制的最小压差。

由于设有研究复杂管道系统中哪个地方发生必要的最大压差，在降低压差的过程中，当压差大于最小压差时不能确保必要流量，因此在探索最小压差控制方法时就必须了解管道系统的运行状态。

在控制阀未全开时，能增加流量，不会发生流量不足的问题。在接近全开状态时，监测流量控制阀，降低泵的压差，即在以往的预测控制中加入反馈控制，既能实现没有富裕空间的最小压差控制方式，达到减少动力的目的。必须计测用户要求流量时的压差才能保障用户要求的流量。

采用控制阀开度的最小压差的变流量控制的扬程最优化 VWV 控制，VWV-VM 控制等，以下统一称为最小压差变流量控制。图 3-108 表示在总流量 50%且不存在偏差的 50%等流量时的最小压差变流量控制的水压图。当与末端压差一定控制方式比较时，b 的必要总压能减少 1/4，加上末端空调机流量的末端压差 a，即为 30kPa（120kPa 的 1/4），管道系统的总压差从 140kPa 下降至 50kPa，压差减少了 64%，理论上输送动力也降低了 64%。

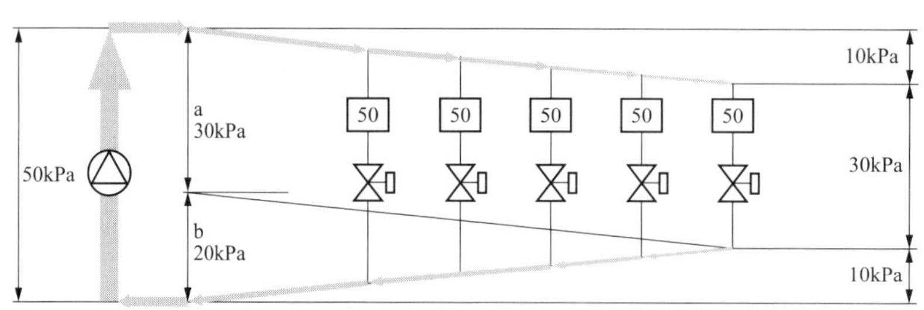

图 3-108　无流量偏差时流量 50%时最小压差控制的压力

如图 3-106、图 3-107 所示，当在末端之外的分支回路以外出现最大流量时，需要与位置无关的最大流量的控制阀为最大开度的控制压差，说明存在极端负荷变化和多个分支回路时也可实现最小压差控制。

在末端压差一定控制的方式中，加上管道压差的降低，即通过实测管道的压差降低末端压差，对于具有多个分支管道系统也能实现最小的动态压差。对于多年运行的阻力增加的管道系统的改造和运行状态的改变通过反馈也能自动地实现动态最小压差控制。

（4）用输送动力对冷热负荷和输送能耗进行评价。泵和变频器从外部的发热，加上输送过程中消耗动能克服阻力等均会对管道内的水进行加热。

盘管出口控制阀会提升供水温度，泵出口的手动阀对流量进行控制时也会提高供水温度。节流阀门既会增加阻力也会增加输送动力，减少流量变化既能减少冷热负荷也能减少热源能耗。

在 WTF20 状态下，泵消耗的能量约是输送热量的 5%，该能量的 60%是有效的动能，即 0.05×0.6=0.03，也就是说输送热量的 3%变成了管道和阀门阻力的发热，增加了冷热源负荷，水压图上压差降低部分为输送效率降低部分，因此也是输送能量损失部分。

此时对温差 6K 的影响是 3%的 0.18K 的温升，增加 3%热负荷的热费消耗，由此可见冷热源输送动力降低和热源能耗的降低对于节能是非常重要的。

输送系数（WTF）是以输送能耗为分母，以输送的能量为分子，但与其他系统很难比较，但当以输送能耗为分母的 WTF 的倒数称之为能量消耗率时，即可与其他的输送能量损失相比较。电力送变电损失最低是 4.1%。系统电力和全年冷水负荷的负荷率不同，不能进行比较，当效率较高的水输送效率为 WTF125 时，WTF 的倒数的输送能源消耗率为 0.8%。

（5）最小压差变流量控制方式的节电效果。

1）当流量变化存在偏差时的管道阻力。当各用户需要流量的变化产生偏差时，很难掌握管道阻力的变化。图 3-109 所示的是有 10 台空调机的管网水压图。当流量出现偏离时管道阻力也发生变化，一般根据在设计流量选择管道的管径，故末端管径较细，当全部管道流量同时出现偏离时，单位管道阻力为最大的 100%流量的区间变大，大多水流量流至末端，末端流量最大。反之，当大多水量偏离出现在水泵附近时，水流量集中在较粗的管道内，管道阻力变小。

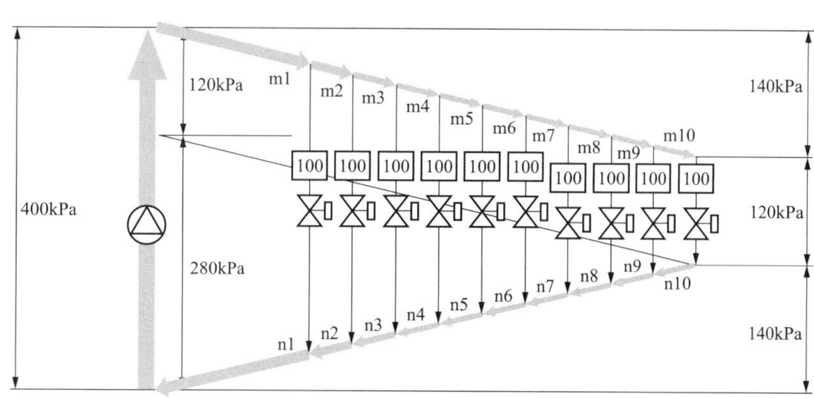

图 3-109 管网管道的阻力（最大流量时）

研究条件

管长总比例：分支 m1-m2～m8-m9，n9-n8～n2-n1 各 3.5%，小计 56%，末端部分 m10～n10 间为 14%，全流量部分 n1～m1 为 30%。

空调机流量 300L/min，且 100%用 100 表示。

水泵：3000L/min×400kPa　　45kW（电力消费 32.6kW）

总流量 3000L/min　Δt=10K　　　全负荷 2093kW（595RT）

图 3-110 表示流量偏离时变流量方式的管道阻力，图 3-111 表示计算出的理论动力。从图上可知，当不存在流量偏离的等容量条件下，为了确保末端压差的动力比曲线（图 3-111 中的◇）不是 3 次方比曲线而是接近平方比曲线。当存在流量偏离时，管道阻力会随着流量的变化自动进行修正，阻力分布在末端流量多的动力比曲线（图 3-111 中的□）和近端流量多的动力比曲线（图 3-111 中的△）之间（图 3-111 中破折线）。

当图 3-110 所示的末端需要 100%流量时，末端必需的压差也变为最大，最小压差控制与末端压差一定控制方式的动力相同。

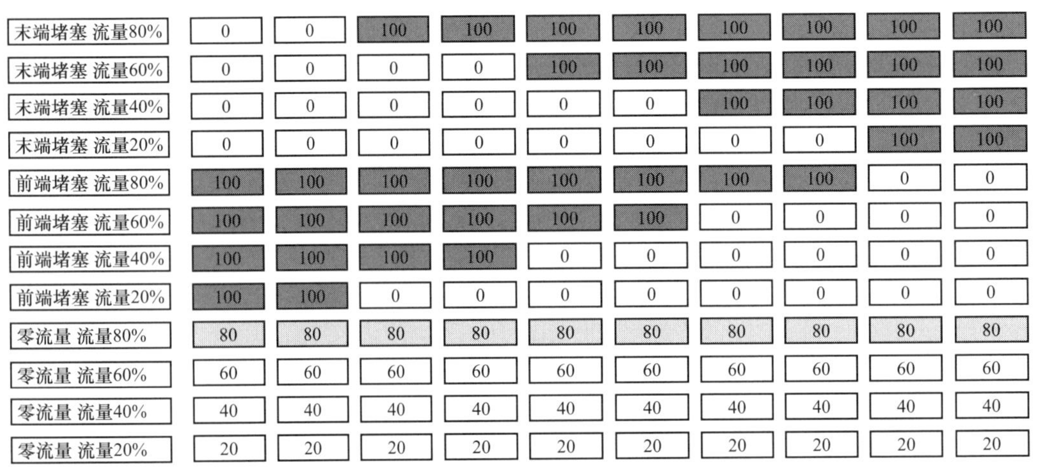

末端堵塞 流量80%	0	0	100	100	100	100	100	100	100	100
末端堵塞 流量60%	0	0	0	0	100	100	100	100	100	100
末端堵塞 流量40%	0	0	0	0	0	0	100	100	100	100
末端堵塞 流量20%	0	0	0	0	0	0	0	0	100	100
前端堵塞 流量80%	100	100	100	100	100	100	100	100	0	0
前端堵塞 流量60%	100	100	100	100	100	100	0	0	0	0
前端堵塞 流量40%	100	100	100	100	0	0	0	0	0	0
前端堵塞 流量20%	100	100	0	0	0	0	0	0	0	0
零流量 流量80%	80	80	80	80	80	80	80	80	80	80
零流量 流量60%	60	60	60	60	60	60	60	60	60	60
零流量 流量40%	40	40	40	40	40	40	40	40	40	40
零流量 流量20%	20	20	20	20	20	20	20	20	20	20

图 3-110　1 回路 10 台空调机流量偏差图（%）

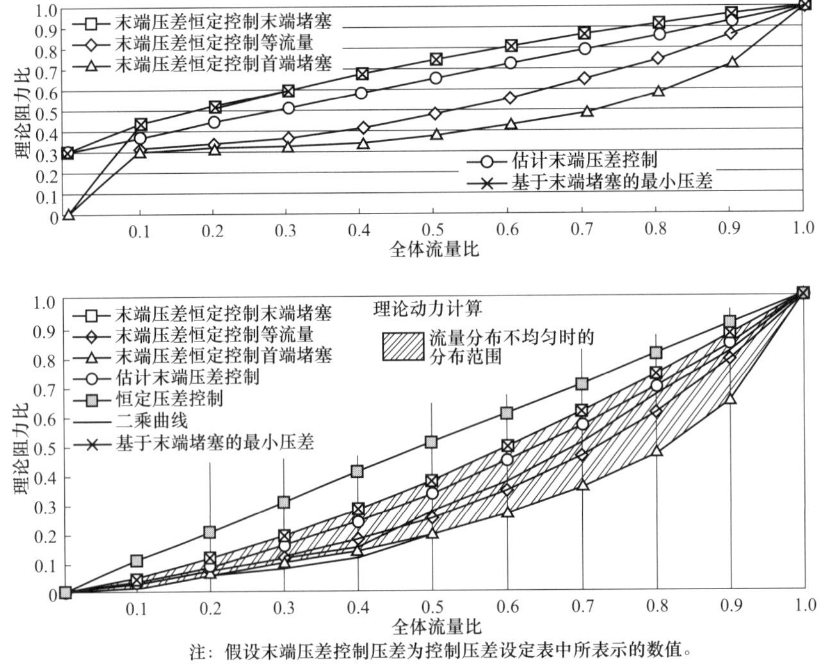

图 3-111　1 回路 10 台空调机在图 3-110 所示流量偏差分布时理论阻力值和理论动力

实际运行时，流量为 0 或者全开的空调机分配的流量不会是 0 或 100%，实际运行时如图 3-112 所示的相对总流量比 30%会出现流量偏离（例如，当相对总流量 60%时，流量偏离为 42%或 78%），此时的理论压差比和理论动力比如图 3-113 所示。

当没有阻力最大的 100%流量时，流量偏离对理论动力的影响很少，当总流量少时，特别是低于 50%时会更小，相对于总流量比 40%时，末端偏离和近端偏离的理论动力仅为总流量时的 2.8%。

末端堵塞 流量80%	60	60	60	60	60	100	100	100	100	100
末端分布不均 流量60%	42	42	42	42	42	78	78	78	78	78
末端分布不均 流量40%	28	28	28	28	28	52	52	52	52	52
末端分布不均 流量20%	14	14	14	14	14	26	26	26	26	26
前端堵塞 流量80%	100	100	100	100	100	60	60	60	60	60
前端分布不均 流量60%	78	78	78	78	78	42	42	42	42	42
前端分布不均 流量40%	52	52	52	52	52	28	28	28	28	28
前端分布不均 流量20%	26	26	26	26	26	14	14	14	14	14

图 3-112　1 回路 10 台空调机常发生流量偏差图（%）

注：假设末端压差控制压差为控制压差设定表中所表示的数值。

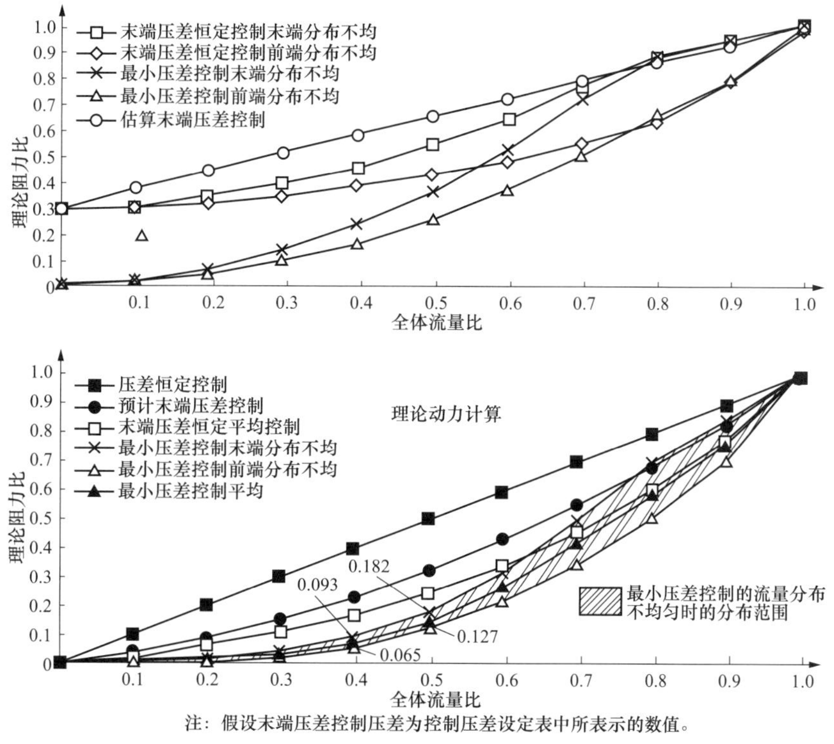

图 3-113　1 回路 10 台空调机在图 3-112 的流量分布时的理论阻力和理论动力

2）不同控制方式的全年动力消耗。泵、电机、变频器等的效率和最小转速等都会影响各种变流量控制的全年能耗。图 3-114 表示转速下降至 30%的生产厂家特性曲线，该曲线表示了变频器控制时的流量和阻力的变化。末端压差一定控制最小转速不会低于

30%，在最小压差控制方式中，当低于最小转速时采用调节阀，增加了阻力，限制了它的节电效果。

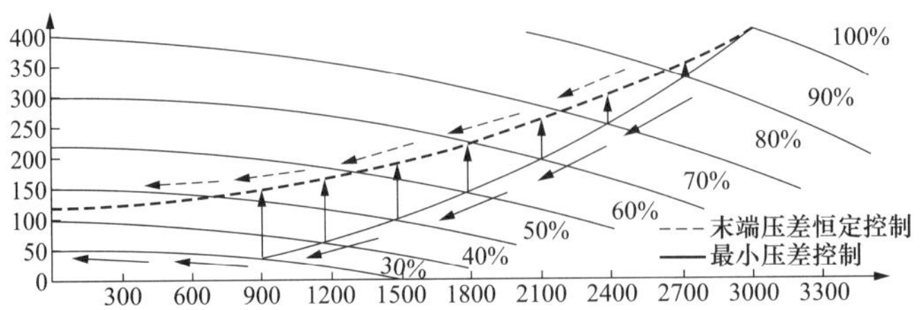

图 3-114　末端压差一定和最小压差控制的频率控制的流量和压差

表 3-26 表示根据模拟的设备基础数据计算出的变频器、电机和泵的效率。

表 3-26　泵、电动机、逆变器效率

流量（L/min）	Q	300	600	900	1200	1800	2400	3000
运动效率（%）	EF_P	18.1	28.6	37.9	46.1	59	67.4	71.2
电动机额定出力比（%）	RPm	10	20	30	40	60	80	100
变速时电动机效率（%）	Efm	73.6	79.3	82.6	84.9	88.2	90.6	92.4
变速时逆变器效率（%）	Efinv	82.2	90.8	92.4	93.5	95	96.1	97

图 3-113 表示计算出的各种运行状态的理论阻力，当转速下降至最低转速时，采用阀门控制对流量进行修正，图 3-114 表示除以泵、电机、变频效率后的必须动力与理论动力之比，由于小流量时对效率的影响，小流量时的节电效果与图 3-113 的最低速度的变流量效果相似。图 3-116 表示图 3-115 所示不同流量时的动力比的建筑面积，从 1.6 万～28 万 m^2 的 7 层办公大楼的区域供冷供热全年冷热负荷率调查的平均负荷率的频率，图 3-115 表示采用 3000L/min、400kPa、45kW，实际消耗 3.26kW 变频控制的不同控制方式的全年动力比。

从图 3-117 可知，采用变流量的最小压差控制的动力约为定流量比的 94%，约为压差一定控制比的 74%，约为计算末端压差控制比的 52%，约为末端压差一定控制比的 41%。

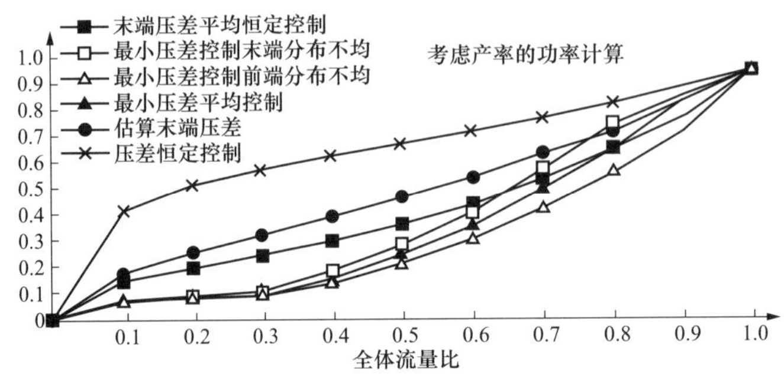

图 3-115　各设备效率降低时的动力

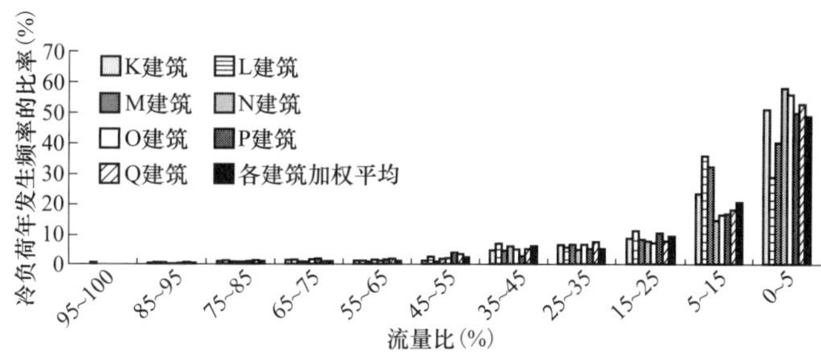

图 3-116　2014 年 7 栋办公楼的冷热频度分布

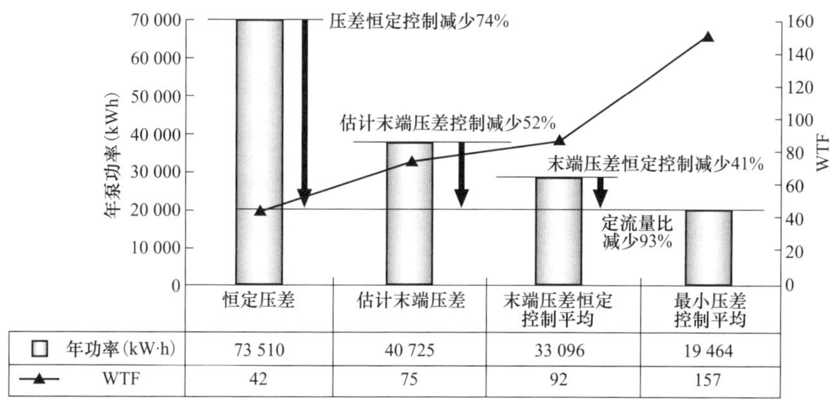

	恒定压差	估计末端压差	末端压差恒定控制平均	最小压差控制平均
□ 年功率(kW·h)	73 510	40 725	33 096	19 464
—▲— WTF	42	75	92	157

图 3-117　不同变流量控制的全年冷水泵的用电比量

3）设计上的富裕空间造成的压差对节电的影响。选择空调机、管道和控制阀时均会出现一定富余空间的富余量，测定试运行时流过全开控制阀的设计流量的状态的压差，并绘制与运行相适应的压差设定值表，并以此作为控制上的依据，对于有富余量的系统，实际运行时阻力较低，当富裕度为 10%时，设计的压差为 0.81，富裕度大时，更小压差是可能的。

图 3-118 所示的是实际最大流量比设计流量约大 10%管道 1/0.9=1.11 时的泵效率和最小频率下限 30%时的全年输送电量。从图可知，最小压差控制的比末端压差方式节电 56%，约比计算末端压差方式节电 65%，约比压差一定控制方式节电 81%。WTF 从 42 提高了至 216，当加上管道、设备上的 10%富余量时，WTF 可提高至 234。

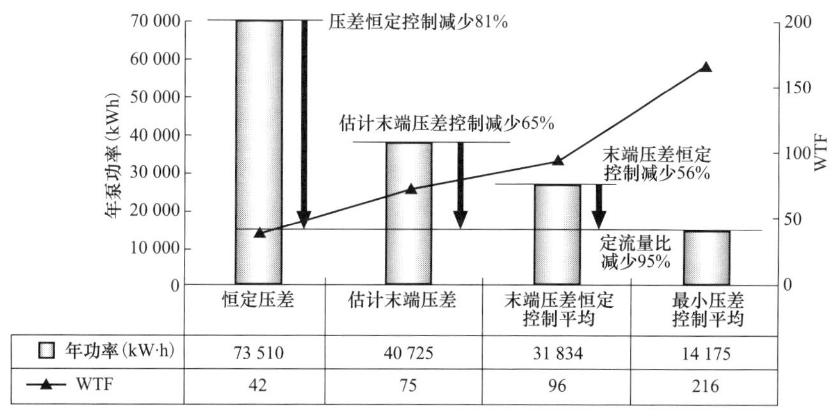

	恒定压差	估计末端压差	末端压差恒定控制平均	最小压差控制平均
□ 年功率(kW·h)	73 510	40 725	31 834	14 175
—▲— WTF	42	75	96	216

图 3-118　实际流量比设计流量少 10%时泵效率和最小频率下限 30%的全年输送用电量

（6）最小转速设定、台数控制对提高效率的影响。图 3-119 表示的节电是流量小于 40%的最小转速设定对节电的影响，图 3-120 表示的是最小转速在 20%以下并与 50%比较时节电 53%和 WTF 为 198 的效果。

一般，在泵的样本上表示的大多是以 50%作为下限，原因是起动扭矩不够和低频率时发生共振的现象增多（例如在 10Hz 时，倍数振动数增多，可能与管道和建筑部件等产生共振）。

现在生产厂商确认进一步降低最小转速不会产生表 3-27 问题，试运行时也证实泵的运行状态是稳定的，说明降低最小转速是可以实现的。

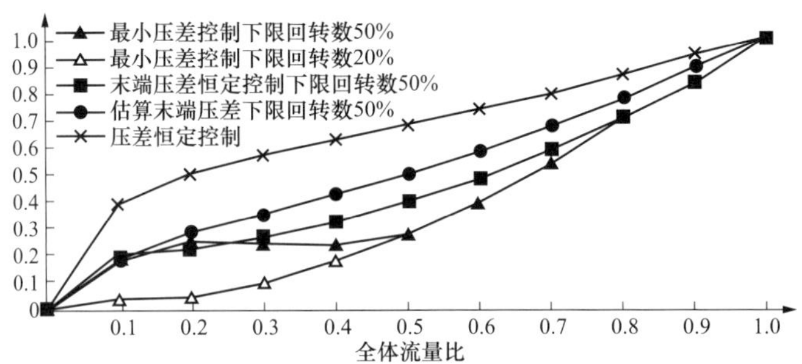

图 3-119　下限频率设定值不同时冷水输送用电量的比较

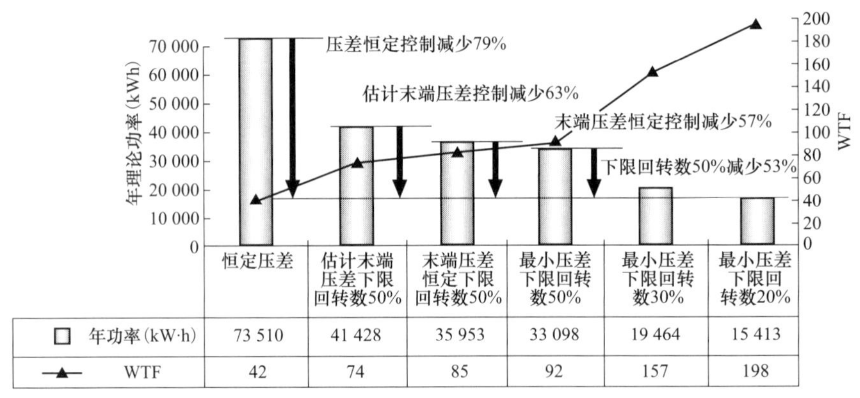

图 3-120　变流量控制不同下限频率设定值时全年冷水泵的用电量

表 3-27　泵下限转速降低时的试运行注意事项

①在全频率数范围内不发生异常
②泵和电机不会发生异常的振动
③不会发生异常的声音
④不存在转速不稳定的现象
⑤泵和电机的轴承不会发生异常温度
⑥电机内部电线和外部不会发生异常的温度
⑦能充分地排除泵内部的空气

图 3-121 表示泵在小容量时，电机泵的效率均较低，故在最低转速控制方式中也要注意与台数控制相结合的问题。

图 3-122 表示采用 3 台 1000L/min 并联运行，其中 2 台转速 50%以下，1 台转速 33%以下，在最小转速 20%时与区域供冷供热供多栋建筑物的 12 000L/min 的 3 台泵的台数控制的泵动力比较。前者泵和电机的合计效率从 63.8%下降至 56.6%，当台数控制的最低转速至 20%时，效率仍保持不变，而大型泵的效率为 71.2%，输送效率更高。

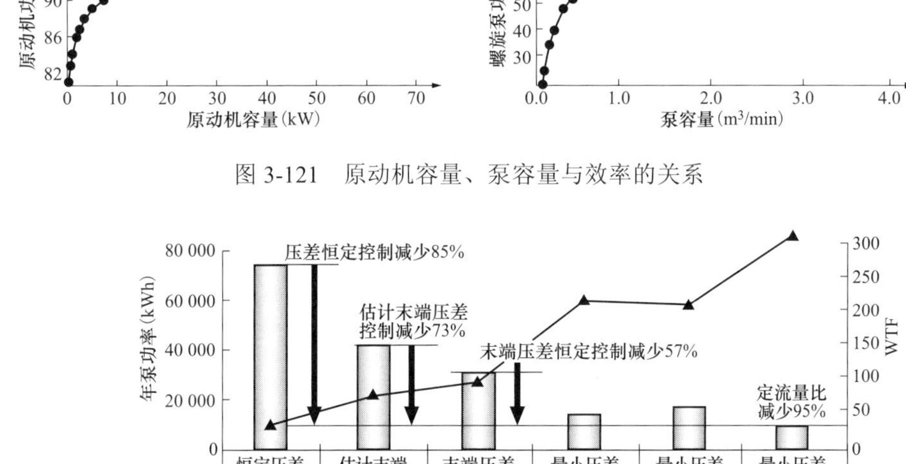

图 3-121　原动机容量、泵容量与效率的关系

	恒定压差	估计末端恒定下限回转数30%	末端压差恒定下限回转数20%	最小压差下限回转数20%	最小压差3台台数控制	最小压差3台台数控制12倍容量时
□ 年功率（kW·h）	73 510	40 725	33 096	15 413	16 054	11 014
▲ WTF	42	75	92	198	190	278

图 3-122　最小压差变流量控制的下限频率和台数控制的用电量比

3.3.5　环境条件设定最优化控制

室内环境条件设定对冷（热）负荷和能耗有很大的影响。设计者采用的是选择设备容量时用的温湿度条件和实际使用时的控制用设定条件。使用者与计算条件无关，对于使用者而言希望在设备能力和所涉及范围内能自由地随意地设定温度。从目前来看，存在诸如设计者认识不足，节能意识不够和修养能力欠缺等问题。因此，讨论环境条件最优化的问题是有意义的。

1. 环境控制的条件和能耗

最优化控制的评价函数是能耗，环境条件是约束条件，因此首先必须认识它们之间的关系。文中所说的环境是温湿度。图 3-123 所示的控制范围与能耗的水平是无因次的关系。控制范围较小的范围是 25℃±0.2℃，湿度 50%±5%；控制范围较宽的范围是（24±3.5）℃，湿度 50%±20%。恒温恒湿室属于前者，舒适性空调全年的温湿度范围属于后者。

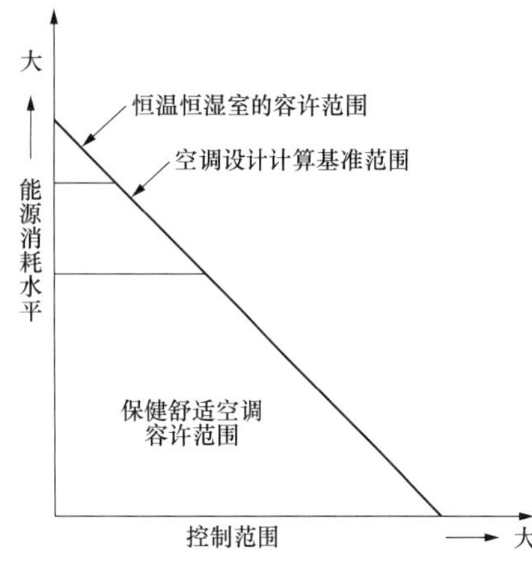

图 3-123　控制范围和能耗水平

2. 允许环境控制条件

设计用环境条件在许多教科书或手册中都有记载，分为工业和舒适保健二类。不论哪一类，它们的环境条件均不是恒温恒湿要求的环境条件，因此必须对空调设计中要求的环境条件进行考察分析。即使在舒适保健空调中，医院的 ICU 等重患者的环境条件除要求与恒温恒湿的温湿度条件外，还对空气质量的洁净度提出了要求，但对于一般以人为对象的办公用空调来说，要求的环境条件与穿衣的多少、活动中的工作量、年龄、性别有关，他们感到最优的环境条件也是千差万别的。分析后认为以伴随着变更穿衣量状态的行动调节为前提的基本的满足水平为依据，从而实现最小的能耗水平，表 3-28 表示设定环境条件的约束条件。

表 3-28　　保健舒适用环境设计条件

条件内容	峰值负荷计算用条件		运行控制用条件	适用举例
季节 / 作业内容	夏	冬	冬⇔夏	
穿着正装 坐→轻作业	<0.6～0.9clo> ET* 25℃ （DB 24～25℃） （RH 50%～70%）	<0.8～1.0clo> ET* 22℃ （DB 22～24℃） （RH 30%～50%）	<1.0～0.6clo> ET* 22～25℃ （DB 22～25℃） （RH 30%～70%）	会议室 宴会厅 宾馆 剧场
一般场所 坐→轻作业	<0.2～0.4clo> ET* 28℃ （DB 27～28℃） （RH 50%～70%）	<1.0～1.2clo> ET* 18℃ （DB 18～22℃） （RH 30%～50%）	<1.2～0.2clo> ET* 18～28℃ （DB18～28℃） （RH 30%～70%）	办公室、银行 宾馆 学校 住宅
一般场所 中作业	<0.2～0.4clo> ET* 26.5℃ （DB 25～26℃） （RH 50%～70%）	<1.0～1.2clo> ET* 16.5℃ （DB 16.5～18.5℃） （RH 30%～50%）	<1.2～0.2clo> ET* 18～28℃ （DB18～28℃） （RH 30%～70%）	超市、商店 餐厅
一般场所 观览场	<0.2～0.4clo> ET* 28℃ （DB 27～28℃） （RH 50%～70%）	<1.0～1.2clo> ET* 18℃ （DB 18～22℃） （RH 30%～50%）	<1.2～0.2clo> ET* 18～28℃ （DB18～28℃） （RH 30%～70%）	剧场、电影院 体育馆 展览厅

注　1. <>以穿衣量为前提。
2. 一般场所指的是不穿正装的普通作业场所，以指示的穿衣状态为基准。
3. 新有效温度 ET*的范围表示季节变动。
4. DB、RH 范围表示辐射条件和装置性能的变化。
5. 不适用医院等的非健康者。

3. 案例

环境条件设定最优化的案例，其中之一是采用新有效温度 ET，之二是采用称为模型皮温的模型。图 3-124 表示通过引入新风和环境分析等实现最优化控制的大致流程。通过引入新风控制湿度的必要性加深了对环境条件设定最优化控制的理解。此外，从引入新风控制的观点来看，与 CO_2 控制引入新风的控制密切相关。因此，图 3-124 中记述了与引入新风有关的流程，并将它作为分析环境的约束条件。

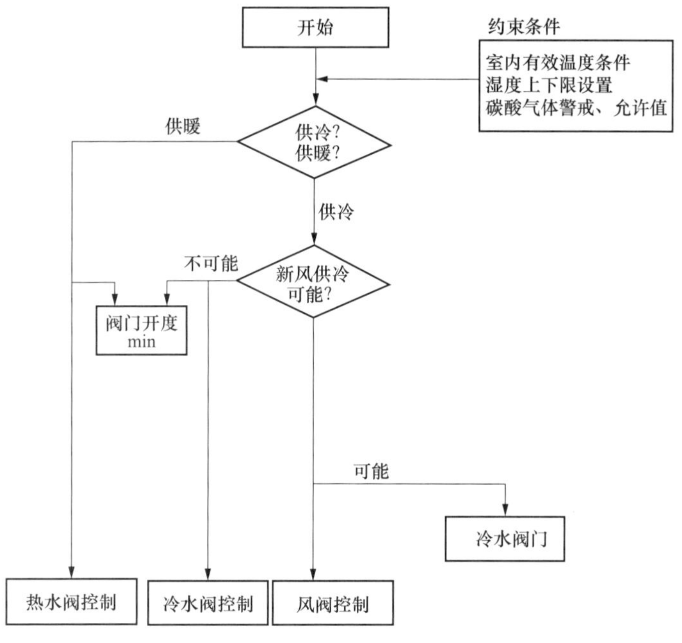

图 3-124　新风量、环境分析图

图 3-125 表示最优化温湿度设定的流程，这种控制仅适用于内区系统，不适用于窗面积大的辐射、对流扰动大的外区（外区一般采用四管制风机盘管）。图 3-125 上面的图规定了全年温湿度设定的基本流程，并采用下面图的控制区域和记载的全区域确定温湿度的约束条件。因此基准设定值为与室外温度相对应的图中粗线所示，并设定了夏季的高温范围和冬季的低温范围。

实际的控制如图 3-125 所示，首先根据基准设定温湿度计算 ET。根据计测各空调区域典型的湿度、温度和 ET 计算出干球温度，并以它们作为控制用设定值。其意义是根据节能确定的约束条件而实现最优设定值的探索。与再热方式比较具有很大的节能意义。

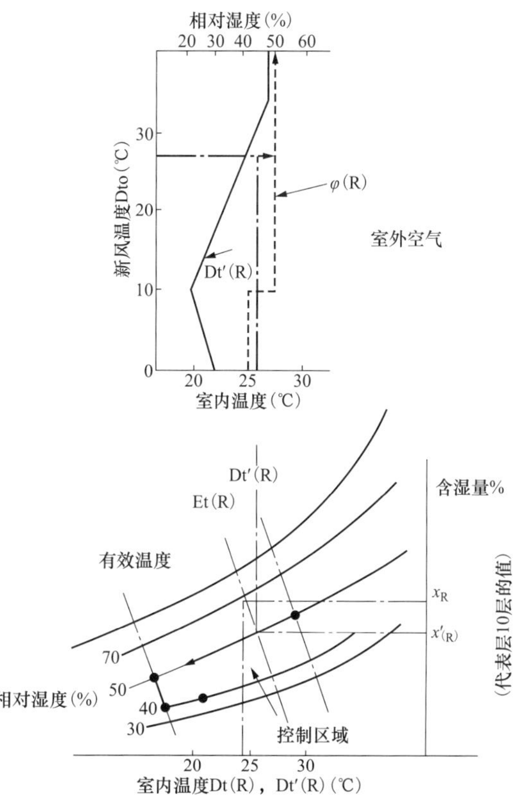

图 3-125　温湿度图和最优化温度设定值

3.4 专家系统

3.4.1 系统运行现状

1. 冷（热）源的能耗

从对许多制冷机进行性能的调查结果可知，许多制冷机的节能性能不佳，具有提高的可能性。追踪调查的结果可知，制冷机运行台数比需要的台数多，许多制冷机处于低负荷运行状态下，运行效率低（见图 3-126、图 3-127），通过自动控制参数的再调整可以调到合适的运行台数。

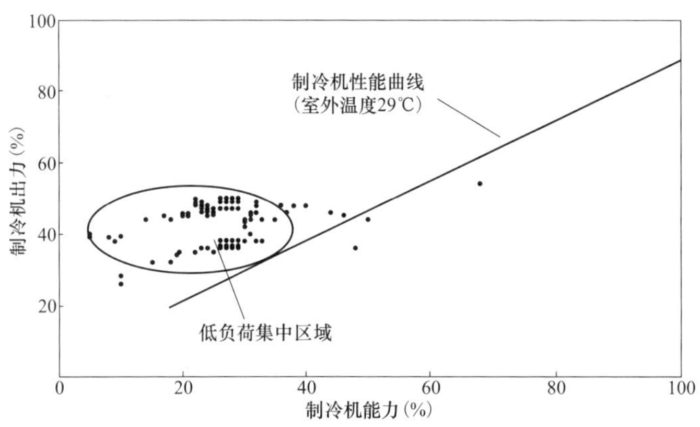

图 3-126　制冷机出力与能力的关系

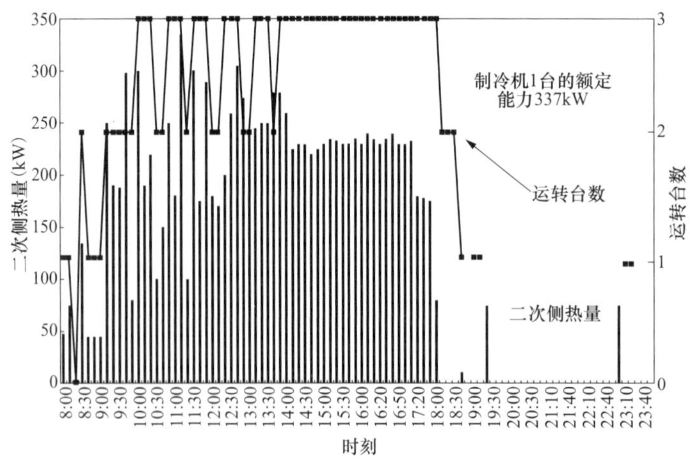

图 3-127　必须运行的台数和实际运行台数的比较

2. 调查结果的分析

根据性能案例的调查发现，在运行阶段往往与设计意图不一致，存在能耗性能较差的问题。在调查阶段发现运营管理者对居住者的热、冷的问题存在误差，致使在试运行阶段调整变更了设计设定值，设定值的变更对能耗性能的影响很难掌握。当运营管理者对设定值的重要意义不能充分理解时，运行时发生能耗损失。例如，在外区设置风机盘管系统时，冬季内区可能仍需制冷，当风机盘管进行采暖运行时，外区的设定温度值会比内区高。从而发生许多的混合损失。特别是风机盘管的能力较大时，能源损失可能更大。这种设计问题是因外区玻璃的冷辐射使体感温度下降造成的。因此，设计时就必须采用相应的措施，如设置自然通风风口、辐射板和断热窗等，减少能量的浪费，因此，在运营管理时就必须充分地掌握和了解环境性能和能耗性能。

为了掌握环境性能和能量性能，从设计者、施工者到运营管理者都必须学习并掌握“管理对象的系统运用方法”，“把握性能的信息”和“收集信息的判断方法”。除此之外，还要整理出“改善性能的方法”以提高运营管理水平。

3.4.2　专家系统的作用

专家系统是指通过诊断供能系统的性能，并以处方的形式对运营管理者提出意见的系统。供能系统存在的不合理运行状况有突发的、明显的也有潜在的，潜在的重大问题大多是效率问题。

供能系统的诊断与病人找医生的状况一致，通过对运营管理者的问诊和比较容易得到的数据诊断系统性能，对于有重大问题的情况，则要依赖专家的详细的诊断。建立像主任医生的诊断水平的专家顾问系统是合理的供能系统的管理方式。

3.4.3　专家系统的性能

专家顾问系统的必要的性能如下所示：

信息收集：定期的收集诊断对象系统的信息。

信息诊断：根据收集的信息对系统性能进行评论，发现不合理的状态并分析造成的原因。

顾问：采用清楚的简易的表示方法将系统性能评价结果和改善意见传递给运营管理者。

1. 信息收集

为了进行诊断就必须收集诊断对象系统的规模、构成、设定值等的不同时间段的变化，竣工资料和室温、湿度、流量和电量等随时间变化的信息。前者大多以问诊方式进行收集，后者则必须对收集方法引起充分的注意。工作前在考虑了诊断作用再进行计测计量的设计，在系统内设置的必要的获得诊断信息的传感器的位置对诊断的准确性有很大的影响。在设计计测计量方案时，要通过时间轴、空间轴和系统轴整理出收集信息的加工方法和判断标准。

时间轴：收集信息（数据）的时间间隔和累计期（全年、月、时等）

空间轴：收集信息对象的不同空间的信息

系统轴：收集信息对象的不同系统信息

表 3-29 以能耗数据为例说明收集数据的组合。

表 3-29　　管理项目、收集资料的种类、收集时间和累计时间

管理项目	收集资料	判定基准值	收集间距	累计期间
管理对象的能耗量	*记载在能量计算书上的 能耗量（电量、气量、油量）	全年一次能耗量	月	年
制冷机的能耗量	*各制冷机的能耗量 （电量、气量、油量）	制冷机全系统的全年一次能耗量	时间	制冷期
制冷机全系统 运行期的 COP	*冷水二次侧供回水温度 *冷水二次侧流量 *各制冷机的能耗量	制冷机全系统的期间平均 COP	时间	制冷期
制冷机单体的 运行效率	*制冷机冷水出口温度 *制冷机冷水入口温度 *制冷机冷水流量 *制冷机的能耗量	制冷机性能曲线	10 分钟	时间

（1）时间轴的数据收集。采取数据的时间间距和累计期是与能耗性能相关的管理项目。例如：当以能源站全部能耗量作为管理项目时，成为评价标准的管理标准值就与运行时间、气象条件和在室率等不确定因素有关，通过计测计量能耗量后就可以作为管理标准值的依据。通过计测计量能耗数据的精度，以满足能耗计量费用的要求或直接通过设置的传感器直接从动力表中获取用电量，并将数据收集的累计期从月单位到年单位。另一方面在以制冷机单体运行效率作为管理项目时，管理标准值比制造者的性能曲线的精度要高，因此必须以更高的精度计测计量制冷机出入口温度、冷水流量和制冷机的用电量。

此外，为了定量地掌握设备的逐年变化，就应对不同年的计测计量数据进行评价。

（2）空间轴的数据收集。建筑物的大厅、数据中心等的系统面积能耗是比较大的，重点地计测计量这些空间的能耗是有效的行为。例如，为了掌握数据中心的能耗，就应计测计量数据中心空调设备的能耗和数据中心系统中电灯和插座等的能耗。表 3-30 表示按空间轴的要求整理出的能耗数据。

（3）系统轴的数据收集。冷（热）源系统和泵、风机等的能耗较大，在运行阶段，它们是能获得节能效果的系统。例如，冷（热）源系统的供水温度的提高，运行时间缩短降低输送动力等均可获得节能效果，表 3-31 表示应收集的数据。

表 3-30　　按空间整理的对象

整理的对象	收集能量资料	管理标准值
全体的能耗量	*记载在能量计算书上的数据 能耗量（电量、气量、油量）	全年一次能耗
计算机房	*计算机房空调系统的能耗 *计算机房照明、插座的能耗	计算机全年一次能耗
导入调节系统的办公室	*导入对象房间的照明、插座的用电量 *日射量	对象房间的全年照明 （修正日射量）

表 3-31　　按系统整理的对象

管理项目	收集数据	管理标准值
制冷机的能耗量	*各制冷机的能耗量 （电量、气量、油量）	全部制冷机全年一次能耗量
制冷机单体的运行效率	*制冷机冷水进出口温度 *制冷机冷水流量 *制冷机的能耗量	制冷机性能曲线
冷水泵的动力	*各冷水泵的用电量 *各冷水泵的能耗量	水输送能耗量 [-] * 单位热量的输送动力
空调机风机的动力	*空调机送风机的用电量 *冷水二次侧供回水温度 *空调机冷水阀的开度	空气输送能耗 [-] * 单位热量的输送动力

2. 信息诊断

（1）诊断方法。在制定诊断的系统计划之后，采用故障诊断图表是有效的。故障诊断图表是根据设计者、施工者和运营管理者的专业知识整理出的分析症状和原因的因果关系表。根据明显的症状就可从表中找出解决的方法。图 3-128 表示诊断风冷机效率的故障诊断图。

（2）判断标准。对于使用故障诊断图诊断的系统，当对症状的原因进行分析后，就必须对故障等判断是否违反了哪些规程的要求。故明确规程作为判断标准是十分必要的。例如，为了判断制冷机效率是否降低，就必须以制造商样本中规定的正常状态的值作为判定标准。当从样本和设计计算书不能获得 VAV 开度和送风温度等的信息时，就应采用动态分析方法获得判断标准。

（3）作检验画面。为了提高专家顾问系统的有效性，就必须采用让运营管理者能看得见的系统评价过程的画面。将诊断中必要的信息整理成让运营管理者能清晰理解的“动作检验画面”（见图 3-128、图 3-129）称为曲线图。采用动作检验画面的效果如下：

1）运营管理者能加深对诊断内容的理解。

2）使运营管理者了解设定值的设定内容和结果的关系，防止产生设定失误。

3）使运营管理者积极进行性能改善工作。

3. 专家作用

将诊断结果以处方形式提交给运营管理者。在处方单上记载对系统性能的评价，对产生缺陷的地方，应说明缺陷发生的系统和原因。并指出改善缺陷的费用和提高性能的可能性，在提高系统有效性的同时，还要向运营管理者提出，工程费数据等的变动因素及数据的更新方法。此外，根据故障诊断因素中的规程和设定的判断标准分析故障的原因，当在原因中有矛盾状况出现时，则希望通过试验核算数据。

3.4.4 环境性能专家系统

运营管理的目的是确认环境性能和节能性能都能满足要求。因此，对环境性能、节能性能采用专家顾问系统进行分析是十分必要的。

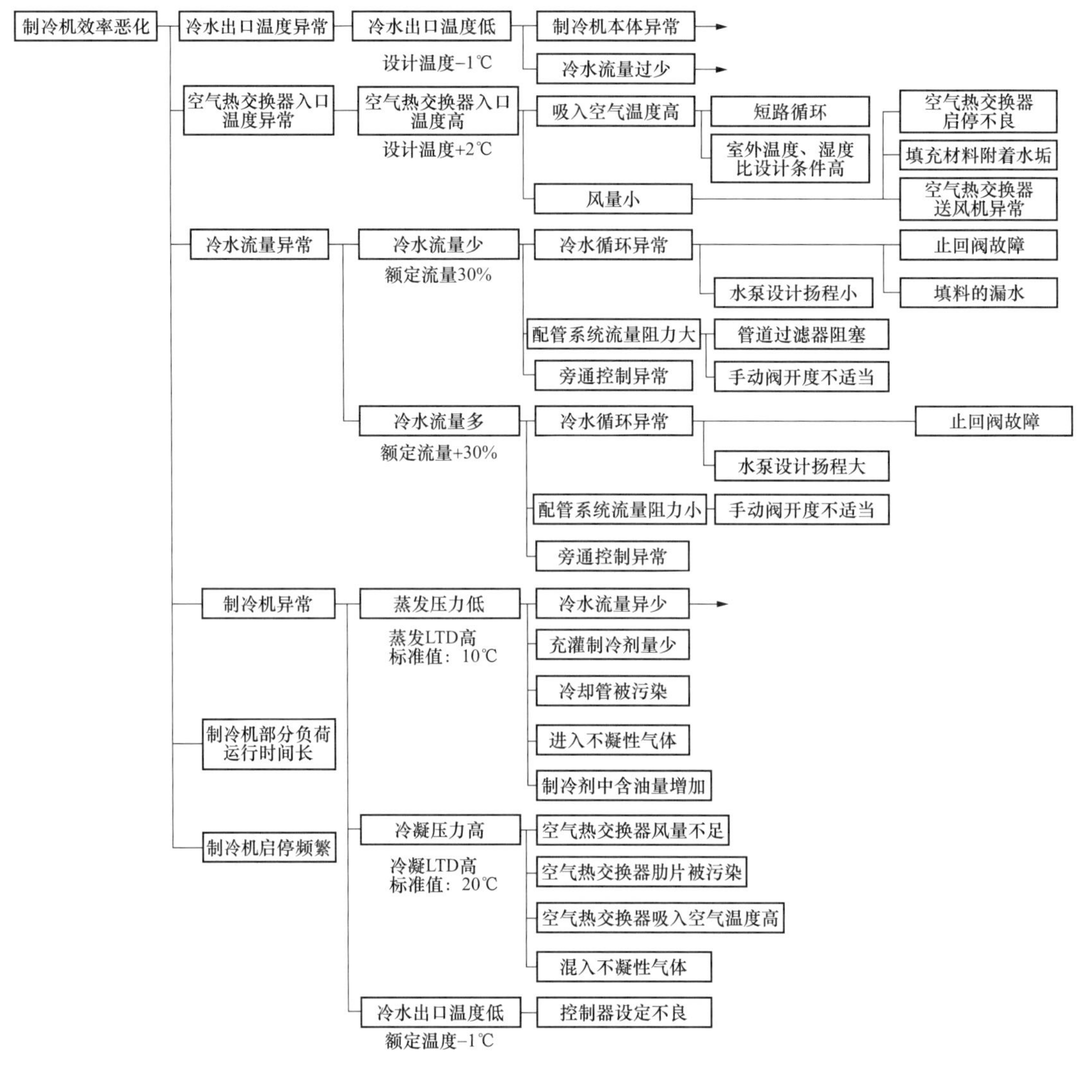

图 3-128　风冷机组运行效率诊断用流程

1. 室温异常诊断

诊断室温异常的原因时要按制冷期或供暖期的时间轴，外窗渗透风的空间轴和CAC 系统或 VAV 系统的系统轴等进行整理，诊断时还必须进行必要的问诊以提高系统的实用化。图 3-129 表示 VAV 系统异常室温诊断用故障诊断图（图中 VAV 是 VAV 机组的简称）。故障诊断图表中的性能参数，应通过对管理者的访问和对用户的采访而获得。

2. 动作检验画面

在 VAV 系统的室温异常原因分析中，图 3-130 是表示“VAV 风量异常”的动作检验画面（该例 VAV 开度为比例控制）。表示的是室温和 VAV 开度信号的逐时变化状况，在室温异常时的开度信号与控制算法偏离较大时就能判断 VAV 的风量调节机构不合适。

图 3-129　VAV 系统室温异常诊断

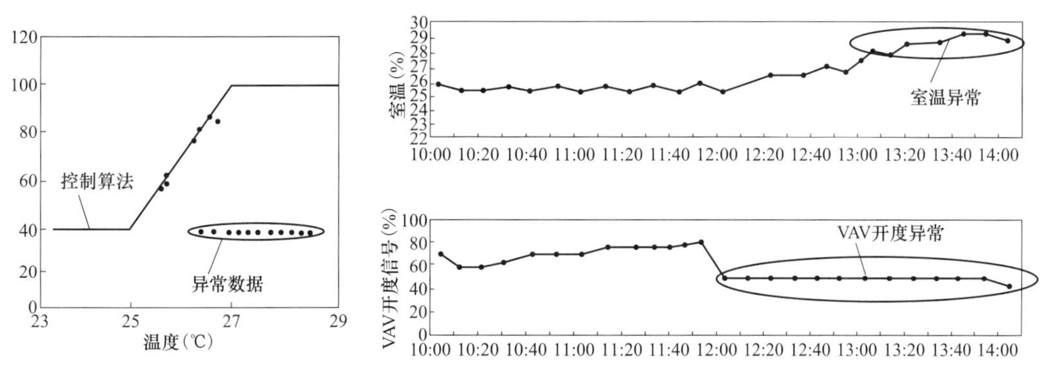

图 3-130　与 VAV 风量异常有关的动作检验画面

3.4.5　能耗专家系统

1. 制冷机运用诊断专家系统的概要

（1）诊断系统的适用对象。适用对象为水冷离心式制冷机和空冷螺杆机的制冷运行。

（2）制冷机运行性能诊断的构成。图 3-131 表示制冷机运行性能诊断的构成。诊断由“诊断条件输入”“定性诊断”和“定量诊断”等三部分组成。

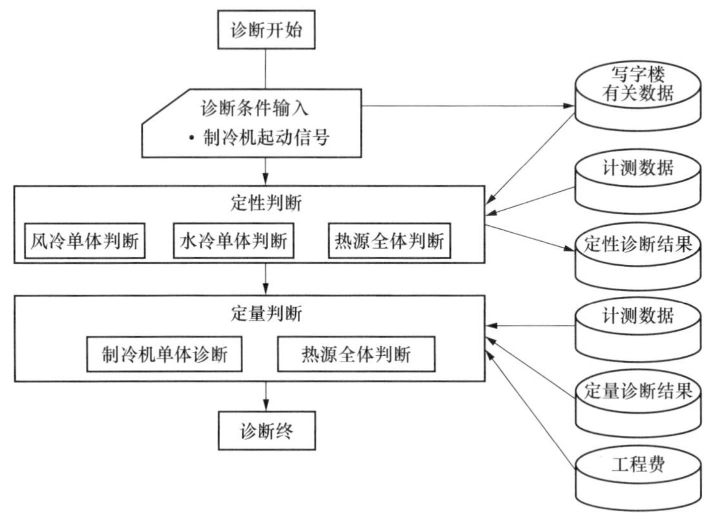

图 3-131　制冷机运行性能诊断的流程

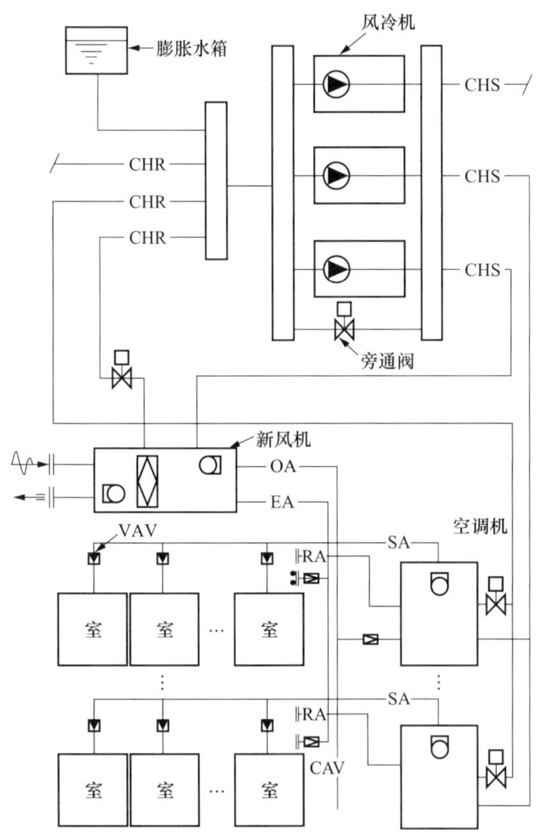

图 3-132　诊断对象写字楼的空调系统

1）诊断条件输入，输入诊断对象制冷机的规格等诊断时必要的信息。此外，通过在线输入诊断所必需的计测数据。

2）定性诊断，诊断分为以诊断对象的每台制冷机的运行效率和启停频率为主的“单机诊断”和根据二次侧要求的制冷能力和运行台数相平衡的“冷（热）源诊断”。

3）定量诊断，将相应于定性诊断结果的制冷机运行不良状态项目图表化，对选择的项目定量地计算出检测期的运行性能偏离量及估算出全年运行性能偏离量和概算出改善工程的工程费。

2. 诊断系统的适用性

对某大楼内采用 3 台空冷螺杆机的冷源系统进行了诊断，表 3-32、图 3-132 表示诊断对象大楼的概要。

诊断工作的概要。

8/19～8/26 计测诊断运行性能时的数据。

8/27～9/8 诊断计测结果。

定性诊断→找出故障。

定量诊断→估算偏离量。

实施改造工程。

表 3-32　　诊断对象写字楼概要

建筑物用途	写　字　楼
所在地	某市
总建筑面积	7700m²
层数	地上 7 层，地下 1 层
热源系统	风冷式系统–89.5kW*3 台 （压缩机 2 台） 一次泵系统 冷热水二管式
制冷机组	2012 年 7 月
空调方式	新风机+各层 VAV 空调机 VAV 温度由用户设定

9/9～9/16 计测改造工程的运行性能诊断用数据→检验。

3. 定性诊断结果

对 8/19～8/26 计测数据进行定性诊断的结果。

（1）制冷机单机诊断结果，3 台空冷机中的 1 号机的结果，运行时 3 台机的数据相同。

1）冷机运行效率的判断（见图 3-133）：根据空冷机的输入和能力的相关关系（计测结果）和制冷机性能曲线的比较结果发现，计测数据分布在制冷机性能曲线的上面，且处于低负荷的数据较多，证明运行效率较低和部分负荷运行时间较长。

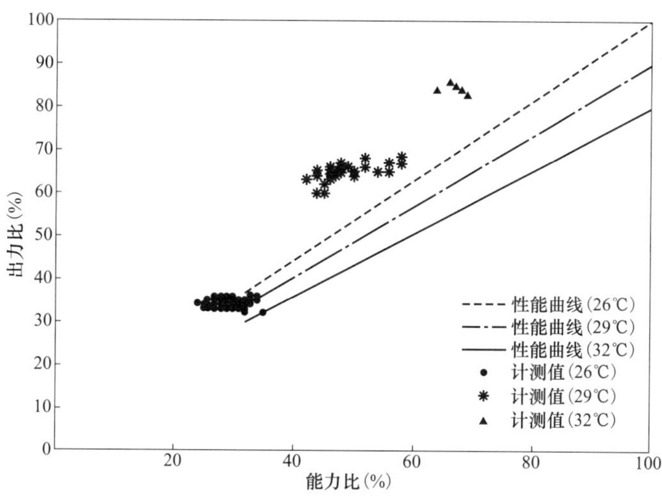

图 3-133　计测值与制冷机性能曲线的比较

2）参数确认（见图 3-134）：与制冷机性能相关的参数（冷水出口温度，室外温度，冷水流量）与设计条件不相似，说明制冷机运行效率处于较低的状态。

3）冷凝器的确认（见图 3-135）：由于冷凝 LTD 比判定标准低，说明冷凝器不会发生问题［冷凝 LTD 表示与冷凝器压力有关的制冷剂饱和温度和冷却水（空气）出口温度的偏差，当冷凝 LTD 越大时，说明冷凝器的热交换效率越差。判定标准值应由制造厂

商确定，对于空冷机目标值大约为 20℃］。

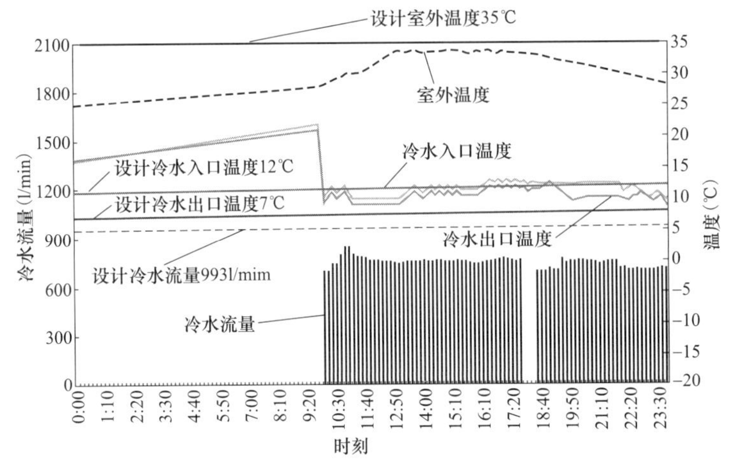

图 3-134　与冷机相关数据和室外温度的变化

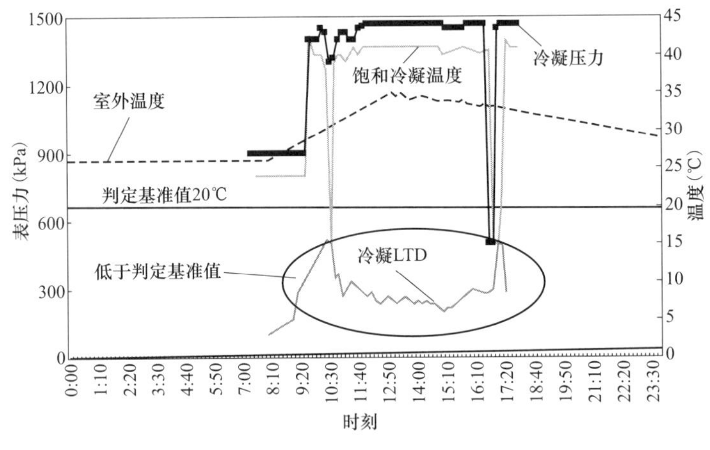

图 3-135　冷凝 LTD 的逐时变化

4）蒸发器确认（见图 3-136）：由于蒸发 LTD 比判断标准值小，说明蒸发器运行正常（蒸发 LTD 表示与蒸发压力有关的制冷剂饱和温度和冷水出口温度的偏差，当蒸发 LTD 的值越大时，说明蒸发器的热交换效率越低。判断标准值应由制造厂确认，对于空冷机一般为 10℃）。

5）启停频率的确认（见图 3-137）：制冷机的启停次数每小时约 3 次以下，说明启停频率合适。

（2）冷（热）源整体诊断结果：运行台数的确认（见图 3-138），从二次侧冷量和制冷机运行台数的不同时间的变化状况可知，二次侧冷量即使在 1 台制冷机额定能力之内，制冷机也在 3 台运行，说明制冷机运行台数过多。

根据以上定性诊断的结果说明单台制冷机性能不是造成运行性能降低的主要原因，主要原因是制冷机运行台数过多，说明部分负荷运行是降低制冷机运行效率的重要原因。

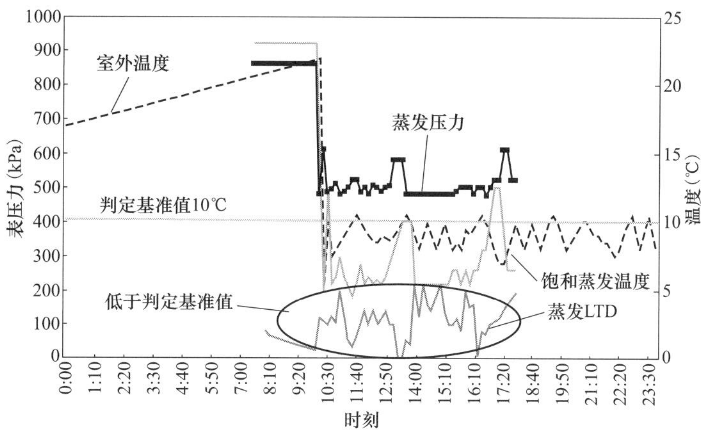

图 3-136　蒸发 LTD 的逐时变化

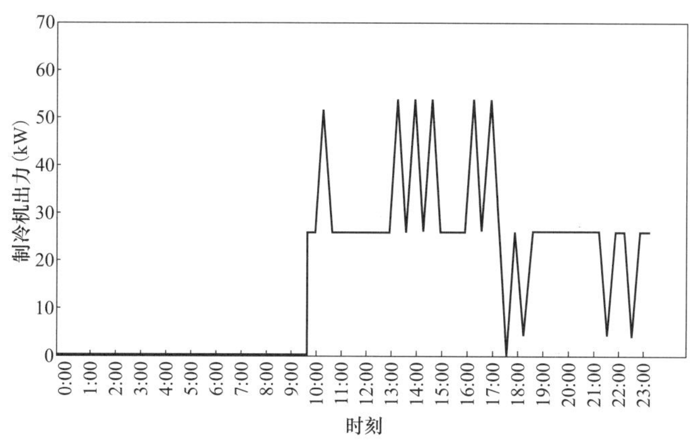

图 3-137　制冷机输入功率的变化

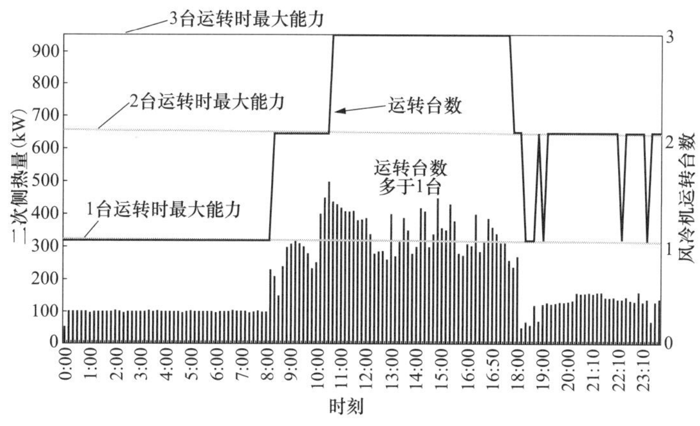

图 3-138　二次侧冷量和制冷机运行台数的变化

4. 定量诊断结果

根据二次侧供回水温差和二次侧水流量计算的冷量分析出空冷机必要的运行台数，根据计测包括空冷机辅机在内的空冷机系统的用电量和根据必要运行台数计算出的用电量的偏差说明运行台数过多是用电量过多的主要原因。以下公式表示运行台数不多时的

计算空冷机 i 的 j 时的制冷机输入功率 kWr（i，j）

$$KWr(i,j)=k\times\sum_j\sum_i f\{q(i,j),t_{cousts},\ t_{oa}(j)\} \tag{3-15}$$

式中：k 为制冷机运行台数过多造成的性能降低修正系数；$f\{\ \}$为制冷机负荷，是冷水出口温度、室外温度计算有关的计算制冷机动力的函数；$q(i,j)$为 j 时空冷机的制冷机负荷，kW·h；t_{coust} 为设计冷水出口温度，℃；$t_{oa}(j)$为 j 时的室外温度，℃。

从计测数据和性能曲线的比较结果可知，运行性能约低 15%。其原因可能有制冷机本身性能较低（冷凝器的污垢）和计测误差等，但若不考虑运行台数过多的问题。则可认为修正系数 k 为 1～1.15。表 3-33 表示根据 8/19～8/25 计测数据计算出的性能降低量的结果。

表 3-33　　估算运行台数过多造成的能耗增加等

①二次侧热量	23 669kW·h/周
②风冷机系统的电力消耗量计测值	10 430kW·h/周
③风冷机系统的电力消耗量设定值（k=1.0）	8113kW·h/周
④风冷机系统的电力消耗量设定值（k=1.15）	9330kW·h/周
⑤设定性能下降量（过剩能源消费量）	1100～2317kW·h/周
⑥改造前系统 COP（①/②）	2.27
⑦计测期间系统 COP（①/④～①/③）	2.53～2.92

5. 改造工程概要

根据二次侧要求的流量进行 1 台泵系统的冷（热）源系统的台数控制。在确保二次侧供回水温度差为设计值的条件下，实现与二次侧冷（热）负荷相应的制冷机运行台数的控制，但当供回水温差不在设计值的状态时，流量过剩使制冷机运行台数增多。从表 3-34 现场调查的结果可知，冷（热）源系统和二次侧的许多原因均会使二次侧冷水流量增多。因此，在 8/27～9/8 期间对各种影响因素的控制参数［室外机设定给气温度，分集水器之间旁通阀差压设定值，冷（热）源控制器参数等］进行了再调整。

表 3-34　　引起运行台数过多的原因

热源周围	①台数控制减少时延迟
	②旁路控制二通阀设定压力偏高
二次侧	①室外机的设定给气温度低阀全开
	②空调机承担最大风量抑制体感
	③用户设定 VAV 的温度低于可设定的下限值，导致空调机的二通阀处于全开状态

6. 改造工程后的计测数据的检验

图 3-139 表示改造后二次侧冷（热）量和制冷机运行台数的变化。相对于二次侧冷（热）量的运行台数比较合适，从而解决了运行台数过多的问题。表 3-35 为改善工况后

的 COP。

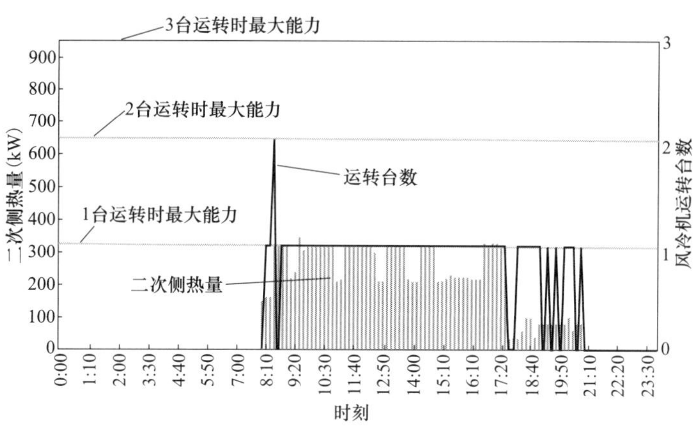

图 3-139　改善工况后的二次侧热量的冷冻机运转台数

表 3-35　改善工况后的 COP

①二次侧热量	16 240kW・h/周
②风冷式系统的电力消耗量计测值	6385kW・h/周
③系统 COP（①/②）	2.54

3.4.6　专家系统的必要性

为了掌握设备系统的性能，设计者应该进行计测计量系统的设计，并通过专家顾问系统进行定期的系统诊断，以便在运行阶段确认系统的性能，就像汽车检查制度一样进行定期的诊断。

专家顾问系统的开发、普及不仅能使系统的性能维持在合理的状态下，并且能使运行者与居住者、建筑业主、施工者、设计者建立良好的关系，实现节能、减排、减低地球环境的负荷。

3.5　能源站人工智能技术应用

3.5.1　AI 技术的定义

狭义的定义是，AI 是以深度学习为中心的机器学习技术。广义上的定义是多变量分析技术和优化技术，当然也包括自然语言处理、图像处理等应用程序相关技术的智能信息处理等（见图 3-140）。

人工智能（AI）是从功能上对人脑的抽象、简化，是模拟人类智能的一条重要途径。目前，国内外已开发了多种人工智能工具，包括：专家系统（ES）、人工神经网络（ANN）、模糊集（FS）、遗传算法（GA）等。

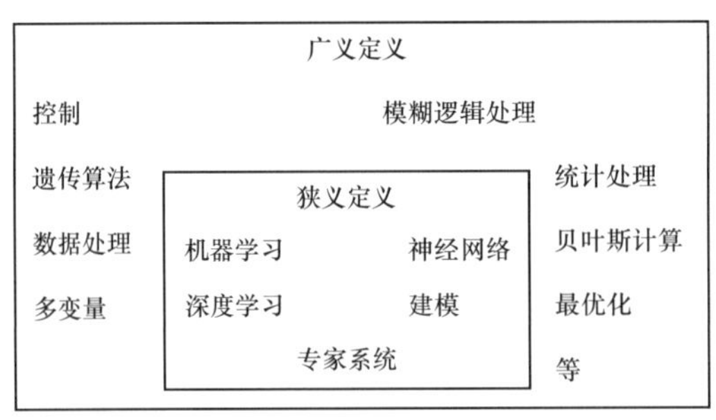

图 3-140　AI 的定义

1. 专家系统

专家系统是一种基于知识的系统，它主要面向的是各种非结构化问题，尤其能处理定性的、启发式或不确定的知识信息，经过各种推理过程达到系统的任务目标。20 世纪 80 年代初，为克服传统控制理论的缺陷，自动控制领域的学者和工程师开始把专家系统的思想和方法引入控制系统的研究及工程应用，出现了这种新颖的控制系统设计和实现的方法。

目前，专家控制系统要完全做到实用化，关键在于知识的获取，它包括三个方面的内容：浅层知识与深层知识的结合；专家经验知识的获取；动态知识的获取。

2. 模糊控制

模糊控制是模糊逻辑与自动控制的结合，从功能上模拟人的推理和决策过程，利用先验知识或专家经验作为控制规则，能有效地处理模型未知或不精确的控制问题。它无需建模，是一种非线性控制，用万能逼近定理给出了充分的理论依据，故模糊控制器是万能的，可完成任何非线性控制任务。目前，许多复杂的过程工业系统都难以建立精确的数学模型，采用传统的控制方法无法实现有效的控制，这使无需建模的模糊控制方法有了用武之地。

为使模糊控制系统应用到一些复杂的系统，在系统出现不确定因素时，仍能保持既定的特性，可以在模糊控制系统中引入自适应，组成自适应模糊控制系统。它包括直接型和间接型两种，前者是用模糊逻辑系统作为控制器，语言性的模糊控制规则可直接应用于控制器。后者是用模糊逻辑系统来为控制对象建模，且假设模糊逻辑系统近似地等效于真实的被控对象，这样，描述被控对象的模糊“IF-THE”规则就可以直接的应用于控制。

3. 人工神经网络

神经网络的主要特点是具有泛化、非线性映射功能和高度并行处理等自适应功能。人工神经网络具有的上述优秀特性，使它对控制界具有极强的吸引力。神经网络对复杂无模型不确定问题的自适应和学习能力，可用于控制系统的补偿环节和自适应环节；对任意非线性关系的描述能力，可用于非线性系统的辨识和控制；其快速优化计算能力，可用于复杂控制问题的优化计算；其对大量定性或定量信息的分布式存储能力及并行处理和合成能力，可用作复杂控制系统中的信息转换接口及对图像信息的处理和利用；其并行分布式处理结构所带来的容错能力，可被应用于非结构化过程的控制。

4. 遗传算法

遗传算法是一种模拟自然选择和遗传机制的寻优程序，它利用复制、交叉、变异等遗传操作来模拟自然进化，完成问题寻优，与一般的优化算法相比，遗传算法具有明显的优点：①遗传算法是对变量的编码进行操作。②它是从许多初始点开始进行并行操作，因而可有效地防止搜索过程中收敛于局部最优解，而且有较大的可能求得全局最优解。③遗传算法是通过适应度函数计算适配值，因而对问题的依赖性较小。④它使用的是概率规则。⑤它的解空间不是盲目地穷举或完全随机测试，而是一种启发式搜索。⑥它对应的寻优函数基本无限制，既不要求函数连续，更不要求可微；既可以是数学解析式所表达的显函数，又可以是映射矩阵甚至是神经网络等隐函数。⑦具有隐含并行性，可通过大规模并行计算来提高计算速度，有助于大规模复杂非线性问题的优化。近年来，遗传算法优化技术有了很大发展，产生了广义遗传算法、并行遗传算法及与其他智能技术相结合的混合遗传算法等，在许多领域获得成功应用。

5. 综合智能技术

尽管各种单项智能技术各具特色，但要实现对实际系统尤其是复杂系统的有效控制仍很困难。故应综合采用各种智能技术。

（1）混合专家系统。传统意义上的专家系统是指采用符号推理技术的专家系统。它具有一般数据处理程序所不具备的优点，可以处理符号知识，利用启发式知识降低搜索复杂性，提供良好的解释和吸收新知识的能力。但它具有一些致命的缺点，连接主义的人工神经网络恰好可以互补。人工神经网络是基于输入/输出的一种直觉性反射，适于发挥经验知识的作用，进行浅层次的经验推理；专家系统是基于知识、规则匹配的逻辑知识的作用，进行深层次的逻辑推理。专家系统的特色是符号推理，神经网络擅长数值计算。因此，传统的专家系统与人工神经网络科学地加以综合，构成混合专家系统。通常有 3 种方式；基于神经网络的专家系统，基于知识的神经网络和基于神经网络与专家系统的混合系统。

1）基于神经网络的专家系统。基于神经网络的专家系统，也称连接专家系统，该系统全部或部分功能由神经网络实现。最典型的情况是，利用神经网络的学习算法获取知识，用神经网络的权值代替知识库。从物理的角度看，基于神经网络的专家系统与传统的神经网络没有本质区别，如在对常规 PI 控制器模型分析的基础上，结合线性神经元自学习能力和适应能力强的优点，提出了一种线性神经元 PI 控制器模型。该模型结构简单，在一定程度上实现了比例系数和积分比例系数的自整定功能，能在简单系统中取得较好的效果，具有工程实践应用价值。但由于神经网络缺乏对结论的解释能力；神经网络拓扑结构、非线性活动函数及各种参数的选择缺乏系统的指导原则；解决大规模问题的计算能力还远不如专家系统。因此，这一领域的研究应兼顾发挥神经网络优势和克服神经网络不足。

2）基于知识的神经网络系统。它是由专家系统作为神经模块构成的事件驱动网络，也称专家网络。在基于知识的神经网络系统中，神经单元代表专家系统的前提和结论，神经单元间的连接权代表专家系统中的确定性因子，其网络结构与专家系统规则集相一致，可将基于知识的神经网络系统看作专家系统的另一表现形式。

3）基于神经网络与专家系统的混合系统。混合系统的基本出发点立足于将复杂系统分解成各种功能子系统模块，各功能子系统模块分别由神经网络或专家系统实现。其研究的主要问题包括以下两方面：混合专家系统的结构框架和选择实现功能子系统方式的准则两方面。实际上这两方面的研究是相互联系的不可分割的整体。一种观点从应用的角度出发，对易于掌握其产生式规则的子系统应用专家系统技术，其余的功能由神经网络来实现；此时系统的结构随实际问题而变化。另一种观点，从功能需要的角度研究问题，比如用神经网络实现专家系统的规则推理，知识获取等功能，专家系统负责知识的显式表示、神经网络结论的验证和解释工作。虽然混合专家系统兼有神经网络的优点和专家系统的特长，但同时也出现了单一技术专家系统不曾遇到的问题：神经网络与专家系统的信息交互问题；学习过程所引发的系统可信度问题。解决的理想方法是提供神经网络与专家系统知识表示的转换机制或同时适合两者的公共知识表示体系。连接专家系统和专家网络分别是以原有的神经网络和专家系统为基础，吸收对方长处，对自身改进的结果，虽然取得了一定的进展，但无法从根本上克服它们的弱点。而基于神经网络与专家系统的混合系统，从根本上摒弃了神经网络与专家系统的技术限制。

（2）模糊神经网络技术。A st rom K. J. 指出模糊逻辑控制、神经网络和专家控制是 3 种典型的智能控制方法，由于单独使用专家系统在实际应用中有较多的问题和困难，现在的重点集中在模糊逻辑、神经网络以及两者的结合应用上。神经网络和模糊逻辑既有不同点，又有其相似之处。

首先在应用上：神经网络从结构上模仿人脑，具有大规模并行处理、学习能力，还有很强的容错、自适应能力，可以映射任意函数关系，是一般的函数估计器。但表达知识比较困难，学习速度慢。模糊逻辑从功能上模仿人脑的思维，利用先验知识，以较少的规则来表达，系统简单而透明，能处理不确定的信息，可实现对难以建立精确模型而只能凭经验调节的系统的控制。缺点是难以进行学习，难以建立完善的控制规则。神经网络和模糊逻辑在功能上的互补性是二者结合的基础。其次，神经网络与模糊逻辑都用于处理实际中不确定性、不精确性等引起的系统难以控制的问题，它们均不依赖于精确的数学模型，又都是无模型的函数估计器。将它们结合起来，相互取长补短，进行“优选”，就形成了模糊神经控制技术，包括以下两个方面。

1）基于神经网络的模糊控制。它将模糊系统设计方法与神经网络的连接主义结构和学习方法结合起来，把模糊系统表达成连接主义方式的网络结构，模糊控制的模糊化、模糊推理和解模糊化三个基本过程全都用神经网络来实现。这种模糊神经网络在输入/输出端口上与模糊系统完全等效，模糊规则与隶属函数通过内部权值和节点参数表示，并可通过学习加以修正。规则的生成和修改转化为网络参数的生成和学习问题，这样做的好处是系统可通过网络学习，自动地从输入输出数据中抽取控制规则，同时又具有模糊系统简捷明快的特点。

2）模糊神经网络。在传统的神经网络中增加一些模糊成分，除具有神经网络的功能外，还能处理模糊信息，完成模糊推理功能。若在学习算法中引入模糊控制技术，利用对网络学习性能分析过程中获取的适当启发性知识来控制学习算法，就能动态地调整网络的学习过程，加快学习速度，改善算法性能。用模糊神经网络取代传统模糊控制器的模糊推理部分，可实现自适应模糊控制，还可实现模糊专家系统。

3.5.2　AI 在负荷预测中的应用

随着环境要求的提高和各种各样冷热源设备的应用，能源的需求也逐渐增加，园区及建筑的冷热源设备更加复杂，为此必须进一步提高冷热源系统的运行水平。在大规模的冷热源系统中，由于冷水、热水、蒸汽等负荷的变化和电力、天然气的单价的变化，能源站的管理者必须制定降低能源成本，实现节能和高效率的各种冷热源设备的运行策略，需求侧负荷预测是支撑冷热源最优化运行的支撑技术。该技术以表征整个建筑物现有负荷特征的数据模型预测负荷，以表征冷热源系统能耗收支和设备特征的数理模型为基础制定最优化运行策略（见图 3-141）。

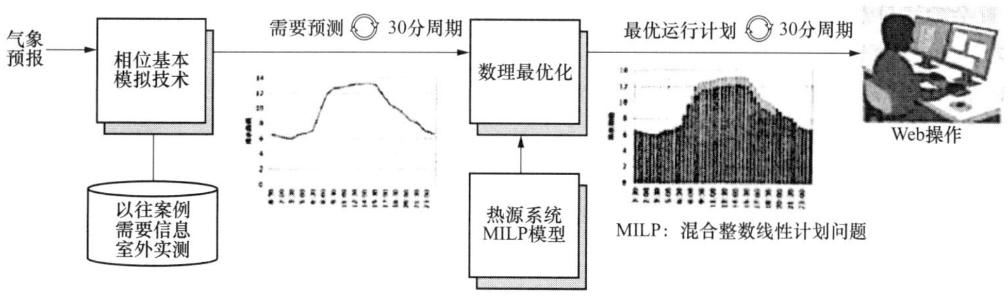

图 3-141　以负荷预测为基础的冷热源最优化运行策略概要

从图 3-141 可知，负荷预测技术中采用的是具有机械学习算法的相位基础模型，它与最优化运行的结果密切相关。输入与输出数据之间的相似度与以往运行数据的整理模型有关。给出的输入数据参设了以往的运行数据，然后推导出必要的输出数据。在这种推算法中，不必确定包括在过去的经验中的输出输入关系在内的模型结构，可以采用非线性的输出输入关系。在负荷预测数据中有表示与外部负荷相关的气象预报数据，有表示与内部负荷相关的建筑物相关的逐时负荷，可以采用能源站冷热源监测装置中的运行数据。在最优运行策略中，用数理模型（混合整数线性问题）显示出冷热源系统的变化规律，根据负荷预测提出的图形能够实现最小运行成本（或最小 CO_2 排放量）的运行策略。在该数理模型中表示对象冷热源系统运行特征，具体的说，表示了冷热源设备部分负荷及满负荷的运行时间，不同季节不同能源的费用。

此外，该支撑技术还有如下作用（见表 3-36）。

表 3-36 支撑技术作用

项目	价值	性能	主要用户
EM 能量管理	节能	消费倾向分析 总量目标管理	管理
TS	舒适 方便	照明、设备启停 空调设定 空调控制	居住者
BM 设备保全管理	LCC 降低	设备保全管理 中长期保全计划 日常检查	设备管理
OP 最优运行	节能/将 CO_2 省成本	负荷预测 最有运行策略 COP 管理	设备检测
DR 需求响应	降低电耗 电力需求	DR 管理性能 节电控制	

1. 近似最优化的学习型设定值控制

在楼宇型建筑物能耗中，空调系统能耗约占 40%，其中冷热源系统的能耗约占 3/4，提高冷热源系统的效率对于降低能耗是一种有效的措施。

制冷机在额定工况下一般提供 7℃冷水，当供水温度高于 7℃时能提高设备运行效率（COP），即减少了冷热源单体的能耗。但对冷热源整个系统来说，当冷水供水温度提高时，空调的冷却能力降低，此时若增加冷水流量，则会增加输送能力。冷热源的能耗和输送动力之间具有相关的关系，由于室外温度和冷热负荷每时每刻都在变化，这对冷热源系统的效率有着主要的影响，故必须考虑这种复杂的关系和设备的制约条件，不断地求出最优供水温度以使整个冷热源系统的能耗为最低。将这种优化冷热源供水温度的控制称为 VWT（Variable Water Temperature）。

为了在楼宇中采用 VWT 的控制，就必须了解不同建筑物的相关关系和设备的性能，但在设计时采用的设计方法和设备性能不同，故必须进行修正，实际运行中存在许多困难，但使用相位基础模型技术和多变数相位基础模型的响应曲线法（Re-sponse Surface Methodology by Spline，RSM-S）就能实现近似最优化的学习型设定值控制（学习型 VWT 控制）（见图 3-142）。

响应曲面法是以检测数据为基础制作的近似模型（响应曲面模型），探索最优条件的最优化方法。该方法的响应曲面模型采用了多变数相位基础模型。对于输入输出关系较复杂的系统，能够将实际检测的离散的数据生成平滑的响应曲面，而且具有再现性。

图 3-142 表示学习型 VWT 控制系统的构成，图上表示的是冷热源的控制状态和冷热负荷为输入变数，整个冷热源系统的能耗是输出变数的模型，当以该模型的目标函数进行最优化演算时，就能求出能耗最低时的冷水供水温度。在上述模型中，逐次追加和更新输入变数和能耗量的数据时，即实现了学习输入输出的相关关系的目的。这种方法适应于采用多种冷热源设备的系统，同时还能自动地检测出设备的恶化状况。

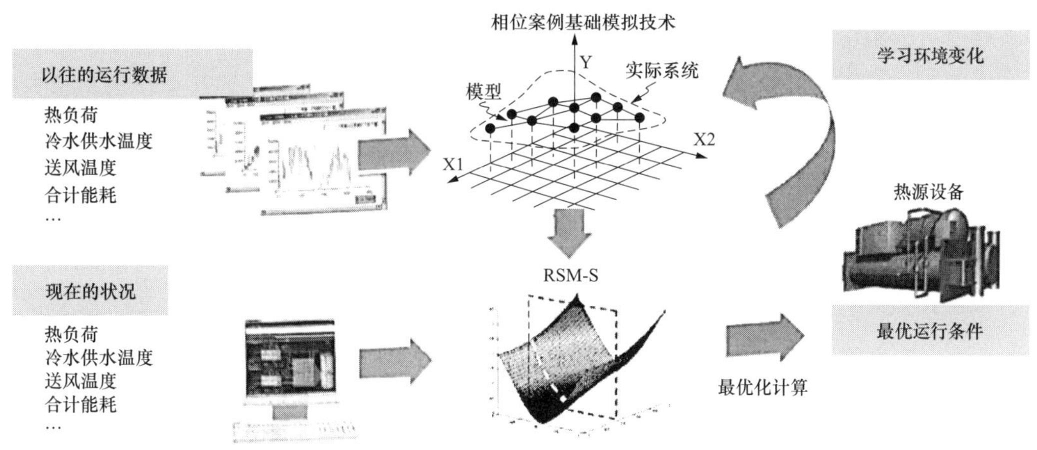

图 3-142　学习型 VWT 控制概要

2. 异常预兆检测的设备保全

继承经验丰富的熟练运行人员和设备管理者的专业知识和丰富经验，实现无人和少人管理是现有能源站共同的课题，即运用累积的运行数据开发异常预兆检测系统提高设备保全水平。以往的设备保全是故障后的事后保全（Breakdown Maintenance）和根据维修计划的校定时间的保全（Time Based Maintenace），下面介绍的是异常预兆检测系统，即在故障的预兆阶段提前检测出来，尽量减少对系统的影响的状态基础保全（Condition Based Maintenance，CBM）。

图 3-143 所示的异常预兆检测系统，采用多年累积的运行基础数据，并以这些数据编写系统流程和设备模型，能提前发现运行中出现与稳定阶段不一样的波动状况，并通知管理者及时保全。

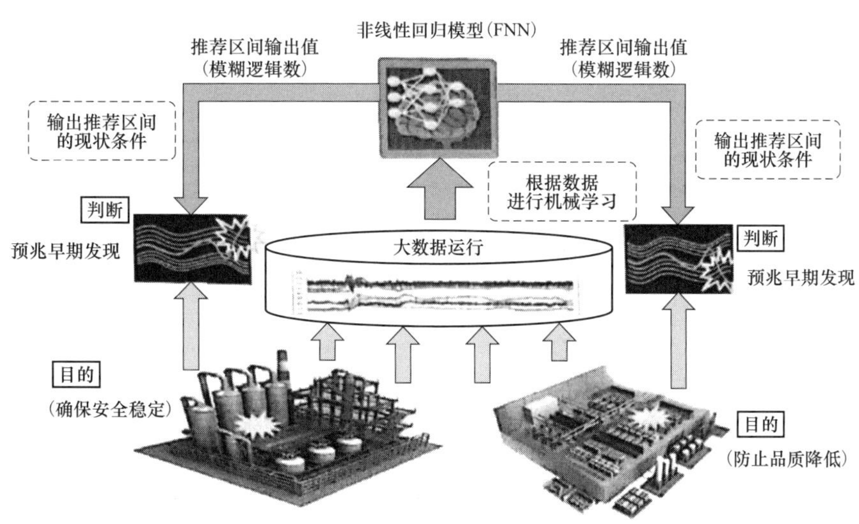

图 3-143　异常预兆检测系统概要

该系统使用模糊逻辑神经网络（Fuzzy-fied Neural Networks，FNN）的非线性回归检测出异常。基本原理是利用运行中的重要数据学习 FNN，编制监测对象的模型，然后使用该模型输出推算值，根据实测值和推算值的相关关系进行比较发现异常预兆。该方法的特点之一是推算的输入值汇集在具有等高线的区间内。实测值与该运行时间点条件下的变数的正常值的范围进行比较，在该范围之外即为异常状态，采用回归模型进行异常检测时常以实数表现推算值，此时以实测值和推算值的差别判断异常，但确定标准尺度很困难，在本方法中采用 FNN 以信赖区间的推算值作为出力，与监测对象的关系不大，判断异常预兆是可行的。

3.5.3 机械学习方法检测与诊断

1. 对象系统

对象建筑物 2006 年竣工，总建筑面积 160 000m^2 大楼（图 3-144、表 3-37），热源系统有 4 台制冷机和蓄热槽，利用相邻的污水处理厂的中水冷却冷却水。晚上 22:00 至早晨 7:59 用蓄热系制冷机（TR1-TR3）蓄热，白天（8:00-21:59）从蓄热槽放热。当蓄热量不足时运行制冷机（TR4）。到 22 时根据剩余热量和二次负荷流量设定各制冷机流量和温度，并对各泵的频率和阀开度进行 PI 控制运行以使其达到设计值。

表 3-37　设备情况

序号	数量	名称	情况	
TR1	1	螺杆式制冷机	制冷能力	1723kW
			电耗	316kW
TR2	1	离心式制冷机	制冷能力	3481kW
			电耗	587kW
TR3	1	离心式制冷机	制冷能力	3481kW
			电耗	641kW
TR4	1	离心式制冷机	制冷能力	3481kW
			电耗	547kW
CHEX	2	冷水热交换器	蓄热槽侧	10.69m^3/min（15.5-5.5℃）
			放热侧	10.69m^3/min（17.0-7.0℃）
NHEX	2	中水热交换器	中水侧	16.08m^3/min（30.0-35.5℃）
			冷却水侧	17.68m^3/min（37.0-32.0℃）
CP1	1	TR4 冷水泵	流量	4.98m^3/min
			电耗	45kW
CP2	4	冷水热交换器二次泵	流量	5.34m^3/min
			电耗	55kW
SCP1	1	TR1 冷水泵	流量	2.47m^3/min
			电耗	11kW

续表

序号	数量	名 称	情 况	
SCP2～3	2	TR2～3 冷水泵	流量	4.98m³/min
			电耗	30kW
SCP4	4	冷水热交换器一次泵	流量	5.34m³/min
			电耗	45kW
CDP1	1	TR1 冷却泵	流量	5.89m³/min
			电耗	45kW
CDP2～4	3	TR2～4 冷却泵	流量	11.83m³/min
			电耗	110kW
NP	4	中水水泵	流量	8.04m³/min
			电耗	55kW
ST1～3	—	蓄热槽	合计容量	6470m³（5.0-15.0℃）

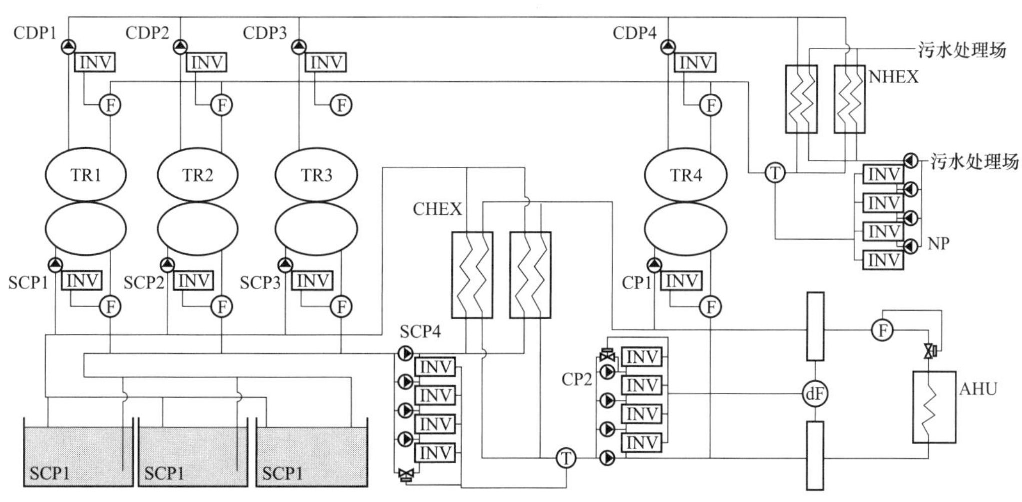

图 3-144 对象热源系统

2. 实际系统的不合适状况

分析对象系统建筑能源管理系统数据的结果说明，中水泵频率（以下称为中水泵 INV）的控制不合适。中水泵 INV 控制时以冷却水出口温度作为设定温度，中水泵运行台数对应中水泵 INV 而增减。从设备样本（表 3-37）可知，中水换热器（NHEX）的中水侧流量（32.15m³/min）与中水泵 4 台总流量（32.15m³/min）相等，冷却水侧流量（35.36m³/min）比蓄热系制冷机（TR1-3）冷却水泵 3 台流量（29.46m³/min）约大 20%（图 3-145）。如果控制不合适，则中水泵达不到额定流量，中水泵 INV 也不能达到 100%。

此外，分析建筑能源管理系统数据的结果说明，当中水泵 INV 持续 100%运行

（图 3-146 的 5 月 10、13、14 日）时，相对于中水入口温度（30.0℃）而言 NHEX 的样本中，冷却水出口温度（32℃）高了 2℃，实际系统冷却水出口设定温度是固定的，当中水入口温度高时中水的流量会过多。即中水泵 INV 在 100%运行时，冷却水出口额定温度出现不合适的状况。

为了进行 FDD，就必须详细地分析系统的建筑能源管理系统数据。除中水泵 INV 之外，还存在其他的不合适，为了检测、诊断这些不合适及类似的不合适，应建立能模拟再现详细热源系统的模型。

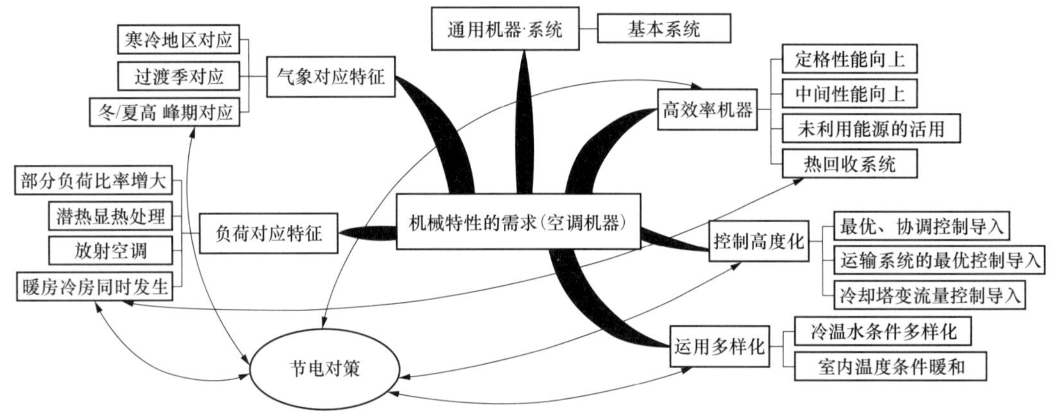

图 3-145　分析机械特性的需求

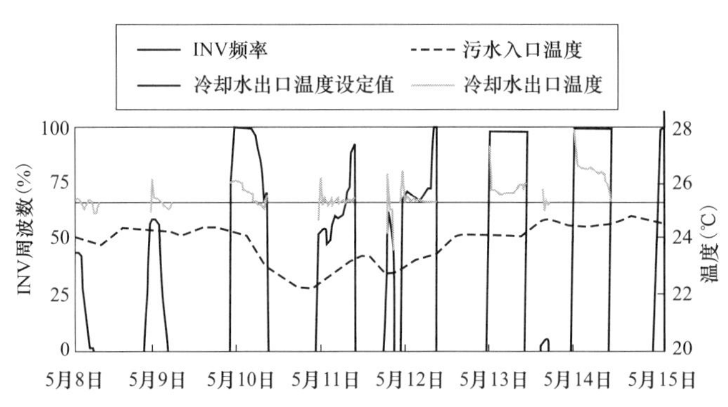

图 3-146　对象失效（建筑能源管理系统数据）

3. 热源系统模拟数据库

（1）热源系统模拟概要。热源系统模拟是根据对象系统的设备样本和设计说明采用 MATLAB 编程。计算时间间距 1min，输入项目实际负荷，中水入口温度，制冷机运行顺序等各种设定值，根据输入值模拟各种类型的台数控制和 PI 控制，计算出流量、温度和电耗（见图 3-147）。输出项目合计 102 项。

图 3-148 表示控制逻辑中具有 PI 控制［式（3-16）］和增减限值，有效等待时间的泵台数控制。此外，冷水换热器一次泵随负荷变化而增减台数，中水泵随中水泵频率而增减台数。

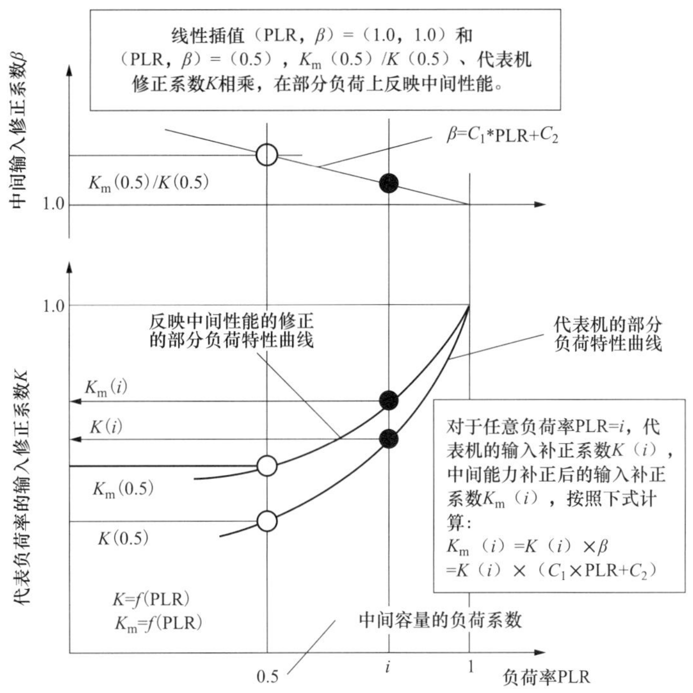

图 3-147　中间能力、输入的反映方法

$$u_{\mathrm{n}} = K_{\mathrm{p}}\left(\mathrm{e}_{\mathrm{n}} - \frac{1}{T_{\mathrm{l}}}\sum_{i=0}^{\mathrm{n}} \mathrm{e}_{i}\Delta T\right) \tag{3-16}$$

式中：u_{n} 为取样时 $n\Delta T$ 的输出；K_{p} 为比例放大；e_i 为取样时 $i\Delta T$ 的控制偏差；T_{l} 为积分时间；ΔT 为取样的时间间隔。

图 3-149 是根据设备特性、物理模型计算出制冷机、泵的流量、耗电量、温度等，在物理模型中加上了计算蓄热槽和热交换器理论温度的功能。式（3-17）表示管道内流量和压力平衡时泵的流量和压力损失的关系（Darcy-Weisbach），式（3-18）表示泵的流量和扬程的关系。阀的压力损失按等百分比特性的开度和流量的关系进行计算。

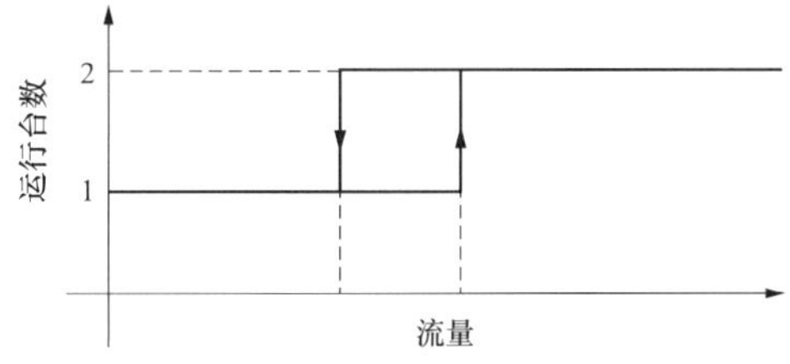

图 3-148　台数控制

$$\Delta P = \lambda \frac{1}{D}\frac{\rho}{2}v^2 \tag{3-17}$$

式中：ΔP 为压力损失；λ 为摩擦系数；l 为管长；D 为管径；ρ 为水密度；v 为流速。

$$H = f_{\mathrm{p}}\left(\frac{G}{R}\right)R^2 \tag{3-18}$$

式中：H 为扬程；$f_{\mathrm{p}}(\,)$ 为特性曲线开数；G 为流量；R 为周波数比。

图 3-150 表示在二次冷水供水温度和二次水流量控制状态下建筑能源管理系统数据

和模拟计算结果的比较。从图 3-150（a）、（b）来看，两者均有实际增大的部分，原因是台数控制转换时流量变化的原因。

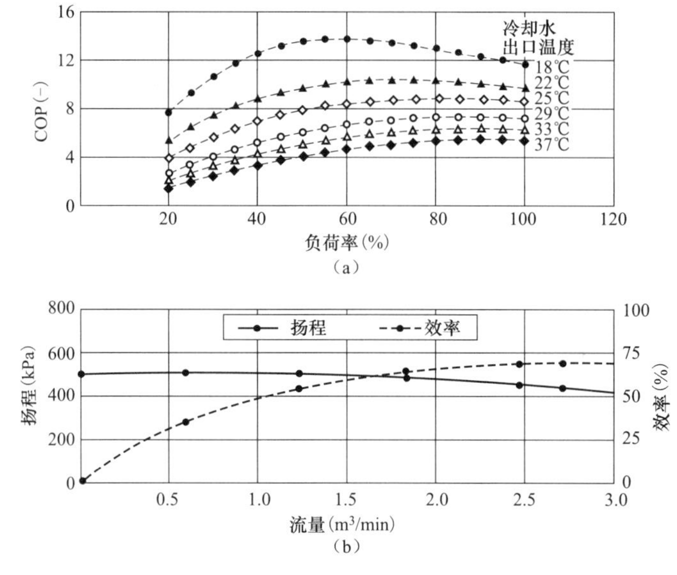

图 3-149　设备特性

（a）制冷机（TR3）；（b）水泵（CP2）

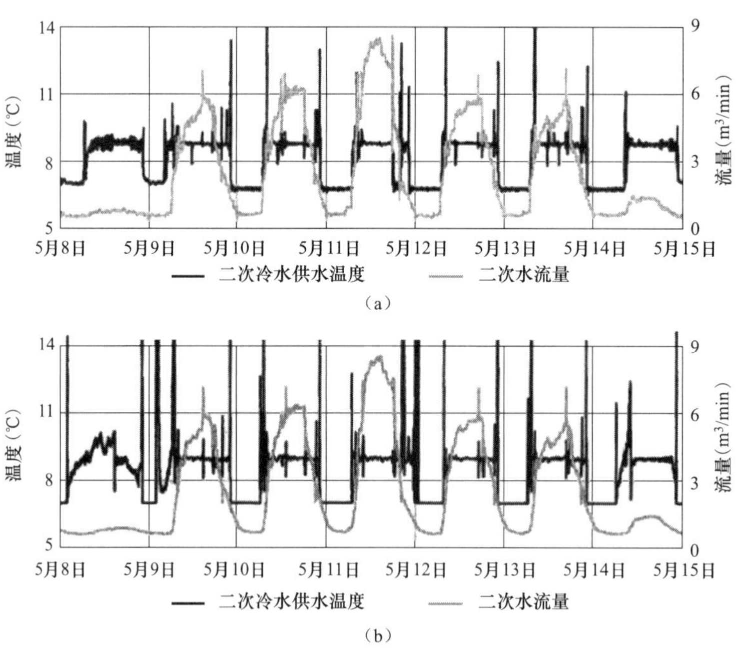

图 3-150　建筑能源管理系统（BEMS）

（a）BEMS 数据；（b）模拟结果

此次模拟按照前面所说的流量和控制等条件建立的详细的程序，不适合的出现与模拟的清晰度（分解力）有关。例如制冷机采用性能曲线模型化，不可能再现制冷机内部蒸发器和压缩机等场所详细的不合适，而是仅作为制冷机性能下降的不合适而计算。还有，管道的压力损失不能以相关资料为依据，而是用管径和系统图推算出来的。当模型不完善和样本的资料不全时，就会产生不合适的再现的限值和设有不合适时的建筑能源管理系统数据和模拟结果的偏离。另一方面，图 3-150 所示的建筑能源管理系统数据包括了本节“2. 实际系统的不合适状况”表示的不合适的影响，因此，二者之间没有明显的不同。仅采用部分资料很难推进 FDD，建立全系统的计算模拟是非常重要的。

（2）数据库。采用建立的模拟，计算了没有不合适的状态和 6 种不合适的控制状况。数据库有从 2013 年至 2016 年 5 月、6 月连续运行的 8 周的数据，计算出每 1 周的性能参数。图 3-150 表示部分计算结果，表示了从 2016 年 5 月 8 日至 14 日 1 周期间的中水泵和中水换热器的控制状态，确认了对各种不合适按模拟理论计算出的控制状态。以下介绍各种认为可能会出现不合适状态的计算结果。

1）不合适的状态［F0，图 3-151（a-1）、（b-1）］。根据换热器样本，合适状况（F0）时冷却水出口设定温度比中水入口温度高 2℃。基本上中水泵 INV 达不到 100%冷却水出口温度也会控制到设定值。该系统是从夜间 22 时进行蓄热的系统，白天放热量大的平日（5 月 9～13 日）的夜间同样中水处理的热量也大，白天放热量小的休息日（5 月 8 日，14 日）夜间则相反。因此，平日夜间中水泵 INV 值大，休息日夜间中水泵 INV 值则小。由于按中水泵 INV 实现运行台数的控制，平日夜间 4 台泵运行，休息日夜间 1 台泵运行。

2）NHEX 能力降低［F2，图 3-151（a-3）、（b-3）］。（F2）表示中水换热器 NHEX 能力降低的不合适状态。模拟时按为换热器参数之一的换热器面积约为 F0 的 1/3 进行模拟。休息日夜间中水处理热量少，即使 NHEX 的能力降低，中水泵达到设计值时 INV 也不会到 100%。但中水泵 INV 比 F0 时高，运行台数为 2 台。另一方面，在中水处理热量大的平日的夜间，中水泵 INV 为 100%，冷却水出口温度达不到设定值，引起换热器能力降低。

3）变频故障［F1，图 3-151（a-2）、（b-2）］。F1 是中水泵 INV 故障，非运行时为 0%，运行时为 100%的不合适状态。中水泵运行台数随着频率数变化为 4 台，中水流量过剩，冷却水出口温度低于设定值。

4）NHEX 压力损失异常［F3，图 3-151（a-3）、（b-3）］。F3 表示 NHEX 中水利压力损失增加的不合适状态。模拟时 NHEX 中水利压力损失系数约为 F0 时的 2 倍。结果表明，中水泵 INV 上升，增加了中水泵耗电量。冷却水出口温度采用与 F0 相同的控制方式，但由于压力损失大，中水量不够会影响冷却水出口温度。

5）中水入口温度传感器异常［F4，图 3-151（a-4）、（b-4）］。F4 表示中水入口温度传感器异常的不合适状态。模拟时按中水入口温度传感器比实际中水入口温度低 1℃的不合适状态。在 F0 状态下，冷却水出口温度比中水入口温度传感器的值高 2℃进行中水泵 INV 控制，因此，冷却水出口设定温度将比 F0 低 1℃。冷却水出口温度在休息日的夜间在不合适状态下也能控制设定值，但平日夜间则不能控制到设定值。

6）设定温度不合适［F5，图 3-151（a-5）、（b-5）］。F5 表示的是从建筑能源管理系统数据中可见的实际的冷却水出口温度设定温度不合适的状态。与建筑能源管理系统数据相同的冷却水出口温度设定值 25.3℃时，中水入口温度也合适时（5 月 12 日）能实现设定值控制。但中水入口温度高，不能将冷却水冷却到固定设定值时（5 月 9、12、13 日夜间）中水泵 INV 就已经达到了 100%。此外，相对于设定值中水入口温度低 2℃时（5 月 10 日夜间），冷却水出口温度能实现设定值控制，但中水泵 INV 比 F0 低，运行台数为 3 台，不能充分地冷却冷却水，降低了制冷机 COP。

7）台数控制不合适［F6，图 3-151（a-6）、（b-6）］。F6 表示泵运行 1 台，非运行 0 台的不合适状态，结果表示，F0 运行 1 台的休息日夜间能实现冷却水出口温度到达设定值的控制，但在平日的夜间，即使中水泵 INV 为 100%，中水流量仍不够，冷却水出口温度达不到设定值。

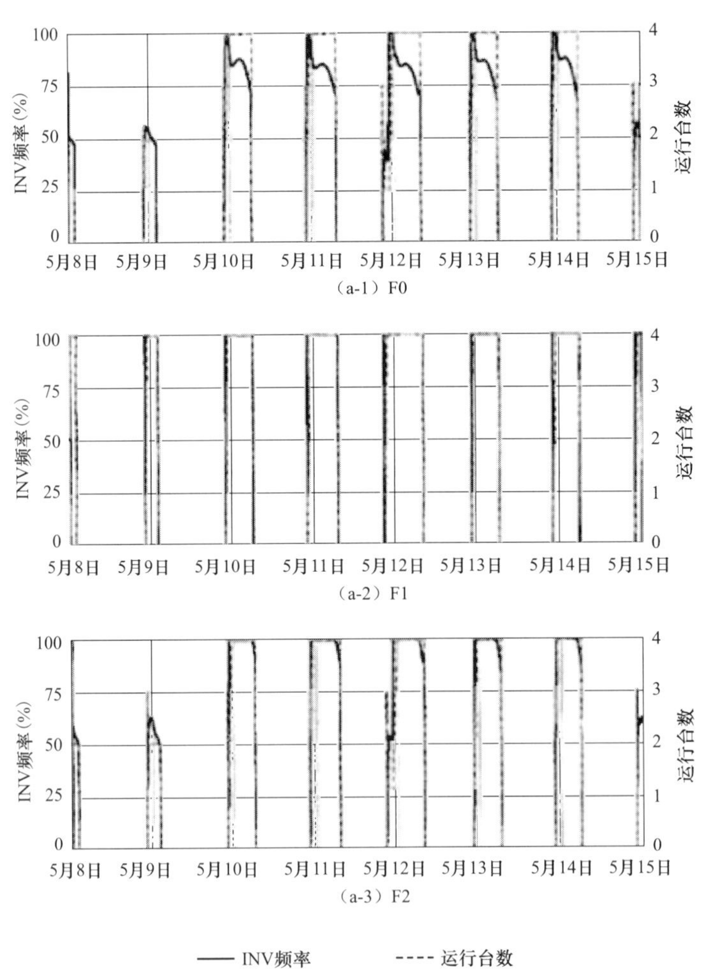

图 3-151　模拟不合适再现（2016 年 5 月 8—15 日）（一）

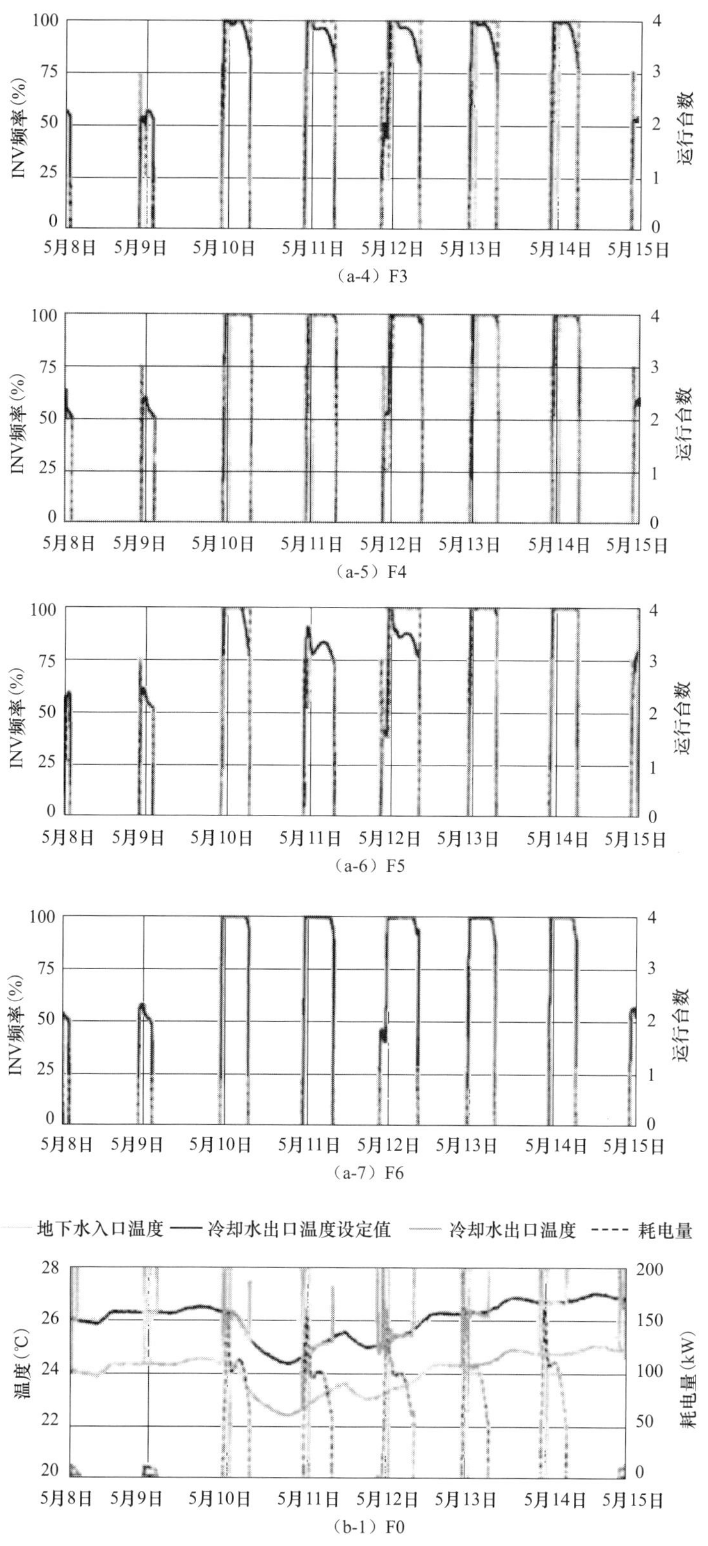

图 3-151　模拟不合适再现（2016 年 5 月 8—15 日）（二）

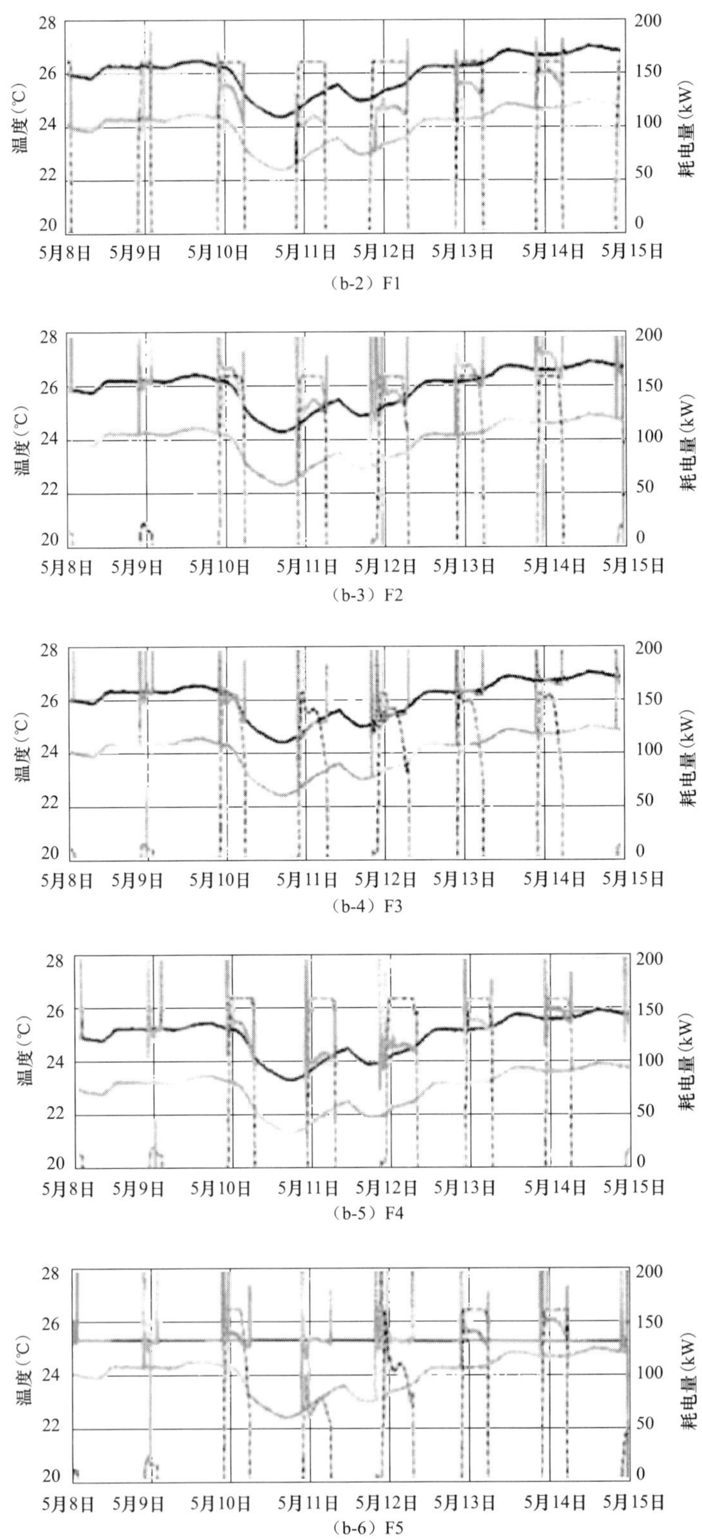

图 3-151　模拟不合适再现（2016 年 5 月 8—15 日）（三）

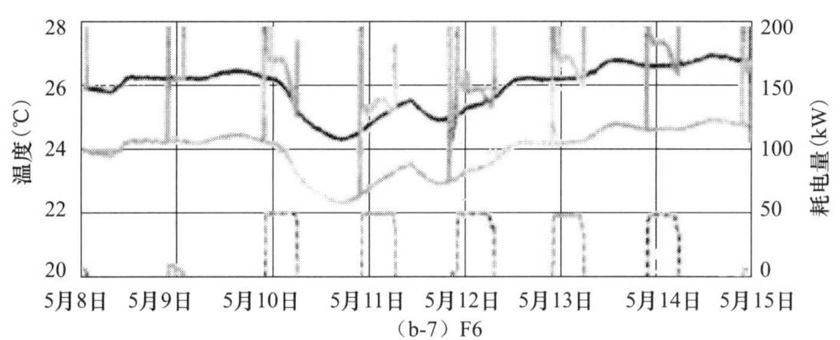

图 3-151　模拟不合适再现（2016 年 5 月 8—15 日）（四）

（a）地下水泵 INV 频率，运行台数；（b）NHEX 温度，地下水泵耗电量

4. 组合输入网络的 FDD

采用前节所述的模拟，通过组合输入网络（CNN）实现 FDD。

（1）Train • Validation 数据。组合输入网络是深度学习的一种，采用 Train 数据，Validation 数据，Test 数据三类数据。T 数据和 V 数据是学习时使用的数据（学习数据），T 数据作为输入的学习网络。用 V 数据评价网络的通用化性能。用 T（测试试验数据）评价学习网络性能。

以 5 月、6 月连续 8 周的测试数据为对象，以 2016 年测试数据为依据，进行 2015 年学习数据（情景 1），2014 年和 2015 年（情景 2），2013～2015 年（情景 3）的三种类型研究。

（2）数据的前处理。由于热源系统中各项目的温度、流量和电耗相差很大，为了在 CNN 中进行恰当的学习，必须对各项目进行标准化处理。

$$x_{\text{norm}} = \frac{x - \min(x)}{\max(x) - \min(x)} \tag{3-19}$$

式中：x_{norm} 为标准化的值；x 为标准化的项目；min（x）为项目学习的最小值；max（x）为项目学习的最大值。

由于以一日为单位进行 FDD，故以一日的数据作为一份数据。由于对象是从 22 时进行蓄热的系统，一份数据内不合适的特征与数据的开始无关，而是以 0 时开始的数据。模拟计算时间间距为 1 分钟，为了缓和 PI 控制的变化及防止 1 分数据中数据过大的问题，以后采用 15 分钟的间距。计算在从 2013 年到 2016 年的 4 年间 5、6 月的连续 8 周内，从 FD 到 F6 的 7 种状态，合计 1568（4×56 月×7）的数据，并分别对 F0 至 F6 进行标记。

（3）组合输入网络（CNN）。CNN 是开发的以视觉为模型化的网络图像认识方法。在大规模的图像认识的 ILSVRC 中是纵向 224，横向 224，RGB150528 因次，训练数据数 120 万，测试数据数 12 万，1000 级类型辨识的课题，2016 年类别辨识的误差率下降至 3%。

图 3-152 表示的是 CNN 图像认识方法的案例，表示的是图像代表日（2016 年 5 月 14 日）的各种数据，列方向为时间，行方向是数据项目，用白色表示 0，黑应表示 1 的深线表示。列方向表示的是每 15 分钟数据，旧的数据共 96 行，为了恰当地进行后面所述的 Max Pooling，在 102 项目中增加 36 个空白列，列方向共计 108 列，由于各图像的误差很小，以往很难达到输入网络精度较高的要求，但在本文中上述数据适用于 CNN，

在列方向抽出时间的变化，在行方向抽出数据间的相关性的图形是可能的。

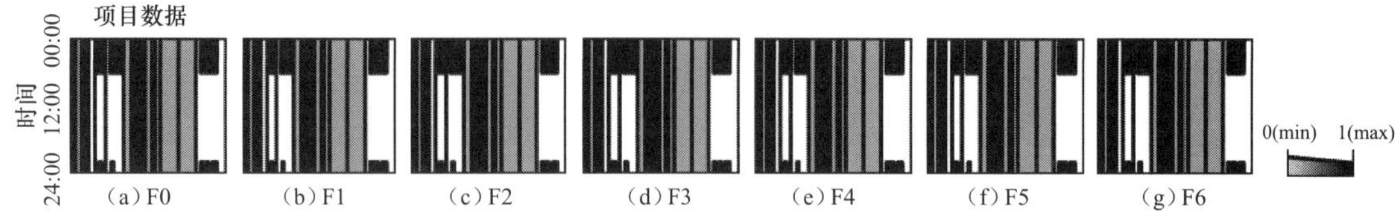

图 3-152　图像化数据（2016 年 5 月 14 日）

参照以 Dropout 和 ReLV（Recytified Linear Unit）函数，过滤的尺寸和通路数及层数的 CNN 结构是根据相关参考文献而确定（图 3-153）。叠加是过滤的演算，在学习过程中抽出该过滤的学习数据的特征后而改变的。Max Pooling 是指定范围内的最大值，全结合指的是交点全结合的输入网络。最终确定从 F0 到 F6 的 7 类具有一定标识准确度的输出，输入数据接近标识值。

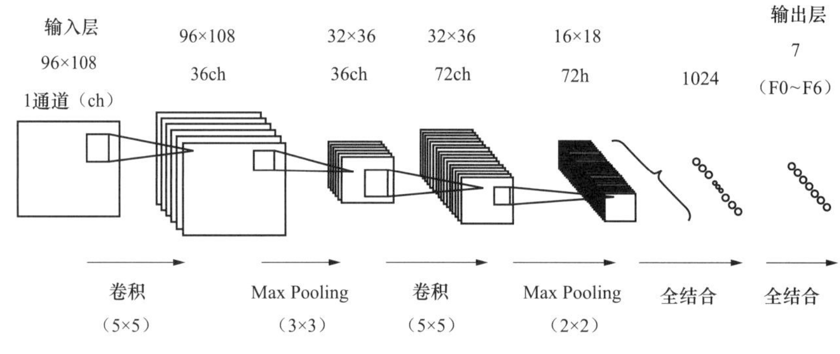

图 3-153　复杂的二合一叠加

为了有效学习 8 周的学习数据，将 Validation 数据分为第 1、2 周，第 3、4 周，第 5、6 周等 4 类（Train 数据来自之外的周），均等用作学习数据（K-fold cross validation）在 Test 中平均 4 种学习的 CNN 输出，减少各 CNN 学习的误差，提高计算的精度。

（4）学习结果。表 3-38 表示学习后各状态各数据的准确率。情景 1 性能最低，情景 3 最高，但仅是对于以学习数据年数越多的多种负荷和中水入口温度为输入的系统而言。情景 3Test 的准确率达 99.2%，识别的标识数较少仅为 7，在仅与模拟的输入值有关时，同一标识的数据离散不会变大。以上是对热源系统 FDD 建立的相对于测试数据的学习数据，证明 CNN 是一种能获得较高准确率的有效的方法。

表 3-38　　　　学习后各状态各数据的准确率

案例	学习年份	学习数据	验证数据	测试数据
CASE-1	2015	94.1	79.1	79.8
CASE-2	2014～2015	98.1	91.1	96.2
CASE-3	2013～2015	99.5	92.6	99.2

表 3-39 详细地表示了诊断效果。列方向表示的是 CNN 的诊断结果，行方向表示的是

正确的标识。情景 1 的 Vali 和 Test 标识的准确率不同。例如 Test 全体准确率如表 3-38 所示为 79.8%，但表 3-39 所示 F2 的准确率为 60.7%，F3 的准确率为 64.3%。F4 的准确率是 89.3%。在情景 1 的 CNN 中，可将 F2，F3，F4 共有的特征作为 F4 的特征而学习。情景 2，情景 3 比情景 1 的准确率高，在 Test 中最低值情景 2 是 85.7%，情景 3 的 F3 达 96.4%。

表 3-39　　　　诊断结果［%］

（CASE-1）学习数据：2015 年

（a）Train

正解（列）；CNN 诊断结果［%］（行）

	F0	F1	F2	F3	F4	F5	F6
F0	87.5	0	0	10.1	0	0	2.38
F1	0	100	0	0	0	0	0
F2	0	0	91.7	7.74	0	0	0.6
F3	15.5	0	2.38	80.4	0	0	2.38
F4	0	0	0	0	100	0	0
F5	0	0	0	0	0	100	0
F6	0	0	0	0.6	0	0	99.4

（b）Validation

	F0	F1	F2	F3	F4	F5	F6
F0	73.2	0	0.89	7.14	16.1	1.79	0.89
F1	0	98.2	0	0	1.79	0	0
F2	2.68	0	64.3	1.8	25.0	5.36	0.89
F3	7.14	0	0.89	60.7	28.6	3.57	0.89
F4	1.79	0	8.04	1.79	86.6	1.79	0
F5	0	0	0.89	1.79	14.3	83.0	0
F6	0	0	0	0	10.7	1.79	87.5

（c）Test

	F0	F1	F2	F3	F4	F5	F6
F0	71.4	0	0	8.9	17.9	0	1.8
F1	0	98.2	0	0	1.8	0	0
F2	1.8	0	60.7	12.5	25.0	0	0
F3	7.1	0	3.6	64.3	23.2	0	1.8
F4	0	0	5.4	5.4	89.3	0	0
F5	0	0	1.8	1.8	7.1	89.3	0
F6	0	0	0	1.8	12.5	0	85.7

（CASE-2）学习数据：2014 年 • 2015 年

（a）Train

	F0	F1	F2	F3	F4	F5	F6
F0	99.4	0	0	0.3	0	0	0.3
F1	0	100	0	0	0	0	0
F2	0	0	99.7	0.3	0	0	0
F3	12.2	0	0	87.5	0	0	0.3
F4	0	0	0	0	100	0	0
F5	0	0	0	0	0	100	0
F6	0	0	0	0	0	0	100

（b）Validation

	F0	F1	F2	F3	F4	F5	F6
F0	95.5	0	0.89	0.89	1.79	0	0.89
F1	0	99.1	0.89	0	0	0	0
F2	0.89	0	84.8	0.89	12.5	0	0.89
F3	7.1	0	0.89	81.3	9.82	0	0.89
F4	0	0	8.93	6.25	83.9	0.89	0
F5	0	0	1.79	0	3.57	94.6	0
F6	0	0	0	0	1.79	0	98.2

（c）Test

	F0	F1	F2	F3	F4	F5	F6
F0	98.2	0	0	1.8	0	0	0
F1	0	100	0	0	0	0	0
F2	0	0	100	0	0	0	0
F3	8.9	0	0	89.3	1.8	0	0
F4	0	0	10.7	3.6	85.7	0	0
F5	0	0	0	0	0	100	0
F6	0	0	0	0	0	0	100

（CASE-3）学习数据：2013—2015 年

（a）Train

	F0	F1	F2	F3	F4	F5	F6
F0	99.2	0	0	0.6	0	0	0.2
F1	0	100	0	0	0	0	0
F2	0	0	100	0	0	0	0
F3	2.38	0	0	97.6	0	0	0.2
F4	0	0	0	0	100	0	0
F5	0	0	0	0	0	100	0
F6	0.2	0	0	0	0	0	99.8

（b）Validation

	F0	F1	F2	F3	F4	F5	F6
F0	94	0	0	2.98	2.38	0	0.6
F1	0	100	0	0	0	0	0
F2	0.6	0	83.3	4.76	10.1	1.19	0
F3	7.14	0	0.6	83.3	8.33	0.6	0
F4	0	0	5.36	3.57	89.9	1.19	0
F5	0	0	1.19	0	0	98.8	0
F6	0	0	0	0	1.19	0	98.8

（c）Test

	F0	F1	F2	F3	F4	F5	F6
F0	100	0	0	0	0	0	0
F1	0	100	0	0	0	0	0
F2	0	0	100	0	0	0	0
F3	3.6	0	0	96.4	0	0	0
F4	0	0	0	1.8	98.2	0	0
F5	0	0	0	0	0	100	0
F6	0	0	0	0	0	0	100

从以上数据可知，Test 的情景 3 的标识没有偏离，能获得较高的准确率。当模拟的输入条件改变时，也能随意地制作出学习数据，这是本方法的优点。

（5）能源站管理系统数据的 FDD。以能源站管理系统数据输入前节所述性能良好的情景 3 学习 CNN 并计算 FDD，检验该方法在实际系统中的应用可行性。图 3-154 表示 CNN 的诊断结果和能源站管理系统的不合适。在（2）节表述的能源站管理系统数据说明冷却水出口设定温度为一固定值与中水入口温度无关，中水泵处在不合适的控制状态（F5）。此时，若相对于中水入口温度冷却水出口温度处在合适的状态（比中水入口温度高 1.5～2.5℃），则在能源站管理系统中就属于不会产生不合适的 FO 状态。该结果证明产生 F5 时作为诊断 F5 的准确率为 65.5%。诊断合适的准确率为 37%。在以能源站管理系统数据为输入时，并不能减少高性能诊断不合适的状态，如前节所述性能较低，原因是模拟模型边界偏离实际系统。

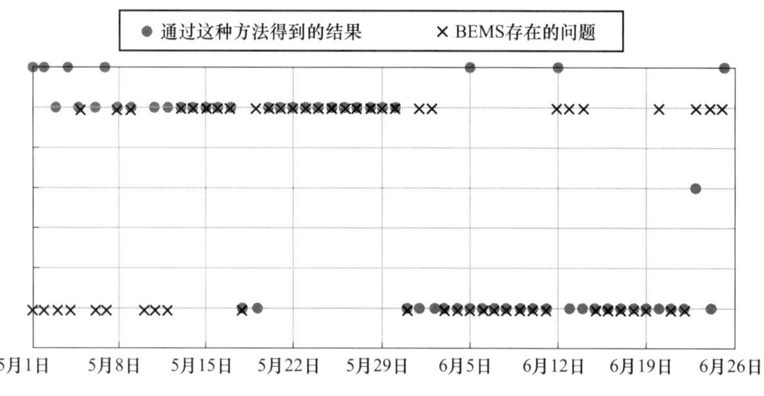

图 3-154　建筑能源管理系统数据的结果

（6）结论。快速地检测诊断热源系统的不合适并采取相应措施是高效率运行系统的重要方法。采用模拟和机械学习是能够实现 FDD。具体的说，首先建立详细的热源模拟，计算出产生不合适包括各种相互作用的控制状态，并以此编制不合适数据库。对计算结果详细分析就能合理地再现各种不合适状态。之后，以数据库作为学习数据，试验数据通过 CNN 进行 FDD 分析。试验数据的正确率超过 99%，说明 CNN 是有效的方法，目前 CNN 中采用人工的能源站管理系统数据因此要消耗工作成本，但该方法的精度高于人工 FDD，将来该方法的自动化和数据库的共有，则能降低成本。

3.5.4　能量模拟中设备特性数据库

1. 热源设备的数据库

表 3-40 表示的是热源设备特性的调查，图 3-155 表示对设备特性的要求。考虑与气象条件、负荷特性、高效、控制的高度化和运行多样化的适应性，以满足室内温湿度条件的变化，冷热水条件的变化和近年来对辐射空调的关注，就必须了解对设备和数据库的要求。按照以下原则，明确目的进行设备数据库的整理，设定模型化。

通用的设备、系统（按使用台数多的顺序进行模型化）。

节能性能好的设备、系统（调查额定和中间性能特性数据）。

对能耗有影响的运行条件（控制的高度化、运行的多样化）。

对室内环境有影响的运行条件（空调温度上调计划，潜热显热分离空调）和使用设备特性的分类。

表 3-40　　热源设备特性调查表

<table>
<tr><td rowspan="24">中央
热源机器</td><td>离心式制冷机</td><td colspan="2">冷水/冰蓄冷用</td><td>叶片控制/变频控制</td></tr>
<tr><td></td><td colspan="2">冷水・温水（二用）</td><td>叶片控制</td></tr>
<tr><td rowspan="6">空气源热泵</td><td rowspan="3">冷温水用/冰蓄冷</td><td>螺杆式</td><td>滑柱阀控制/变频控制</td></tr>
<tr><td>涡轮式</td><td>台数控制/变频控制</td></tr>
<tr><td>旋转式</td><td>变频控制</td></tr>
<tr><td>热回收</td><td>螺杆式</td><td>变频控制</td></tr>
<tr><td rowspan="2">燃气内燃机</td><td>涡轮式</td><td></td></tr>
<tr><td>旋转式</td><td></td></tr>
<tr><td rowspan="2">冷水机组</td><td>冷水</td><td>螺杆式</td><td>滑柱阀控制/变频控制</td></tr>
<tr><td>冰蓄冷</td><td>旋转式</td><td>台数控制</td></tr>
<tr><td rowspan="2">水源热泵</td><td rowspan="2">冷水・冷温水</td><td>螺杆式</td><td>变频控制</td></tr>
<tr><td>旋转式</td><td>变频控制</td></tr>
<tr><td rowspan="7">吸收式制冷机</td><td rowspan="2">直燃型</td><td>三效</td><td></td></tr>
<tr><td>双效</td><td>标准/高效率/运行效率</td></tr>
<tr><td>蒸汽型</td><td>双效</td><td>标准/高效率/运行效率</td></tr>
<tr><td>热水型</td><td>单效</td><td></td></tr>
<tr><td rowspan="2">余热回收型</td><td>直燃（三效/双效）</td><td></td></tr>
<tr><td>蒸汽型</td><td></td></tr>
<tr><td colspan="2">吸收式热泵</td><td>直燃/蒸汽型</td><td></td></tr>
<tr><td colspan="4">蒸汽—热水热交换器</td></tr>
<tr><td rowspan="3">锅炉</td><td>小型直流锅炉</td><td></td><td></td></tr>
<tr><td>真空热水锅炉</td><td></td><td></td></tr>
<tr><td>余热回收锅炉</td><td></td><td></td></tr>
<tr><td rowspan="12">分散式
空调</td><td>GHP</td><td>大楼用多联机</td><td>转换/同时</td><td>标准/发电（自用/系统连接）</td></tr>
<tr><td rowspan="10">EHP</td><td>大楼用多联机</td><td>转换/同时</td><td>标准/寒冷地区/高显热型</td></tr>
<tr><td>店铺用</td><td>切换</td><td>标准/寒冷地区</td></tr>
<tr><td>设备用</td><td>切换</td><td>标准</td></tr>
<tr><td>新风处理用</td><td>切换</td><td>送风/送排风/冷媒热回收</td></tr>
<tr><td>冰蓄冷用</td><td>切换</td><td>标准</td></tr>
<tr><td colspan="3">高显热型/散水控制/按需建设</td></tr>
<tr><td>水冷式多联机</td><td>切换</td><td>标准</td></tr>
<tr><td>窗式空调机</td><td>切换</td><td>定速/变频</td></tr>
<tr><td>水源 HP</td><td>切换</td><td>定速/变频</td></tr>
<tr><td>房内空调</td><td colspan="2">普及机/高性能机</td><td></td></tr>
</table>

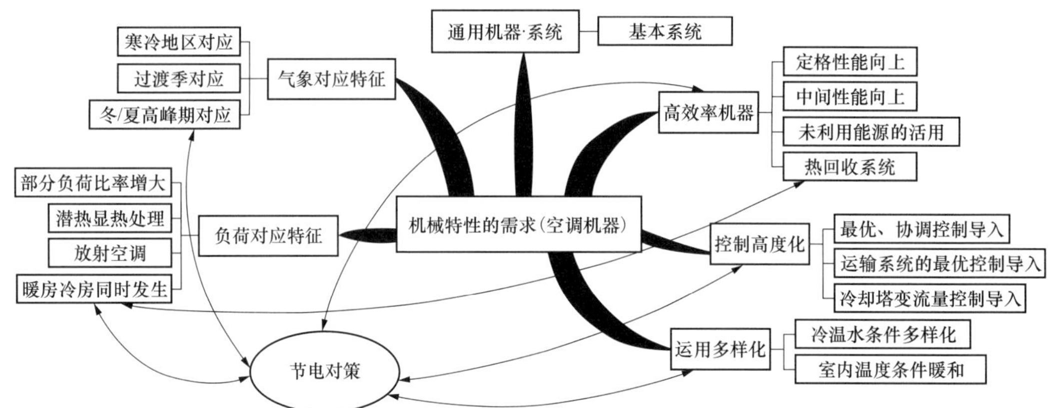

图 3-155　分析机械特性的需求

（1）设备特性模型化的方法。数据库按照组合了两种设备特性（统计模型、物理模型）的方法进行模型化。在统计模型中使用近似特性式和成套数据并考虑了多样化、扩张性建立了设备的数据库。表 3-41 表示了建立设备模型的方法。统计模型和物理模型均有自己的适用范围，但实际上，设备也可在该范围外采用。

表 3-41　　设备特性模型的思考方法

分类	特　征	适用设备
统计性能	采用设备输入和输出的关系的实测值和计算值，并用多项式近似地表明他们的关系，构建定式化模型，限定在给予的组合和范围内	热源设备、组合式空调机、风机、泵（额定性能）
物理性能	设备的输入和输出关系服从于物理法则的定式化模型，在适用可能的范围内理论式对应于各种变数的输入	风机、泵（中间性能）、塔、冷温水盘管

（2）数据库的概要。在数据库内根据三种数据（额定性能特性数据，中间性能特性数据、动态性能数据）的组合建立了设备数据库。表 3-42 表示设备特性的分类，图 3-156 表示设备特性数据组合的图像。

表 3-42　　设备特性的分类

分类	特　征	概　要
额定性能数据	表示在国标工况下条件下设备的性能数据	厂商样本、铭牌上记载的性能数据
中间性能数据	表示在额定之外的各种条件下设备的性能数据	在中间负荷和中间期的设备性能，包括过负荷范围外的性能数据
动态性能数据	表示比较短时间限定的设备的性能系数	大型制冷机启动和停止时的性能数据

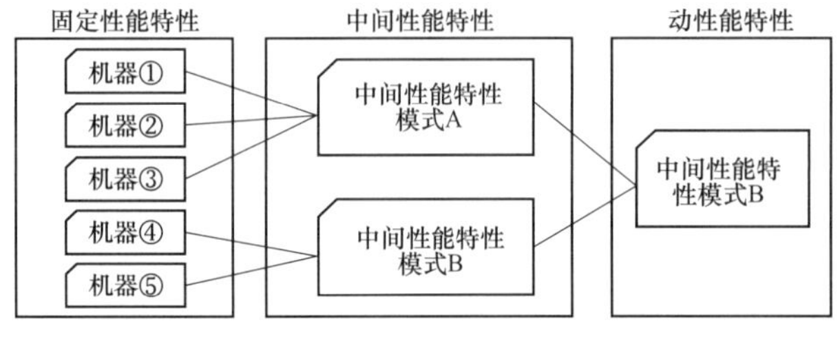

图 3-156　机械数据特性组合模型

额定性能特性以各种设备的额定性能为输入，中间特性性能选择不同类型（例如标准效率类型和高效率类型等）的特性数据，同样动态特性性能也是选择不同类型的特性，组合 3 种数据建立设备特性数据。

（3）与实际数据的比较和验证。

数据库不仅是标准的设备特性数据库，而是包括了对应各种各样个性条件、特性的设备特性数据库。并对应了额定能力和输入的衰减率和逐年效率的变化，对应了组合式空调机的中间能力及对输入的设备特性修正，对应了空冷机设置环境对吸入空气温度的修正，对应了各种用户要求的设备性能。图 3-157 表示组合式空调机按 JIS 规定的中间能力和输入的反映方法。

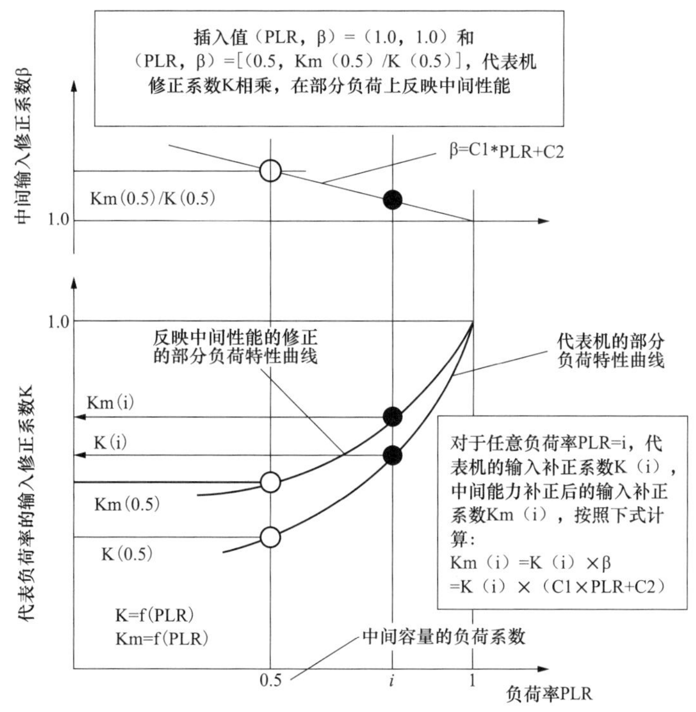

图 3-157　中间能力、输入的反映方法

（4）设备特性的计算流程。图 3-158 表示水源热泵制冷运行时输入输出模型和计算流程，机种不同有些差异，但流程大致相同。①稳定运行，计算出设备启动/停止顺序的能量变化率 Ron，Roff；②计算出冷热水温度等运行条件和运行设定的设定值和运行状态的必要能力 Qc，rq；③制定出不同设备最大能量 Qc，max；④计算出相对于最大能力和必要能力的部分负荷率 PLRc；⑤相对于必要能力和最大能力的冷水出口温度的范围及相对于部分负荷率的处理方法及模型化后对能耗的影响。

图 3-158 中，机器特性式为，1 变量：$f(x)=a\cdot x^3+b\cdot x^2+c\cdot x+d$，或者 2 变量：$f(x,y)=a\cdot x^2+b\cdot y^2+c\cdot x+d\cdot y+c\cdot xy+f\cdot x^2y^2+g\cdot x^2y+h\cdot xy^2+1$ 两式所表示。中间性能数据为通过组合他们来创建的。

（5）低负荷区的模型化。空调设备实际运行时大多属部分负荷运行，热源设备运行可能范围以下的负荷率，ON/OFF 运行领域附近的运行时间很长。设备启动时和停止时的损失模型化不同能耗的差异较大。图 3-159 表示该数据库低负荷领域的模型化。在 ON/OFF 运行范围内，实际的设备动作为 a，ON/OFF 运行时间的平均特性为 c。启停损失数值化为 b 或 d。在低负荷区域内动态模型化的能耗是变化的。

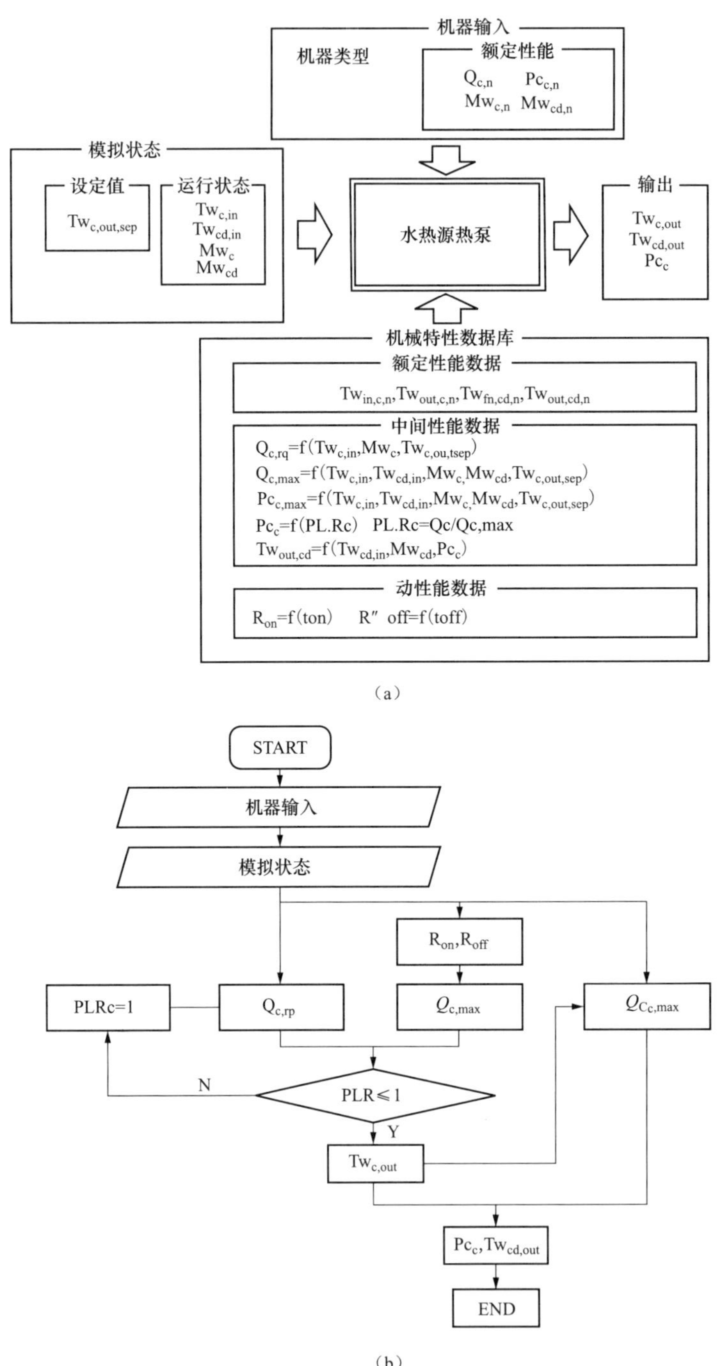

图 3-158 机械特性的输出入数据计算流程（水热源热泵冷却运行）

（a）输出入模型；（b）计算流程

（6）能力特性式范围内和范围外特性的关系。在新风温度运行条件的特性式适用范围外，基本上设定为边界上的特性。图 3-160 表示能力特性式范围内和范围外的关系。设备停止时为边界上特性的理由如下。

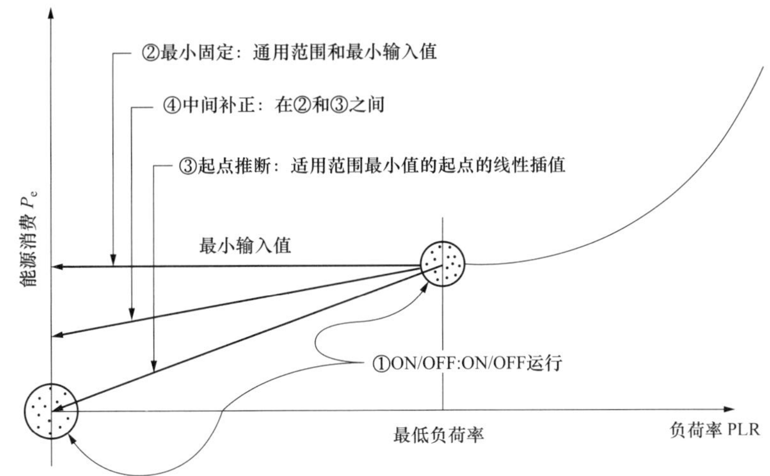

图 3-159　低负荷域的模型化

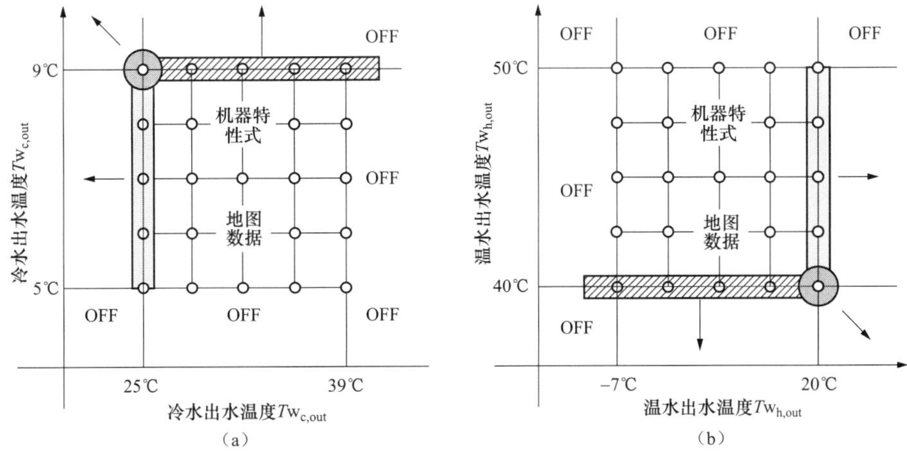

图 3-160　能力特性式范围内和范围外特性的关系（水热源热泵冷却运行）

（a）制冷运行；（b）供热运行

1）设备停止。冷水温度不到下限或热水温度不到上限时，判断不需要继续冷却（加热），为了制冷时防止冷水结冻，供热时压力不适合，设备停止。此外，冷却时冷却水温度和新风温度上限以上的高压防止，加热时新风温度未满下限防止冻结也要求停机。

2）制冷时防止结冻。一般冷却水温度不到下限的条件是持续运行一定时间后防止结冻停机，但冬季制冷机运行时，初期温度不到下限，启动制冷机后冷却水温度慢慢上升并上升到下限，立即停止是不必要的，利用静态特性在 1h 的间距内计算时，停止有必要，但若按 5 分间距计算时，启动时的状态即可不停止，认为冷却水温度上升，设备可继续运行。

2. 中间性能特性

（1）近似特性式。热源设备和组合式空调机大部分的设备特性是采用特性式建立设备特性数据库。组合式空调机的机型多种多样，将来设定与各制造厂固有的部分负荷特性数据相对应，采用表示设备特性近似式的形式，使其具有公用化。原则上近似式说明与不连续特性的对应和范围外的对应的变数的范围，有分割为 5 区间的用 3 次方表示的近似式。图 3-161 表示的是冷暖型多联机各运行模式部分负荷运行时的效率变化，用以与额定效率为基准的比率表示。除制冷为主体的运行外，再现了新风温度引起的最大能力的变化和设备效率的变化。但在制冷主体运行时，控制方法不是新风而是使制冷剂高压侧为一定的方法，压缩机的电耗不变。热回收控制和 JIS 外的部分负荷特性等技术资料尚未公开，采用物理模型的再现是很困难的。

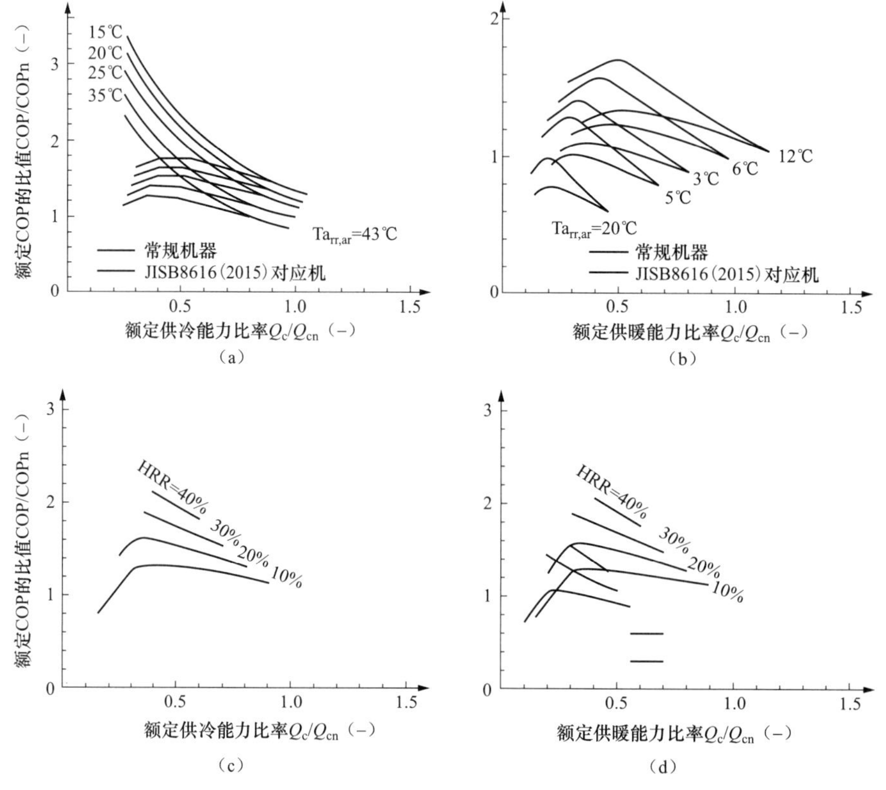

图 3-161　建筑 EHP 空调机的机械特性

（a）供冷运行；（b）供暖运行；（c）热回收运行（供冷主体）；（d）热回收运行（供暖主体）

图 3-161 中，HRR=供冷能力/供暖能力。对于热回收运行，JISB8616（2015）对应的部分负荷特性不会改变。

（2）成套数据。近来普及的空冷热泵（涡旋压缩方式，变频+模数控制）没有其他热源已经定式化的设备特性，只能利用室外空气条件，出口温度设定，与部分负荷相关的成套数据整理出设备特性。图 3-162 表示成套数据的设备特性。该图表示数据库的特性值。全部采用直线插入，对供水温度也采用直线插入的方式。部分负荷特性与冷热水温度形状不同，冷却运行时的出口温度 15℃时，与其他工况不同，COP 最高的部分负荷效率也是变化的。

说明细化适用区间的定式化也很难再现。即没有定式化但已准备了成套数据的设备特性数据，不仅能实现设备固有的最优，保护控制，也能对应制造厂商独自的设备特性。

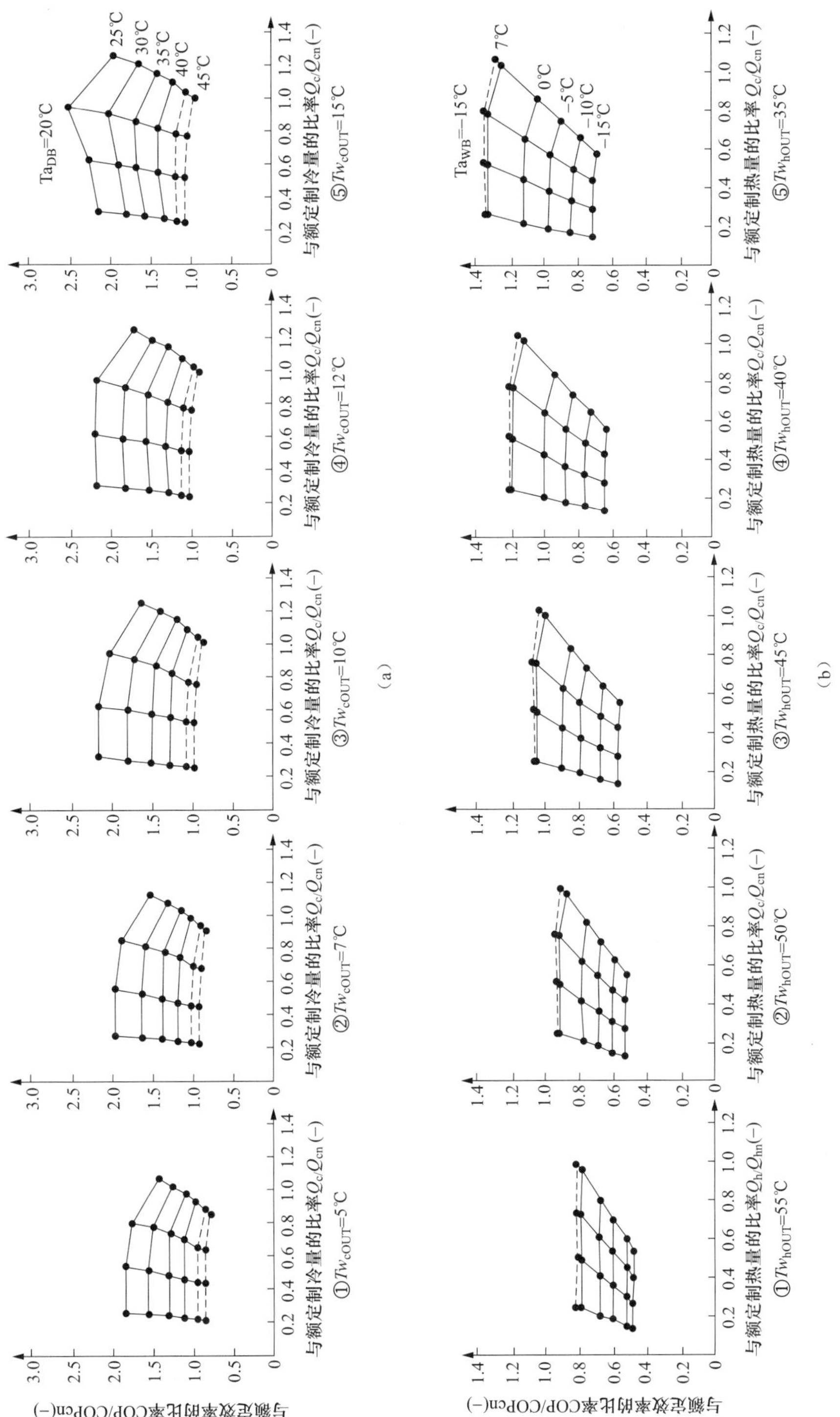

图 3-162　空冷热泵多联机（螺杆压缩机·变频控制）的数据图

3. 动态特性

在连续运行中热容量的动态特性影响不大，影响大的动态特性有容量控制以下的低负荷的 ON/OFF 运行，冷启动时的启动和停止时延迟。这种启动、停止、再启动的特性若能按几种类型进行整理，则能用统一的函数表示。以下表示以集中热源为对象的启动、停止、再启动的时间作为参数的动态特性。

（1）动态特性调查概要。表 3-43 表示热源设备和辅机启动、停止、再启动运行顺序和动态特性时间系列的变化。作为设备启动特性有各设备的启动顺序，启动时间，调整时间，无用时间，有作为安全装置的保护装置的再启动防止时间和停止后的运动等。同时还有曲轴加热停止时的耗电。但应将不直接利用电源发生冷热源的电源除外，但要加上对电制冷机的压缩机的电耗，吸收式制冷机的加热源的能耗，以及加上对离心式制冷机的油泵电耗，吸收式制冷机燃烧用风机等热源内辅机的电耗，根据以上各项的数据分析热源启动和停止时的动态特性、待机电力等所有的项目。

表 3-43　　　　运动程序和动态特性

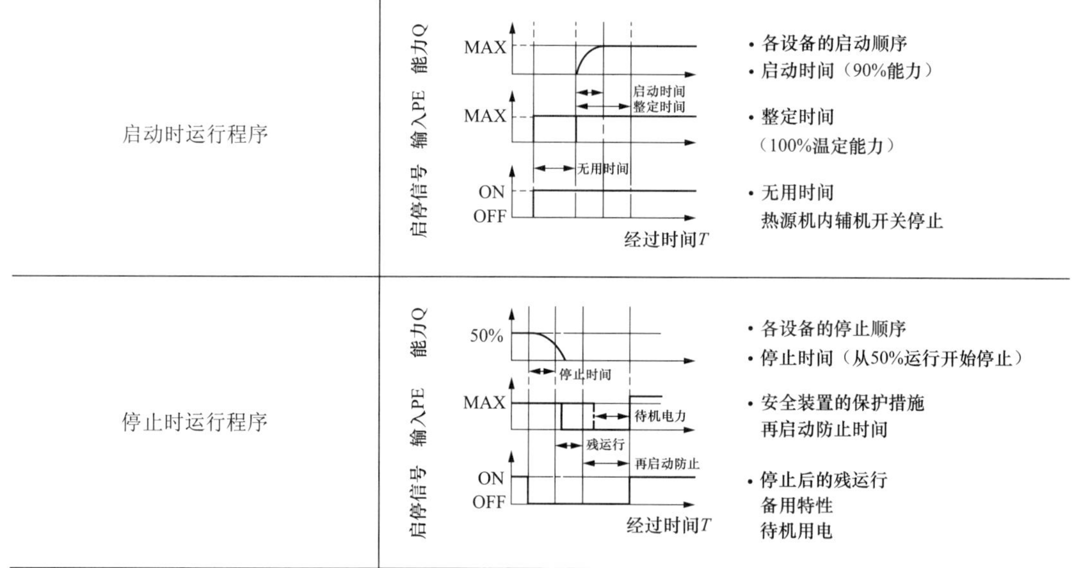

（2）启动和停止时的顺序。表 3-44 表示离心制冷机、吸收式制冷机启动和停止时的顺序。空冷、水冷与制冷机组具有一样的顺序，同时还表示与一次泵同时启动/停止的冷却水泵的顺序。启动顺序的时间有设备达到与环境温度相同时的冷启动时间，停止顺序的时间从 50%部分负荷运行时到停止时的时间。待机电力与电动热源的冷却能力或比例的曲轴加热有关。

（3）启动、停止供能能力变化的定式化。由于采用只考虑了设备中各构成因素的运行顺序和控制的物理模型不能再现。即应该引入考虑了简易动态特性的计算方法研究其影响是十分重要的。因此采用时间常数模型化各热源设备的压缩机启动或加热开始后能力变化的动态特性，停止时同样也是采用时间常数研究其能力变化。

表 3-44 启动时、停止时的运行程序

项目	螺杆式制冷机组	离心式制冷机组	吸收式制冷机组
启动时顺序	运动指令 → 一次P启动 → 冷却水P启动 → 压缩机启动 → 100%能力	运动指令 一次P启动 冷却水P启动 油P启动 压缩机启动 100%能力	运动指令 一次P启动 冷却水P启动 吸收/冷媒P启动 燃烧机启动 100%能力
停止时顺序	停止指令 → 压缩机停止 → 冷却水停止 → 一次P停止 → 冷冻机停止 ↕ 待机电力 再启动防止 运动指令待机	停止指令 压缩机停止 冷却水停止 一次P启动 油P启动 冷冻机停止 ↕ 待机电力 再启动防止 运动指令待机	停止指令 燃烧机停止 吸收/冷媒P停止 GDP启动 一次P启动 冷冻机停止 待机电力 再启动防止

4. 热源设备模型化的灵敏度分析

以办公大楼冷负荷为对象进行低负荷范围和动态特性模型化的灵敏度分析，表 3-45 表示计算条件，图 3-163 表示计算结果。并计算出图 3-159 计算流程中的空调冷热负荷、热源处理量和能耗量，调整时间中最长设备的启动，停止时的比率约为 3:1。以其他程序中采用较多的静态特性适用范围最小值（图 3-159-②）作为灵敏度分析的基准。

对于在同一空调系统内不采用台数分配的个别分散（台数分配=1），低负荷域模型对全建筑能耗的影响最大，动态特性的影响几乎没有。大于台数分配的集中热源（台数分配=2，3），低负荷范围的模型和动态特性均有影响。但不同热源的能耗比率顺序为热源 1＞热源 2＞热源 3。

表 3-45 模型化灵敏性分析的计算条件

建筑描述	计算方法	BEST 专门版（ver1705）
	气象	扩大版气象数据 2010 年标准年
	玻璃	low-E 双层百叶窗
	窗面积率	60%
	内部发热	照明 20w/m^2、在室人员 0.15 人 m^2、机器 15w/m^2
计算条件	计算时间间隔	1 时间（静特性）/5 分（动特性）
	台数分割	1/2/3
	最低负荷率	30%
	部分负荷特性	P_E=PLR
	动特性	30/10，15/5，0/0，分（整定时间:启动/停止）

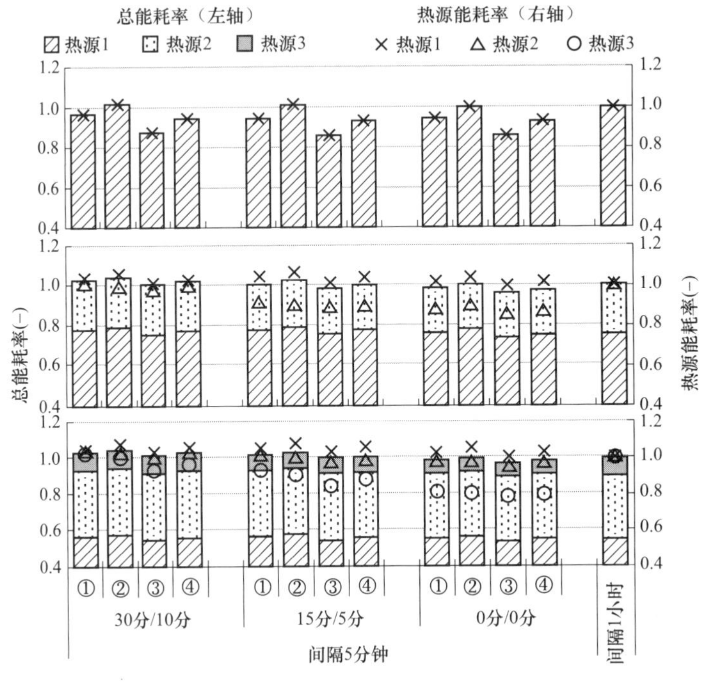

图 3-163　有关模型化灵敏性分析的比较

注：• 上段：1 台/中段：2 台分配/下段：3 台分配
• 时间：设定启动/停止的时间
• 全体和不同热源能耗率，相对于 1 小时间隔（静特性）计算结果的比率
• ①～④表示低负荷范围模型化（ON/OFF，最小固定，原点外推，中间修正）

3.6　能源站管理系统

3.6.1　能源站设备管理

1. 能源站设备管理系统概述

由于建筑能耗中空调系统能耗占比巨大，因此做好空调系统的节能管理至关重要。能源站设备管理系统以实现建筑节能为目标，本着实际、实用、有效的原则，适用于新、老建筑的节能控制，在系统集成平台上，根据各个集成子系统的上传数据，从整个智能建筑协调控制角度出发，通过楼宇自控系统对监控设备参数进行优化控制，实现节能。

（1）能源管理中的节能概念。基于可持续发展的要求，应采用需求侧能源管理和综合能源规划方法。其核心思想是：改变过去单纯以增加资源供给来满足日益增长需求的做法，将提高需求侧的能源利用率从而节约的资源统一作为一种替代资源，以提高资源的利用效率和利用效益；同时不限制发展和降低建筑物的服务标准，将有限的资金投入能耗终端（需求侧）的节能所产生的效益要远高于投资能源生产的效益，建立终端节能优先的思想。

（2）能源管理节能工作思路。提高能源利用率，需求量越大，所需要的资源就越多，能耗也就越高，而服务曲线的斜率就是资源利用效率的倒数，可见能源利用效率越高，服务曲线越平坦，满足等量需求所需要的能耗就会降低。如果试图在能耗不变的情况下不降低服务标准，也就是要服务曲线更加平坦，只有提高能源的利用效率。

需求侧能源管理和综合资源规划的主旨是提高能源的利用效率和利用效益，用最少的资源和能源代价取得最大的经济、社会和环境效益，终端节能优先。据测算，终端节能的投入与生产等量的能源的投入之比为 1:5，经济效益和社会效益巨大。蓄冷空调就是这种思想的典型产物。无论是从科学原理上说还是从技术经济的角度来说蓄冷空调是绝不节能的，但它们恰恰反映了需求侧能源管理和综合资源规划的核心思想：提高需求侧的能源利用效率，终端节能优先。

（3）能源管理节能的主要问题。物质水平的飞升提高了人们对室内舒适性的要求，从而对空调有了更多依赖。据统计，空调系统的能耗已经上升到建筑物运行能耗的 40%。而多数建筑物空调系统在 50%负荷以下运行时间超过 7 成。在传统的定流量系统中，部分负荷下大流量小温差现象严重，耗费了泵系统的输送动力。换言之，当今的能源利用存在着较严重的供冷与需求不匹配、能源无端耗费的问题。

建筑设备控制中最为复杂的就是空调系统的控制，监控设备多，控制变量多并且往往相互联系相互影响，其中某个控制变量的改变和调整，不仅影响该变量所在的局部能耗，而且还将影响整个系统的能耗。而目前应用的节能控制方法多局限于局部优化方案，尽管这些控制方案可以达到一定节能和提高室内舒适性的效果，但由于它们只考虑系统的某些局部特性，因而有可能损害或降低系统其他局部的控制质量。因此，要真正实现楼宇空调的优化管理和控制，必须从系统的层次上综合考虑整个系统的控制特性，优化控制和管理各控制回路的控制设定值。

（4）能源管理节能控制现状。目前在对设备管理上缺乏协调级的控制策略，多数为基于 PID 的控制策略，所以造成了整体能源利用率低，原因就是冷冻水供水温度、冷却水回水温度、冷冻水流量、末端压差及冷机台数不是孤立存在的。当末端用冷需求降低时，压差增大，调节泵变频运行，降低流量或在不适宜量调节的场合作适度温差降低的质调节。由此可见，量调节与质调节存在耦合关系。

PID 控制造成控制独立分散，PID 将对这些参数的控制分立化，如温度回路、湿度回路、压力回路等，各信息之间不存在相互关联，造成控制上独立分散的弊端。PID 控制更趋向于点对点的相对分散的监控，不利于系统集成。在这样的控制思路下，之前需要解决的探索参数间内部关联，使流程内外协调运作的预想变得不再可能。

2. 能源站设备管理系统的特点

（1）技术先进，具有负荷趋势预测控制功能。充分利用当代最新科技成果，采用具有负荷趋势预测控制功能，使系统具有优化控制功能，可以根据能源站系统运行环境及负荷的变化预测并选择最佳的运行参量和控制方案。

（2）按需供给，有效节约资源。其核心思想是：改变过去单纯以增加资源供给来满足日益增长需求的做法，将提高需求侧的能源利用率从而节约的资源统一作为一种替代资源，以提高资源的利用效率和利用效益；同时不限制发展和降低建筑物的服务标准，将有限的资金投入能耗终端（需求侧）的节能所产生的效益要远高于投资能源生产的效益，建立终端节能优先的思想。

（3）动态负荷跟随，实现高效节能。突破了传统空调系统的运行方式，实现系统负荷的跟随性，实现系统运行的趋势预测和动态调整，确保主机始终处于优化的工作状态下，使主机始终保持高的热转换效率，既确保空调系统的舒适性，又实现节能。

（4）多参量控制，运行安全可靠。有效克服控制过程的振荡采用系统模型控制，在系统出现外来扰动（如负荷变化）时，能自适应地调整系统并消除扰动，使系统能很快趋于新的优化的运行状态，不会引起振荡，系统运行稳定可靠。全面的保护功能，有效的抗干扰措施。系统设置了操作权限管理功能，可有效防止非授权人员的无意或蓄意访问系统，确保系统数据的采集、传递、储存、使用的安全性。

（5）人性化设计，使用操作简便。遵循“以人为本”的人性化设计理念，系统的软、硬件设计都从用户操作使用的方便出发，采用直观的图形和图表，以满足不同管理人员和操作人员的使用习惯，使操作人员易于理解、易于学习，让不熟悉计算机的人员也能快速掌握和操作整个系统，很快胜任运营管理工作。

3.6.2 能源管理系统节能思路

1. 节能解决思路

系统以能源最优化分配为思路，即按需分配，如冷冻站系统能耗主要由冷却塔、制冷机、冷却水泵、冷冻水泵能耗 4 部分组成。每一个设备都有自身的最优工况，系统的协调运转，能量在设备间如何分配，怎样实现这种分配才能使总能耗最低。

2. 节能管理系统的宗旨

通过对建筑内各类设备的能耗进行检测，利用能源管理系统进行能耗分析，获得能源使用状况，结合运行模式给出能量使用的合理性分析，并据此给出相应的优化运行指导意见，调整系统的运行策略，便于充分利用能量，减少浪费。

3. 建筑集成管理技术与智能控制完美结合

计算机技术的高速发展促使建筑系统集成技术日趋成熟，从而为建筑设备节能提供更广阔的发展条件，一场新的建筑设备控制技术的革命即将引发。在系统集成平台上，楼宇自控系统、冷水机组、电量计量系统、热量计量系统、智能照明系统、消防火灾报警系统、门禁系统等各个子系统的信息可以自由通信，建筑设备的控制不再仅仅局限于单一设备或单一系统的反馈控制，而是从建筑整体能耗的角度考虑各个系统的协调控制。在建筑系统集成平台上，对建筑进行综合能耗管理，使实现建筑设备系统的协调运行和综合性能优化成为可能。

4. 优化控制实现条件

有一个高度网络化的信息平台，进行数据的采集与监控。系统集成平台提供了必要条件，可自由读写来自不同通信协议的设备的信息，如冷水机组内部的详细参数，楼宇自控系统的监控点，能量计量系统的数据，照明系统的状态，门禁系统的数据。

有一个准确而高效的优化控制预测模型，能够实时在线预测系统动态响应。

优化计算方法能够快速获得优化解，并能够适应在线检测信号带有噪声的特点，并且从而给出使整个系统总能耗为最小的前提下优化各控制变量的设定值。

5. 智能楼宇节能管理系统功能

首先按需分配，将整个楼宇进行分析处理，而不是作为一个环节独立控制，即协调级控制策略按需分配，降低由于能量传输过程中损耗和无用功。其次是趋势预测，系统对整个建筑物进行建模动态分析，提出趋势预测的概念，即楼宇能量的供给量是以下一时段楼宇需求量为准，现场反馈量作为修正值，而不是决定值。

可操作的协调级的控制策略是实现建筑节能的重要手段，而可操作的协调级的控制策略必须是在高程度的系统集成的平台实现，能源管理系统进行系统能量优化管理和优化能源配置，在实现建筑物“高性能设计”“集成控制”和“动态控制”。

6. 能源站设备管理工作内容步骤

能源检查：楼宇能耗状况总览。

能源审计：节能潜力和具体措施。

能源监测和控制：能源消耗和成本控制。

能源报告分析：连续监控基础上发掘的改进潜能。

能源优化：能源消耗的连续改进。

3.6.3　设备管理系统的实施

设备管理实施方案是一套旨在改进能源站运营能效的项目解决方案。为建筑执行一套完整的能源方案，了解其当前及进行节能改进后的运营状况。采用高级的计算机程序和模拟计算节能额度。按照面积/过程成本对现有建筑和数据库中的类似设施进行能耗对比，以便确定哪些设施需要采用节能措施。

设备管理实施方案的效果检验，节能额度的计量和验证是非常关键的。对提高计量和验证可靠性的需要使整个行业逐渐在协议问题上形成一致。与计量和验证有关的主要问题就是基线开发。采用预先计量的方式，以便充分、适当定义所涉及系统的当前运行状况。例如，如果暂时计量装置被安装在具有暖通空调装置（HVAC）的设施的冷冻水系统上，则该设备/系统的运行时间、负荷和能耗将成为某些外部参数（如外部气温）的函数。

3.6.4　设备管理检测评估手段

1. 能源审计

耗能情况如何；最大的耗能模块是什么。

室内空气质量评估及能耗基准对比。

潜在的节能方向。

建议的节能措施。

建议的测量表计方案。

楼宇运行表现的评估报告。

2. 高效的能源监测和控制

基于网络经济有效的能源管理系统，提供能源监测和控制，连续的记录和估计能源消耗数据，确定能源节省潜力并确定节能优化措施。能源站能源消耗的可靠信息可通过特别考虑的外部影响因素（度日数）和定义的设定点（能源预算）的对比来获得。

采用分表计量实时监测，通过互联网对建筑进行能源监控。通过网络浏览器进行直观操作；从任何联网工作场所获取能源消耗数据；根据员工的技术和访问权限进行全面的用户管理；通过 E-mail 和 SMS 发出读取数据提供专业能源消耗报告；与以前的年份进行能耗特点、二氧化碳排放、用户成本分配比较；不同用户比较能源预算控制、气候调节。

3. 操作模式

能源管理系统以 ASP（应用服务提供）技术为基础，能耗数据通过标准网络浏览器手动收集或自动收集。能源报告可在任何标准联网 PC 上进行编辑和检索。

4. 节能测评软件

节能测评软件是为楼宇节能专门开发的节能效率测评软件，其中包括各种以下模块：各个输入模块；楼宇基本信息输入；楼宇设备信息及使用情况输入；气候信息输入；能耗及能源消费量表；节能方案选择及各种节能效果；详细方案参数填写及计算；综合节能效果评估；节能措施前后比较。

3.6.5 能源管理系统的基本功能

耗能设备管理功能：记录耗能设备与节能设备的各项属性参数，建立完善的设备台账和动态资产管理信息，用电脑代替烦琐的人工管理，实现耗能设备的寿命周期管理（日常运行、维修保养、促全报废），并实现动态的节能管理目标。

能耗数据采集功能：对各种耗能设备的能耗数据进行实时自动采集、保存和归档，用各种智能仪表测量耗能设备运行数据，代替繁重的人工记录。形成动态的能源监测管理信息系统。

数据显示、统计、分析和预警功能：耗能设备运行数据以各种形式（表格、坐标曲线、饼图、柱状图、GIS 图等）加以直观实时显示，并时刻监测设备运行状况，当发现设备运行异常或能效过低状态时，实时声光报警提示现场运行人员，若能耗高于历史同期和计划设定值则报警提示管理人员；按时、日、月、年不同时段，或不同地理区域，或不同能源类别，或不同类型耗能设备对能耗数据进行统计，自动生成实时曲线、历史曲线、仿真曲线、实时数据报表、日月年报表等资料，为管理节能提供数据依据，为节能技术改造提供数据基础，并预测未来能源消耗趋势。

节能专家诊断功能：智能化的能源管理信息系统可以根据采集的实时数据，分析对比规程规范和设计指标，自动分析诊断出耗能设备产生高能耗的原因，自动生成节能技改方案，自动调整运行参数，使耗能设备始终在最节能的状态下运行。

智能控制功能：结合各种控制设备，按时间顺序或控制信号安全地实现就地或远程的自动控制功能，实现最大程度的节能。

模拟仿真功能：自动模拟仿真出耗能设备实施节能前/后的能耗状况，为节能效益的量化计算提供客观准确的基准数据。

设备的地理信息系统（GIS）功能：在地图上或者建筑图上直观地管理不同区域的各种耗能设备和节能设备，随时随地掌握设备运行状况。

丰富的报表功能：系统可按客户不同的要求，自动生成文字、表格、坐标曲线、饼图、柱状图、GIS 图等不同的报表形式，供客户选择。

综合评价功能：通过对各种能源资源消耗的自动采集，形成各耗能设备的分项能源资源消耗计量表，并计算各分项计量系统的数据，进而对能效以权重的方式进行综合评分，得到能耗系统的综合评价，从而进一步了解耗能设备的用能情况，为节能方案设计提供参考依据。

3.6.6　计算机辅助运行管理系统

随着现代建筑机械化、自动化程度的提高，设备数量增加，维修和保养工作增大，设备运行情况更加复杂，管理人员的工作也越来越繁重。因此，对能源站的科学管理、精心维护工作显得更为重要。而用计算机进行辅助管理已成为现代建筑运行管理的重要内容。计算机辅助运行管理系统综合了现代建筑管理理论、计算机技术、信息技术及相关的专业技术，是建筑走向节能化，提高节能水平的必由之路。

加强能源站运营管理，特别是在运行管理中引入先进的辅助管理手段，可以提高其管理水平。随着计算机应用技术日新月异、不断普及，计算机辅助运行管理系统的开发研究已经在建筑运行管理中显示出巨大的魅力。

计算机应用于管理，经历了电子数据处理系统（EDPS）、事务处理系统（TPS）、管理信息系统（MIS）、办公室自动化系统（OAS）、决策支持系统（DSS）、集成化管理系统（IMS）等几个发展阶段。虽然这些系统各具特色，但并没有十分明确的界限，因此统称为计算机辅助管理系统。它只是在不同范围、不同层次、不同管理的应用上赋予不同的内容。大部分人利用办公室自动化系统使日常工作自动化，而另一部分人则利用决策者支持系统，将人们的经验和直观判断与计算机的数据存储和模型模拟运算等能力很好地结合起来，为决策者提供依据。

能源站的运行管理活动实质上既是一个信息传递和处理系统，又是一个控制系统。在此系统中，能源站设备相当于被控对象，而后继分析和管理则是反馈环节，它能反映能源站的管理水平和效果，由于计算机具有输入、输出、存储、计算和逻辑判断等功能，因此，可以用来辅助运行管理人员进行能源站的综合管理。

计算机辅助管理系统的应用可以极大地加快信息传递速度，将设备的资金占用情况、使用与维护状态以及综合利用率等信息及时、准确无误地提供给管理人员，帮助管理部门迅速做出决策，极大地提高了工作效率。

1. 计算机辅助运行管理系统的应用范围

计算机辅助管理系统的应用范围非常广泛，设计装置与设备的档案、更新、报废管理；装置与设备的运行、停机、事故故障缺陷、检查、维护、机组联保维护管理；维修工程管理；容器管道检验、仪器仪表检定、电器设备试验、水质监测、腐蚀监测管理；密封的润滑管理；备件定额、水、电消耗与计量工作管理以及设备经济技术管理与综合统计等。

（1）计算机辅助日常管理。

1）数据库管理。建筑运行管理的数据主要来源于：通过现场调查得到的设备和系统的运行特性参数；从运行记录上获得的设备和系统的性能数据；通过现场测量得到的设备和系统的性能参数。数据库就是主要用来存储和管理这些数据的。计算机可以通过对现场控制机实测运行参数及操作动作，包括运行数据、原始记录和技术资料等的记录和管理，供以后显示输出和分析计算时用。值班日志及各种运行数据等原始记录能如实反映出建筑系统各环节的运行情况，是计算机辅助运行管理系统的数据基础。对于这些原始记录，原来一直都是采用各种记录本，以文字的形式加以保存留用，在实际工作中根本起不到应有的作用。引入计算机辅助管理系统不但可以将这些原始记录很好地保存，还可以增强使用原始数据的灵活性，给后续开发及系统故障时的数据恢复提供了有利条件。技术资料可分为数据、文字和图形 3 种类型，它包含了设备与系统管理方面的各种规章、规程、静态参数和运行标准，既为运行管理提供了理论依据，也为空调系统的正常运行提供了可以依托的标准。

2）定时控制管理。能源站运行中有相当多的设备需要定时启/停，例如照明、空调等。保安系统中的一些防盗报警系统则需要在建筑物使用期间停止工作，而在下班后建筑内无人时启动。这种启停时间表还会经常出现一些变化，因此需要通过中央管理机来设定、修改。具体实施这种启停控制，可以有两种方式：一种是由中央管理机承担，判断到时间时，直接向现场控制机发出启/停命令；另一种方式则是将直接启停时间表送到现场控制机，由现场控制机根据其内部时钟自行判断，进行启/停操作。

3）系统运行数据的统计和分析。统计和分析主要是针对系统运行时产生的原始数据而言，它能够对原始数据进行查询、删除和更改操作，操作后如果原始数据发生变化，经确认无误，自动修改和验证所有相关数据库数据，使数据库始终保持完整、准确，数据库之间始终保持统一。统计分析的项目应该由使用者根据不同的数据类型进行选择，以便能够产生切实有用的统计分析结果，服务于现场管理。常用的能源运行统计分析主要包括：

能量统计，如各子系统的耗电量、耗蒸汽量、耗水量的日累计、月累计及常年累计，平均值及最大值，以帮助运行管理人员分析能耗状况，做出判断决策。

收费统计，根据预先指定的各用户范围统计每个用户每个月需负担的电费、水费、空调费及用热费，帮助管理人员进行经济管理。

设备运行统计，计算各台设备的连续运转时间，自大修后的累计运转时间，为维修和管理这些设备提供依据。

参数统计，例如统计各个空调区域的日、月平均温度，最高、最低温度，一个月内温度高于上限低于下限的累计时间等，供评价系统运行效果时参考。

对数据统计分析结果的输出应本着灵活、方便、直观、节约的原则。

a．智能化管理系统。智能化管理系统是对运行数据统计分析的延续，能够结合能源站系统的设备性能、运行状态、技术标准、理论知识以及其他一些如气候、地形等相关因素做出客观、合理的判断，及时指导运行管理者采取正确决策。

b．费用管理。收费包括普通 IC 卡充值、远程充值、通用卡充值、用户包费、商业包费、退款等涉及金额相关的操作。其中，普通 IC 卡充值用于除通用卡外的所有 IC 卡充值，远程充值用所有商铺形式用户的包费操作，退款用于退现金。

c．客户服务查询管理。客户查询系统是能源站运行管理系统中用作日常管理查询的一部分，比如用于查看用户历史用量、历史费用消耗以及最近消费情况。查询用户充值情况、用户退费情况、包费情况以及对于整个区域进行收入、用量、金额消费分析等。客户查询系统的查询数据来自服务器，所有操作只查看数据，不对数据做任何操作。

其实，计算机辅助日常运行管理系统在上述几方面的应用是既相对独立又互相关联的，应做到互相支持、互为补充。只有这样才能充分发挥出计算机辅助运行管理的优越性，充分利用好建筑系统运行过程中不断产生的各种运行数据，做到全面、准确地收集现场运行情况，快捷、灵活地分析问题原因，及时、果断地反馈现场信息，帮助各管理部门做出决策。

（2）计算机辅助设备动态管理。企业设备维护任务的具体内容包括故障维修、计划检修、设备保养和设备润滑等。维护工作面广、工作量大，且维护任务的执行往往是以具有自控能力的管理层的命令方式和以设备管理员的经验为主的控制方法占主导地位，这种传统方式产生的弊端在设备日常维护工作中已经显露出来，如费时费力且由于人为因素太大，不可避免地存在工作失误或遗漏。根据传统设备管理模式的缺陷，依据工作流程管理机制建立的设备动态管理模式，使设备管理具备快速响应随机故障的应变能力，满足设备管理敏捷化的要求。

设备动态管理就是对设备的运行状态实时跟踪、监测与控制，并将其不断变化的状态信息利用计算机进行综合分析处理，以便能够科学地判定在线设备的技术状态，同时结合对设备故障及维修履历参数的进一步分析，预测故障将要发生的部位、性质和原因，以便结合生产计划，合理有效地采用预防性维修和日常维修保养措施，降低故障频度，防止事故和计划外停机损失，充分发挥设备潜能，降低寿命周期费用，提高设备的综合效率。

动态管理是在静态管理的基础上，扩充一些动态信息和数据。从当前实际出发，反映管理对象设备变化状态下的特征，并根据这些动态特征完成多项管理工作的自动化。同时，它还要求有一个完整的信息管理系统来保证计算机动态管理系统的运行。

将计算机网络技术和建筑动态建模技术引入到建筑运行管理中，是一种新的运行管理理念，是对我国传统的建筑运行管理方式的变革，它将建筑运行管理引入到以信息化为寄出的网络中，做到真正及时地对建筑运行情况的过程控制，减少运行管理的人力，为提高运行管理水平提供支持和创造条件。它将建筑运行过程中的人（或组织）、管理、技术及信息流、物流、价值流集成优化，以获得更大的效益。

设备动态管理的实质就是要掌握设备或零部件在一定时间内不发生故障或完成一定任务的可靠度。实行动态管理可以减少突发故障，减少停机时间，达到提高设备利用率的目的。

设备的动态管理，目前大致有两种方法：一是利用检测技术，对设备某一部位或某个零部件的磨损状况进行测定，然后判断其是否要修理或更换；二是利用可靠性工程的理论与方法，预测和控制设备或其零部件在一定时间内不发生故障的可靠度，或按照设备某种可靠度的要求，确定修理间隔期和零部件的更换周期，以达到安全、可靠、经济的目的。

前一种方法只适用于可测部位的零部件，而后一种方法则适用于任何部位的零部件。此外，前一种方法只能测定出零部件的磨损程度，却不知道它们在一定时间内不发生故障的概率；而后一种方法就可以预测出零部件在一定时间内不发生故障（即不失效）的概率。主要真正掌握各种易损件的时效概率，就可以说实现了设备的动态管理。

2. 计算机辅助运行管理的硬件和软件

一般情况下，计算机辅助运行管理系统的硬件包括服务器、巡检电脑、充值电脑、客户服务查询电脑等，服务器和所有电脑均直接连接到现有的局域网上。相应软件配置为服务器数据库系统，包括巡检系统、充值收费系统、客户服务查询系统，整个系统以服务器为中心进行运作。巡检客户端周期性地采集各空调计费仪及热水供应的所有运行数据和相关状态，并存储于网络中心的服务器，客户服务部以此为依据对各用户做出相应的操作设定，财务部根据消费状况做出相应的调整策略，IC 卡平台完成所有 IC 卡相关的制卡、充值、收费及各项包费设定。

（1）服务器存储管理程序负责存储所有来自巡检电脑的住宅用户及商业用户的空调、热水消费及状态数据，来自 IC 卡充值收费平台的充值收费数据、财务平台的核销数据以及响应客户服务平台的各项查询请求，并自动进行数据交换以协调各子系统运行。

（2）客户服务系统是运行于客户服务部门的一套数据分析查询软件，主要用作用户充值数据及包费数据的查询，用户空调、热水消费情况详细历史报表及账单生成、目前工作状态、总体能源消费与消耗分配情况、收入与消费分配情况等数据查询，为日常客户服务工作和统计分析提供相应依据。

（3）能源管理 IC 卡平台主要用作小区收费和退费的管理。具体包括普通 IC 卡制卡、通用卡制卡、普通卡充值、通用卡及普通卡注销、远程充值及退费、用户退款以及住宅用户包费和商业用户包费。

（4）财务客户端是一套用户消费管理的软件，实现对普通住宅单户、复式以及商铺 IC 卡充值、通用卡充值、退费、退款、住宅用户包费、商业用户包费账单的核销和用户刷卡消费的核销管理。

（5）巡检客户端的作用主要是自动定时采集各空调热水计费仪数值信息和状态信息资料，并存储于数据库以备查询及自动执行服务器发过来的充值及相关开关命令。所有巡检数据需采用双重备份，且一般情况下要在一小时内上传服务器，切实保证数据资料的安全存储，为数据查询和分析提供保障。

软件开发方面，综合管理软件的开发处于起步阶段，还缺少较实用的综合管理软件。现有的一些 MIS 系统软件往往限于信息的采集、存储、传递、浏览，缺少信息综合分析和预警提示能力。有些软件力图做成软件包，希望包揽所有企业管理功能，结果大而全，往往失之浅薄，很难实用。目前，各软件公司及单位相继开发了一些机械设备管理信息系统。

第 4 章
绿色能源站标准化

4.1　能源站标准化建设的必要性

4.1.1　能源站标准化定义

所谓能源站标准化，是指以提高能源站运行经济效益为目标，以完善设计、建设和运营等各项工作为主要内容，制定、贯彻实施和管理维护能源站的标准化。标准化能源站是一切标准化的支柱和基础，实施好标准化能源站对于提高能源站质量管理水平具有重要意义。能源站标准体系的构成，以技术标准为主体，涵盖管理标准和工作标准。

能源站标准化基本任务如下：

（1）贯彻执行国家、行业和地方相关标准化的法律、法规和方针政策。

（2）贯彻实施相关的技术法规，国家标准、行业标准、地方标准和上级标准。

（3）正确制定、修订和贯彻实施能源站标准，在制定修订能源站标准时，注意积极采用国际标准和国外先进标准。

（4）积极承担上级标准的制定和修订任务。

（5）建立和健全能源站标准体系并使之正常，有效运行。

（6）对各种标准的贯彻实施进行监督和检查。

能源站标准化要点如下：

（1）能源站的标准化可使能源站设计、建设、运营的全寿命期保持高度统一和高效率的运行，从而实现获得最佳秩序和经济效益的目的。

（2）能源站标准化的对象是能源站设计、建设、运营等各项活动中的重复性事物和概念。

（3）能源站开展标准化的主要内容是建立、完善和实施标准体系，制定、发布能源站标准，组织实施能源站标准体系内的有关国家标准、行业标准和企业标准，并对标准体系的实施进行监督、合格评价和评定并分析改进。这些活动应以先进的科学技术和生产实践经验为基础。

（4）能源站标准化是在能源站设计、建设、运营的全寿命期下，明确各部分的标准化职责和权限，为能源站全寿命期的设计、建设、运营创造条件，提供必要的资源，并规定标准化、规范化、科学化、系统化的过程活动。

能源站标准化评价：

（1）绿色能源站建维服务商应具有绿色能源站投资、咨询、设计、建设、运维服务能力。

（2）评价指标选取以绿色能源站建维服务的先进性、响应性、功能性、舒适性、安全性、环保性、高效性、合规性和经济性为基础。

（3）评价指标包括定性指标和定量指标。通过将定性指标赋值量化，以定量统计方法进行综合评价。

（4）根据绿色能源站建维服务项目的项目类型，项目按照《绿色能源站建维服务认证技术规范》进行评价。

（5）评价过程应遵循客观、公正原则。

4.1.2 能源站标准化

1. 项目简况

项目空调供应区域分别为一栋15层主楼（建筑面积36 000m^2）、两栋5层副楼（A/B副楼，建筑面积各11 400m^2）、一栋3层后勤服务楼（建筑面积2610m^2）和一栋2层多功能厅（建筑面积1340m^2），总建筑面积约62 750m^2。

2. 项目现状

（1）设备前期状况。项目2004年起采用某品牌2台210万kcal、1台63万kcal直燃型主机。中央空调主机15年设计使用寿命，主机在长达12年的运行中由于缺乏专业化的运行管理，其外表锈蚀严重。机组各处切换阀柄、视镜、温度探针电线路连接表面都有不同程度的锈蚀，主机部分保温脱落。

特别是长达12年的运行中，主机安全部件已达时限要求，极易造成设备安全事故，必须对安全部件进行更换改造。

冷却塔冷却效果极差，夏季低负荷期间冷却水温度一般只能降至34～37℃左右。制冷高负荷或湿度较大天气状况下，冷却塔必须靠直补自来水才能勉强满足冷却需求，同时需增开多台冷却水泵。冷却塔风机扇叶锈蚀，远大运营前曾在运行中发生脱落事故，需对全部扇叶进行改造更换并调整叶片角度，冷却塔填料清洗、更换部分破损填料，增加平衡管等彻底消除隐患，改善冷却效果。

（2）机房前期状况。机房内随意堆放杂物，存放大量不属于机房设备的物品：墙与1号主机之间堆放各类施工机具（电焊机、自制脚手架）和更换下来的保温、电缆等材料；集分水器处堆放破损保温、保护层及废弃座椅、软连接；备件库备件随意摆放且有床铺，物品随意丢放，凌乱。

3. 合作运营管理

2016年5月1日，用户与节能服务公司签订中央空调运营管理服务合同。

采用“合同能源包干”模式，由节能服务公司进行中央空调系统的全面运行管理、末端风盘设备维护、系统节能改造。让客户免去人员开支、管理风险、隐性成本（精力、时间），以及燃气采购等一系列烦琐事宜，使客户从繁杂的运行事务中脱身，享受中央空调舒适服务。

4. 项目技术改造

（1）主机设备改造。空调主机设备是中央空调系统运行中的“冷热源点”，其运行的安全性、稳定性、出力效果等直接影响空调的使用舒适度。针对这些问题，远大进行了全面的检查，进行了必要的改造、清洗工作。特别是安全性能方面，为防止发生运行安全隐患，对安全部件进行了全部更换，响应国家节能环保政策，直燃机全部更换为低氮燃烧机。

（2）远大 EMC 标准机房建设。

1）机房整顿：与空调现场管理无关的桌椅、床铺、洗衣机、自制晾衣架绳等全部搬离，空调补水箱西面简易洗澡间拆除，备件库清点并重新规划存放区域。

2）机房改造：机房墙面、地面整体重建改造；主机、管道、保温等除锈、刷管道漆、保温修复、保温外层铝皮包装等，更换入户大门。

3）机房墙面张贴消防展板、远大运营展板、宣传展板、管理制度等。

4）设置管道走向箭头标识、阀门“开/关”标识、设备运行标识、并设置安全警示标识。

图 4-1 为项目改造前后对比。

项目	建设前照片	建设中照片	建设后照片
墙面			
地面			
天棚（墙顶）			
灯光			

图 4-1　改造前后对比（一）

项目	建设前照片	建设中照片	建设后照片
管网			
办公室			
展板（上墙效果照片）			
机房全景			
其他			

图 4-1 改造前后对比（二）

项目	建设前照片	建设中照片	建设后照片
其他			
操作台			
资质证书			
机房logo			
开关标识			

图 4-1　改造前后对比（三）

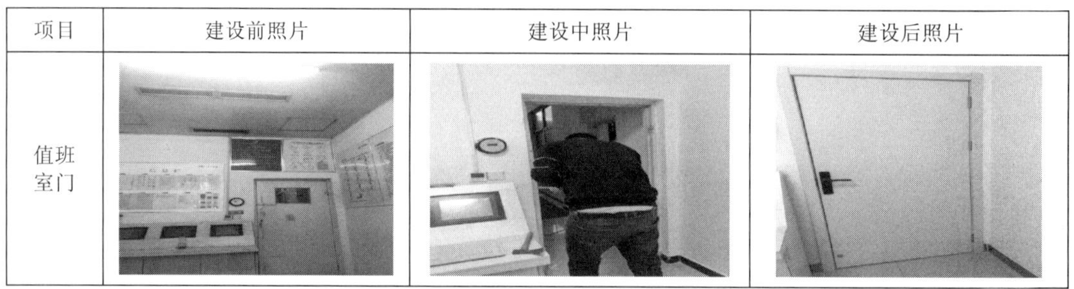

项目	建设前照片	建设中照片	建设后照片
值班室门			

图 4-1　改造前后对比（四）

4.2　能源站运行管理标准化

4.2.1　运营管理人员和能源站管理系统

能源站运行人员在日常仅进行运行操作和数据记录，对特殊运行状态和系统的优化等工作很难进行，达不到预期的可靠性、环境性和节能性的要求。若采用能源站管理系统并应用在大楼管理和设备管理中，就能提高可靠性、节能性。

图 4-2 表示具有能自动生成日报和报告书性能，上下限报警功能，自动诊断、故障检测功能和检验多台末端空调机最佳启动控制是否合适的程序，并具有无人化、少人化和远距离维护功能的能源站管理系统装置。表 4-1 表示控制的结果。

表 4-1　　最优起动控制验证程序的控制结果

16:21	最优起动记录				2000 年 3 月 15 日	
机器名称		目标设定	结果		本日	次日
01.01	1FVAV1SS 管理 G VAV 停	时刻 08:30 供冷 22.5℃ 供暖 21.0℃	供暖　起动时刻 08:16 起动温度 19.9℃	温度到达 时刻 08:27 目标时刻 室温 21.2℃	使用 4.5℃/H 学习 6.0℃/H	供冷−6.9℃/H 供暖 5.0℃/H
01.02	1FVAV3SS 接待室 VAV 停	时刻 09:00 供冷 20.5℃ 供暖 19.0℃	供暖　起动时刻 08:30 起动温度 22.0℃	温度到达 时刻 07:00 目标时刻 室温 22.0℃	使用 2.7℃/H 学习*.*℃/H	供冷−1.0℃/H 供暖 2.7℃/H
01.03	1FVAV3SS 接待室 VAV 停	时刻 08:30 供冷 22.5℃ 供暖 21.0℃	供暖　起动时刻 09:00 起动温度 21.2℃	温度到达 时刻 08:43 目标时刻 室温 21.2℃	使用 7.4℃/H 学习*.*℃/H	供冷−4.5℃/H 供暖 7.4℃/H
01.04	1FVAV4SS 停	时刻 08:30 供冷 22.5℃ 供暖 21.0℃	供暖　起动时刻 07:15 起动温度 18.3℃	温度到达 时刻 08:31 目标时刻 室温 20.7℃	使用 2.1℃/H 学习 1.9℃/H	供冷−3.2℃/H 供暖 2.0℃/H

续表

机器名称		目标设定	结果		本日	次日
01.05	2FVAV1SS 诊查室 VAV 停	时刻 09:00 供冷 22.5℃ 供暖 21.0℃	供暖　起动时刻 08:07 起动温度 18.5℃	温度到达 时刻 09:23 目标时刻 室温 20.5℃	使用 2.8℃/H 学习 2.2℃/H	供冷–1.7℃/H 供暖 2.8℃/H
01.06	2FVAV2SS 仓库 VAV 停	时刻 09:00 供冷 22.5℃ 供暖 21.0℃	供暖　起动时刻 08:41 起动温度 20.1℃	温度到达 时刻 08:55 目标时刻 室温 21.4℃	使用 2.8℃/H 学习 4.2℃/H	供冷–2.2℃/H 供暖 3.2℃/H
01.07	2FVAV3SS 全面 G VAV 停	时刻 08:30 供冷 22.5℃ 供暖 21.0℃	供暖　起动时刻 08:30 起动温度 21.1℃	温度到达 时刻 08:21 目标时刻 室温 21.1℃	使用 4.4℃/H 学习*.*℃/H	供冷–1.0℃/H 供暖 4.4℃/H
01.08	2FVAV4SS 送 VAV 停	时刻 08:30 供冷 22.5℃ 供暖 21.0℃	供暖　起动时刻 08:11 起动温度 19.5℃	温度到达 时刻 08:32 目标时刻 室温 20.9℃	使用 4.6℃/H 学习 4.4℃/H	供冷–1.9℃/H 供暖 4.5℃/H
01.09	2FVAV5SS 经理室 VAV 停	时刻 08:30 供冷 23.5℃ 供暖 22.0℃	供暖　起动时刻 08:18 起动温度 18.7℃	温度到达 时刻 08:29 目标时刻 室温 22.1℃	使用 15.8℃/H 学习 18.0℃/H	供冷–3.7℃/H 供暖 16.5℃/H
01.10	3FVAV1SS VAV 停	时刻 08:30 供冷 22.5℃ 供暖 21.0℃	供暖　起动时刻 08:17 起动温度 20.1℃	温度到达 时刻 08:28 目标时刻 室温 21.2℃	使用 4.1℃/H 学习 4.9℃/H	供冷–3.1℃/H 供暖 4.3℃/H
01.11	3FVAV2SS VAV 停	时刻 08:30 供冷 23.5℃ 供暖 22.0℃	供暖　起动时刻 07:53 起动温度 19.9℃	温度到达 时刻*:** 目标时刻 室温 21.2℃	使用 3.4℃/H 学习 2.1℃/H	供冷–1.0℃/H 供暖 3.0℃/H
01.12	3FVAV3SS 教室 B VAV 停	时刻 08:30 供冷 22.5℃ 供暖 21.0℃	供暖　起动时刻 08:30 起动温度 21.2℃	温度到达 时刻 07:00 目标时刻 室温 21.2℃	使用 3.0℃/H 学习*.*℃/H	供冷–1.5℃/H 供暖 3.0℃/H
01.13	3FVAV3SS 教室 A VAV 停	时刻 08:30 供冷 23.5℃ 供暖 22.0℃	供暖　起动时刻 08:01 起动温度 19.2℃	温度到达 时刻 08:43 目标时刻 室温 21.6℃	使用 5.7℃/H 学习 4.9℃/H	供冷–2.1℃/H 供暖 5.5℃/H
01.14	3FVAV5SS 教室 C VAV 停	时刻 08:30 供冷 22.5℃ 供暖 21.0℃	供暖　起动时刻 08:30 起动温度 21.8℃	温度到达 时刻 07:00 目标时刻 室温 21.8℃	使用 1.8℃/H 学习**.*℃/H	供冷–1.1℃/H 供暖 1.8℃/H
01.15	3FVAV6SS 培训室 VAV 停	时刻 08:30 供冷 23.5℃ 供暖 22.0℃	供暖　起动时刻 07:03 起动温度 18.8℃	温度到达 时刻 08:30 目标时刻 室温 22.0℃	使用 2.2℃/H 学习 2.2℃/H	供冷–2.0℃/H 供暖 2.2℃/H

续表

机器名称		目标设定	结果		本日	次日
01.16	4FVAV6SS 休养室 VAV 停	时刻 08:30 供冷 22.5℃ 供暖 21.0℃	供暖　起动时刻 08:00 起动温度 18.8℃	温度到达 时刻 08:26 目标时刻 室温 21.1℃	使用 4.4℃/H 学习 5.0℃/H	供冷–5.5℃/H 供暖 4.6℃/H

注　01.01:1F VAV1 管理，在目标时间 AM8: 30 应该达到 21.0℃室温，供热机房运行后 AM8: 16 室温 19.9℃。结果目标室温在 AM8: 27 早 3min 达到。目标时间 AM8:30 的室温 21.2℃和 0.2℃。因此，学习结果，供热机房 4.5℃/h 和 6.0℃/h 的修正值被计算，但第二天 5.0℃/h 决定推迟启动。

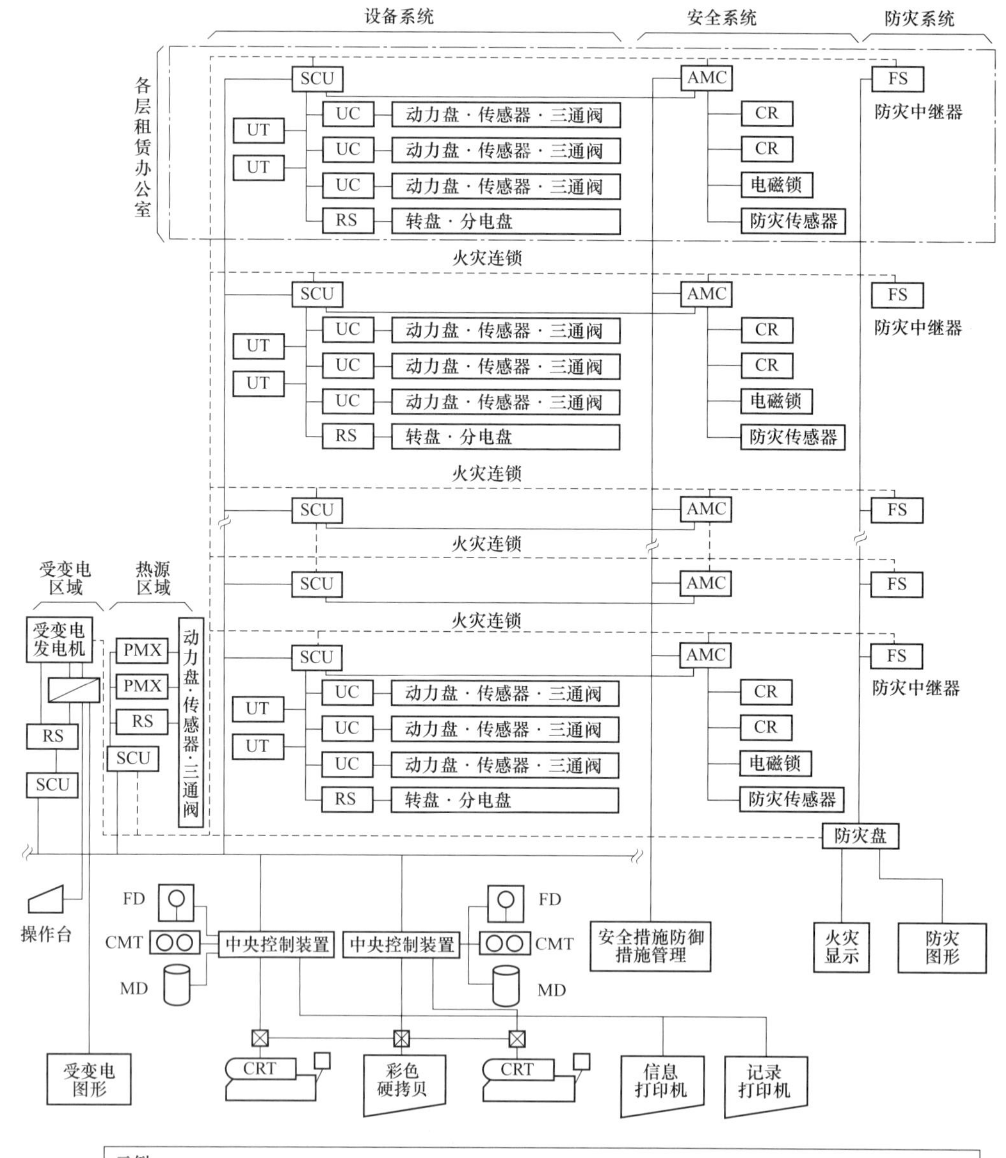

图 4-2　楼宇能源站综合管理系统

4.2.2　节能管理的应用

1. 能源站管理系统和分散型 DDC 的结合

在新的信息化大楼内，24h 运行的分体空调和解决健康问题的分散型空调系统、加上具有 DDC 性能的分散型控制系统（见图 4-3）组合成一套系统。当与住户自己操作达到要求的温度相结合时，则可进一步改善入住的环境，同时使运行费用更为合理。

从管理者的运行角度来看，要求系统具有监测和表示、记录、控制性能，使能源站及用户保持最良好的状态和最少的能耗。图 4-3 表示楼宇能源站管理系统。

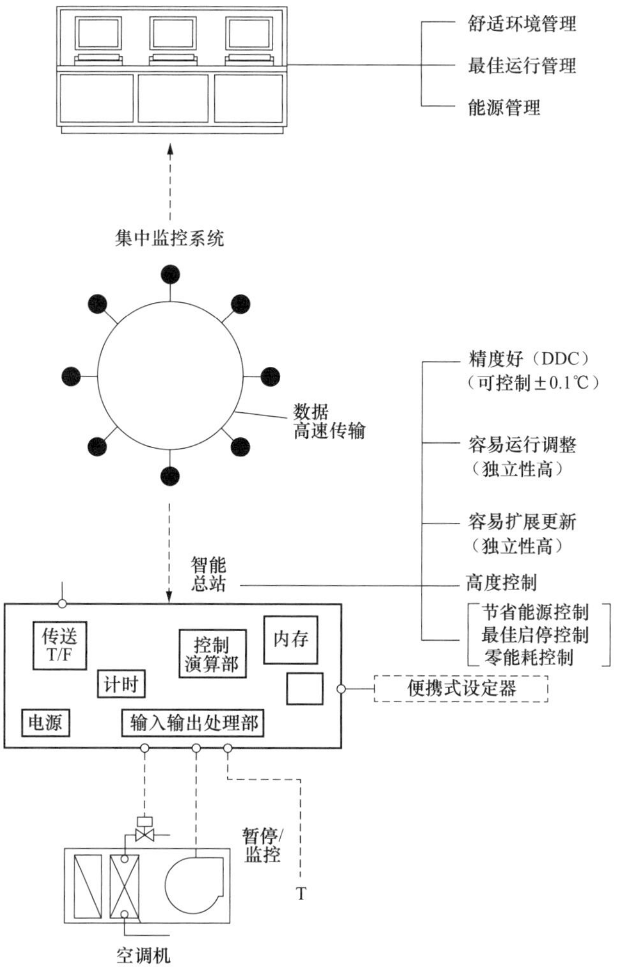

图 4-3　分散式控制系统（DDC）的概念图

2. 能源站管理系统的选择

所谓能源站管理系统的选择指的是能完成人脑、神经作用的认知高水平的选择，作为高性能能源站运行的中枢在竣工后的长期运行过程中均能进行监测和控制。且具有耐久性、操作性和维护管理性。

3. 能源站管理系统的多种设备通信的重要性

能源站管理系统多种设备通信的基本要求如下：

（1）管理点数和处理速度。首要的是信息管理点的数量和处理速度，能有效利用丰富的存储容量，能快速的周期性（10～20s）地进行多点的数据收集和更新，并能实现画面生成，特别是实际系统的CRT应在3～4s内完成。

确认了控制内容的同时，还要能表示各种信息处理状态、结果的检索和判断及修正，系统中的软件是必不可少的一部分。

（2）CRT画面表示构成和操作性能。能自由观察全系统或细部的控制状态，监视全系统的运行状态图⟺平面图全系统图⟺详图⟺相关画面等，同时还是能表示方位、上下关系的立体画面，在同一画面上能横向、纵向移动以达到目标画面的要求，组合2～3面的记忆画面时能用最少的操作次数进行检索和逆向追踪，具有更广的多种控制状况的细部观察和追踪的性能。

（3）多种设备通信的优良是由反映操作人员数据化水平为主体的程序构成，能够随意的进行登录方式选择比较，参数设定和变更，是否要控制、日常记录的打印等反映管理者想法的工作，并能随意的采用不同尺寸、不同量纲抽出和观察控制组成的更替，趋势和倾向掌握的时间、目标值、周期等，并能采用趋势发展图（见图4-4）进行跟踪，判断控制动作的最优化和分析可行性。

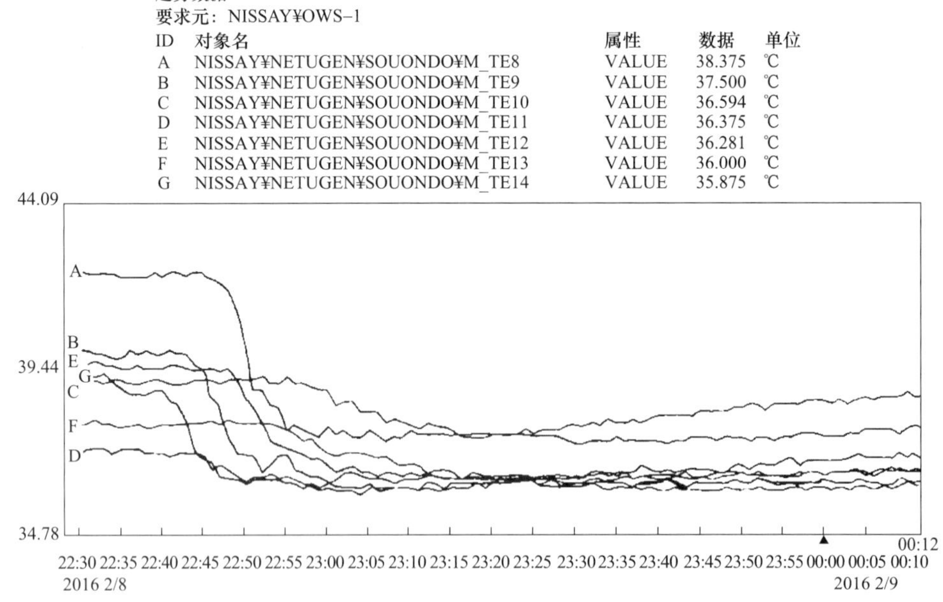

图4-4 楼宇式能源站蓄热罐运行中水温的变动

（4）控制程序软件的标准化。主要的控制程序来源于制造者的标准软件，与实际运行结合能保障程序的性能，提高计算机支撑、零部件调整、安装等的可靠性，从成本上考虑尽量减少不得已操作上需要的特殊软件，特别是必须配置具有节能（最优启动、新风制冷、最优新风量、冷热源台数、冷热负荷预测、功率因数改善等）控制和空调机联锁等的上下限控制、电力、冷热源等监测控制的标准软件等。

（5）综合化能源站管理系统和专业制造厂的结合。在设计综合系统时，应充分了解大楼管理系统、分散式 DDC 系统的性能和电力、空调、给排水、防灾、消防等专业的相关关系，应合适的掌握分散、分配和组合的关系，并了解各专业制造厂的特征，而且还要掌握评价控制性能的指标，目的是提高综合性能，节约维护费和人工费用。

（6）异常报警的处理和修复。能源站管理系统的控制系统汇总了全大楼的故障警报和异常信息，异常明细表整理了能识别不同系统顺序的警报级别，采用不同颜色表示故障信息，异常警报等轻故障复位伴随着色变而自动恢复，手动复归的重故障则按重要程度的差异而恢复，根据检索和异常表画面迅速地准确地分析原因和处理措施，同时也能用 CRT 画面表示，在警报表中能按时间系列顺序识别不同设备的故障信息，恢复等用文字表示及根据操作人员水平进行动力启停记录等设定选择。

（7）能源站管理的合理化和能源站管理系统。能源站管理报告中日报的自动生成，应采用能源站管理系统中设备的运行时间和累计，警报的趋势倾向，预测等日常、定期检查等数据。表 4-2 表示 SG 大楼不同用途的 2015—2018 年能耗，图 4-5、表 4-3 表示办公楼采用运行技术的节能效果。图 4-6、图 4-7 表示热源运行能源管理的评价，通过每月每季及一年间热负荷随室外温度变化及能耗的增减和热源效率（COP）的变化说明管理的重要性。

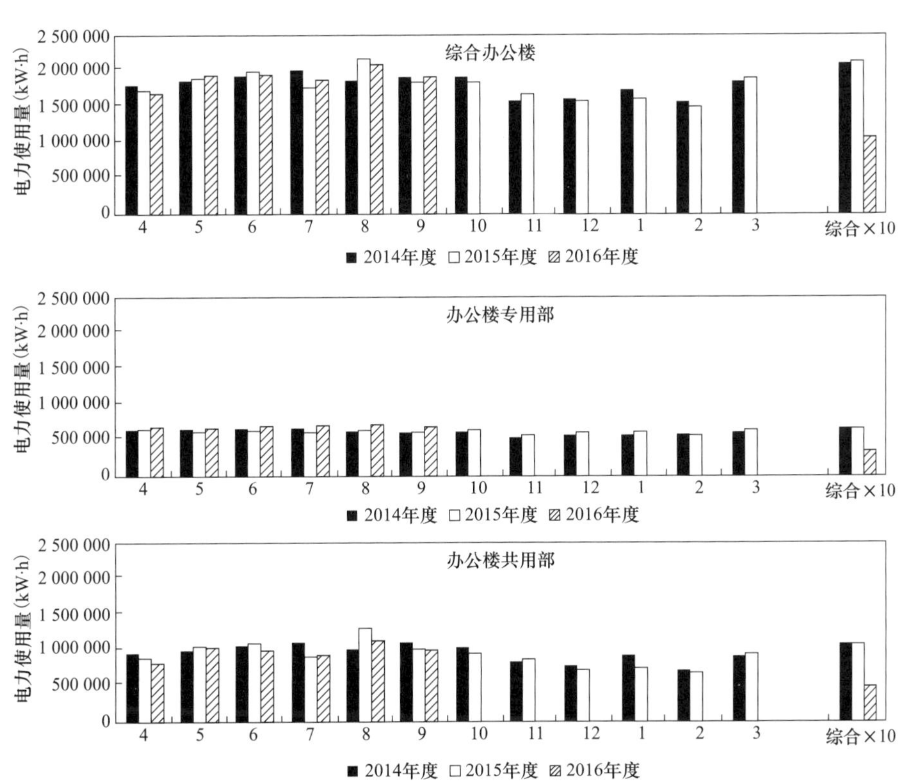

图 4-5　楼宇式能源站节能运行技术的实测值

表 4-2 楼宇式能源站全年能耗实测值和逐年变化

项目			年度		2013				2014			
			楼层及占地面积		办公室 S·H	酒店	高级公寓	体育运动/合计	办公室 S·H	酒店	高级公寓	体育运动/合计
一次性能源—消费单位［MJ/（m^2·年）］［Mcal/（m^2·年）］	办公室购物餐饮		1～47 层	122 440m^2	2135.9（510.9）（100）				2259.3（540.5）（107）			
	高级公寓楼	酒店	32～38 层	8420m^2		4126.9（987.3）（100）				4089.7（978.4）（99）		
		高级公寓	1～31 层	33 470m^2			1307.1（312.7）（100）				1308.3（313.3）（100）	
		体育俱乐部	B1～B3 层	6400m^2				4784.4（1144.6）（100）				4684.5（1120.7）（99）
	总合计		B4～51 层	170 730m^2	2170.6（519.3）（100）				2254（539.2）（104）			
电力［MJ/（m^2·年）］［Mcal/（m^2·年）］{一次性能源 消费原单位换算值 电力(受电端)＝10 250kJ/(kW·h) [2450kcal/(kW·h)]}	办公室购物餐饮				1617.6（386.9）（100）				1730.5（413.9）（107）			
	酒店					2907.1（695.5）（100）				2987.6（714.7）（103）		
	高级公寓						874.3（209.2）（100）				913（218.4）（104）	
	体育俱乐部							3718.2（889.3）（100）				3623.5（866.9）（97）
	小计				1614.0（386.3）［156.9kW·h/（m^2·年）］（100）				1702.9（407）［164.5kW·h/（m^2·年）］（105）			

续表

项目	年度	2013				2014			
	楼层及占地面积	办公室 S・H	酒店	高级公寓	体育运动 / 合计	办公室 S・H	酒店	高级公寓	体育运动 / 合计
冷水［MJ/（m^2・年）］［Mcal/（m^2・年）］	办公室 购物 餐饮	390.8（93.5）（100）				409.6（98.0）（105）			
	酒店		578.1（138.3）（100）				520.4（124.5）（90）		
	高级公寓			163.9（39.2）（100）				152.1（36.4）（93）	
	体育俱乐部				432.6（103.5）（100）				381.6（91.3）（88）
	小计	357.1（85.4）（100）				367.4（87.9）（102）			
蒸汽［MJ/（m^2・年）］［Mcal/（m^2・年）］	办公室 购物 餐饮	127.9（30.5）（100）				140.4（33.6）（110）			
	酒店		641.6（153.5）（100）				581.8（139.2）（90）		
	高级公寓			268.8（64.3）（100）				243.3（58.2）（91）	
	体育俱乐部				633.7（151.5）（100）				679.3（162.5）（107）
	小计	199.4（47.7）（100）				202.7（48.5）（102）			
上水（含中水）［m^3/（m^2・年）］		0.8	3.3	0.3	8.9 / 1.3	0.9	3.5	0.4	5.4 / 1.4
年间平均室外温度（℃）其中空调使用时间（8:00～20:00）		16.9（100）				16.4（97）			
每个月的外部平均气温最高值（℃）		（29.8）				（26.8）			

续表

项目			年度		2015				2016			
			楼层及占地面积		办公室 S·H	酒店	高级公寓	体育运动／合计	办公室 S·H	酒店	高级公寓	体育运动／合计
一次性能源—消费单位［MJ/（m^2·年）］［Mcal/（m^2·年）］	办公室 购物 餐饮		1～47 层	122 440m^2	2349.2（562.0）（110）				2376.3（568.5）（111）			
	高级公寓楼	酒店	32～38 层	8420m^2		4101.8（978.4）（99）				4145.3（991.7）（101）		
		高级公寓	1～31 层	33 470m^2			1343.4（321.4）（103）				1373.1（328.6）（105）	
		体育俱乐部	B1～B3 层	6400m^2				4523.6（1082.2）（95）				3932.5（940.8）（82）
	总合计		B4～51 层	170 730m^2	2319.9（555.0）（107）				2325.2（550.3）（107）			
电力［MJ/（m^2·年）］［Mcal/（m^2·年）］｛一次性能源 消费原单位换算值 电力(受电端)＝10 250kJ/(kW·h) [2450kcal/(kW·h)]｝	办公室 购物 餐饮				1786.5（427.4）（110）				1794.7（429.3）（111）			
	酒店					2912.5（696.8）（100）				2933.4（701.8）（101）		
	高级公寓						906.7（216.9）（104）				898（214.8）（103）	
	体育俱乐部							3502.4（837.9）（94）				3046.4（728.8）（82）
	小计				1733.9（414.8）［169.1kW·h/（m^2·年）］（108）				1721.8（411.9）［163.7kW·h/（m^2·年）］（107）			

续表

项目	年度	2015				2016			
	楼层及占地面积	办公室 S·H	酒店	高级公寓	体育运动/合计	办公室 S·H	酒店	高级公寓	体育运动/合计
冷水 [MJ/（m^2·年）] [Mcal/（m^2·年）]	办公室 购物 餐饮	430.1（102.9）（110）				439.7（105.2）（112）			
	酒店		549.7（131.5）（95）				547.1（130.9）（95）		
	高级公寓			192.3（46.0）（117）				209.4（50.1）（128）	
	体育俱乐部				368.3（88.1）（85）				272.9（65.3）（63）
	小计	387.1（92.6）（108）				395.4（94.6）（111）			
蒸汽 [MJ/（m^2·年）] [Mcal/（m^2·年）]	办公室 购物 餐饮	132.5（31.7）（104）				142.1（34.0）（112）			
	酒店		639.5（153.0）（100）				668.4（159.9）（104）		
	高级公寓			244/5（58.5）（91）				265.8（63.6）（99）	
	体育俱乐部				652.9（156.2）（9103）				613.2（146.7）（97）
	小计	198.9（47.6）（100）				210.3（50.3）（105）			
上水（含中水）[m^3/（m^2·年）]		0.9	3.7	0.6	2.2/1.4	0.8	3.6	0.9	3.3/1.4
年间平均室外温度（℃） 其中空调使用时间（8:00—20:00）		17.2（102）				17.1（101）			
每个月的外部平均气温最高值（℃）		（27.6）				（27.1）			

注　每栏的第三段（）内表示将 2013 年度的一次能源消耗原单价设为 100 时的其他年度系数。DHC 的冷却器与蒸汽在使用时消费量的实际成果值。

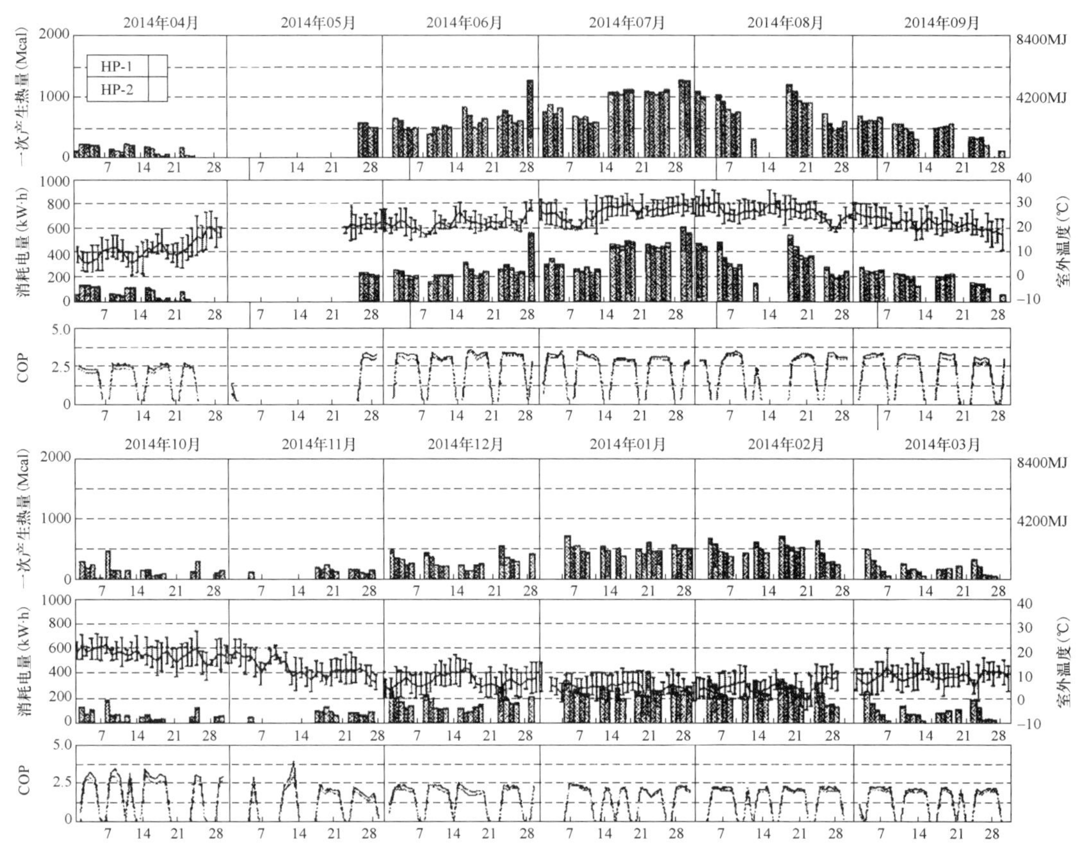

图 4-6　空气源热泵多联机全年供热运行状况和效率

表 4-3　　运行技术节能

空调设备	①高层室外机（30～46 层，33 层除外）空调下限值变更 13～20℃ ②全楼送风机风机停止 1972 台（仅 1 台运行） ③室外机、多联机末端蒸汽阀和加湿阀关闭 ④大楼屋顶广场空调机 2 台停运 ⑤停车场诱导风机停运（共 24 台） ⑥停车场送风机停运（共 3 台） ⑦电梯机房空调机（5 系统）冬季温度设定变更 25～30℃ ⑧展厅空调设定温度变更 ⑨生活热水槽设定温度变更（共 11 台）40～35℃
电气设备	①停车场照明半灯（0:00～5:00）40W×367 根 ②男女智能坐便器夏季加热停止（88 台） ③办公楼地下廊照明半灯（共 40W×59 根） ④一层入口开灯时间从时间继电改变为光传感（70W×35 个） ⑤二层大屋顶广场照明开灯时间变更

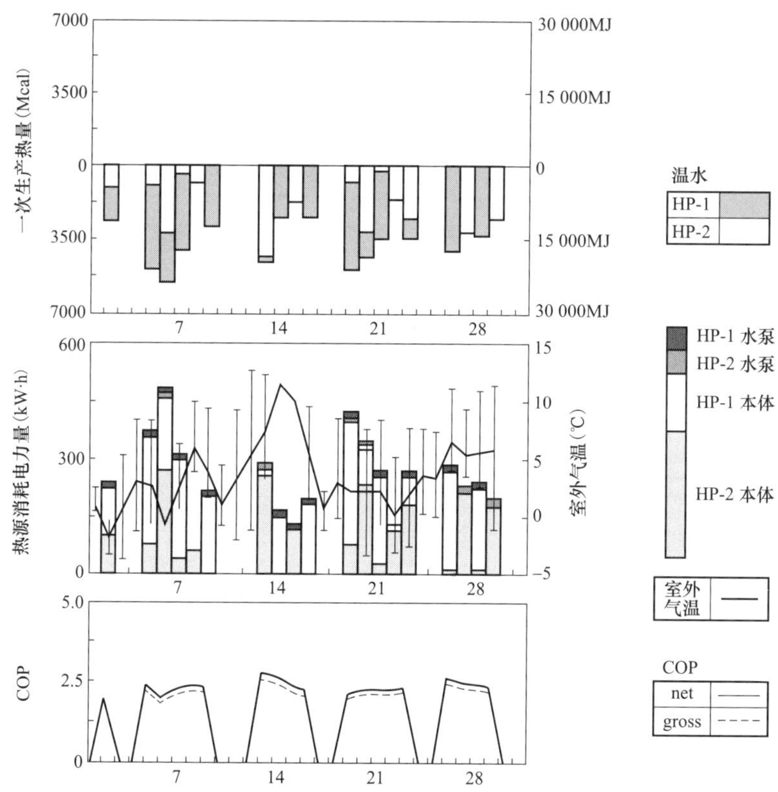

图 4-7　空气源热泵多联机冬季（2 月）供热运行状况和效率

4.3　能源站质量管理标准化

4.3.1　能源站质量管理标准

为规范 EMC 服务质量标准，确保用户 100%满意、运行 0 故障、能源 0 浪费、设备 30 年寿命，并持续提高运营服务质量，体现差异化服务，打造 EMC 品牌，形成市场效应，特制订能源站质量管理标准（见表 4-4）。

表 4-4　　能源站质量管理标准

类别	标　准
管理原则	日常管理精细化，严格按照项目《运行管理方案》执行，杜绝任何“跑、冒、滴、漏”
	严格按照公司的各项文件、制度对运营项目实行管理并要求时间内反馈各项表单
	每周、月、季、年追踪控制能效管理指标完成情况并采取整改措施
	数据集成采集管理自动化，力争实现机房无人化
	配置全套精良化的检测仪表与工具

续表

类别	标　准
人员服务	运营技师:大专以上学历，专业培训半年考核合格方可上岗
	运营工程师:能源管理工作经验 3 年以上
	设备工程师:一名工程师负责 5～8 个项目服务
机房服务	机房建设标准化，按《EMC 机房标准》建设
	标准机房，实施“8S”管理
	配置门禁安全监控系统和远程三级监控系统
基础服务	履行合同约定的室内温度标准及其他服务内容
	持续提升运营服务管理水平，提供倾心、贴心、诚心的服务，做到让客户放心、省心、舒心
	实施走动管理，末端固定检测点测温巡视或安装系统测温装置，重点区域 2～4h/次
	一般项目每 2h 记录一次空调系统数据，并存纸质档案
	重点项目信息化自动表格，每 15min 采集一次数据，并存电子档案
能效管理	能效在线分析平台，可实现能效管理指标化预设与管控
	每年初制定节能措施及目标，实现目标化管理，周、月、季、年追踪管理
	远程集控系统，无人化操作，能源消耗实时录入运营能耗分析平台，实时化自动数据采集、在线分析与控制、能耗预警与设备定期保养提示
设备服务	按照保养计划，做好月、季、年维护保养工作，主机设备联网监控
	设备管理，有制度、有计划、有监控、有调整、有记录、有分析
	大型设备故障处理：工程师驻地城市项目，2h 内，驻地城市以外项目 4～8h 到现场
	末端故障处理：5～15min 内响应，15～30min 内采取措施
	每季度进行一次节能诊断，出示可研分析报告
	冷却水、冷温水、锅炉补水专业水质管理，每天现场化验，每周送检出示检测报告
	运营组、工程师、运营区、运营总部 4 级监控体系
客户服务	每年组织 1 次节能交流会议，分享节能经验
	每月、季、年总结递交给用户，项目每月 2 次空调效果调查、1 次用户高层回访，总部每季电话回访、定期现场回访，保证满意度 100%
	每月、季、年工作分析递交工作建议书
增值服务	前期服务，提供空调工程优化设计、施工建议
	提供空气品质检测及改善方案

4.3.2　质量管理要求

1. 技术资料

冷（热）源系统的设计、施工、调试、检测、维修以及评定等技术资料应齐全并妥善保存，应对照系统实际情况核对并保证其真实性与准确性。

2. 人员管理

根据冷（热）源系统的规模、复杂程度和管理工作量的大小，应配备管理人员。管理人员宜为专职人员，建立相应的运行班组，配备相应的检测仪表和维修设备。管理人员应经过专业培训，经考核合格后才能上岗，特种设备操作人员必须通过专业培训并取得专业操作资格证书后才能持证上岗，定期进行复审、培训，能源站必须设置安全管理责任人。用人部门应建立和健全人员的培训和考核档案。管理人员应熟悉所管理的冷（热）源系统，具有节能知识和节能意识，坚持实事求是、责任明确的原则，将冷（热）源系统运行管理的实际状况和能源消耗告知上级管理者、建筑使用者以及相关监察管理部门，对系统运行和管理的整改提出意见和建议。

3. 合同与制度

（1）管理部门应根据系统实际情况建立健全规章制度，并在实践工作中不断完善。定期检查规章制度的执行情况，所有规章制度应严格执行。定期检查人员的工作情况和系统的运行状态，对检查结果进行统计和分析，发现问题应及时处理。对系统主要设备，应充分利用设备供应商提供保修服务、售后服务以及配件供应，没有充分理由不应重复购买或更换设备。

（2）冷（热）源系统的清洗、节能、调试、改造等工程项目，签订的合同文本中应明确约定实施结果和有效期限，在执行合同时对其相关技术条款的争议可由有资质的检测机构进行检验；在合同有效期限内，没有充分理由不应追加投资或者重复投资。

4.3.3　能源站安全管理

当制冷机组采用的制冷剂对人体有害时，应对制冷机组定期检查、检测和维护，并应设置制冷剂泄漏报警装置。

对制冷机组制冷剂泄漏报警装置应定期检查、检测和维护；当报警装置与通风系统连锁时，应保证联动正常。

安全防护装置的工作状态应定期检查，并应对各种化学危险物品和油料等存放情况进行定期检查。

冷（热）源系统设备的电气控制及操作系统应安全可靠。电源应符合设备要求，接线应牢固。接地措施应符合 GB 50303—2015《建筑电气工程施工质量验收规范》，不得有过载运转现象。

冷（热）源的燃油管道系统的防静电接地装置必须安全可靠。

水冷冷水机组的空调水和冷却水管道靶流应定期检查，并确保正常运转。

制冷机组、水泵和风机等设备的基础应稳固，隔振装置应可靠，传动装置运转应正常，轴承和轴封的冷却、润滑、密封应良好，不得有过热、异常声音或振动等现象。在有冰冻可能的地区，新风机组或新风加热盘管、冷却塔及补水管、膨胀水箱的防冻设施应在进入冬季之前进行检查。

水冷冷水机组冷凝器的进出口压差应定期检查，并应及时清除冷凝器内的水垢及过滤器杂物。

通风系统的防火阀及其感温、感烟控制元件应定期检查。

通风系统的设备机房内严禁放置易燃、易爆和有毒危险物品。

各种安全和自控装置应按安全和经济运行的要求正常工作，如有异常应及时做好记录并报告。特殊情况下停用安全或自控装置，必须履行审批或备案手续。

空气处理机组、组合式空气调节机组等设备的进出水管应安装压力表和温度计，并应定期检验。

冷却塔附近应设置安全护栏、紧急停机开关及防雷设施，并应定期检查、维护。

4.4 能源站运营人才培养

4.4.1 运营技术培养的目的

1. 运营管理教育的意义和作用

随着能源站管理系统的快速发展和普及，以往实施的运营管理教育已然不够、不充分，需要求技术人员和操作人员具有能够适应大楼性能多样化的思考能力和综合能力。

运用管理技术人员在面对高度化设备技术和多样化大楼性能结合在一起时，必须提高技术水平，同时也是对人才的技术技能水平提出了更高的管理要求，为此运营管理教育是各企业经营中重要的课题。

2. 对运营管理教育的要求

运营管理技术、技能的提高；随着以能源站管理系统为代表的计算机控制普及，出现了超过现代的空调、给排水、电气职业概念等技术、技能的复合化问题。能源站管理系统不仅是系统的概念，既具有单体设备的效应，也是每个系统部件之间的互相联动，对于以能源站管理系统为中心的系统，若不了解设备的运行，就很难掌握设备的正常、故障状态，对技能者来说，仅靠经验也是不够的。

培养技术者、技能者领域的新人才是运营管理教育的目的。这不仅是能源站管理系统的需求，对于一般的空调、生活热水、电气等范围也非常重要。

如上所述，对于运营管理企业来说，随着运营管理技术、技能广度和深度的变化，以能源站管理系统为中心的系统，对设备技术节能水平和运营管理技术技能要求都大幅度提升。

技术技能的提升；在技术、技能劳动力多样化时代，提高新入职员工的水平是首要任务。运营管理不仅需要具备某种经验，对运营管理主管的培养也需要一定的时间，一般培养运营管理主管需要 7～10 年，为了缩短培养期，应实施新员工或中途入职员工的入职时教育，实施职场配置计划，配置后教育计划等。

技术技能的传承和发展；优秀的技术技能人员是企业的无形财产，按年龄要求退休也是一种重大的损失；因此，技术技能的传承是从过去到现在一直在研究的课题。在当前向能源站管理系统转换和人工智能等运行支撑工具开发的形势下，最基础的技术技能的经验传承仍很重要。

4.4.2　运营培训计划

（1）培训适用于运营岗位培训。

（2）培训总课时为 560 课时（70 天），晚上为自习时间。

（3）上岗时必须达到的技术水平，具备空调主机操作、保养、调试、常见故障维修能力及空调系统维护、保养能力。

（4）主要教学内容（见表 4-5）。

表 4-5　　主要教学内容

教学内容						
基本素质	服务文化	人身及机组安全	热力学基础	机组工作原理及流程	机组部件	电工基础
机组控制系统	真空管理	溴化锂溶液	燃烧技术	空调系统	机组操作	专用工具
联网监控	节电空调	机组调试流程及性能曲线	机组调试	主机及系统异常案例分析	水质管理	机组保养
产品技术特点	节能服务	区空及 EMC	冷热电联产	余热利用	岗位现场	答辩

4.4.3　运营技术人员培训内容

1. 运营管理培训的问题

培训存在的最大问题是培训效果追踪很难掌握，应根据运营管理培养实施的计划出具培训结果调查，针对培训对象的能力分层，采取不同的培训策略和课程知识点。

2. 增强培训效果的方法

在增强培训效果时要考虑如下几个问题：①培训对象的上进心低。②培训后培训人员不能进行自我教育。③培训和人员管理没有结合。

企业进行培训时，以全部的技术、技能能力低为中心，培训内容和业务的关联不仅在培训期间，在培训后也要促进自身提高，并与培训结果与人事管理相结合。

3. 培训的实施方法

培训的实施方法有如下几项：①没有制定一项符合需要的方案。②公司内没有授课老师。③公司外没有合适的培训地点及时间等。

作为公司内的培训有集中培训和 OJT 培训方法，二者均是有效的。公司外的培训有委托各制造厂的运营管理培训方法，其效果也是明显的。

随着能源站管理系统的普及，除对空调、生活热水、给水、电气等各设备、系统进行运营管理培训外，还要进行服务礼仪、文案等综合类培训。

各公司可以根据设备技术上的难易程度、相同设备的设置数量、运用过程中停止运行时损失的大小，日常检查，变化趋势，定期检查，设备改造等自行确定运营管理活动，但对运行技术技能者在自己技术技能范围内则必须要求具有一定深度的技术技能知识。对以上所述，公司自行确定的业务范围和设备运行技术上的难易程度等对空调、供热、给排水、电气的业务分区与人员配置等进行与职务相当的运营管理教育。

图 4-8 表示包括运行技术教育在内的基础知识，设备技术，环境系统技术基础的应用，并以对运营管理技术技能人员的中长期要求作为培训的目标。

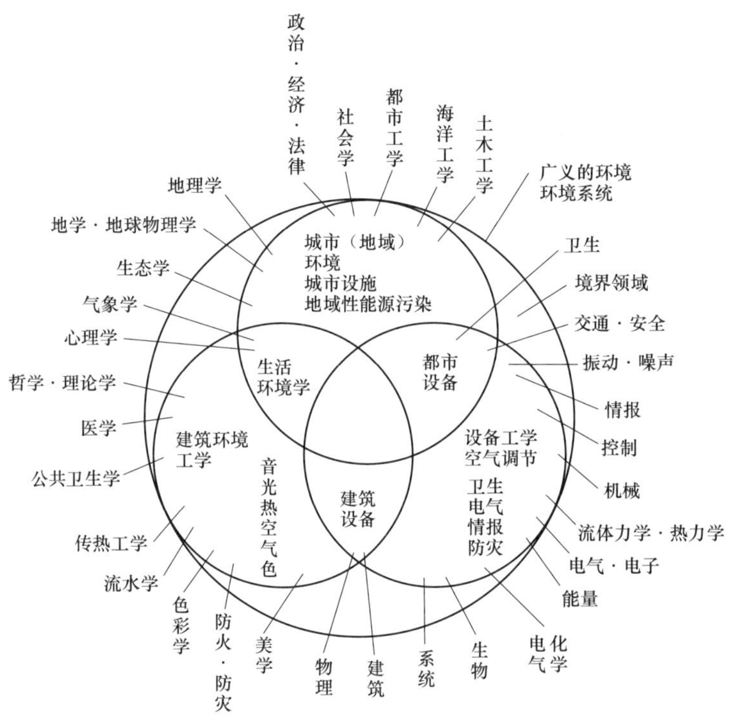

图 4-8　环境 • 设备工程学的领域

4. 运营管理业务

当从用户和运营管理者两个侧面考虑 FM（Facility Management）和运行技术的关系时，运营管理系统应提高工作效率，并要给用户提供安全、健康、舒适、方便的环境。另一方面，对于运营管理者来说，除了有效的运行外，还要降低全寿命期的成本，减少投资回收期；还有支撑各种设备发挥大楼各种性能和有效运行的各项服务性能，为大楼提供舒适的工作环境。

表 4-6 表示今后楼宇式能源站要求的性能和运行服务要求，同时也包括了对维护管理系统的要求。对于运行技术技能者来说，不仅要掌握设备单体的技术，还要掌握管理

等新技术，即综合系统的运行技术。

表 4-6　管理、经营、服务内容和业务分担

公司	业务领域	项　　目	业　务　内　容
A大楼	空间的管理运营	租赁空间 大厅 会议室 大会客室（VIP 室） 停车场（计时费）	租赁管理，收入管理 企划，营业，收入管理 预约，收入管理，场内布局等 会员管理，预约，收入管理 场内整理，费用征收
	设备和环境的维护管理	设备机器的运营维护 保安警卫 设施的清扫维护（含种植）	（委托专业管理公司） （委托专业管理公司） （委托专业管理公司）
	其他	公共电话，自动贩卖机 出租植物 活动的企划	在各层公用空间之外设置 报名接待，专业人员的安排、更换 外部庭园、广场等利用活动的企划
A大楼关联公司	信息通信服务	数字电子交换机通信 低成本线路访问 语音邮件 专用线 电视会议 带显示器的多功能电话 站内线路 外部数据库 外部计算中心	线路、电话机的租赁合同，维修管理、线路费请求 与电话公司的合同，线路费请求 维修管理，租赁合同管理 维修管理，合同管理 维修管理，预约使用量管理 维修管理，软件开发 维修管理，合同管理 引进营业，合同管理，搜索服务 连接中介，使用费管理
	办公服务	办公室 家具，日常用具，备品 办公用品・消耗品 复印・DPE 管内配送	更新对应（设计、施工） 办公环境改善建议 销售、出租 销售、出租 复印、印刷、装订，缩印 馆内配送，各种包装，保管

4.5　能源站管理体系

4.5.1　能源管理基础工作

做好下述 10 项基础工作，以对保证能源站能源管理的全面顺利进行。

1. 建立管理网络

应按市场需求和国家规定，建立能源站管理网络。对重点耗能能源站，可建立各级管理网络，要有指定领导和专人负责，并建立能源办、节能办等职能管理机构。为了便于在全国范围内分片区管理，根据辖区内运营项目的数量合理配置区域，如华北区、西北区、东北区等区域。单个大体量或当地较集中的多个体量较小项目可以设置运营组，每个运营组统一管理，运营组负责人负总责，分工合作，按照精细化、模块化、标准化、目标化的管理模式对全国范围内任何一个运营项目实施合同能源管理。运营区之上再设

立运营部统一协调处理各运营区所有工作，简言之就是实行运营组、运营区、运营部三级管理模式。每个部门每个岗位均要有详细的岗位职责，详细制定每个项目日常应该从事的工作和负责的内容。

2. 建立规章制度

要以《能源法》《节能法》等法规为依据，从能源站能源的供产销、购存用诸方面，能源加工转换、传递输送、使用回收个环节，设备、工艺、操作、运行、维修以及管理等各个领域，全面建立健全规章制度，实现能源管理由人治到法治的转变。

完善的规章制度是确保能源站合理、健康运行根本。其中应该在能源、成本、运行，员工激励考核制度、客户关系维护、员工培训管理、机房建设、财务管理、日常工作管理、维护与安全管理等这些方面建立完善健全的管理流程、制度以及相对应的表格等。

3. 全员培训

上至企业，下至一般职工甚至包括家属，都要进行能源形势、能源政策、能源法规、节能意义、节能措施等关于如何管好能源、用好能源的全面、全员教育、培训和宣传，以保证节能改造的长期、深入开展。

能源站应该制定全年的培训计划，计划内容涉及能源形势、政策、节能措施、节能管理等各个方面，培训日期精确到每周，并切实按照培训计划开展相应的培训工作，形成培训纪要，同时组织必要的考试环节，测试学习内容的情况。通过培训，让每位员工都能全面的掌握当前的能源形势和发展趋势，将节能减排贯彻到底。

4. 计量完善

计量是能源管理的基础和基本手段。应按能源站能源计量的有关规定建立三级计量网，以保证建立器具的安装率、完好率和计量工作的计量率、及时率和准确率。

每个能源站在冷热源输出口管网上加装热量表，记录每天的冷热量。冷却水、冷温水补水加装水表。天然气加装燃气计量表，燃油加装油表，电表分总表和分表分区计量，总表记录整个项目的电量耗量，分表针对单独的系统计量，实现能耗数据的单独计量，确保项目能耗统计的准确性和完整性。先进的项目或者硬件条件较好的项目可以建立数据自动采集系统。

5. 统计分析

统计分析是能源管理所依据的第一手资料，一定要严肃、认真、及时、准确抓好统计分析工作。从记录、台账、日报、周报、月报，到季报、年报等分类统计汇总及综合分析都要按规定完成。每个项目建立独立的计量统计表格，简称日报表，记录项目每日的能耗数据，包含水、电、能源、热量等各项计量数据。通过日报表记录的数据分析当天的能耗情况，通过分析每日的能耗，计算该项目当天的能源成本，进而得出该项目当天的经营情况。依次类推，每周、每月，每季分析项目的能耗成本，同时与项目以往同期对比、与同地区同业态建筑能耗对比、与国家节能建筑指标对比等，发现高能耗或能耗异常的情况，及时查找问题，分析能耗异常的原因，找到节能措施，并落实执行，确保能耗水平在合理的范围之内，最终实现全年的项目的盈利。

6. 能量平衡

能源站能量平衡（或能源审计）是能源管理中最重要、最基础的中心环节，能源站能量平衡技术要求高、工作难度大，国家已颁布了相应标准、应认真落实。

能源站能量平衡的概念：以能源站或者能源站内部的独立用能单位为对象，对输入的全部能量与输出的全部能量在数量上的平衡关系的研究，也包括对能源站能源在购入存储、加工转换、输送分配、终端使用各个环节与回收利用和外部各能源流的数量关系进行的考察，定量分析能源站用能情况。

能源站能量平衡的意义：能源站能量平衡是能源站提高能源管理的重要基础，进行能源审计、节能监测、建立能源管理信息系统等工作均要以能源站能量平衡为基础。通过能源站能量平衡，可以摸清能源站的能耗状况，查清能源站的余热资源和回收利用情况，了解主要用能设备、装置的热效率和整个能源站的能源利用率。经过对能源站能源利用系统及各个环节能源利用状况的综合分析与评价，找出能源站的节能潜力，明确节能方向，为提高能源站能源利用率和降低单位产品能耗提供科学依据。其意义主要有以下几个方面：

（1）掌握能源站耗能状况。通过统计、测试、计算等手段，摸清能源的构成及来龙去脉，全面掌握能源站各种能源的购入、存储、分配、输送、转换、使用等各环节分布和流向规律。

（2）掌握用能水平。通过能源站能量平衡工作，分析评价能源站，产品的能耗指标，能够在同行业、国内、国际进行比对；掌握主要用能设备的能源利用效率和整个能源站的能源利用率，形象直观地反映用能情况和水平。

（3）加强能源科学管理。建立完善的能源管理制度，为能源站的能源科学管理奠定基础。

（4）查清浪费根源，找出节能潜力。如能源管理、工艺装备、用能设备、生产工艺及操作中存在的浪费问题，查清余能的数量、品种参数、性质等。

（5）为制定节能规划提供依据，通过对重点设备测试的结果进行整理分析，找出能源站能源利用率低的原因，进行必要的调整，在此基础上制定切实可行的节能规划。

7. 确定能耗定额

能耗定额包括产品能耗定额、工艺能耗定额等，其制订及实施是建立能源管理责任制和进行能源使用额定化及实现节能奖罚的关键。不但要执行有关标准和规定，更要将其分解到部门、车间、班组、机台和个人，才能落实到实处。

能源消耗定额包括单位能耗定额和用能总量定额两种。单位能源消耗定额是指在一定的生产工艺，技术装备和组织管理条件下，生产单位产品或者完成单位工作量所规定的能源消耗量。根据用能单位的特点，可采用产品产量、产值、增加值等为核算单元。用能总量定额是指对能源消耗量与产品产量及工作量关系不大的用能单位（如宾馆、饭店、商场、医院、机房等）所规定的能源消耗总量。根据能源消耗定额管理的需要和用能单位的实际情况，能源消耗定额可采取单项能耗定额、工艺耗能定额、综合能源消耗定额、可比能耗消耗定额、用能总量定额等不同种类。

（1）能源消耗定额管理的内容。

1）建立能源消耗定额管理体系。

2）适时修改能源消耗定额。

3）采取有效的技术措施，保证能源消耗定额的实现。

4）考核和分析能源消耗定额完成情况，总结经验，提出改进措施。

（2）能源消耗定额管理的作用。

1）能源消耗等额是编制能源供应计划的重要依据。用能单位实行了先进合理的能源消耗定额管理，才能正确计算能源需要量，储备量和采购量，编制出标准、科学的能源供需计划。

2）能源消耗定额是科学的组织能源供应管理的重要基础。用能单位实行了先进合理的能源消耗定额管理，才能严格根据生产需求，按质、按量、按时组织能源供应，并对消耗情况实行控制，从而保证生产的正常进行。

3）能源消耗定额是监督和促进用能单位内部开展节能工作的有力工具。用能单位为了使其能源消耗定额经常保持在先进合理的水平上，就必须不断提高用能技术水平和能源管理水平。

4）能源消耗定额是用能单位加强经济核算和节能奖惩的依据。

（3）能源消耗定额的制定。

制定原则：

1）“定量”与“定质”相统一的原则。定质和定量两个方面。定质：确定所需要能源的品种、规格和质量要求；定量是确定能源消耗的数量。

2）先进性和合理性相统一的原则。能源消耗定额必须反映生产过程中的技术水平和生产组织管理水平。先进性是指在满足工艺需要的前提下，充分考虑所能体现的各项节能措施的效果，使指定的能源消耗定额能够比已达实际水平先进。合理性是指能源消耗定额标准必须切实可行，有科学依据，经大多数员工努力可以达到。因此用能单位应按照本单位能源消耗的历史最好水平和现行的生产工艺状况，核定能源消耗定额。

3）“快、准、好、全”的原则。能源消耗定额的制定必须遵循从实际出发，深入生产第一线，进行调查研究，了解情况，掌握资料，实际测算，适当的科学分析，精确的核算，力求达到“快、准、好、全”的标准。

“快”：制定能耗定额迅速及时，走在生产之前，对生产起指导和促进作用。

“准”：依靠长期的定额资料积累和经常了解分析生产情况，使能耗定额准确。

“全”：用能单位各生产环节，生产车间各生产工艺，各类产品均应制定完整的能源消耗定额。

“好”：能源消耗定额指标既有先进性，又切实可行，对消耗尚未达到行业平均水平的，其定额要从严核定，以利于调动一切积极因素。

4）全面参与制定的原则。能源消耗由用能单位主管部门组织，合同技术部门、设备管理部门等共同制定。能耗定额草案制定后，经职工讨论和有关部门审核，用能单位领导部门审核批准后方可执行。

（4）能耗定额制定的依据。

1）国家和地方有关能源消耗限额标准。

2）近三年能源消耗计量统计资料和历史最好水平资料。

3）近三年生产技术经济指标。

4）年度生产计划、技术经济指标。

5）所消耗能源品种、品质、规格。

6）生产技术及工艺的发展趋势，实施节能技改的情况。

7）国内外同类单位能耗先进水平。

8）要贯彻能源标准。

8. 能源标准化

能源标准是能源技术、能源经济和能源管理的紧密结合点和一体化。对提高能源管理水平，降低能源消耗，实现能源的科学管理及能量的科学利用具有重要意义。能源站应当认真贯彻国家、部委和省市颁布的标准，而且应当制定自己的能源站标准。

（1）能源标准化概念。以能源为对象的标准化活动，称为能源标准化，它是以先进、合理、可行原则对能源生产利用的各个环节、过程和对象，制定出各项标准，并贯彻实施，以达到合理开发、有效利用能源的目的，使有限的能源发挥最大的经济效益。

通过能源标准化，能源管理由定性管理逐渐向定量管理转变，由行政管理向科学管理转变，使能源管理逐步走向制度化和科学化。

（2）能源标准化的作用。能源标准化长期的实践工作证明，它是实行科学和定量化管理的技术依据，在能源管理中起到十分重要的作用，主要体现在如下几个方面：①实现能源科学管理的有效手段。②合理开发，有效利用能源的技术准则。③评价能源利用水平的基本依据。④用能设备进行能效分析的重要指导。⑤提高能源产品质量的可靠保证。⑥促进节能减排的必由之路。⑦能源立法的科学依据。⑧能源国际交流和贸易的必备条件。

（3）能源标准化的内容。

1）能源标准化的基本任务。对能源从开发到利用各个环节制定需要的能源标准，组织实施能源标准和对能源标准的实施进行监督，以达到能源的合理开发、有效利用，提高经济效益的目的。

2）能源标准的类别。能源术语和图形符号，能源监测、检验、计算方法，能源产品和节能材料的质量、性能要求，用能产品的能源需求，产品的能源消耗限额，用能设备及其系统经济运行，能源产品和节能产品认证，能源开发、利用、管理的其他节能技术要求，用能单位能源管理体系。

（4）能源标准的等级和制定。能源标准的等级分为能源国家标准、能源行业标准、能源地方标准和能源站能源标准。

9. 制定节能规划

节能规划的制定是实现能源目标管理和计划管理的重要步骤，特别在实现市场经济的条件下，尤为重要。应当把节能规划与能源站发展规划、技术改造规划等紧密结合起来；总之，要纳入能源站规划和长远目标。

节能规划的内涵：用能单位节能规划是用能单位总体发展规划中的单项规划，为完成某个时期内节能目标而编制。主要包括用能单位概况、指导思想、目标、节能措施以及实现用能单位节能目标的保障措施和步骤等内容。

节能规划的目的：是使用能单位节能工作能够深入持久的稳步开展。在符合国家产业政策和用能单位实际情况的前提下，充分分析和评价现有节能管理和节能技术实力，规定分步骤、分阶段地进行节能工作，达到期望的节能目标。

节能规划的意义：是节能管理的重要组成部分，它决定了节能工作的目标、时间、任务、措施和步骤，在综合分析的基础上力争在节能管理的各个环节合理利用能源，以最小的能源消耗，获得最大的经济效率和社会效益。

10. 掌握能源信息

要经常收集、整理和掌握来自各方面的能源及节能的情报、资料、信息等，进行能源形势、政策、法规、标准及技术、工艺、设备等方面的节能研究，不断提高能源管理水平。

4.5.2 能源管理基本内容

能源站能源管理涉及的领域很广、内容很多，归纳起来有以下 10 部分：

（1）能源供应。在保证生产的前提下，按量、按质、按时实施煤、油、气、水等一次能源和二次能源及耗能工质的供应工作。

（2）能源储存。在保证供应的前提下，实施燃料的储存、防止流失变质和保证安全。要尽可能减少储存数量，缩短储存时间，以减少占地、占房和占用资金；只有加速周转才能提高效益。

（3）能源传输。在保证供应的条件下，按时、按量、按品种完成运输，减少损耗，降低运费。保证传递、输送设备的完好和正常运转。如车辆、管道、线路、变压器等的维修保养，保温保冷等。

（4）能源分配。按生产需要，在制定能源消耗定额的基础上，按车间和班组，按产品和工艺，按能源品种和参数等实施能源分配，坚持出入计量统计。

（5）能源消耗。在保证生产、供应和分配的条件下，对用能单位和部门，加强能源使用的监督与考核，实施能源计量与统计，指导能源消费，搞好能源使用与回收，杜绝跑冒滴漏，并不断修订能源能耗定额。

（6）能源节约。在保证能源消费的前提下，加强能源管理，提高能源利用水平，实现合理用能，有效用能，以便不断降低能源消耗。通过节约能源来不断满足日益增长的生产对能源的需求。

（7）能源建设。稳定供应基地和厂家，加强能源站内部能源建设，特别是热电厂、变电站、锅炉房、动力站等二次能源及转换和传输环节的建设。

（8）能源投资。对能源的供产销和购储用机、建设等各方面所需资金的筹集、使用、分配等，实施计划，提供保障，可行性分析，提高投资收益和效果。

（9）能源销售。在保证能源站自身能源消费的前提下，对自产二次能源和耗能工质进行销售，亦可对少量富余的外购能源进行调剂转外销。在销售时应严格计量和经济核算。

（10）能源环境。在能源使用中，密切注意对环境的影响。必须对造成的环境污染进行监测与治理，使之符合国家标准规定。要特别重视燃烧合理化，注意排气、排水、排渣等污染，以及热污。

参考文献

[1] 中华人民共和国国家标准溴化锂吸收式冷水机组能效限定值及能源效率等级（GB 29540—2013）.

[2] 陆耀庆. 实用供热空调设计手册. 2 版. 北京：中国建筑工业出版社，2008.

[3] 清华大学建筑节能研究中心. 中国建筑节能年度发展研究报告（2010）. 北京：中国建筑工业出版社，2010.

[4] 中国建筑节能协会. 中国建筑节能现状与发展报告（2012）. 北京：中国建筑工业出版社，2013.

[5] 中国建筑节能协会. 中国建筑节能现状与发展报告（2010）. 北京：中国建筑工业出版社，2011.

[6] 北京市发展和改革委员会. 节能管理与新机制篇. 北京：中国环境科学出版社，2008.

[7] 黄培炫，吴杰生. 浅谈中央空调系统的节能设计. 中国科技纵横，2014（11）：19-19.

[8] 王艳军. 浅析中央空调系统中的节能设计要点. 环球市场，2017（1）：91.

[9] 许文发. 浅谈我国区域能源应用现状及前景. 中国地能，2015（9）：52-54.

[10] 中原信生、など・エネルギー性能の最適化のための BEMS ビル管理システム. 空気調和・衛生工学会. 2001.

[11] 张泠. 燃气空调技术. 北京：中国建筑工业出版社，2005.

[12] 丁玉娟，康相玖，成建宏. 溴化锂吸收式冷水机组能效标准解析. 制冷与空调，2013，13（8）53-55.

[13] 付林，李辉，等. 天然气热电冷联供技术及应用. 北京：中国建筑工业出版社，2008.

[14] 李善化，应光伟. 分布式供能系统设计手册. 北京：中国电力出版社，2018.

[15] 封红丽. 国内外综合能源服务发展现状及商业模式研究. 电器工业，2017（6）：34-42.

[16] 封红丽. 国内综合能源服务发展现状调研及发展建议. 电器工业，2019（2）：18-28.

[17] 曾鸣，刘英新，周鹏程，等. 综合能源系统建模及效益评价体系综述与展望. 电网技术，2018（6）：1697-1708.

[18] 郝然，艾芊. 多能互补、集成优化能源系统关键技术及挑战. 电力系统自动化，2018，42（4）：2-10，46.

[19] 徐根斌，蔡靖. 基于 LabVIEW2011 的溴化锂吸收式冷水机组测控软件开发. 制冷技术，2013，（33）3：47-51.

[20] 吴成斌，石文星，李先庭. 一种新的冷水机组季节性能评价指标及其在多台机组制冷机房中的应用. 暖通空调 HV&AC，2012，（42）8：9-16.

[21] 张筠，吕楠. 分布式能源系统故障诊断与预测专家知识库软件平台的设计与开发. 上海电气技术，2016，9（1）：1-4，17.

[22] 田中拓也，梶山隆史，横井睦己，など. ZEB（ネット・ゼロ・エネルギー・ビル）の運用階段におけるエネルギー性能評価に関する研究. 空気調和・衛生工学会論文集. No.259，2018（10）：1-8.

[23] 郭秀才，杨世兴. 监测监控系统原理及应用. 北京：中国电力出版社，2010.

[24] 李先瑞．供热空调系统运行管理、节能、诊断技术指南．北京：中国电力出版社，2004．

[25] 张韵辉，吕震中，张晓松．冷水机组的优化运行．暖通空调，2004，34（3）13-16．

[26] 杨丹，宗文波，范志远，等．集成制冷站系统集成技术与工程应用．暖通空调，2014，44（3）89-92．

[27] 高橋直樹，進藤宏行，田中英紀，など．環境配慮型病院における資源・エネルギーマネジメントシステを用いた性能検証・評価手法に関する実践的研究．No.261，2018（12）：11-20．

[28] 佐藤文秋，佐佐木邦治，安田健一，など．地域冷暖房の負荷実態と負荷に併せた効率向上に関する研究．No.254，2018（5）：1-9．

[29] 矢島和樹，赤司泰義，桑原康浩，など．熱源・空調システムの最適製御技術の導入に向けた研究．No.254，2018（5）：33-41．

[30] 佐藤文秋，竹迫雅史，北村邦彦，など．最小差压変流量制御による搬送効率向上に関する研究．空気調和・衛生工学会論文集．No.259，2018（10）：21-29．

[31] 孙竹梅，张丽香．人工智能技术在国内电厂中的应用研究．电力学报，2005，20（2）：107-111．

[32] 西口純也，緦田長生．AI技術開発とその応用事例．空気調和・衛生工学会．第92巻．9-16．

[33] 宮田翔平，赤司泰義，林鍾衍，など．機械学習を用いた空調熱源システムの不具合検知・診断．空気調和・衛生工学会論文集．No.257，2018（8）：11-19．

[34] 宮田翔平，赤司泰義，林鍾衍，など．機械学習を用いた空調熱源システムの不具合検知・診断．空気調和・衛生工学会論文集．No.261，2018（12）：1-9．

[35] 品川浩一，村上周三，石野久彌，など．エネルギーシミュレーションのための機器特性データベースの構築に関する研究．空気調和・衛生工学会論文集．No.253，2018（4）：51-59．

[36] 千葉理恵，棚橋優，西脇修，など．コージエネレーションシステムの発電機台数製御パラメータの最適化に関する研究．No.258，2018（9）：11-18．